HANDBUCH
PORSCHE 911 SC

Impressum

HEEL Verlag GmbH
Gut Pottscheidt
53639 Königswinter
Tel.: 02223 9230-0
Fax: 02223 923026
E-Mail: info@heel-verlag.de
Internet: www.heel-verlag.de

Englische Originalausgabe:
Veloce Publishing Ltd.
33 Trinity Street
Dorchester DT1 1TT
England

Englischer Originaltitel:
Porsche 911 SC - The Essential Companion

Deutsche Übersetzung: Jörg Austen, Weissach
Lektorat: Martin Franz, Jürgen Schlegelmilch

Satz: Karl-Josef Gerhardt

Printed by GPS in BiH

ISBN 978-3-86852-102-3

Adrian Streather

HANDBUCH PORSCHE 911 SC

Alle Varianten von 1978 bis 1983

HEEL

Warnhinweis

Dieses Buch soll Hilfe zur Selbsthilfe sein. Die hierin veröffentlichten technischen Ratschläge entsprechen nicht immer den üblichen Handwerksregeln. Für etliche technische Ratschläge in diesem Buch wird handwerkliches Grundwissen vorausgesetzt, ohne das man die entsprechenden Arbeiten nicht angehen soll.
Im Zweifelsfall sollte man vor Durchführung von technischen Arbeiten immer einen geschulten Spezialisten zu Rate ziehen und die Arbeiten nicht selbst durchführen.
Etliche Ratschläge können bei fehlerhafter Ausführung unter bestimmten Umständen zu erheblichen Folgeschäden führen. Autor, Übersetzer und Verlag lehnen daher ausdrücklich jede Haftung für die veröffentlichten Arbeitsanweisungen und daraus gefolgerte Schlüsse ab. Für alle anhand dieses Buches ausgeführten Arbeiten übernimmt der durchführende Schrauber, Bastler oder Mechaniker das alleinige und uneingeschränkte Risiko. Ebenso ist die Haftung des Autors, Übersetzers und Verlags für Druckfehler, Schreibfehler und sachliche Fehler jeder Art ausdrücklich ausgeschlossen.
Bei dem vorliegenden Handbuch handelt es sich um eine Übersetzung aus dem Englischen.
Der Originaltitel ist erstmals in Großbritannien erschienen. Deshalb verwendet der Autor zur Veranschaulichung der durchzuführenden Arbeiten in erster Linie rechtsgelenkte Fahrzeuge. Wichtig: Bitte beachten Sie, dass es bei linksgelenkten Ausführungen zu dementsprechenden Abweichungen bei Befestigungspunkten und Bauteilausführungen kommen kann. Generell ist die Abfolge der Arbeitsschritte aber identisch.

Autor und Verlag lehnen bei Umbaumaßnahmen jede Haftung bezüglich der Gebrauchsfähigkeit für spezielle Verwendungszwecke ab, auch wenn diese im Buch erwähnt werden. Auch wird keine Haftung für direkte oder indirekte Folgeschäden übernommen.
Auch ohne spezielle Erwähnung müssen in Deutschland alle Zubehör- und Nachrüstteile eine entsprechend ABE (Allgemeine Betriebserlaubnis) oder ein TÜV-Gutachten aufweisen. Eine Nutzung dieser Teile ohne entsprechende Dokumente ist nicht erlaubt. Jeder SC-Besitzer muss sich eigenverantwortlich um den Erhalt dieser Dokumente kümmern.
Die Teile-Nummern, die in diesem Buch angegeben sind, dienen allein der Teile-Identifikation. Für eine verbindliche Teile-Bestellung sollten Sie sich in jedem Fall bei Ihrem Porsche Zentrum über die aktuellen Teile-Nummern informieren.

Warnungen:
Verwenden Sie niemals Befestigungselemente, die Verschleiß oder Deformationen aufweisen. Viele Befestigungselemente sind lediglich für den einmaligen Einsatz konstruiert und hergestellt. Diese Elemente können ausfallen, wenn sie ein zweites Mal verwendet werden. Damit sind insbesondere Muttern, Sicherungsscheiben und Schrauben gemeint, ferner selbstsichernde Muttern, ebensolche Schrauben, Sicherungsringe, Splinte und Keile. Ersetzen Sie bitte diese Befestigungsteile stets durch Neuteile.

Niemals unter aufgebockten Fahrzeugen arbeiten, bevor nicht für diese Zwecke hergestellte und geeignete Unterstellböcke positioniert sind. Niemals unter einem Fahrzeug arbeiten, das ausschließlich durch einen Wagenheber angehoben wurde. Niemals unter einem Fahrzeug arbeiten, während der Motor läuft.
Beachten Sie stets die gültigen Sicherheitsvorschriften bei Arbeiten in der Werkstatt. Verwenden Sie die vorgeschriebene Ausrüstung, wenn Sie mit gefährlichen Stoffen arbeiten. Lesen Sie sorgfältig die Informationen des Herstellers, bevor Sie irgendwelche Chemikalien verwenden oder einsetzen.
Trennen Sie immer den Minus-Pol (Masse) bzw. das Massekabel von der Batterie, wenn Sie am Kraftstoff-System arbeiten oder elektrische Komponenten ausbauen.

Nicht rauchen oder nahe Heizlüftern oder anderen feuergefährlichen Gegenständen arbeiten. Halten Sie immer einen funktionstüchtigen, ausreichend großen Feuerlöscher griffbereit in der Nähe Ihrer Arbeiten.
Niemals den Motor starten oder laufen lassen, wenn der Arbeitsplatz nicht gut belüftet ist.
Fahrzeugbatterien erzeugen explosives Wasserstoff-Gas. Decken Sie bei Arbeiten mit offener Flamme oder bei entstehendem Funkenflug die Oberseite der Batterie sorgfältig ab.
Beleuchten Sie den Arbeitsplatz ausreichend. Benutzen Sie eine bewegliche Sicherheitsleuchte bei Arbeiten im oder unter dem Fahrzeug.
Befolgen Sie die gültigen Umweltschutz-Vorschriften, wenn Sie Flüssigkeiten aus dem Fahrzeug ablassen. Wenn Kraftstoff, Öl oder Bremsflüssigkeit abgelassen werden, sammeln Sie diese in entsprechenden getrennten Behältern. Öl können Sie kostenlos dort abgeben, wo Sie es gekauft haben.
Das Kältemittel R12, mit dem Klimaanlagen befüllt sind, ist für die Erdatmosphäre gefährlich, wenn es ins Freie abgelassen wird. Die Entleerung und Neubefüllung einer Klimaanlage darf nur in autorisierten Werkstätten erfolgen, die die notwendigen Einrichtungen zum Auffangen und Recyceln des Kältemittels besitzen.
Elektrische Hochspannung von der Zündspule oder den Zündkerzen kann bei laufendem Motor zu lebensgefährlichen Stromschlägen führen. Hochspannung führende Kabel nicht trennen, solange die Zündung eingeschaltet ist. Beachten Sie, dass von einigen Bauteilen auch nach dem Abschalten eine potenzielle Gefahr ausgehen kann. In manchen Fahrzeugen kann ein elektrischer Lüfter auch nach dem Abschalten des Motors anlaufen.
Bevor irgendwelche Schweißarbeiten am Fahrzeug begonnen werden, ist es dringend empfehlenswert, die Batterie zu entfernen. Auf alle Fälle ist das Massekabel vom Minus-Pol der Batterie zu trennen. Einige Steuergeräte reagieren empfindlich auf Spannungsspitzen.
Niemals dürfen Schweißarbeiten durchgeführt werden, wenn sich offener Kraftstoff in der Nähe befindet. Dies gilt auch für den Kraftstofftank, Kraftstoffleitungen, Kraftstofffilter, Zwischenspeicher und Kraftstoff-Entlüftungssysteme.
Niemals sollten bei laufendem Motor die Kabel zur Batterie entfernt werden, da empfindliche elektrische oder elektronische Bauteile des Fahrzeugs durch Spannungsspitzen beschädigt oder zerstört werden können.

Widmung

Dieses Buch ist allen Eltern dieser Welt gewidmet, die Kinder verloren haben. Kein Kind sollte diese Erde früher verlassen als seine Eltern.

Natalie Louise Streather
27. Juni 1984 - 29. März 2002
Strathalbyn South Australia
20. April 2002

Inhalt

Vorwort

Als mich mein südaustralischer Landsmann Adrian Streather einlud, das Vorwort zu diesem Buch zu schreiben, hat mich dies zu meinen frühesten Erinnerungen an meine Jugendzeit in der Schiffsbauer-Stadt Whyalla zurückgeführt und zu meinen Jugendträumen, einmal selbst einen Porsche 911 zu besitzen.
Es war im Jahre 1968, lange bevor ich meine Rennsport-Karriere begann, als mir angeboten wurde, einen Holden als Begleitfahrzeug bei der australischen Sektion der Rallye London-Sydney-Marathon zu fahren. Ich werde den Tag nie vergessen, an dem wir irgendwo im Outback von Broken Hill waren und am havarierten Porsche des polnischen Teams von Zasada und Wachowski mit der „blutorange" Lackierung anhielten. Das Fahrzeug hatte einen Fahrwerksschaden rechts vorne und die Fahrzeugbesatzung war dabei, diesen notdürftig mit einem Holzblock von einem Mulga-Baum zu fixieren. Ich fragte sie, ob es wohl möglich sei, den Porsche zu kaufen, nachdem sie Sydney erreicht hätten. Sie erreichten das Ziel Sydney als vierte im Gesamtklassement, aber sie verkauften mir den Neunhundertelfer trotzdem nicht.
Natürlich hatte ich keine Ahnung, wie meine Zukunft verlaufen würde und dass eines Tages mein Arbeitsplatz über zehn Jahre lang hinter dem Lenkrad von mehr als einem Dutzend verschiedenster Porsche sein würde, darunter die fabelhaften Modelle 956 und 962, die zu den traditionsreichsten Typen zählten und die Motorsportszene jener Jahre absolut dominierten. Ich fuhr bei einigen Rennen Wettbewerbsfahrzeuge, die den Neunhundertelfer als Basis hatten. Darunter den hervorragenden Kremer 935, den ich zusammen mit Derek Bell auf dem Österreichring fuhr und mit John Fitzpatrick im kalifornischen Riverside.
Schlussendlich verwirklichte ich meinen Traum, einen eigenen Neunhundertelfer zu besitzen, in den späten achtziger Jahren. Ich erstand einen prächtigen, grün-grauen 911 (930) Turbo, den ich direkt im Werk in Zuffenhausen übernahm.
Daraufhin kam aber nach vielen Jahren in mir wieder der Tuner, der Do-it-yourselfer durch und was machte ich daraufhin? Ich brachte das Fahrzeug nach Australien und baute es auf Rechtslenkung um. Ich habe diese Arbeiten nicht wirklich selbst ausgeführt, und so wurde es eine langwierige und teure Lebenserfahrung, denn es gab keinen Adrian Streather Reparaturleitfaden, mit dessen Hilfe man den aufwändigen Umbau einfacher hätte machen können.
Mein zweiter 911 war ein indischroter Speedster Baujahr 1988 mit schmaler Karosserie. In diesem Falle verschiffte ich das Fahrzeug von Australien zu unserem Wohnsitz in Großbritannien. Und diesmal wagte ich keine Experimente mit dem Fahrzeug.
Schlussendlich, verschafften mir meine Renneinsätze für Porsche unter dem bemerkenswerten Professor Helmuth Bott, einen Platz in der Warteliste für einen brandneuen Porsche 959. Dies war wirklich ein fantastisches Fahrzeug, wenn auch der Preis, diesen Wagen zu betreiben und zu warten, sehr hoch ist. Ich frage mich, ob örtliche, tüchtige Kraftfahrzeug-Mechaniker überhaupt in der Lage sind, verzwickte Probleme mit diesem Fahrzeug anzupacken, wenn nicht ein Streather 959 Handbuch verfügbar ist.
Ich könnte noch ewig weiter erzählen über meine Erfahrungen mit Porsche Fahrzeugen. Ja, es gibt Pannen mit ihnen, sie müssen gewartet und eingestellt werden, nichtsdestotrotz sind sie fabelhafte Fahrzeuge.
Alles was ich jetzt sagen kann, nachdem ich Adrian Streather's umfassende und informative Bücher angeschaut habe, ist: „Warum hatten wir so etwas nicht, als wir an Holdens, Falcons und VW Käfern schraubten?"

Vern Schuppan, 29. März 2004

Dank und Anerkennung

Ohne die Mithilfe enthusiastischer Mitarbeiter und Freunde sind Bücher wie das vorliegende nicht möglich.

Hilfestellung gaben: Dr. Ing. h. c. F. Porsche AG

Besondere Unterstützung wurde erteilt von:

Alan Meaker, Toyo tyres, Großbritannien

Dr. Ing. h. c. F. Porsche AG, Historisches Archiv , alles zum Thema 911 SC, Herr Jens Torner

D.r Ing. h. c. F. Porsche AG VAT, Ludwigsburg, 911SC Dokumentation, Herr Walter Bohn-Dumele

D.r Ing. h. c. F. Porsche AG International, Public Relations, Herr Michael Schimpke

Gail Streather, für alles rund um die Original-Buch-Herstellung (Schweiz)

John Dunkle, Mr Porsche of cyberspace (USA)

Vern Schuppan, Le Mans Sieger 1983 (Australien)

Spezielle 911 SC Hilfestellung gaben:

Die folgenden 911 SC-Besitzer erlaubten den vollständigen Zugang, sowie die Zerlegung ihrerFahrzeuge und alle notwendigen Fotoaufnahmen für das Buch:

Donald Siegfriedt (USA), Gary Cuozzo (USA), Joel Rosenblatt (USA), Lee Heppe (USA), Lon Tusler (USA), Robin Langford (GB), Ron Perry (USA), R. Warren Cramer (USA), Simon Gigney (Australien), Tom Uban, (USA)

Weitere 911 SC Besitzer, die mich unterstützten:

Alan Herod (USA), Albert Upsher (USA), Andy Leadbetter (GB), Barry Gollings (USA), Bill Cline (USA), Bob Hall (USA), Brad Brown (USA), Brandon Hull (USA), Charles Carchedi (USA), Chris Duffey (USA), Chris Winter (USA), Colin Judd (GB), Craig Forrest (USA), Craig O'Brien (USA), Dan Whiteman (USA), Danny Hoffman (USA), David Andersen (USA), David Mackrell (Neuseeland), Dean Moore (USA), Derreck H. Khajavi (USA), Dieter Woerz (USA), Don Bryant (USA), Eric Kessel (USA), Eric McKenna (USA), Gary Cuozzo (USA), Gerko Hoek (Niederlande), Harbour Cars (Rob Langley), (GB), Harold R. „Dick" Lane (USA), James S. Bricken (USA), Jay Heppe (USA), Jens Moller (USA), Jens Torner (Deutschland), Jerry Broersma (USA), Jerry „The Mayor" Skirvin (USA), Jim Giampaolo (USA), Jim Williams (USA), Joel Rosenblatt (USA), Keith Sheu (USA), Keith Stevens (USA), Kurt Fischer (USA), Mark Wilson (USA), Mark Perry (USA), Matthew Rich (USA), Michael Maurer (Kanada), Michael Topp (USA), Mike Baxter (USA), Mike Zois (USA), Norman Goodall (Australien), Paul Rawnsley (Australien), Peter Bull (GB), PCGB 911SC Registry, Peter Bull (GB), Randall Pizarro (USA), Rens Pels (Niederlande), Robert Fagaly (USA), Ryan Volin (USA), Scott Booth (USA), Terry Grillo (USA), Thierry Reme (Frankreich), Tom Uban (USA),

Fotografen: Dan Chrisman (USA), David Botterill (GB), David Mackrell (Neuseeland), Donald Bryant (USA), Donald Rutherford (USA), Douglas Anderson (USA), Edward Moore (USA), Elji, The Coyote and the Frog (Frankreich), Harvey Robideau (USA), Jack Olsen (USA), Jack Zelms (USA), Jay Justesen (USA), Jean-Pierre German (Niederlande), Joe Fabian of Fabspeed (USA), Joseph Lo (Kanada), Karen Wheeler (Australien), Larry Hayes (USA), Larry Turner (USA), Lon Hultgren (USA), Manfred Sappler (Deutschland), Mark Johnston (Hongkong), Mike Rajic (USA), Peter Sandholdt (USA), Peter Spence (GB), Peter Wheeler (Australien), Porsche Club of America, Region Deutschland, Rev Walter Schedler (USA), Robert Margeit (Australien), Ron Madaio (USA), Sandor Ferenczy (USA), Thom Fitzpatrick (USA), Tom Sharpes (USA), William Verburg (USA), Andy Leadbetter, (GB) Daniel Mainzer (USA), Heather Herod (USA), Jay Heppe (USA), Mark Sims (GB), Sally Carrington (Australien), Simon Clark (GB)

Grafische Zeichnungen:

Alle Fotografien der am Buch beteiligten und oben namentlich genannten Mitarbeiter wurden zur Veröffentlichung in diesem Buch freigegeben. Die Fotografien, technische Dokumentationen und Daten wurden für dieses Buch von Dr. Ing. h. c. F. Porsche AG von den einzelnen Abteilungen für dieses Buch freigegeben. Hinweise zur Kundendienst- und Reparaturtechnik wurden vom Technischen Kundendienst der Porsche AG lediglich für dieses Buch freigegeben und dürfen ohne schriftliche Genehmigung der Dr. Ing. h. c. F. Porsche AG nicht weiterverbreitet werden. Hinweis: Dieses Buch wurde von Enthusiasten geschaffen. Einige der verwendeten Fotografien sind nicht von allerhöchster Qualität. Trotzdem wurden diese Fotografien eingefügt, da keine besseren zur Verfügung standen, um wichtige Details zu zeigen.

Kapitel 1

Die fantastische Geschichte des 911 SC

Einer der ersten Kunden für den 911 SC war die deutsche Autobahn-Polizei.

Werksbild Porsche AG

Der Porsche Werksfahrer und Le Mans-Gewinner Vern Schuppan war selbst 911 Besitzer. Vern beschreibt seine 911-Erfahrungen im Vorwort dieses Buches. Foto: Vern Schuppan

1980 fuhr Derek Bell einen 924 Carrera GT. Es nicht bekannt, ob Derek jemals einen eigenen 911 besaß. Er hatte aber 1988 einen speziellen 928 S4. Dieser 928 existiert noch und befindet sich in den USA. Foto: Bill Cline

Einleitung

Das Besondere, wenn man ein Buch über irgendeinen Porsche 911 schreibt, ist, dass es da innerhalb der Geschichte immer noch eine weitere Geschichte gibt, einen weiteren Blickwinkel, wenn Sie es so wollen. Der 911 SC hat seine eigene, besondere Geschichte und einen eigenen Platz in der Automobilgeschichte. Bis heute ist es das Problem gewesen, dass niemand die wirkliche Geschichte kannte. Es war geplant, dass der 911 SC der letzte Neunhundertelfer hätte werden sollen. Die Porsche Geschäftsleitung entschied damals, dass die Baureihe 911 durch den Typ 928 ersetzt wird, der mit einem V8-Motor im Bug angetrieben werden sollte. Zwei Gründe gab es dafür:

- Interne Management-Rivalitäten.
- Einige der damaligen Manager bei Porsche glaubten, dass der Motor des 911 nicht so geändert werden könnte, dass die damals neuen Abgas-Grenzwerte erfüllbar gewesen wären.

Und was passierte? Als die Entscheidung, dass man die Fertigung des 911 einstellen werde, dem Publikum bekannt wurde, gab es einen weltweiten Aufschrei unter den Besitzern und Freunden der Neunelfer. Allerdings gab es ein bedeutsames Ereignis im Ablauf der Geschichte: Einen neuen Vorstandsvorsitzenden. Peter W. Schutz, ein Amerikaner mit deutschen Vorfahren wurde beauftragt, den Neunelfer nicht sterben zu lassen. Bei einer Vorstandsbesprechung stand er auf, nahm einen dicken Filzstift und verlängerte die auf einer Schautafel dargestellte Produktionslinie für den 911 über das eingezeichnete Ende im Jahre 1981 hinaus bis zum Ende der Grafik. Der Neunhundertelfer war gerettet! Wahrscheinlich wurde der Name „Super Carrera" für die letzte Baustufe des 911 so ausgewählt, dass dies in steter Erinnerung verbleiben sollte. Als die Produktion des 911 SC als vermeintlich letzte Baureihe anlief, vermehrten sich jedoch die Anzeichen, dass es doch eine Weiterentwicklung der 911-Baureihe geben wird. Aus dem Basisfahrzeug 911 SC wurden schließlich folgende Fahrzeuge weiterentwickelt: Die Porsche Typen 953, 959, 961, 964 und schließlich im Modelljahr 2004 der allradgetriebene 911 (intern Typ 996) und das Twin Turbo Cabriolet.

Die Firma Ruf Automobile in Pfaffenhausen in Bayern hat es geschafft, sich als Hersteller von Sportwagen auf Porsche-

Basis einen Markt zu schaffen. Und das zu einer Zeit, als Porsche mit internen Problemen beschäftigt war. Der erste Ruf-Sportwagen, Basis Porsche 911, wird am Ende dieses Kapitels beschrieben.

Ein 911 Carrera 3,0 Coupé Modelljahr 1977, der Vorgänger der 911 SC-Serie. Foto: David Butterill

Für das Modelljahr 1977 bot Porsche drei deutlich unterschiedliche 911 Modelle an. Das Basisfahrzeug war mit einem 2,7 Liter Sechszylinder-Motor für den Markt „RdW" (Rest der Welt) vorgesehen. Der 911 S, ebenfalls mit einem 2,7-Liter-Motor, wurde ausschließlich für den USA-Markt angeboten. Der 911 Carrera 3,0 Liter mit einer Leistung von 147 kW (200 PS) bei 6000/min war wieder ausschließlich für den RdW-Markt vorgesehen. Porsche entschied sich, den kraftvollen Carrera 3.0 als Ausgangspunkt für künftige Modell-Generationen vorzusehen. Auf den Markt kam der 911 SC, der „Super Carrera".

Der Carrera 3.0 war natürlich ein deutlicher Fortschritt auf vielen Gebieten und Porsche konnte sich auf eine einzige Basis-Serie mit dem 911 SC konzentrieren. Für den USA-Markt bedeutete der 911 SC gegenüber dem 911 S einen großen Sprung vorwärts.

Der 911 SC mit 3,0-Liter-Motor bot einen Leistungsanstieg von 17 kW (23 PS) gegenüber dem 2,7-Liter-Aggregat, das im 911 S zum Einsatz kam. Für den Rest-der-Welt-Markt dagegen, bedeutete es einen Verlust von 15 kW (20 PS), wenn man sich die Leistung des Carrera 3.0 Baujahr 1977 anschaut. Verglichen mit jedem bisherigen 911-Modell war der 911 SC komfortabler und als Gesamtfahrzeug besser durch folgende Neuerungen:

- Breitere Spurweite hinten für bessere Fahrstabilität. Serienmäßige Servo-Bremsanlage gegenüber allen früheren 911-SC-Serien. (Bremskraftverstärkung war vorher lediglich für USA-Fahrzeuge Typ 911/911 SC und ab Modelljahr 1977 für den 911 Carrera 3,0 für den RdW-Markt verfügbar).
- Drehmomentsteigerung im unteren Drehzahlbereich, dadurch besseres Durchzugsvermögen

Während den Jahren, in denen der 911 SC vom Band lief, wurde die Maximalleistung der Motoren für die RdW-Fahrzeuge langsam gesteigert. Für die USA-Version hingegen blieb die Motorleistung stets gleich. Die 911 SC sind die letzten Saugmotor-Neunhundertelfer, die mit dem Bosch Kraftstoff-Einspritzsystem K-Jetronic ausgestattet wurden.

Ein 911 S (USA-Version) Modelljahr 1977, der durch die 911 SC-Modelle ersetzt wurde. Foto: Ron Madaio

Ein 911 SC Cabriolet Modelljahr 1983, das erste Porsche Cabriolet seit dem Ende der Produktion des Typ 356 im Jahr 1965.

Werksbild Porsche AG

Die Baureihe 911 SC erwarb sich rasch einen guten Ruf hinsichtlich ihrer Zuverlässigkeit. Tausende Exemplare existieren auch heute noch und nicht wenige davon haben Kilometerleistungen von weit über 400.000 Kilometern erreicht. Der Dreiliter-Motor gilt als nahezu unzerstörbar – regelmäßige Ölwechsel und gute Behandlung vorausgesetzt – und stellt ein exzellentes Vermächtnis der Porsche Technologie der siebziger Jahre dar.

Mit dem Serienanlauf der Baureihe 911 SC erhielt auch die Mehrausstattungs-Liste ein neues Nummernsystem: Die so genannten M-Nummern wurden eingeführt und stellten die wichtigste Zusammenfassung für die Ausstattung eines Fahrzeugs dar. Siehe Anhang B für alle Mehrausstattungen.

Mit dem Produktionsbeginn der Baureihe 911 SC kündigte Porsche auch die Wiedereinführung einer Cabriolet-Variante für das Modelljahr 1983 an, das erste offene Modell seit dem Ende der 356-Baureihe. Es war das letzte Saugmotor-Cabriolet mit K-Jetronic-Benzineinspritzung, jedoch nicht das letzte 911 Cabriolet, denn es wurden noch 14 Exemplare des Typs 911 Turbo Cabriolet (intern Typ 993) mit K-Jetronic in einer Sonderserie im Modelljahr 1995 nachgeschoben.

Hinweis:

Alle Jahresangaben in diesem Kapitel und im gesamten Buch sind auf die Modelljahre bezogen und nicht auf die Kalenderjahre, es sei denn es wird ausdrücklich darauf hingewiesen.

911 SC Coupé, Modelljahr 1978

Werksbild Porsche AG

911 SC Targa Modelljahr 1978. Beachten Sie die Scheinwerfer-Waschanlage: Dies sind noch die alten, hochstehenden Spritzdüsen, die ab Modelljahr 1980 durch flache Düsen ersetzt wurden.

Werksbild Porsche AG

Modelljahr 1978 (L-Serie)

Augenfällig betrachtet, gab es beim 911 SC kaum sichtbare Änderungen gegenüber den Fahrzeugen der Baureihen Carrera 3.0 Coupé und Targa von 1977.

Die Hauptunterschiede waren:

- Wiedereinführung des Fünfgang-Schaltgetriebes als Serienausstattung. Seit 1972 war das Fünfgang-Getriebe lediglich gegen Aufpreis für alle Märkte bestellbar. Eine Ausnahme bildete der 911 RS, der für den RdW-Markt serienmäßig das Fünfgang-Getriebe eingebaut hatte.
- Unterdruck-Bremskraftverstärker für alle 911 SC weltweit. Bei früheren 911-Serien waren servounterstützte Bremsen ausschließlich für USA-Fahrzeuge verfügbar.
- Die hintere Spurweite wurde um 1 mm vergrößert.
- Die hinteren Radabdeckungen wurden etwas weiter ausgestellt.
- Die hinteren Seitenfenster konnten nicht mehr geöffnet werden.
- Die Kupplungsmitnehmerscheibe erhielt einen Gummi-Torsionsdämpfer.
- Ein kontaktloses Zündsystem wurde eingeführt.
- Die Dreigang-Sportomatic war als Mehrausstattung neu im Angebot.
- 16-Zoll-Räder wurden ebenfalls als Sonderausstattung angeboten.
- Ein starrer Heckspoiler war dagegen für das Modelljahr 1978 für den 911 SC nicht im Angebot.

Während die Baureihe 911 SC bei Porsche eine internationale Angleichung darstellte, wurden unterschiedliche Ausstattungsvarianten für die verschiedenen Weltmärkte notwendig. Im Modelljahr 1978 wurden alle Motoren der 911 SC Fahrzeuge mit Sekundärluftpumpen ausgestattet, um die unterschiedlichen Abgasbestimmungen der Weltmärkte zu erfüllen. Insgesamt sechs Varianten waren gelistet, um die Anforderungen an die weltweit unterschiedlichen Abgasvorschriften zu erfüllen:

- Version „RdW“: Lufteinblasung in die Abgase, kein Katalysator
- Version „Schweiz“: Lufteinblasung in die Abgase, kein Katalysator

- Version „49 Staaten USA und Kanada“: Lufteinblasung in die Abgase, Zweiwege-Katalysator
- Version „Kalifornien“: Lufteinblasung in die Abgase, Zweiwege-Katalysator, Abgasrückführung (AGR) ins Ansaugsystem
- Version „Japan“: Lufteinblasung in die Abgase, Zweiwege-Katalysator, Abgasrückführung (AGR) ins Ansaugsystem, Hitzeschutzbleche

911 SC Coupé, Modelljahr 1978

Foto: Craig O'Brien

Preise 1978	
Modell	**Anschaffungspreis**
911 SC Coupé	39.900 DM
911 SC Targa	42.700 DM

911 SC, Modelljahr 1978, Fahrzeug für die Safari-Rallye, der damals anspruchvollsten Veranstaltung der Rallye-Weltmeisterschaft.

Werksbild Porsche AG

Eine Kleinserie von Rallye-Fahrzeugen wurde aus der beginnenden Serienfertigung des 911 SC abgezweigt und von Porsche Motorsport einsatzfähig aufgebaut. Diese Fahrzeuge sind im **Kapitel 12** beschrieben.

Modelljahr 1979 (M-Serie)

Im Modelljahr 1979 kamen keine spektakulären Neuerungen am 911 SC. Wie in den bisherigen Jahren, wurden nur die Versionen Coupé und Targa gebaut. Die Motorleistung blieb weltweit bei 132 kW (180 PS).

Ein sehr seltenes Fahrzeug: Porsche 911 SC Modelljahr 1979 mit Sportomatic-Getriebe und Rechtslenkung ab Werk.

Fotografiert von Sally Carrington in Darwin, Australien im Jahre 2003

Preise 1979	
Modell	**Anschaffungspreis**
911 SC Coupé	39.900 DM
911 SC Targa	42.700 DM

Modelljahr 1980 (A-Programm)

911 SC, Modelljahr 1980 Foto: Don Bryant

Das Modelljahr 1980 hingegen brachte viele Änderungen am 911 SC. Diese Änderungen sind in den Tabellen in diesem Abschnitt aufgeführt. Wichtigste Neuerung für die RdW-Fahrzeuge des Modelljahres 1980 war die gesteigerte Motorleistung, die nun bei 138 kW (188 PS) lag. Die Motorleistung für den USA-Markt blieb unverändert bei 132 kW (180 PS). Im Modelljahr 1980 wurde auch die „Weissach Special Edition", die ausschließlich auf dem USA-Markt angeboten wurde, und eine 911 SC Clubsport-Version für Großbritannien eingeführt. Als Basis-Versionen wurden ausschließlich das Coupé und der Targa hergestellt. 1980 war auch das letzte Jahr mit den zehnstelligen Fahrgestellnummern. Danach führten weltweit alle Automobil-Hersteller internationale siebzehnstellige Fahrzeug-Identifikations-Nummern (deutsch: FIN; englisch: VIN = Vehicle Identification Numbers) ein. Porsche selbst stellte als einer der letzten Hersteller zum Modelljahr 1981 auf die neue FIN um. Einzelheiten zu dieser Umstellung sind im **Anhang A** zu finden.

Sondermodell 911 SC „Weissach", Modelljahr 1980: Das spezielle Interieur gehört zum Umfang der Sonderausstattung. Foto: Kurt Fischer

Das Modelljahr 1980 war zugleich auch das letzte Jahr, in dem das halbautomatische Getriebe Sportomatic als Mehrausstattung angeboten wurde. Nach 1980 erfolgte eine Auslieferung dieses Getriebes nur noch auf Sonderwunsch an spezielle Kunden. Es wurden nur wenige 911 SC mit Sportomatic gebaut. Andere Sonderausstattungen fanden sich wie in den Vorjahren im Angebot.

Außenansicht des Sondermodells 911 SC „Weissach". Foto: Kurt Fischer

Preise 1980	
Modell	**Anschaffungspreis**
911 SC Coupé	46.950 DM
911 SC Targa	49.950 DM
911 SC Weissach Special Edition*	von 33.500 bis 43.000 US $ je nach Ausstattung

**Das Fahrzeug wurde ausschließlich in den USA angeboten*

SC Coupé mit Rechtslenkung, Modelljahr 1981, aufgenommen in Australien im Jahr 2003. Foto: Simon Gigney

Modelljahr 1981 (B-Programm)

Äußerlich betrachtet sahen die 911 SC für USA genau so aus wie im alten Modelljahr, die Fahrzeuge für den RdW-Markt erhielten jedoch eine höhere Motorleistung. Das Ausstellungsfahrzeug „Studie" war auf der Internationalen Automobilausstellung in Frankfurt 1981 zu sehen.

Dieses „Concept Car" war ein allradgetriebenes Cabriolet mit Turbolader auf Basis 911 SC. Weitere Details zu diesem Fahrzeug werden im Verlauf dieses Kapitels beschrieben. Feststehende Heckspoiler für USA-Fahrzeuge konnten über die Porsche Händler lediglich im Modelljahr 1981 bestellt werden. Die übrigen Mehrausstattungen waren mit den Vorjahren identisch. Die Fahrzeug-Identifikations-Nummern (FIN) mit 17 Kennziffern wurden nun auch bei Porsche verwendet.

911 Targa, Modelljahr 1981. Werksbild Porsche AG

Preise 1981	
Modell	**Anschaffungspreis**
911 SC Coupé	49.900 DM
911 SC Targa	52.900 DM
911 SC SC Sport	18.179 engl. Pfund

911 SC Coupé, USA-Fahrzeug, Modelljahr 1981, Serienausstattung ohne Heckspoiler. Foto: R. Warren Cramer

Vorserienfahrzeug des 911 SC Cabriolets bei der Präsentation auf dem Genfer Automobilsalon im März 1982. *Werksbild Porsche AG*

Modelljahr 1982 (C-Programm)

Für das Modelljahr 1982 war das Highlight die Sonderserie „Edition Ferry Porsche". Für den Weltmarkt wurden 200 dieser Fahrzeuge auf der Basis des 911 SC gebaut.

Die Liste der Sonderausstattungen war gleich mit den vorangegangenen Jahren. Ein Typenschild mit der neuen Identifikations-Nummer war jetzt an der Stirnseite des Querträgers im Kofferraum angebracht.

Ein Vorserienmodell des künftigen 911 SC Cabriolets wurde im Frühjahr 1982 auf dem Automobilsalon in Genf vorgestellt.

Links ein 911 SC Coupé, Modelljahr 1982.
Rechts: Ein 911 Turbo Coupé, Modelljahr 1982
Werksbild Porsche AG

Preise 1982	
Modell	**Anschaffungspreis**
911 SC Coupé	51.900 DM
911 SC Targa	55.900 DM
911 SC „Ferry Porsche Spezial"	63.000 DM

911 SC Cabriolet, Modelljahr 1983. Werksbild Porsche AG

Modelljahr 1983 (D-Programm)

Das Modelljahr 1983, das am 1. August 1982 begann, war das letzte Produktionsjahr des 911 SC. Es war aber auch das erste Produktionsjahr eines 911 Cabriolets nach 18 Jahren Pause. 1965 wurde die Montage des 356 Cabriolets eingestellt. Die ersten 911 Cabriolets waren mit einem manuell zu betätigenden Verdeck versehen, bei dem das durchsichtige Heckteil mittels Reißverschluss unabhängig vom Verdeck selbst geöffnet oder geschlossen werden konnte. Zusätzlich besaßen diese Fahrzeuge serienmäßig beheizbare Ledersitze sowie elektrisch betätigte und beheizte Außenspiegel. Eine beheizbare Heckscheibe wurde gegen Aufpreis angeboten. Die Produktion der gesamten Modellpalette 1983 erfolgte bis zum 31. Juli 1983. Danach wurde die 911 SC-Serie durch den Carrera 3.2 ersetzt. Allerdings lief in jenem Jahr noch eine spezielle Serie des 911 SC vom Band: 20 Leichtbau-Fahrzeuge vom Typ 911 SC/RS (Porsche-intern Typ 954), die für den Motorsporteinsatz nach dem FIA Gruppe-B-Reglement homologiert wurden. Eine vollständige Beschreibung dieser Kleinserie ist im nächsten Kapitel zu finden.

Porsche Typ 953 aus dem Jahre 1984: Das Rallye-Fahrzeug war mit einem 3,2 Liter großen Triebwerk und Allradantrieb ausgestattet, das Fahrwerk stammte vom Porsche Typ 954 (911 SC/RS).

Foto: Adrian Streather

Preise 1983	
Modell	**Anschaffungspreis**
911 SC Coupé	54.900 DM
911 SC Targa	58.900 DM
911 SC Cabriolet	64.500 DM
911 SC/RS Coupé	188.100 DM

1979	Generator mit 980 Watt Leistung, Batterie mit 66 Ah
	Getriebeübersetzungen der mechanischen Getriebe und der Halbautomatik „Sportomatic" geändert
	Einfassungen der Windschutzscheibe, der Seitenscheiben und der Heckscheibe sind jetzt bei RdW-Fahrzeugen serienmäßig mattschwarz, für USA sind Chromeinfassungen Serienausstattung
1980	Verdichtungsverhältnis der USA-Fahrzeuge auf 9,3:1 erhöht, die Leistungsangabe bleibt bei 132 kW (180 PS)
	Verdichtungsverhältnis der RdW-Fahrzeuge mit 8,6:1 festgelegt, die Leistung um 6 kW (8 PS) gesteigert
	Für USA-Markt zur besseren Abgasentgiftung Lambda-Sonde und Dreiwege-Katalysator eingeführt; bei diesen Versionen zusätzliche Warnlampe im Armaturenbrett, die bei Ausfall des Entgiftungssystems warnt.
	Vordere Scheinwerfer-Waschdüsen jetzt versenkt eingebaut
	Dreispeichen-Lederlenkrad mit 380 mm Durchmesser wird angeboten
	Tachoskala für USA-Fahrzeuge zeigt jetzt bis 85 mph
	Verstärkte Ventildeckel
	Kühlgebläserad für die Motoren Typ 930/09, /16, /17 und /19, die mit K-Jetronic-Benzineinspritzung ausgerüstet sind, hat jetzt einen Durchmesser von 242 mm und 11 Propellerblätter.
	Lufteinlass-Öffnungen beim K-Jetronic Einspritzsystem verkleinert
	verbesserter Messing-Ölkühler wird in die RdW-Fahrzeuge eingebaut, USA-Fahrzeuge weiter mit dem bisherigen Kühlrohrsystem versehen
	Zweifach wirkendes Zündzeitpunkt-Verstellsystem wird für USA-Fahrzeuge eingeführt.
	Geänderte Kettenspanner für die Nockenwellen-Steuerketten
	Panasonic Stereo-Radio und elektrische Antenne ausschließlich für den britischen Markt
	Klimaanlage, elektrisch Fensterheber, schwarze Fenstereinfassungen und das Lederlenkrad werden Serienstandard für USA-Fahrzeuge
	Neues Ölansaugsystem mit Maschenfilter für den Motor
	Selbsteinschaltende Beleuchtung für den Motorraum
	Kupplungsbetätigung erfolgt jetzt mit Servo-Unterstützung zur Verringerung der Pedalkraft
	Länger übersetzter 5. Gang nur für USA-Fahrzeuge
	Einlassventil-Nenndurchmesser im Zylinderkopf reduziert auf 34 mm, nur für RDW-Fahrzeuge
	Auslassventil-Nenndurchmesser im Zylinderkopf reduziert auf 35 mm bei allen Motoren weltweit
	eine Alarmanlage als neue Mehrausstattung
	Ersatz für die Gummi-Torsionsdämpfer an der Kupplungsmitnehmerscheibe durch Stahlfederdämpfer
1981	Nicht einstellbarer Gemischregler mit verbesserter Kaltlaufregelung für den USA-Markt
	Bosch H5-Sealed-Beam-Hauptscheinwerfer für den USA-Markt, RdW-Fahrzeuge weiterhin mit H4-Scheinwerfern
	Kraftstoff-Einspritzleitungen jetzt aus Edelstahl, anstelle flexibler, umflochtener Leitungen
	Verbessertes Luftführungsgehäuse mit Überdruckventil, verbessertes K-Jetronic-Einspritzsystem mit Beschleunigungsanreicherung durch Taktventil
	Seitenblinkleuchten in vorderen Kotflügeln nur bei RdW-Fahrzeugen
	RdW-Fahrzeuge erhalten Domkolben, dadurch erhöhte Kompression von 9,8:1, erhöhte Maximalleistung 150 kW (204 PS), bei USA-Fahrzeugen bleibt die Höchstleistung bei 132 kW (180 PS).
	verbesserte Tellerfeder bei Kupplungen eingebaut
	Getriebegehäuse Typ 915 im Druckguss-Verfahren hergestellt
	Motor 930/10 für RdW-Fahrzeuge benötigt jetzt verbleiten Kraftstoff mit höherer Oktanzahl
	Kurbelwelle im Bereich der Pilotlagerung für die Getriebewelle geändert
1982	Generator mit 1080 Watt Leistung und integriertem Regler weltweit Standard
	Die Kettenräder für den Antrieb der Nockenwellen jetzt mit Sechskant-Schrauben anstelle der bisherigen Sechskant-Muttern befestigt
	Skala für die Öltemperatur-Anzeige geändert
	Verbesserte Lambda-Sonde für die USA-Fahrzeuge, RdW-Fahrzeuge weiter ohne Lambda-Sonde
	Distanzscheiben (9 mm Dicke) an den vorderen Federbeinen werden nicht mehr montiert
	Typen-Schild jetzt an der Stirnseite des Querträgers im Kofferraum
1983	Tachoskala mit 160-mph-Maximalanzeige nur in USA-Fahrzeugen
	verbesserte Gemischanreicherung zum Beschleunigen
	USA-Fahrzeuge mit Lamellen-Ölkühler
	Cabriolets sind mit einem manuellen Regelsystem für die Heizung ausgerüstet, Heizungsregulierung der Modelle 911 Coupé und Targa automatisch
	Dreipunkt-Sicherheitsgurte auch an den hinteren Sitzen
	Neues verstärktes Kurbelgehäuse ab April 1983
	Änderungen an der Motoröl-Absaugung im Kurbelgehäuse ab April 1983, verbesserte und leisere Schalldämpfer-Anlage ab April 1983
	Angleichung der Fahrzeughöhen-Einstellung USA zu RdW

Porsche Treffen in den USA: Das 911 SC Sondermodell „Weissach", Modelljahr 1980, war ausschließlich für den US-Markt bestimmt.

Alle Bilder: Kurt Fischer, Jim Giampolo, Rober Hall jun.

Sondermodelle Typ 911 SC

Verglichen mit anderen Baureihen des Neunelfers, hatte der Typ 911 SC sehr wenige Sondermodelle. Dies war eine der Konsequenzen der Entscheidung, dass die Serie 911 SC die letzte der Neunelfer-Baureihe sein sollte, ehe dieser Beschluss wieder rückgängig gemacht wurde.

Porsche Weissach Special Edition (1980)

Insgesamt wurden 408 Exemplare „Weissach Special Edition" hergestellt und ausschließlich auf dem USA-Markt angeboten. Mit dem Namen dieses Modells wollte man die Arbeit und die Erfolge des Motorsport-Teams Porsche würdigen, das in Weissach im Porsche Entwicklungszentrum integriert ist. Mit der Mehrausstattungsnummer M 439 wurde aus einem serienmäßigen 911 SC ein Fahrzeug mit neuen Sonderfarben. 50 Prozent der Fahrzeuge erhielten die Farbe „Schwarzmetallic", die anderen die Farbe „Platinmetallic".
Die Innenausstattung war vollständig aus Leder in der Farbe „Doric Grey" mit burgunderroten Kedern. Am Bugspoiler war an der Unterseite eine flexible Gummilippe angebracht und auf dem Motordeckel ein übergroßer Heckspoiler montiert.
Bilstein-Stoßdämpfer sorgten bei diesen Fahrzeugen für eine bessere Straßenlage. Als Räder wurden spezielle, gepresste Fünfspeichen-Leichtmetallfelgen des Herstellers Fuchs verwendet, bei denen die Felgensterne mit der Farbe „Titanmetallic" lackiert waren, unabhängig von der Wagenfarbe des Fahrzeugs. Diese Felgen (vorne: 6J x 15, hinten: 7J x 15) waren serienmäßig mit Pirelli CN30 der Dimension 185/70 VR 15 vorne und 215/60 VR 15 hinten bereift.

Weitere Ausstattungs-Details:

- Außenspiegel auf der Beifahrerseite
- Elektrisches Schiebedach
- Nebelscheinwerfer unter der Frontstoßstange
- Elektrische Antenne
- Stereo-Radio mit zusätzlichen Lautsprechern in der Hutablage und den Türen

Porsche Club Großbritannien: Dieser 911 SC Sport, Modelljahr 1982, ist der Gewinner des Concours d' Elégance 2000 und befindet sich selbstverständlich noch im Originalzustand.

Foto: Peter Bull (PCGB, 911 SC Register)

911 SC Sport (1980 bis 1983)

Die Idee für ein „Clubsport"- oder „CS"-Sondermodell war nicht neu. Was jedoch neu war, dass Porsche zunächst das „CS"-Paket nur für den Markt Großbritannien angeboten hat. Das Fahrzeug nannte sich in England 911 SC Sport.

Das gesamte SC Sport-Paket:

- Feststehender Heckspoiler (nicht verfügbar für alle anderen 911 SC-Varianten, ausgenommen das 911 SC Weissach-Modell im Modelljahr 1980)
- Vergrößerter Frontspoiler
- Bilstein-Fahrwerk, um die sportlichen Fahreigenschaften zu verbessern.
- Sportsitze (Mehrausstattungen M 383 und/oder M 387)
- 16-Zoll-Leichtmetallräder mit Pirelli P7-Bereifung

Die 911 SC Sport-Varianten wurden mit verschiedenen Außen- und Innenausstattungs-Farben angeboten; außerdem konnten zusätzliche Mehrausstattungen und Sonderwunsch-Optionen bestellt werden.

Hinweis:

Es kann sehr schwierig sein, zu bestimmen, ob ein zum Kauf angebotener 911 SC Sport ein Originalfahrzeug ist, oder aber nachträglich umgebaut wurde. Das gilt besonders für die Modelljahre 1980 und 1981, bedingt durch das Fehlen genauer Mehrausstattungs-Angaben in den ausgegebenen Fahrzeug-Dokumenten. Es ist also sehr wichtig, vor dem Kauf zu klären, ob dieses Fahrzeug überhaupt ein 911 SC Sport ist. Hilfreich kann dabei Peter Bull sein, der im Porsche Club Großbritannien für die Registrierungen der 911 SC zuständig ist, oder man recherchiert bei diversen Quellen im Internet, die sich mit diesen Registrierungen beschäftigen.

911 SC mit Rechtslenkung. Das Fahrzeug hat die Mehrausstattung M 042, Martini Rallye-Streifen. Foto: Harbour Cars, UK (Rob Langley)

911 SC Martini (1980 bis 1983)

Als Mehrausstattung M 042 wurde der 911 SC Martini angeboten, um an die großartigen Rennerfolge des Martini Racing Teams mit Porsche 911 Turbo zu erinnern. Genau genommen war dieses Fahrzeug im eigentlichen Sinne kein Sondermodell. Vom Werk ausgelieferte Originalfahrzeuge mit den Martini-Seitenstreifen sind allerdings so selten, dass man ihnen trotzdem einen speziellen Platz in der Geschichte des 911 SC einräumen muss.

Das Design mit dem typischen Martini-Streifenmuster sollte an die großen Motorsporterfolge von Porsche erinnern.
Foto: Harbour Cars, UK (Rob Langley)

Auf dem seinem Messestand auf der IAA in Frankfurt präsentierte Porsche im Jahr 1981 dieses 911 Turbo Concept Car, ein auf dem Typ 911 SC aufgebautes Cabriolet mit Allradantrieb.

Werksbilder Porsche AG

Porsche Studie (1981)

Anlässlich der Automobilausstellung in Frankfurt im Jahr 1981 zeigte Porsche ein „Concept Car", das als Basis den 911 SC hatte.

Das ausgestellte Fahrzeug war ein Cabriolet mit einem Abgasturbolader und Vierradantrieb. Von dieser Studie wurde letztendlich die Cabrio-Version abgeleitet, die ab August 1982 gefertigt wurde. Das Fahrzeug in Frankfurt war übrigens der Prototyp für eine ganze Reihe neuer turboaufgeladener 911 Cabriolets der Modelljahre 1987 bis 1989, jedoch zunächst noch ohne Allradantrieb.

Das erste serienmäßige Cabriolet mit Allradantrieb war der 911 Carrera 4 (Typ 964) im Modelljahr 1990. Es sollte noch bis zum Jahr 2004 dauern ehe das erste allradgetriebene Cabriolet mit Turbolader gebaut wurde.

911 SC „Ferry Porsche Special" (1982)

Das 911 SC Coupé „Ferry Porsche" wurde als Sondermodell vorgestellt, zur Erinnerung an die Gründung der Entwicklungsfirma Porsche 50 Jahre zuvor. Es war das Jahr 1931, als der Senior Professor Ferdinand Porsche seinerzeit die Firma in Stuttgart gründete. Die Lackierung der Karosserien der Ferry-Porsche-Sonderserie erfolgte in Meteormetallic. Dies war eine graue Farbe mit einer leichten Purpur-Tönung. Der Porsche-Code für diese Farbe lautet 961. Die Polsterung der Innenausstattung bestand aus burgunderfarbigem Leder und gestreiftem Berberstoff. Die Teppiche bestanden aus geschnittenem Florvelours und waren ebenfalls in Burgunderrot gehalten.

Eine richtungweisende Besonderheit der Innenausstattung war das Autogramm „Ferry Porsche" im Oberteil beider Rückenlehnen. Die Felgensterne der gepressten Fuchs-Leichtmetallräder waren in Wagenfarbe (Porsche Code 961) lackiert. Die Räder hatten vorn die Maße 7J x 15 vorne, hinten 8J x 15. Die Bereifung erfolgte seinerzeit mit Pirelli 185/70 VR15 vorne und 215/60 VR 15 hinten. Es wurden lediglich 200 Fahrzeuge hergestellt und ausschließlich auf dem RdW-Markt angeboten.

Porsche bot dieses Sondermodell sowohl als Coupé und auch als Targa-Version an. Beide hatten keinen starren Heckspoiler.

911 SC „Ferry Porsche Special" Coupé

Foto: Rens Pels

Echte Rarität: Vom Porsche 911 SC/RS (Typ 954) Leichtbau wurden lediglich 20 Exemplare gefertigt.

Werksbilder Porsche AG

911 SC/RS (1984)

Zwanzig Leichtbau-Coupés wurden entsprechend dem Rennsportreglement der FIA Gruppe B hergestellt. Diese Leichtbau-Fahrzeuge erhielten die interne Typen-Nummer 954. Die 911 SC/RS hatten breitere Karosserien und Kotflügel, ähnlich dem 911 Turbo. Das Fahrwerk einschließlich der Bremsen vorne und hinten stammte direkt vom 911 Turbo. Der Porsche Typ 954 wog lediglich 980 kg. Die Verringerung des Gewichts wurde durch folgende Maßnahmen ermöglicht:

- Ersetzen von Stahlblech-Karosserieteilen durch Leichtmetall
- Dünnglas-Fensterscheiben rundum, einschließlich der Frontscheibe
- Bug und Heckspoiler aus Polyester mit Glasfaserverstärkung ersetzte Stahlblechteile.
- Reduzierte Bordelektrik

Das beim 911 SC/RS einstellbare Fahrwerk war eine Konstruktion bestehend aus Teilen des 911 Carrera 3,0 RS an der Vorderachse und Komponenten des 911 Turbo an der Hinterachse. Die Dämpferbeine vorne und die hinteren Stoßdämpfer stammten von Bilstein, die damals als Mehrausstattung für alle 911 SC-Fahrzeuge bestellt werden konnten. Der starre Heckflügel war exklusiv für den 911 SC/RS entwickelt worden. Dieser Heckflügel erlebte 1992 ein Comeback, als er an dem um 20 Kilogramm erleichterten Rennfahrzeug Carrera 4 RS wieder verwendet wurde. Als Antrieb diente der Dreiliter-Motor des 911 SC 3.0 mit den folgenden Änderungen:

- Ursprüngliche Zylinderköpfe durch Zylinderköpfe des 935 Turbo ersetzt
- Anstelle der Bosch-K-Jetronic wurde eine mechanische Kugelfischer-Benzineinspritzung verwendet.
- Verdichtungsverhältnis von 9,8:1 auf 10,3:1 angehoben
- Geschmiedete Kolben
- Neue Nockenwellen und geänderte Steuerzeiten für gesteigerte Motorhöchstdrehzahl

Das Kampfgewicht des Porsche 911 SC/RS (Typ 954) Leichtbau liegt bei nur 980 kg. Das Chassis stammt genau wie die Bremsen aus dem 911 Turbo. Werksbilder Porsche AG

Porsche 954 (911 SC/RS Leichtbau) im Einsatz

Foto: Mark Sims

Das eingesetzte Triebwerk bekam die Typ-Nummer 930/18. Der Saugmotor des 911 SC verfügte über 184 kW (250 PS) bei 7000/min. Die Porsche 911 SC/RS mit Zulassung für den öffentlichen Straßenverkehr hatten Zusatzlufteinblasung mit einer separaten Pumpe, um die strengen schweizerischen Abgasvorschriften zu erfüllen.

Der Ölkühler, ursprünglich im rechten vorderen Kotflügel montiert, war vergrößert und direkt hinter dem Frontspoiler angebracht worden. Das Getriebe Typ 915 erhielt einen Zusatz-Ölkühler, der sich schon in Dauerlauf-Versuchen mit dem 911 Carrera 3,2 Modelljahr 1984 bewährt hatte.

Drei verschiedene Getriebeübersetzungen standen dem Kunden zur Auswahl. Alle Getriebe für den 911 SC/RS waren mit einem Sperrdifferenzial und einer verstärkten Kupplung ausgestattet. Das Sperrdifferenzial mit 40% Sperrwert (in Zug und Schub) war in dieser Produktionszeit der übliche Standard.

Die Innenausstattung war baugleich mit dem Carrera 3.0 RS. Fünf der zwanzig gebauten 911 SC/RS waren für das Rothmans Rallye-Team bestimmt. Die restlichen 15 Fahrzeuge wurden in Länder verkauft, in denen Fahrten mit diesen Fahrzeugen auf öffentlichen Straßen erlaubt waren. Ein Unterschied zwischen den Rothmans 954 und der Straßenausführung war der, dass die Rothmans-Version an der Vorderachse einen Stabilisator mit 19 mm Durchmesser aufwies, während der hintere mit 26 mm Querschnitt gefertigt war. Bei Fahrzeugen mit Straßenzulassung hatten die Stabis vorn 22 mm und hinten 27,5 mm Durchmesser.

Viele der ursprünglich 20 Fahrzeuge überlebten die brutalen Einsätze in den achtziger Jahren und sind noch immer aktiv bei historischen Rallye-Wettbewerben in Europa im Einsatz. Die Mehrheit der noch fahrtüchtigen Fahrzeuge befindet sich in Großbritannien, der Heimat historischer Rallyes.

Der RUF SCR wurde entwickelt, um die Lücke zwischen dem Porsche 911 SC und dem 911 Turbo zu schließen.

Alle Fotos: Adrian Streather

RUF SCR

In der Automobilwelt finden sich einige berühmte und großartige Familiennamen: Porsche, Benz, Daimler und Opel, um nur einige zu nennen. Ein weiterer Name sollte dieser Liste hinzugefügt werden: Ruf. Alois Ruf und sein verstorbener Vater sind bzw. waren keine wissenschaftlich arbeitenden Ingenieure und keine Design-Künstler, aber mit ihrer Leidenschaft für Automobile haben sie viel erreicht. Alois Ruf beschäftigt sich seit vielen Jahren mit Porsche Fahrzeugen. Es war die Entscheidung der Firma Porsche AG im Jahre 1978, die Serienfertigung der Baureihe 911 vollständig einzustellen, die Ruf dazu veranlasste, sich mit seiner Firma auf diese Baureihe zu spezialisieren. Als sich herumgesprochen hatte, dass Porsche beschlossen hatte, den Neunelfer sterben zu lassen, kamen 911-Besitzer zu Alois Ruf und fragten, ob er nicht eine Anzahl von Roh-Karosserien beschaffen und einlagern könnte. Man wollte sich dann im Bedarfsfall bei Ruf ein Fahrzeug nach Wunsch aufbauen lassen. Alois Ruf entwickelte den RUF SCR, um diese Kundenwünsche erfüllen zu können. Er machte seine Version erheblich leistungsstärker, umweltfreundlicher und verringerte zusätzlich den Kraftstoffverbrauch. Der RUF SCR kam zunächst ohne Turbolader auf den Markt, hergestellt und vertrieben von der Firma Ruf in Pfaffenhausen. Dieses Modell wurde entwickelt, als Porsche die Motorleistung des 911 SC reduzierten musste, um die neuen, strengen Abgas-Grenzwerte einzuhalten und um den Kraftstoffverbrauch zu reduzieren. Der SCR sollte die Lücke zwischen dem Porsche 911 SC und dem 911 Turbo schließen. Die Änderungen, die Ruf an den Fahrzeugen durchführte waren:

- Hubraumsteigerung der Motoren von 2994 cm^3 auf 3185 cm^3
- Leistungssteigerung von 132 kW (180 PS) auf 158 kW (215 PS) bei 6000/min
- Eigenes RUF-Fünfganggetriebe
- Ausgleichgetriebe mit Sperrdifferenzial zur Verbesserung der Traktion
- Anbau spezieller Front- und Heckspoiler
- Verbessertes, verstärktes Bremssystem auf Basis der RUF-Turbobremse
- Alle weiteren den Innenraum betereffenden RUF-Sonderausstattungen konnten zusätzlich bestellt werden.

Werbekampagne „Romantik": Mit diesen Motiven sollte der Kundschaft erklärt werden, dass Glück und Porsche zusammengehören.

Werksbilder Porsche AG

Der fantastische 911 SC

Die späten 1970er und die frühen 1980er Jahre seien die Zeit der Romantik, so glaubte man bei Porsche. Im damaligen Marketing-Konzept für den 911 SC benutzte man häufig Liebes- und Hochzeitspaare als Statisten bei Fotoaufnahmen, um diese Romantik und Lebensfreude darzustellen.

Dieser Abschnitt zeigt zeitgenössische Werksbilder aus jenen Jahren und ist all den schönen Dingen gewidmet, wie es auch die Erinnerung an den Besitz eines Porsche in vergangenen Tagen ist.

Kapitel 2

Einen Porsche 911 SC zu besitzen ...

... lässt das Herz höher schlagen.

Das Porsche Programm für das Modelljahr 1978

Werksbild Porsche AG

Porsche 911 SC, Modelljahr 1979, für den französischen Markt

Foto: Thierry Reme

Das Bemerkenswerte an diesem 911 SC Coupé, Modelljahr 1980, ist die fehlende zusätzliche Scheinwerfer-Reinigungsanlage.

Foto: Julia Lynn

Einleitung

Die Serienproduktion des Porsche 911 SC währte sechs Modelljahre. Wie bei den meisten Serien des 911 gibt es auch beim 911 SC viele unterschiedliche Versionen und Kombinationsmöglichkeiten. Die wichtigsten Versionen sind:

- RdW-Fahrzeuge für den Weltmarkt (ohne USA)
- RdW-Fahrzeuge für den Weltmarkt , ausgenommen die Schweiz und Japan
- RdW-Fahrzeuge für Japan
- RdW-Fahrzeuge für die Schweiz
- RdW-Fahrzeuge, rechtsgelenkt (nicht für Japan)
- RdW-Graumarktfahrzeuge oder umgebaute RdW-Fahrzeuge importiert in die USA
- USA-Fahrzeuge
- USA-Fahrzeuge für 49 US-Staaten
- USA-Fahrzeuge für Kalifornien

Die spezifischen Unterschiede zwischen den Versionen und Unterversionen werden in anderen Kapiteln in diesem Buch vorgestellt. Die Informationen im Abschnitt „Kaufberatung" im folgenden Kapitel sind so aufgebaut, dass ein schrittweises Vorgehen möglich ist, wenn man auf der Suche nach einem 911 SC ist. Es gibt Preis-Richtlinien, Schritte zur Überprüfung der Originalität und zum Kaufabschluss. Die Besichtigung vor dem Kaufabschluss besteht aus zwei Phasen: **Der erste Blick** und der Rundgang um das Fahrzeug sollte einen angemessenen Überblick verschaffen für die weiteren Abwägungen.

Vor dem Kaufabschluss sollte das komplette Prüfprogramm ablaufen, wenn Sie einen seriösen Verkäufer vor sich haben. Oft wird ein solches **Check-Programm** durch den Kauf-Interessenten (also durch Sie) eingeleitet, könnte aber auch auf einem professionellen Level zusammen mit einem kompetenten Techniker, der den 911 SC bestens kennt, weitergeführt werden. Wenn man dann endlich einen 911 SC besitzt, verursacht dies auch Kundendienst-, Service- und Instandhaltungskosten. Der letzte Teil dieses Kapitels erklärt die empfohlenen Service-Maßnahmen und einfache Instandhaltungsmaßnahmen.

Der Porsche 911 SC ist, verglichen mit seinen jüngeren Geschwistern, ein recht anständiges Auto aus den vielen Neunelfer-Generationen. Der 911 SC hat seine Eigenheiten und ein Eigenleben, das gleichzeitig Freude aber auch Frustration in einer Metallhülle sein kann. Diese Eigenheiten werden im gesamten Buch aufgezeigt und besprochen.

Gut versichert auf Probefahrt: Die Regelungen im Schadensfall sind sehr unterschiedlich, sodass man sich vorab bei den Versicherungen über die neueste Rechtsprechung informieren sollte. Generell gilt, dass Verkäufer und Käufer vor Antritt der Probefahrt vereinbaren müssen, wie die Haftung bei einem Unfall geregelt wird. Werksbild Porsche AG

Ein gelungenes Bild kann tatsächlich den Herzschlag beschleunigen, wie dieses Werbefoto eines Porsche 911 SC Coupé, Modelljahr 1978, in luxuriöser Umgebung beweist. Werksbild Porsche AG

Die Fahrzeug-Begutachtung vor dem Kaufabschluss

Zweckmäßig ist es, zu einer Inspektion oder Besichtigung eines Fahrzeugs einen Fachmann für den 911 SC mitzunehmen. Der ist hoffentlich in der Lage, kritische Punkte am Fahrzeug zu erkennen und zu prüfen, die der zukünftige Besitzer bei der Suche nach möglichen Unstimmigkeiten aus Unkenntnis nie überprüfen würde.

- Wie sorgfältig sollte die Inspektion vor dem Verkaufsabschluss sein?
- Was sollte der potenzielle Käufer hinnehmen oder tolerieren?

Einige Kaufinteressenten bestehen darauf, beispielsweise die Kompression der Zylinder zu prüfen oder Leckstellen und Ölverluste aufzuspüren. Einige Verkäufer erlauben es nicht, dass solche Prüfungen ausgeführt werden. Warum? Haben diese Verkäufer etwas zu verbergen? Nicht immer. Wer will schon gerne, dass ein Fremder den Stolz der Familie und das geliebte Fahrzeug auseinander nimmt? Wenn der potenzielle Käufer es anbietet, alle Kosten für solche Arbeiten zu übernehmen, wird mancher Verkäufer dann zustimmen. Andere jedoch werden auf gar keinen Fall einer Teilzerlegung des Fahrzeugs zustimmen. Wenn ein vollständiger Funktions- und ausgedehnter Fahrtest absolviert sind, in Übereinstimmung mit den Punkten, die in diesem Kapitel beschrieben weden, sind weitere, noch tiefer eingreifende Maßnahmen nicht mehr erforderlich. Es gibt schließlich keine 100-prozentige Garantie, wenn Sie sich einen Gebrauchtwagen anschaffen.

Der erste Kauf eines Porsche

Es wird viele Menschen geben, die dieses Buch lesen, weil sie ihren ersten Porsche suchen. Dieser Abschnitt ist für solche Leute geschrieben worden.

Die folgenden Hinweise stammen einzig und alleine aus dem persönlichen Erfahrungsschatz und den Fachkenntnissen des Autors, ergänzt mit den Hinweisen von anderen, die in der Lage waren, ehrliche und präzise Informationen zu beschaffen.

Beim ersten Kauf ist es wichtig, alle Hinweise zu lesen, die in diesem Buch festgehalten sind, und sich so gut wie möglich

Ein Porsche 911 SC zwischen anderen Gebrauchtwagen bei einem typischen Gebrauchtwagenhändler in den USA. In Deutschland liegt der Preis für ein SC-Coupé mit Zustandsnote 1 jenseits der 45.000 Euro, Exemplare im Zustand 3 werden für unter 20.000 Euro angeboten.

über das angebotene Fahrzeug zu informieren. Es ist außerdem nicht falsch, eine zweite oder gar dritte Meinung einzuholen und bei der Besichtigung einen Fachmann für dieses 911-Modell dabei zu haben. Ein kundiger Clubfreund ist bestimmt gerne bereit, Sie zu begleiten.

Ob Sie nur für Wochenendfahrten oder aber für den täglichen Einsatz den richtigen 911 SC suchen, ist bei der Auswahl des Fahrzeugs enorm wichtig. 25 Jahre sind vergangen, seit der letzte Porsche 911 SC aus der Fertigung in Zuffenhausen rollte. Es existieren nur noch sehr wenige 911 SC-Fahrzeuge, die einen unveränderten Originalzustand aufweisen können, sich also so präsentieren wie sie damals im Verkaufsraum standen.
Exemplare mit geringen Laufleistungen sind ebenso selten anzutreffen. Viele Fahrzeuge wurden durch modernere Technologie aufgewertet. Das muss berücksichtigt werden, wenn man einen solchen 911 SC erwerben möchte.
Ein Fahrzeug in absolutem Originalzustand wird nur schwer zu finden und außerdem recht teuer sein.

Ein schönes Beispiel für einen gepflegten SC im Originalzustand.
Foto: Colin Judd

Hinweis:
Alle Jahresangaben in den Bild-Unterschriften sind immer Modelljahre und keine Kalenderjahre.

Links im Bild ein 911 SC Coupé, Modelljahr 1980, rechts im Hintergrund ist die Targa-Version zu sehen, ebenfalls Modelljahr 1980.

Werksbild Porsche AG

Gegenüberstellung der Modellvarianten

Coupé, Targa und Cabriolet

Die Wahl der Karosserievariante ist eine persönliche Entscheidung und hängt ganz von den eigenen Vorstellungen ab, wie etwas aussehen sollte und wie man sich fühlt, wenn man darin herumfährt. Das Cabriolet und der Targa sind wirklich nicht dafür entwickelt worden, um das ganze Jahr im Regen oder auf Schnee und Eis bewegt zu werden. Sie sind ideal, um damit ganzjährig in Süd-Kalifornien zu fahren, aber nicht in der Schweiz.
Cabriolets waren erst ab Modelljahr 1983 verfügbar, daher ist auch die Anzahl der verfügbaren Fahrzeuge begrenzt. Es wurden auch eine Anzahl 911 SC Targa nachträglich in Werkstätten zum Cabriolet umgebaut. Daher ist es sehr wichtig, bei allen angebotenen Cabriolets die Fahrzeug-Identifikations-Nummer (FIN) zu prüfen.

Schon der Prototyp hatte seinerzeit Kundschaft und Fachwelt begeistert: Ein 911 SC Cabriolet aus der Serienproduktion des Modelljahrs 1983.

Werksbild Porsche AG

Das 911 SC Cabriolet ist die erste Wahl für Sonnenanbeter.

Innen- und Außenansicht eines 911 SC, Modelljahr 1979, mit Rechtslenker-Originalausstattung und dem damals immer seltener georderten Sportomatic-Getriebe. Das Fahren und der richtige Umgang mit einem solchen Getriebe erfordert etwas Übung und eine gewisse Eingewöhnungszeit. Fotos: Paul Rawnsley

Schaltgetriebe oder die Halbautomatik Sportomatic

Alle Varianten der 911 SC-Baureihe mit Schaltgetriebe sind mit einem werkseigenen Fünfgang-Getriebe Typ 915 ausgestattet. Nur für die RdW-Fahrzeuge Coupé und Targa wurde als Mehrausstattung auch das Dreigang-Halbautomatikgetriebe Sportomatic angeboten. Das Sportomatic-System besteht aus einem hydraulischen Drehmomentwandler, einer durch Saugrohr-Unterdruck betätigten Schaltkupplung und einem herkömmlichen, synchronisierten Dreigang-Schaltgetriebe. Beim Gangwechsel wird am Schalthebel ein Mikroschalter betätigt, der das Öffnen der servobetätigten Schaltkupplung in Bruchteilen einer Sekunde auslöst. Lässt der Fahrer den Schalthebel wieder los, schließt die Kupplung; je nach Gaspedalstellung langsam beim Anfahren aus Standgas oder schneller beim Zurückschalten. Die Kupplung schließt jedoch auch wieder in Bruchteilen einer Sekunde, wenn nach einem Gangwechsel mit Vollgas beschleunigt wird. RdW-Fahrzeuge mit Sportomatic sind mit speziellen Motoren ausgestattet, die zusätzlich eine Versorgungspumpe für den Ölkreislauf des Drehmomentwandlers bekommen haben sowie und ein Ventil, das den Unterdruck zum Servomotor der Schaltkupplung je nach Gaspedalstellung regelt. Diese Triebwerke haben abweichende Motornummern. Für den USA-Markt war die Mehrausstattung Sportomatic und damit auch die dafür geeigneten Motoren niemals im Angebot. 911 SC-Fahrzeuge mit Sportomatic sind generell sehr rar und selten zu finden. Mit Ende des Modelljahres 1980 wurde diese Mehrausstattung mangels Nachfrage ersatzlos gestrichen.
Obwohl die Halbautomatik für die USA nie als Mehrausstattung ab Werk angeboten wurde, existiert in den Vereinigten Staaten eine geringe Anzahl 911 SC Fahrzeuge mit Sportomatic, die in den Modelljahren 1981 bis 1983 an spezielle Kunden ausgeliefert wurden.

Hinweis:
Es gibt wohl auch eine Anzahl von ursprünglich RdW-Fahrzeugen mit Sportomatic, die als Grauimporte in den 1980er Jahren in die USA kamen.

„911 SC, EZ 06/82, GKAT, 204 PS, E2, unfallfrei, 3.Hd., schiefergrau-met., Zst. 2+, 2006 bei Porsche Classic rest. Motor-Rev., Fuchs, ESD, CD, TL, SH, VB 28.911,- Euro,

911 SC, Klima, SD, Leder, Tempostat, CD-Radio von Sony, blau, sehr gepflegt, kein Winter, EZ 6/81, 75.000 km neu: Reifen, Auspuff, Öl, VB 36.000,- Euro Telefon ab 17.00 Uhr:

911 SC aus 1. Besitz, 185tkm, Scheckheft, Fuchsfelgen, Sportsitze, Schiebedach, original Radio, EZ 11/79, VB. 24.000,- Euro

911 Targa, EZ 1/1980, 154.000 km, Leder in Schwarz, Radio/Kassette, Heckflügel von 964, 16 Zoll Alus, mit optischen Mängeln, technisch aber einwandfrei, Euro 18.600,-

Porsche Targa 911, 2.7, 150 PS, Bj. 74, kein Rost, sehr guter Zustand, Fuchsfelgen, kristallgrün-metallic , Euro 24.911,-

Schmuckstück: komplett originaler 911 SC aus Familienbesitz, ohne Rost, optisch wie technisch auf Neuwagen-Niveau, Vollausstattung: SD, Leder, Klima, Tempostat, Radio, aus Altersgründen abzugeben, Euro 48.000

Porsche 911 SC Targa, 188 PS, EZ 79, ohne Rost, schwarz/Schwarz, 5-Gang, Fuchsfelgen, Radio/Kassette, Euro 23.800,-

911 Turbo Cabrio, der einzige in gelb von 244 gebauten, 5-G., 2.Hd., el. Verd., Led. Schw., Klima, orig. 28.000 km, Scheckheft komplett, Bj.89, 3.3, 221kW, Typ 830, Euro 88.000,-

911 SC, schieferblau/ Leder beige, Bj. 83, 163tkm, ESSD, Klima, Euro 2, rostfrei, sehr guter Zustand, aus USA, Euro 19.500,-

Nicht nur im Internet sollte man sich auf die Suche nach einem guten Angebot machen, denn auch Inserate in Fachmagazinen und regionalen Tageszeitungen können interessante Fahrzeuge offerieren.

Leitfaden für den Porsche Käufer

Bevor man sich überhaupt nach einem bestimmten 911 SC umschaut, sollte man zunächst für sich selbst festlegen, was man sucht und warum. Täglicher Einsatz des Fahrzeugs, Fahrspaß am Wochenende, Kombination von Straße und Rennstrecke oder nur Rennstrecke, Schönheitswettbewerbe und Autoparaden oder etwas, um in der Garage zu schrauben und basteln?

Wo findet man einen Porsche 911 SC?

Um einen 911 SC anzuschaffen ist es bei der anfänglichen Suche wichtig, so viel detaillierte Verkaufsinformationen wie möglich zum 911 SC zu beschaffen.
Dies sind insbesondere nationale und internationale Automobil-Fachzeitschriften mit Verkaufsangeboten. Da die jüngsten Porsche 911 SC schon über 25 Jahre alt sind, sollte Sie auch Oldtimer-Magazine (z.B. *Oldtimer Markt*, Europas größte Zeitschrift für klassische Autos und Motorräder) und Fachmagazine (z.B. *Porsche Fahrer*, erscheint im HEEL Verlag) zu Rate ziehen.
Auch im Internet werden diese Fahrzeuge zu finden sein. Ein Blick in überregionale Tageszeitungen fördert mitunter ebenfalls interessante Kleinanzeigen zu Tage, in denen Porsche Fahrzeuge geboten werden.
Auch der Weg zu einem Porsche Zentrum in Ihrer Nähe kann hilfreich sein, denn dort kennt vielleicht das Verkaufs-Personal einen oder mehrere Kunden, die Interesse am Verkauf ihrer Fahrzeuge haben.

Hinweise zum Kaufpreis

Wenn es zur Frage kommt: „Wie viel ist der Porsche 911 SC wert?", könnte man auch fragen: „Wie blau ist der Himmel?"
Anders gesagt: Eine solche Frage lässt sich pauschal nicht beantworten, sondern hängt immer von zahlreichen Faktoren ab, wie Zustand, Laufleistung oder Ausstattung.
Ein Mangel an Fachwissen und Produktinformationen sind die größten Risiken bei Verkaufsverhandlungen. Die Möglichkeiten der Preisgestaltung sind nahezu grenzenlos. Der Anschaffungspreis resultiert aus dem Angebot des Käufers und der Verhandlungsbereitschaft des Verkäufers.

Der Zustand des Fahrzeugs beeinflusst maßgeblich den Preis.

Dieser Porsche 911 SC aus dem Modelljahr 1981 ist ein Export-Fahrzeug für die USA. Wenn man auf der Suche nach seinem Traum-SC im Ausland fündig geworden ist, sollte man bedenken, dass es einige rechtliche Bestimmungen bei der Einfuhr zu beachten gilt. Nähere Informationen hierzu kann man beim deutschen Zoll erfahren.

Foto: Randall Pizzarro

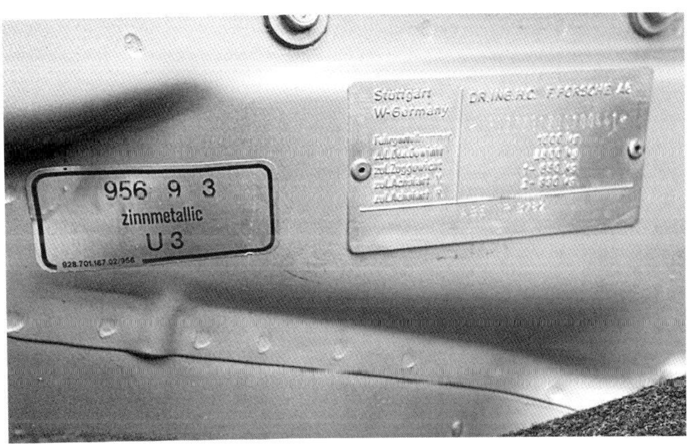

Das wichtige Typschild sitzt bei allen RdW-Fahrzeugen der 911 SC-Reihe – unabhängig vom Modelljahr – an derselben Stelle.

Foto: Lee and Jay Heppe

Gerade bei einem Porsche 911 ist jedoch die Gefahr sehr groß, dem Herzen nachzugeben und dabei den Kopf außen vor zu lassen. Einen 911 sucht man schließlich eher selten aus rationalen Gründen.

Was den Kaufpreis beeinflusst

- Es ist eben ein Porsche.
- War der Porsche im Originalzustand für ein anderes Land gebaut? Das Wichtigste bei diesem Punkt ist nicht, dass dieses Fahrzeug für ein anders Land bestimmt war, sondern dass die Änderungen fachmännisch durchgeführt und welche Umbauteile dazu verwendet wurden. Für dieses Fahrzeug wurden vielleicht Teile verwendet, die hier in Europa nicht verfügbar sind. Das kann bei Preisverhandlungen zu Nachlässen führen.
- Umbau Linkslenkerfahrzeug auf Rechtslenkung (Fahrzeuge mit Rechtslenkung sind grundsätzlich seltener als Linkslenker-Exemplare)
- Fünfgang-Schaltgetriebe oder Sportomatic
- Die Seltenheit eines bestimmten Fahrzeugs
- Sonderlackierungen und Sonderausstattungen im Innenraum sind im Allgemeinen die hauptsächlichen Preistreiber. Verschiedene Farbkombinationen sind teurer als die Standardausführungen.
- Zustand der Außenflächen der Karosserie, einschließlich der Verglasung, Zustand des Innenraumes, Nachlackierungen und Reparaturen an den Polsterungen
- Eine geringe Kilometerleistung
- Das Baujahr

Prüfung auf Originalzustand

Porsche verwendete während der Modelljahre 1978 und 1979 den werkseigenen zehnstelligen Code für die Identifikation der Fahrzeuge weltweit und einen siebenstelligen Code für Motoren und Getriebe. Die Aufschlüsselung finden Sie im **Anhang A**.

Bei USA-Fahrzeugen ist es vom Gesetzgeber vorgeschrieben, dass die FIN stets von außen sichtbar kontrolliert werden kann. Das gilt auch für alle 911 SC von 1978 bis 1983, die für den nordamerikanischen Markt bestimmt waren. Ein spezielles Typschild ist deshalb an der linken A-Säule angenietet

Bei 911 SC-Fahrzeugen für den USA-Markt findet man die Fahrzeug-Identifikations-Nummer (FIN) auf einer gravierten Platte hinter der Windschutzscheibe sichtbar an der linken A-Säule (Rahmen der Windschutzscheibe). An einer zweiten Stelle, im Kofferraum, ist dieselbe FIN noch einmal angebracht.

Die übrigen 911 SC Fahrzeuge für den Weltmarkt haben nur eine Stelle, wo die FIN angebracht ist: Sie ist wie bei den US-Versionen im Kofferraum angenietet.

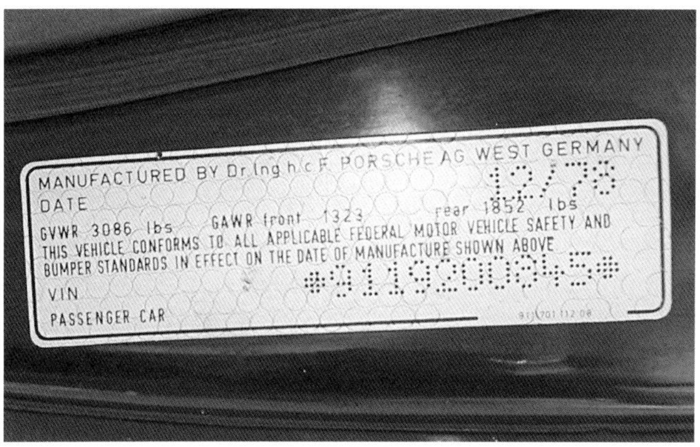

Für die Porsche 911 SC aus den Modelljahren 1978 und 1979 benutzte das Werk die FIN zur Identifizierung jedes einzelnen Fahrzeugs. Was die Nummern bedeuten, kann im **Anhang A** nachgeschlagen werden.

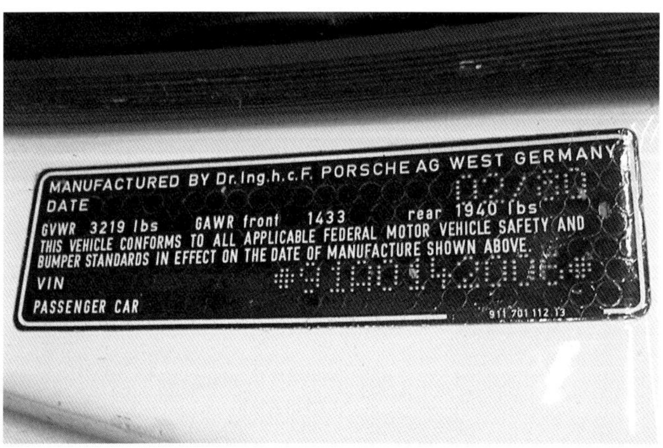

Beginnend mit dem Modelljahr 1980 erfolgte bei Porsche der Übergang zu einem neuen Identifikationssystem. Es war nicht mehr ausschließlich eine Zählnummer für das Fahrgestell, sondern diente zur Identifikation des gesamten Fahrzeugs. Während andere Automobilhersteller schon 17-stellige Identifikationsnummern benutzten, verwendete Porsche lediglich 10 Ziffern.

Die Bestimmung der verschiedenen Motoren und Getriebe blieb unverändert. Der Ort im Fahrzeug, wo die FIN und andere Hinweise zum Fahrzeug angebracht wurden, änderte man nicht. Details hierzu im **Anhang A**.

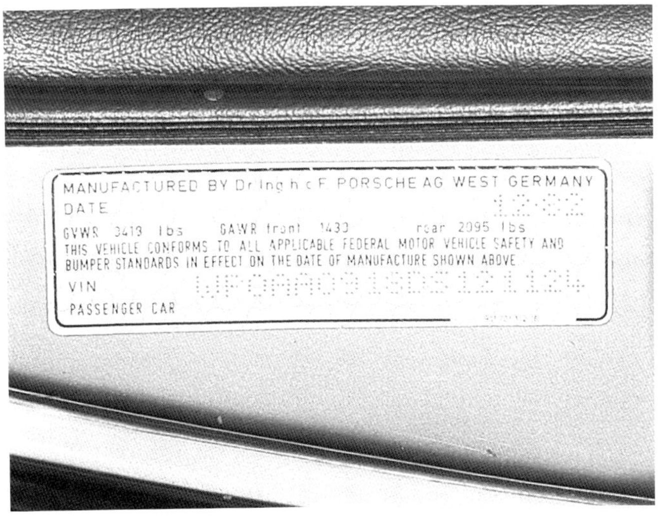

Zum Modelljahr 1981 führte dann auch Porsche die internationale 17-stellige FIN ein. Die Positionierung der Typenschilder blieb erhalten: RdW im vorderen Kofferraum, USA zusätzlich hinter der Windschutzscheibe an der A-Säule. Allerdings wurde das Schild mit dem Original-Farbcode ab Modelljahr 1981 immer wieder an andere Stellen versetzt. Details dazu werden später im „Käufer-Leitfaden" und im **Anhang A** mitgeteilt.

Hinweis:

Die FIN im vorderen Kofferraum enthält die Buchstabenfolge „ZZZ" als vierte bis sechste Stelle der Zeichenreihe bestehend aus 17 Buchstaben und Ziffern unabhängig davon, welches Fahrzeug es ist. Die eigentliche „Fahrgestellnummer" ist in der 17-stelligen FIN enthalten.

Beginnend mit Modelljahr 1982 brachte Porsche auf der Innenseite des Kofferraum-Deckels im vorderen Bereich nahe dem Schließsystem ein weißes Klebeschild an. Wenn dieses Klebeschild fehlt, sollte man aufpassen: Dies deutet auf eine Nachlackierung oder sogar auf einen Unfallschaden hin.

Typ oder Modellcode: 911-340		
Modell	**Code**	**Modelljahre**
Coupé	911-330	
Coupé Kalifornien	911-340	1978 und 1979
Coupé Rechtslenkung	911-331	
Targa	911-230	
Targa Kalifornien	911-240	1978 und 1979
Targa Rechtslenkung	911-231	
Cabriolet	911-630	
Cabriolet Rechtslenkung	911-631	

Motortyp: (930/16); Motorcode: (64D); Getriebetyp: (91563-74D)

Der folgende Abschnitt liefert eine Erklärung der verschiedenen Ziffern und Buchstaben, die in den 17 Stellen der FIN abgelegt sind. Die Fahrzeug-Identifikations-Nummer (FIN) besteht aus dem Weltherstellercode (WP0) und 14 weiteren Stellen.

(Anm.: Der Weltherstellercode müsste theoretisch WPO heißen, allerdings sind aufgrund von Verwechselungsgefahr die Buchstaben Q, I und O nicht zugelassen.) Eine ausführliche Aufschlüsselung finden Sie im **Anhang A**.

Diese Motor-Seriennummer beginnt mit 64D und bezeichnet damit einen Motor für den USA-Markt im Modelljahr 1983.

Neben dem Öltemperatur-Geber ist die Motor-Seriennummer angebracht. Foto: Lee und Jay Heppe

Hier ist die Motor-Seriennummer am Kurbelgehäuse eines zerlegten Motors zu sehen. Foto: Simon Gigney

Die Seriennummer des eingebauten Motors (Pfeil) sollte identisch sein mit der Nummer in den Original-Unterlagen um sicher zu gehen, dass es sich um den ursprünglichen Motor handelt. Die Seriennummer befindet sich auf dem Kurbelgehäuse nahe dem Öltemperatur-Geber.

Hinweis:
Alle Motoren der Baureihe 911 haben die Seriennummer an der gleichen Stelle.

Die folgende Tabelle bietet eine Gegenüberstellung der Motornummern für Serienmotoren mit Motortyp, Modelljahr und Bestimmungsland.

Aufschlüsselung der Motorenvarianten	
638	930/03 1978 Schaltgetriebe RdW
6389	930/13 1978 Sportomatic RdW
628	930/04 1978 Schaltgetriebe USA (49 Staaten-Version)
658	930/06 1978 Schaltgetriebe Kalifornien/USA
618	930/05 1978 Schaltgetriebe Japan
6189	930/15 1978 Sportomatic Japan
639	930/03 1979 Schaltgetriebe RdW
6399	930/13 1979 Sportomatic RdW
629	930/04 1979 Schaltgetriebe USA (49 Staaten-Version)
659	930/06 1979 Schaltgetriebe Kalifornien/USA
619	930/05 1979 Schaltgetriebe Japan
6199	930/15 1979 Sportomatic Japan
630	930/09 1980 Schaltgetriebe RdW
6309	930/19 1980 Sportomatic RdW
630	930/07 1980 Schaltgetriebe USA (50 Staaten-Version)
6308	930/08 1980 Schaltgetriebe Japan
631	930/10 1981 Schaltgetriebe RdW
641	930/16 1981 Schaltgetriebe USA (50 Staaten-Version)
6318	930/17 1981 Schaltgetriebe Japan
63C	930/10 1982 Schaltgetriebe RdW
64C	930/16 1982 Schaltgetriebe USA (50 Staaten-Version)
63C8	930/17 1982 Schaltgetriebe Japan
63D	930/10 1983 Schaltgetriebe RdW
64D	930/16 1983 Schaltgetriebe USA (50 Staaten-Version)
63D8	930/17 1983 Schaltgetriebe Japan

Das Sportomatic-Getriebe erfordert einen besonderen Motorentyp. Dieser kann identifiziert werden durch die Ziffer 9, eingesetzt an vierter Stelle der Motor-Seriennummer.

Kennzeichnung der Fahrzeuglackierung

Das Bezeichnungsschild für den Fahrzeuglack 908-8-2. Der Platz der Schilder im Wagen wechselte immer wieder.

Von Modelljahr 1978 bis 1980 war das Lackschild an der Stirnseite der Fahrertür, in der Nähe des Türfeststellers angebracht.

Im Modelljahr 1981 war das Lackschild am Querträger im Motorraum angebracht.

Hinweis:
Die Bezeichnungen der Wagenfarben wurden ab Modelljahr 1981 geändert.

In den Modelljahren 1982 und 1983 wurde das Lackschild im vorderen Kofferraum an der rechten Seitenwand angebracht.

Farbcode für die Innenausstattung

Dieser Code stellt die Farbkombinationen der wichtigsten Innenaustattungs-Komponenten und der Verkleidungen vor. Der zweistellige Farbcode für die Innenausstattungs-Komponenten ist nicht in diesem Buch veröffentlicht. Es bestanden während der Produktionszeit so viele Kombinationsmöglichkeiten bei der Bestellung eines Neuwagens, dass es heute nicht mehr möglich ist, diese Möglichkeiten noch einmal zu rekonstruieren und sie fehlerfrei abzudrucken.

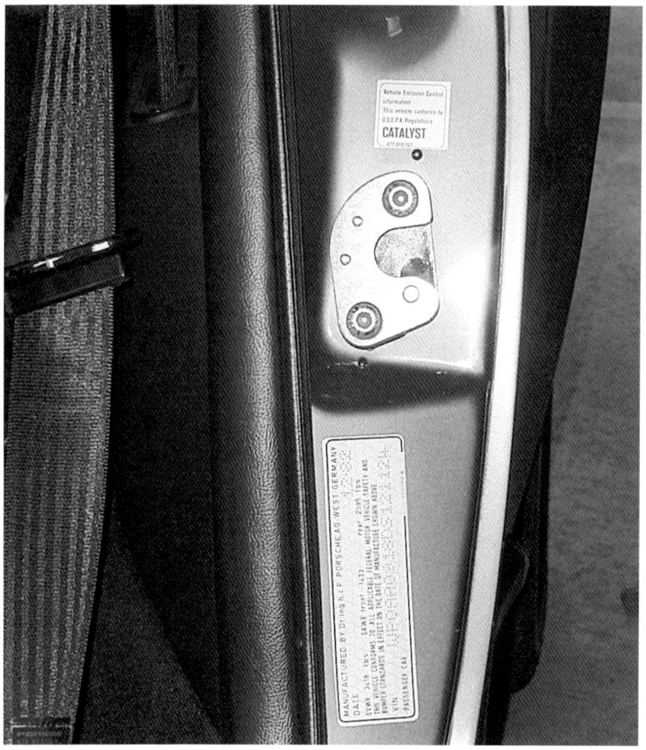

Die Liste der Mehrausstattungen

Die Liste zum Bestellen der Mehr- oder Sonderausstattungen ab Werk für Neuwagen beginnt stets mit dem Ländercode. Das im Bild dargestellte Klebeschild weist den Ländercode C02 aus, die USA.
Die Liste der Mehrausstattungen finden Sie im **Anhang B**.

Die Übereinstimmung aller Sicherheitsvorschriften und die EPA-Zertifizierung wie sie z.B. von den USA gefordert werden, sind als Klebeschilder am hinteren linken Türpfosten angebracht. Diese Klebeschilder weisen zusätzlich die FIN aus. Diese Platzierung der beiden Schilder wurde während des gesamten Produktionszeitraums des Porsche 911 SC beibehalten.

PORSCHE

Certificate of Authenticity

The Porsche vehicle with identification number

91A0143959

was manufactured with the following assembly specifications:

- *Model Year/Type: 1980 911 SC Weissach Edition Coupe*
  Engine Number: 6403998
  Transmission Number: 404070
  Exterior Paint Color/Code: Pongee Beige Metallic X6X6
  Interior Material Color/Type: Doric Grey Leather, Russet Piping, Carpet 85
- *Optional Equipment:*
  - *California Emissions*
  - *Cruise Control*
  - *Fog Lamps*
  - *Electric Sunroof*
  - *Weissach Equipment*
    - *Forged Alloy Wheels 7 X 15/8 X 15*
    - *Centers Painted Pongee Beige Metallic*
    - *Spoilers, Front And Rear*
    - *Halogen Headlights*
    - *Electric Mirror, Right Side*
    - *Black Headliner*
    - *4 Speakers*

PCNA 4442 — Number | [signature] Porsche Cars North America, Inc. | 9/2/97

Ein Zertifikat zur Authentizität kann beim Hersteller Porsche selbst oder den Porsche-Importeuren in den einzelnen Ländern beschafft werden. Dort wird man die Daten des Fahrzeugs mit den Aufzeichnungen bei der Herstellung des Neufahrzeugs abgleichen. Wenn alles übereinstimmt, wird man das Zertifikat ausstellen. Porsche Niederlassungen können im Zweifelsfall Fragen beantworten und weiterhelfen. Wie man das Zertifikat beantragen kann, variiert von Land zu Land, genauso wie auch die Kosten dafür.

Hinweis:
Das Zertifikat wird für fast alle Länder durch die Porsche AG in Deutschland ausgestellt. Nur in Kanada und den USA übernimmt die Porsche Cars North America (PCNA) diese Aufgabe.

Natürlich ist das Vorhandensein dieses Zertifikats ein Vorteil bei Kaufverhandlungen, aber vertrauen Sie nicht ausschließlich darauf. Das Fahrzeug, das vor Ihnen steht, kann trotzdem manipuliert sein.

Welchen von den drei Porsche würden Sie sich nehmen? Es sind Sondermodelle 911 SC Weissach Spezial, Modelljahr 1980.

Foto: Kurt Fischer, Jim Giampaolo, Robert Hall Jun.

Der erste Blick auf den angebotenen Porsche 911 SC

Mit dem ersten genaueren Blick sollten Sie beurteilen, ob es sich lohnt, gerade diesen einen Porsche 911 SC unter die Lupe zu nehmen. Es gibt viele SC auf dem Markt. Dieser Leitfaden wird Ihnen helfen, einige der Angebote von der Liste zu eliminieren und so Zeit zu sparen bzw. kein Geld zum Fenster rauszuwerfen.

Erarbeiten Sie sich eine persönliche Checkliste zur Feststellung der Echtheit des Fahrzeugs. Diese kann erstellt werden indem Sie den derzeitigen Besitzer bitten, Ihnen die angefragten Informationen zuzusenden oder diese Liste gemeinsam mit ihm vor Ort durchzugehen. Die persönliche Begutachtung ist die beste Methode, aber nicht immer möglich. Wenn der Verkäufer es ablehnt, diese Informationen bereitzustellen, schauen Sie sich besser woanders um.
Wenn es sich bei dem 911 SC um ein Fahrzeug aus den Modelljahren 1978 bis 1980 handelt, müssen Sie alle Identifikations-Klebeschilder prüfen. In diesen Jahren gab es keine Zusammenfassung der Daten an einer Stelle.
Die Original-Dokumente zum Neuwagenkauf und zur Auslieferung des Fahrzeugs sind sehr hilfreich, sofern der Vorbesitzer diese noch hat.
Auch das Kundendienst-Wartungsheft, in das alle Inspektionen mit Datum und Kilometerstand eingetragen werden, liefert wertvolle Informationen zum Vorleben des Fahrzeugs.

Ist der 911 SC ein Fahrzeug aus den Modelljahren 1982 oder 1983, befindet sich das Klebeschild an der Frontseite des Gepäckraumes, unterhalb des Verriegelungs-Mechanismus. Die Daten auf diesem Schild zeigen die FIN und die Motor-Seriennummer, wie schon vorab beschrieben wurde. Auf diesem Klebeschild ist auch der Farbcode festgehalten. Vergleichen Sie diese Nummer mit der Angabe auf dem anderen Klebeschild wie für die Fahrzeuge aus dem Modelljahr 1982 und 1983 beschrieben. Sollten diese Klebeschilder mit Hinweisen auf die Originalfarbe fehlen, ist Vorsicht geboten.
Beim Vergleichen der Farben auf den unterschiedlichen Karosserieteilen sollten Sie auf gute Beleuchtung achten. Einige Lacke, insbesondere Metallic-Farben, sind schwer zu identifizieren. Aber wenn der 911 SC schwarz ist und die Klebeschil-

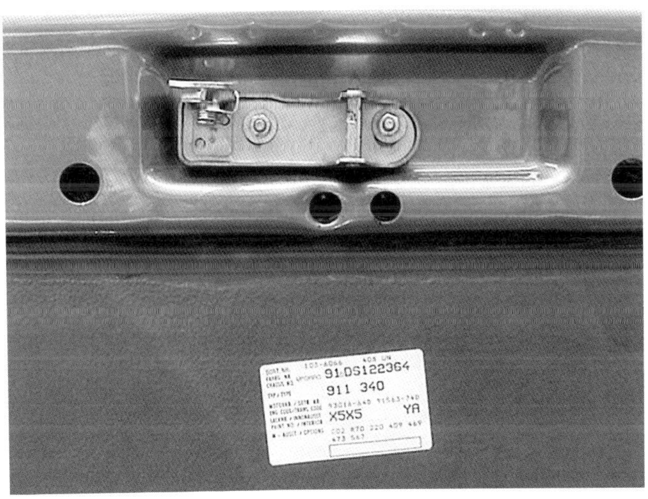

Wenn Sie mit der Originalität des angebotenen Porsche 911 SC Coupé zufrieden sind, ist es jetzt an der Zeit, das betreffende Exemplar eingehender zu inspizieren. Foto: Albert Upsher

der aussagen, das Fahrzeug sei weiß lackiert, dann ist da etwas falsch gelaufen.

In Australien, der Schweiz, USA, Kanada, Großbritannien und weiteren Ländern werden importierte Fahrzeuge, die nicht den nationalen Anforderungen entsprechen, als „Grauimport-Fahrzeuge" bezeichnet. Wird in den USA oder in Großbritannien ein Graumarkt-911 SC auf die nationalen Erfordernisse umgebaut, kann das Nachteile für den Besitzer bringen. Veranlassen Sie, dass die örtliche Zulassungsstelle eine Prüfung der Unterlagen durchführt. Internationale Käufe benötigen eine sorgfältige Vorarbeit und Planung.

Fragen Sie den derzeitigen Besitzer nach allen verfügbaren Dokumentationen:

Die Betriebsanleitung

Die Original-Betriebsanleitung entspricht immer dem Modelljahr des 911 SC. Prüfen Sie das Datum der vorgelegten Anleitung und ob diese Betriebsanleitung zum angebotenen Wagen gehört.

Das Serviceheft bietet weiteren Aufschluss über das Vorleben des Fahrzeugs. Zunächst sollten Sie sich vergewissern, ob es sich noch um das Original-Wartungsheft handelt, das mit dem Neufahrzeug ausgeliefert wurde, oder ob das vorliegende Exemplar eine Kopie oder gar ein nachträglich beschafftes Heft ist. Ein Duplikat, ausgestellt von Porsche, hat quer über jede Seite das Wort „duplicate" oder „Duplikat" stehen. Auf jeden Fall ist dann klar, dass dies nicht mehr das Original ist. Im nachträglich ausgestellten Duplikat ist nicht mehr das Klebeschild mit der Identifikation des Fahrzeugs angebracht. Die einzelnen Daten im Duplikat sind normalerweise nachträglich handschriftlich eingetragen.

Fragen Sie nach den schriftlichen Unterlagen, die die Mehrausstattungen für das Fahrzeug beurkunden und machen Sie die Gegenkontrolle mit der Aufstellung in diesem Buch im **Anhang B**.

Ist die Prüfung der Originalität des Porsche 911 SC bis zu diesem Punkt positiv verlaufen, dann nehmen Sie eine sehr gründliche optische Überprüfung vor. Beurteilen Sie, ob das angebotene Exemplar es wert ist, weiterhin begutachtet zu werden.

Diese Abbildung zeigt einen zerlegten 911 SC, bei dem Rost gefunden und anschließend beseitigt wurde. Der weiße Bereich am rechten Radlauf und die rechte A-Säule (Rahmen, Windschutzscheibe und Verbindung zum Dach) sind bekanntermaßen rostanfällig.
Die Rostbildung an der A-Säule hat nicht selten den Grund, dass in der Vergangenheit einmal eine neue Windschutzscheibe eingebaut wurde. Wenn beim Ausbau der alten Scheibe mit unsachgemäßen, scharfen Werkzeugen der Blechrand zerkratzt wurde und anschließend diese Stellen keine Rostschutzbehandlung erfahren, greift die Korrosion diese exponierten Bereiche an und es bilden sich Blasen unter der Lackschicht. Bei dem hier gezeigten Fahrzeug kam erschwerend hinzu, dass die Windschutzscheibe nicht wie von Porsche vorgeschrieben komplett eingeklebt war und deshalb Wasser eindringen konnte. Dieselbe Problematik kann beim Ersetzen der Heckscheibe auftreten. Schnell-Reparaturdienste benutzen einen elastischen Füller, der aber aushärtet und Risse bekommt. Die Korrosion tritt als braune Linien in der rissigen Lackierung auf. Achten Sie auch genau auf Korrosionsanzeichen an den unteren Enden der A-Säule.
Foto: Paul Rawnsley

- Suchen Sie nach sichtbaren Roststellen.
- Schauen Sie, ob Sie sichtbare Anzeichen von Nachlackierungen finden.
- Prüfen Sie, ob Sie irgendwelche Beschädigungen oder unsachgemäße Reparaturen feststellen können.
- Prüfen Sie, ob Sie Anzeichen von nachträglichen Änderungen feststellen können.
- Stellen Sie fest, ob Instrumente ausgetauscht wurden, insbesondere der Kilometerzähler. Vergleichen Sie die Instrumente des zu prüfenden Fahrzeugs mit den Bildern der Instrumente in der Betriebsanleitung.

Hinweis:
Besitzer, die ihren Porsche 911 SC auf Rennstrecken eingesetzt haben, verdrehen zur besseren Ablesbarkeit gerne Anzeigeinstrumente, insbesondere den Drehzahlmesser und bringen an den Skalen zusätzliche Markierungen am Glasrand an. Wenn dann der Wagen verkauft werden soll, werden die Instrumente in die Normalpositionen zurückgedreht. Allerdings verbleiben häufig Spuren dieser Manipulationen, die man bei sehr genauem Hinschauen auch feststellen kann. Ein solches Fahrzeug muss nicht grundsätzlich schlechter sein, unterliegt aber einem höheren Verschleiß, der im Kaufpreis seine Berücksichtigung finden sollte.

Eingehende Inaugenscheinnahme

Dieser Arbeitsablauf fasst die Schritte zusammen, die nach der „Ersten Blick"-Prüfung schon erledigt sind und zeigt gleichzeitig, ob das inspizierte Fahrzeug eine genauere Untersuchung wert ist.

Untersuchungen an der Karosserie

Beginnen Sie mit der Suche nach sichtbaren Roststellen. Ja, auch Porsche 911 SC können rosten! Das beidseitige Verzinken der Karosseriebleche (vor der Bearbeitung) verlängert die Zeit bis sich Rost bildet, kann ihn jedoch nicht grundsätzlich verhindern. Denn wenn die Zinkschicht, beispielsweise durch Steinschläge, beschädigt wird, beginnt der Korrosionsprozess.
Äußere Karosserieteile, die zu prüfen sind:

So aufgeräumt und makellos sollte sich der Gepäckraum des angebotenen SC (hier mit herausgenommenem Ersatzrad) präsentieren.

Foto: Dan Whiteman

Um zu prüfen, ob ein 911 SC nachlackiert wurde, nutzt man am besten Tageslicht, wobei bedeckter Himmel vorteilhafter ist als grelles Sonnenlicht. Keinesfalls sollte man eine solche Besichtigung in einem Verkaufsraum oder einer Halle bei Kunstlicht vornehmen.

Foto: Gary Cuozzo

- Untersuchen Sie den Rahmen der Windschutzscheibe im unteren und seitlichen Bereich.
- Inspizieren Sie den Bereich der Zierleisten, hinsichtlich Blasen oder Risse im Lack.
- Untersuchen Sie den Bereich um die Zierringe der Hauptscheinwerfer und ob Steinschlagschäden schon den Lack und die Zinkschicht bis auf das Blech durchschlagen haben.
- Wenn auf den vorderen Kotflügeln Seitenblinker montiert sind, kontrollieren Sie auch den dortigen Lackbereich.

Prüfung des Gepäckraumes

Achten Sie gezielt auf von Korrosion befallene Bauteile, wie zum Beispiel die Befestigungsbänder des Kraftstofftanks, Schraubenköpfe, Befestigungsschrauben oder Rohrleitungen. Suchen Sie Lackschäden durch ausgelaufene Bremsflüssigkeit, untersuchen Sie den Bereich rund um die Batterie. Hier entsteht Korrosion, wenn die Batterie überladen wurde und übergelaufen ist. Heben Sie das Ersatzrad heraus und schauen Sie, ob darunter Rost oder Beschädigungen zu sehen sind, die von Unfällen herrühren können.

Haben Sie stets ein waches Auge für sichtbare Lackreparaturen und Spuren von Sprühlackierungen (Farbnebel, lackierte Dichtungen, etc.). Die Lackierung ab Werk war von höchster Qualität und besitzt eine Klarlack-Oberfläche.
Wurde der 911 SC nachlackiert, sollte ein sorgfältiger Blick dies aufdecken. Die besten Stellen, um Nachlackierungen zu entdecken, sind schwer zugängliche Stellen, wie zum Beispiel die vorderen Türausschnitte und die Radläufe.
Kontrollieren Sie, ob sich in diesen Bereichen unterschiedliche Farben finden lassen. Eine schlecht durchgeführte Nachlackierung ist ein Grund, die Kaufverhandlungen abzubrechen. Eine gut durchgeführte Nachlackierung sollte Sie jedoch nicht abhalten, die Verhandlungen weiterzuführen, wird es Ihnen aber ermöglichen, den Kaufpreis zu drücken.

Achten Sie darauf, ob Sie Farbverschiebungen oder Schatten in den Lackoberflächen feststellen können. Beurteilen Sie Lackoberflächen nie bei schwacher Beleuchtung, in einer Garage, im Regen oder bei künstlichem Licht. Bringen Sie das Fahrzeug in natürliches Tageslicht, bedeckter Himmel bei der

Porsche 911 SC Targa, Modelljahr 1979

Foto: Tom Uban

Prüfung ist besser als grelles Sonnenlicht. Treten Sie dann einige Schritte zurück und gehen Sie einmal rund um den Wagen herum. Wurden verschiedene Lackierungen zu verschiedenen Zeiten vorgenommen, dann wird es ziemlich leicht sein, das festzustellen. Unprofessionelle Lackierer verwenden nämlich beim Lackieren unterschiedliche Vormaterialien zum Lackaufbau, was wiederum mehr oder weniger geringe Farbdifferenzen hervorruft. Eine gute Stelle, um das festzustellen, sind auch die Radläufe. Achten Sie hier darauf, ob die Farbe feine Risse zeigt. Eine werksseitige oder professionelle Lackierung hat keine feinen Risse.

Achten Sie auf offensichtliche Anzeichen von Beschädigungen der Karosserie und auf durchgeführte Reparaturen. Stellen Sie für die folgenden Prüfungen das Fahrzeug auf eine ebene Fläche. Benutzen Sie ein Lineal und messen Sie die Spaltbreiten an mehreren Stellen jeweils an den Türen, am Kofferraum und an der Motorhaube. Wenn die gemessenen Abstände ziemlich gleich sind, bedeutet dies, dass die Karosserie unbeschädigt ist und dass die Fahrwerkseinstellung korrekt ist. Größere Unterschiede bei den Spaltmaßen deuten entweder auf Unfälle oder auf ein falsch eingestelltes Fahrwerk hin. Ungleichmäßige Spaltmaße sind problematisch und erfordern tiefergehende Untersuchungen.

Porsche 911 SC Coupé, Modelljahr 1981

Foto: Simon Gigney

Warnung:

Die Ausstattung der Rückleuchten-Einheiten ist in einigen Ländern durch spezifische Straßenverkehrsordnungen geregelt. Bei Importfahrzeugen aus anderen Ländern ist es empfehlenswert, dies bei den örtlichen Behörden prüfen zu lassen.

Der Klappmechanismus des patentierten abnehmbaren Dachteils bei einem Porsche 911 SC Targa, Modelljahr 1979

Foto: Tom Uban

Der Porsche 911 SC Targa

- Untersuchen Sie, ob das Targa-Verdeck einwandfrei passt.
- Prüfen Sie ob das komplette, einsetzbare Dach wasserdicht ist.

Hinweis:

Beim Benutzen von automatischen Waschanlagen, insbesondere wenn leistungsstarke Gebläse zur Trocknung eingesetzt werden, sind geringe Wassereintrittsmengen nicht zu vermeiden.

Die Handhabung des Cabrio-Dachs ist denkbar einfach, gezeigt an einem Porsche 911 SC Cabriolet, Modelljahr 1983.

Werksbild Porsche AG

Das Porsche 911 SC Cabriolet

Bitten Sie den Besitzer, das Verdeck zu schließen, prüfen Sie anschließend, ob es Beschädigungen gibt, ob Verschleiß festzustellen ist und ob der Prozess Öffnen und Schließen einwandfrei funktioniert. Ein verschlissenes oder ausgebliches Verdeck kann repariert oder ersetzt werden. Dies ist aber eine kostspielige Angelegenheit.
Prüfen Sie ob das komplette Verdeck wasserdicht ist. Wie beim Targa auch, sind in automatischen Waschanlagen mit leistungsstarken Gebläsen zur Trocknung geringe Wassereintritte völlig normal.

Cockpit eines Porsche 911 SC Coupé, Modelljahr 1980 Foto: Colin Judd

Beide Porsche 911 SC Coupés sind originale Sondermodelle „Weissach" mit feststehendem Heckspoiler wie sie im Modelljahr 1980 im Werk in Zuffenhausen gefertigt wurden. Foto: Kurt Fischer, Robert Hall jun.

Ein Porsche 911 SC Coupé, Modelljahr 1978, mit einem nachgerüsteten starren Heckspoiler. Foto: Gerko Hoek

Dies gilt für alle Porsche 911 SC:

- Prüfen Sie alle Dichtungen, insbesondere die Türdichtungen. Ein kleiner Trick hilft dabei: die Türen schließen und Wasser direkt auf die gesamten Türkanten gießen oder diese Bereiche mit einem Wasserschlauch abspritzen. Die gleichen Tests sollten beim Targa-Verdeck und beim geschlossenen Cabriolet-Aufbau durchgeführt werden. Beobachten Sie, ob Wasser ins Fahrzeuginnere eindringt und ob die Fußboden-Beläge nass werden. Das Leckwasser läuft zum tiefsten Punkt im Fahrzeuginneren, es sammelt sich dann unter den Fußteppichen und in dem Dämmmaterial. Legen Sie trockene Lappen zwischen Tür und Einstiegsleisten. Werden die Lappen nass, finden Sie unter Umständen ein korrosionsförderndes Feuchtbiotop unter den Teppichen.
- Prüfen Sie unter allen Fußmatten, ob Feuchtigkeit eingedrungen ist, auch unter den Sitzen.

Der feststehende Heckspoiler

Der charakteristische, übergroße Heckspoiler mit weicher umlaufenden Gummilippe wurde erst zum Modelljahr 1980 ab Werk am Porsche 911 SC montiert. Zunächst stand er nur für die Sondermodelle 911 SC Weissach Spezial und 911 SC Sport zur Verfügung.

Ab Modelljahr 1981 wurde der Heckspoiler dann für alle 911 SC als Mehrausstattung angeboten. Abgesehen von den erwähnten Sondermodellen wurden nur wenige 911 SC werksseitig mit dem Heckspoiler ausgeliefert. Heute ist allerdings die überwiegende Anzahl der noch existierenden Fahrzeuge mit irgendeinem nachgerüsteten Heckspoiler ausgestattet.

Die Mehrausstattung „Heckspoiler" hatte die Nummer M473. Ist diese Nummer nicht in den Original-Fahrzeugpapieren zu finden, dann ist auch kein Original-Spoiler von Porsche montiert.

Ein Hinweis dazu: Besitzt das Fahrzeug einen Heck-Scheibenwischer? Dann ist das ein sicheres Indiz dafür, dass der Heckspoiler werksseitig verbaut wurde. Der Heckscheibenwischer war nämlich seinerzeit im Mehrausstattungs-Paket M473 enthalten und nur sehr wenige SC-Besitzer haben sich darum gekümmert, nachträglich auch noch das gesamte Heckscheibenwischer-System einzubauen, wenn sie einen

Bei 911 SC-Fahrzeugen findet man die unterschiedlichsten Felgen, sowohl aus dem Porsche Programm als auch aus dem Zubehörhandel. Die Felgen bei diesem SC gehören eigentlich zur Serienausstattung des Nachfolgemodells Porsche 964 (Porsche Design 92). Foto: *Jim Williams*

Ein sehr gepflegter Porsche 911 SC Modelljahr 1981 mit dezent tiefergelegtem Fahrwerk. Foto: *Randall Pizarro*

Zubehör-Heckspoiler oder den starren Spoiler eines anderen Porsche Typs nachrüsteten. Einige Porsche 911 SC wurden nachträglich mit dem selbst ausfahrenden Spoiler des späteren Porsche 911 (Typ 964) ausgestattet.

Felgen und Bereifung

Der erste Blick gilt den Felgen und der Bereifung. Stimmen die Größen, wie gut ist der Reifenzustand, sind original Porsche Felgen montiert? Im Kapitel 6 wird ausführlich auf das Thema Felgen und Bereifung eingegangen. Wenn unbekannte Räder montiert sind, fragen Sie den Verkäufer, ob dies die Originalräder sind, die er seinerzeit mit dem Fahrzeug gekauft hat.
Schauen Sie in den Radläufen nach, ob diese umgebördelt oder gar verbreitert wurden, um größere Rad-Reifen-Kombinationen einsetzen zu können. Manche Vorbesitzer haben wesentlich größere Raddimensionen an ihren 911 SC verwendet als das Werk erprobt und freigegeben hat.
Fragen Sie den Besitzer, was ihn (oder sie) dazu veranlasst hat, diese Änderungen durchzuführen und welche Vorteile damit erzielt werden sollten. Im schlimmsten Fall deuten solche Arbeiten darauf hin, dass das Fahrzeug aus einem älteren Neunelfer als „SC" aufgebaut wurde. Solche Fragen und Untersuchungen zeigen dem derzeitigen Besitzer, dass der potenzielle Käufer ein gewisses Fachwissen aufweisen kann.
Prüfen Sie die Bereifung. Wenn diese von einem unbekannteren Hersteller stammt oder in schlechtem Zustand ist, kann es notwendig sein, die Reifen zu ersetzen. Und das kann sehr teuer werden. Lesen Sie zum gleichen Thema auch **Kapitel 6.**

Überprüfungen des Fahrwerks

Detaillierte Angaben zur Fahrwerkseinstellung finden Sie im **Kapitel 6**.
Veränderte Fahrwerkseinstellungen und Abstimmungen sind noch kein Grund, einen angebotenen 911 SC generell abzulehnen. Fragen Sie den Besitzer, wer die Fahrwerksänderungen durchgeführt hat. Das Einstellen von Vorspur, Sturz und Nachlauf, genauso wie die Höheneinstellung des gesamten Fahrzeugs, ist kein Job für Hinterhof-Werkstätten oder Do-it-yourself-Schrauber.

Nicht alle SC-Modelle haben noch eine so saubere und gepflegte Innenausstattung wie dieses Exemplar aus dem Modelljahr 1981. Foto: R. Warren Cramer

Die Motornummer, eingeschlagen im Motorgehäuse eines Porsche 911 SC, Modelljahr 1983. Foto: Bill Cline

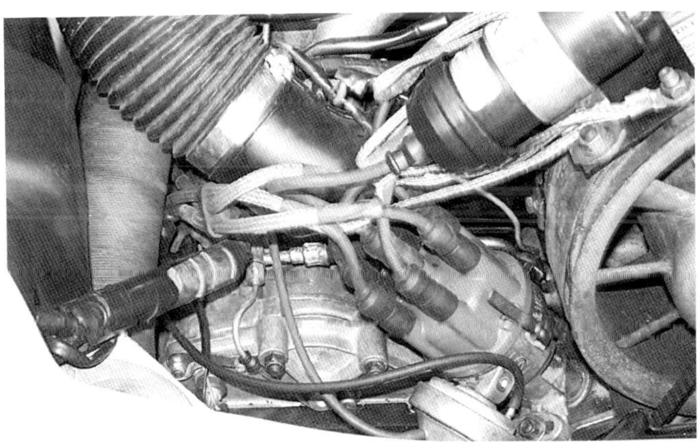

Sorgt für den richtigen Funken: das Hochleistungszündsystem von Bosch. Foto: R. Warren Cramer

Besichtigung des Innenraums

Bei der Beurteilung des Innenraumes handelt es sich mehr oder weniger um eine Bestandsaufnahme des augenblicklichen Zustands. Überzeugen Sie sich, dass nichts zerrissen oder verschlissen ist. Achten Sie auf Anzeichen von Wasserschäden. Echte Lederausstattungen von Porsche sind sehr widerstandsfähig und trotzen durchaus auch rauer Behandlung. Die Kunststoffe sind dagegen deutlich weniger verschleißfest.

- Prüfen Sie alle mechanischen Sitzfunktionen.
- Prüfen Sie, ob alle Beleuchtungseinrichtungen für den Innenraum funktionieren und ob sie auf die Türschalter entsprechend ihrer Belegung reagieren.

Kontrolle des Motorraumes

Überprüfen Sie immer persönlich die ins Motorengehäuse eingeschlagene Motornummer und vergleichen Sie diese mit den in den Papieren angegebenen Nummer. Dies ist, bedingt durch die engen Platzverhältnisse im Motorraum nicht ganz einfach durchzuführen, aber durchaus wichtig.

Untersuchen Sie die sichtbaren Bereiche des Motorraums, ob es hier Ölablagerungen gibt. Natürlich kann ein Verkäufer den Motorraum vorher gründlich reinigen. Ist dies der Fall, dann fragen Sie nach dem Grund der Reinigung. Werfen Sie einen Blick von unten auf den Motor, am besten, wenn das Fahrzeug auf einer Hebebühne steht. Suchen Sie Öltropfen an den Verblechungen. Einzelne Öltropfen sind noch kein Grund, die Besichtigung abzubrechen. Größere Öltropfen auf dem Fußboden hingegen sind ein schlechtes Zeichen. Ein sauberes und glänzendes Gebläserad, zuweilen farbig lackiert oder verchromt, mit 11 Blättern ist für die Motorkühlung zuständig und ein gutes Zeichen dafür, dass der Motor auch gepflegt wird. Benutzen Sie eine Werkstattleuchte und suchen Sie weiter nach Spuren von Ölverlust.

Prüfen Sie auch den Zündverteiler, die Zündspule und die Zündkabel zu den Zündkerzen auf guten Allgemeinzustand. Suchen Sie nach Beschädigungen durch Nagetiere (Marder) an den Hochspannungskabeln des Zündsystems.

Zur Prüfung des Zündsystems: Starten Sie einfach den Motor. Wenn der Motor bei Leerlaufdrehzahl weich und rund läuft – auch noch nach der Probefahrt –, kann man davon ausgehen, dass die Zündanlage in Ordnung ist.

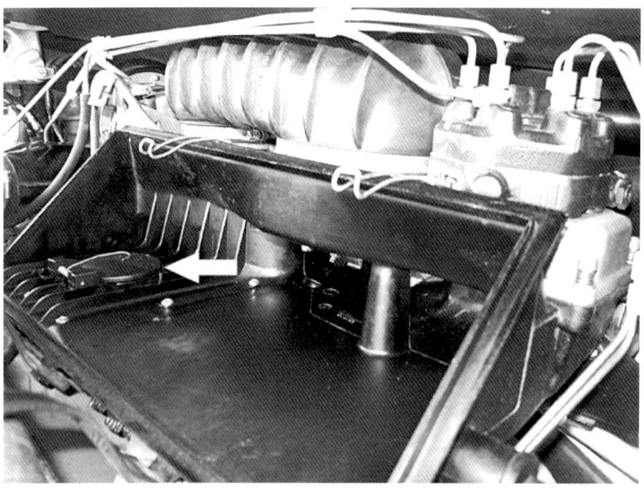

Kontrollieren Sie, ob sichtbare Änderungen am Motor durchgeführt wurden, beispielsweise Sportluftfilter, Löcher in der Airbox und alles andere, das aussieht, als gehöre es da nicht hin.

Eine der wenigen Eigenheiten, die frühen Porsche 911 SC Besitzern zu schaffen machten, waren „explodierende Airboxen". Diese Kunststoffgehäuse dienen der Luftführung vom Luftfilter zum Luftmengenmesser. Die ersten Airboxen waren geschlossene Kunststoff-Hohlkörper. Bei Fehlzündungen konnte es geschehen, dass Druckwellen in die Airbox gelangten und diese auseinander flog.

Dieses Problem wurde mit einer neuen Ausführung gelöst, die eine Abblase-Klappe besaß. Ab Modelljahr 1981 ist dieses System serienmäßig in allen Fahrzeugen vorhanden. Einige 911 SC Besitzer rüsteten die Abblase-Klappe selbst nach. Es ist daher sehr wichtig, wenn Sie sich einen 911 SC anschauen, ob diese Abblase-Klappe schon montiert ist.

Diese Abbildung (Bild Mitte) zeigt die Airbox eines 911 SC Modelljahr 1983 mit abgenommenem Luftfilter. Der weiße Pfeil zeigt die Abblase-Klappe, die sich bei Überdruck öffnen kann.

Wenn Sie äußerlich sichtbare Veränderungen am Motor feststellen, fragen Sie den Besitzer was sonst noch am Motor verändert wurde. Nachteile und Bedenken bestehen bei eigenmächtigen Veränderungen an den Motoren:

- **Laufeigenschaften des Motors.** Prüfen Sie bei der Testfahrt die Leerlaufdrehzahl. Achten Sie darauf, ob bei eingeschalteter Klimaanlage und einem plötzlichen Stopp der Motor „abstirbt".
- **Schadstoff-Ausstoß.** Verschiedene Veränderungen am Motor des 911 SC können die Abgas-Zusammensetzung so verändern, dass die national festgelegten Grenzwerte überschritten werden und der vorgeschriebene Test negativ ausfällt. Fragen Sie den Besitzer nach der letzten AU-Bescheinigung.
- **Zuverlässigkeit.** Einige Veränderungen am Motor verringern die Zuverlässigkeit. Es gibt aber keine Methode, diese verlässlich zu messen. Unverzichtbar für eine lange Lebensdauer – egal ob modifizierter oder serienmäßiger Motor – sind regelmäßige Ölwechsel und der Einsatz von qualitativ hochwertigen Schmierstoffen.

Die Kupplungsscheibe

Bitten Sie den Verkäufer, Ihnen die Unterlagen über alle Wechsel der Kupplungsscheibe mit Gummi-Torsionsdämpfer vorzulegen. Die Kupplungsscheibe mit Gummi-Torsionsdämpfer ist eine weitere Eigenheit der Porsche 911 SC. Der Gummidämpfer kann durch häufiges Fahren mit niedrigen Motordrehzahlen überlastet und zerstört werden. Ist die Original-Mitnehmerscheibe noch eingebaut, kann dies zu erheblichen Werkstattkosten führen. Diese Hinweise gelten nur für die 911 SC aus den Modelljahren 1978 und 1979. Danach kam ein verbesserter Gummidämpfer zum Einsatz, der geringere Schaltdrehzahlen besser vertrug.

Sollte auch beim gebrauchten 911 SC komplett sein: das serienmäßige Bordwerkzeug, der Wagenheber, das Faltrad und der 12-Volt-Kompressor aus einem Porsche 911 SC Targa, Modelljahr 1979.

Foto: Tom Uban

Das Bordwerkzeug

Öffnen Sie den Kofferraum und kontrollieren Sie, ob das Bordwerkzeug noch vollzählig vorhanden ist. Prüfen Sie auch, ob Werkzeuge beschädigt oder verrostet sind. Kontrollieren Sie den Wagenheber und stellen Sie fest, ob dieser auch wirklich zum angebotenen Fahrzeug gehört.

Das Ersatzrad besteht aus einem Stahlrad und einem faltbaren Reifen. Dieser muss im Einsatzfall vor der Montage aufgepumpt werden. Dazu dient ein 12-Volt-Kompressor, der zum Bordwerkzeug gehört. Prüfen Sie, ob der Kompressor vorhanden ist und ob er, angeschlossen am Zigarrenanzünder, auch funktioniert.

Hinweis:
Beachten Sie die in der Bedienungsanleitung des Fahrzeugs ausführlich beschriebenen Hinweise zum Radwechsel. Montieren Sie das aufgepumpte Faltrad stets nur an der Vorderachse!
Hat das Fahrzeug an einem der Hinterräder Luftverlust, dann tauschen Sie zunächst eines der Vorderräder gegen das Faltrad und verwenden das Vorderrad als Ersatzrad an der Hinterachse, um die Fahrt in angemessener Geschwindigkeit in Richtung Werkstatt fortzusetzen. Wird das Faltrad an der Hinterachse verwendet, kann dies zu folgeschweren und gefährlichen Veränderungen im Fahrverhalten führen.

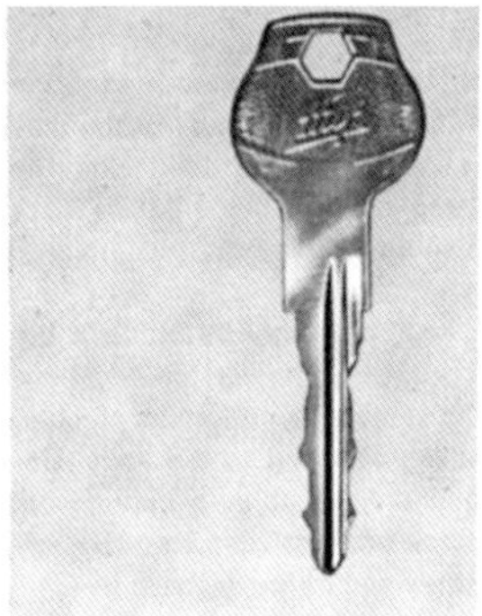

Die Überprüfung verschiedener Funktionen

Es wird dringend empfohlen, ehe Sie das Fahrzeug Probe fahren, alle eingebauten elektrischen Systeme zu überprüfen. Benutzen Sie dazu die Betriebsanleitung, um die folgenden Tests durchzuführen.

Das Alarmsystem und die Wegfahrsperre

Im Kapitel 8 finden Sie ausführliche Hinweise zum Alarmsystem. Wenn in dem zu prüfenden Fahrzeug dieses System eingebaut ist, gibt es zwei zusätzliche Schlüssel, von denen einer ein Ersatzschlüssel ist. Diese Schlüssel dienen dazu, das Alarmsystem zu aktivieren oder zu deaktivieren.
Das von Porsche eingebaute System ist leicht zu erklären. Wie es benutzt wird, steht in der Betriebsanleitung. Der Schlüssel wird in das Schloss eingeführt. Drehen Sie den Schlüssel 90 Grad im Uhrzeigersinn, dann ist das System aktiviert. Wird der Schlüssel um 90 Grad gegen den Uhrzeigersinn gedreht, ist das Warnsystem deaktiviert.

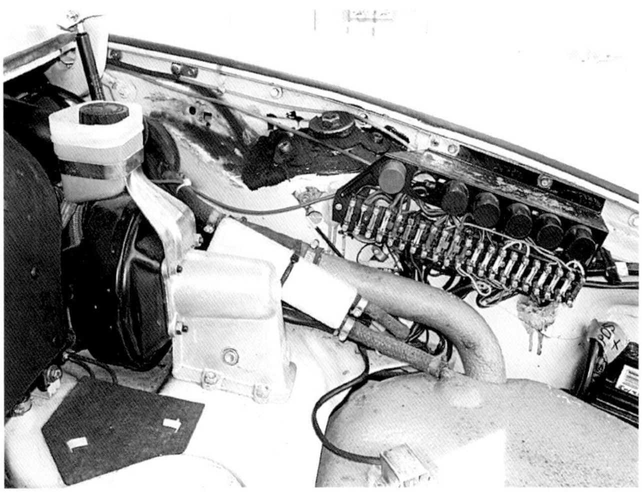

Die Zentralelektrik im Gepäckraum

Die meisten Sicherungen und Relais befinden sich auf der Zentralelektrik im Kofferraum.

- Nehmen Sie den Deckel ab und prüfen Sie, ob alle Sicherungen intakt sind.
- Prüfen Sie, ob alle Relais vorhanden sind, wie dies die Zeichnung im Deckel zeigt.

Der Lichttest

- Hauptscheinwerfer
- Zusatzscheinwerfer
- Rücklichtanlage
- Nebelscheinwerfer
- Innenbeleuchtung
- Beleuchtung im Handschuhfach
- Alle Hinweisleuchten, einschließlich der Warnblinkanlage

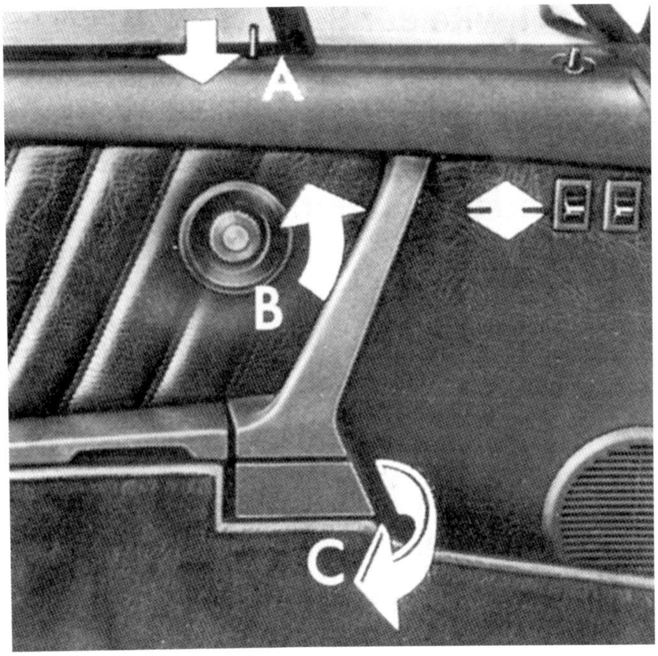

Prüfung aller Funktionen an beiden Türen, einschließlich:

- Türver- und Entriegelung von innen
- Öffnen der Türen
- elektrische Fensterheber

Wischen und waschen

- Erst die Windschutzscheibe benetzen, dann testen Sie die Scheibenwischer in allen Wischprogrammen. Prüfen Sie auch das Intervall-Wischprogramm und ob alle vier Scheibenwaschdüsen gleichmäßig sprühen. Wenn vorhanden, dann prüfen Sie auch die Scheinwerfer-Reinigungsanlage, dazu müssen die Hauptscheinwerfer eingeschaltet sein.
- Wenn ein Heckscheibenwischer vorhanden ist, erst Scheibe benetzen, dann die Funktion des Heckscheibenwischers prüfen. Ansonsten riskieren Sie bei einem defekten Gummi Kratzer auf der Heckscheibe.

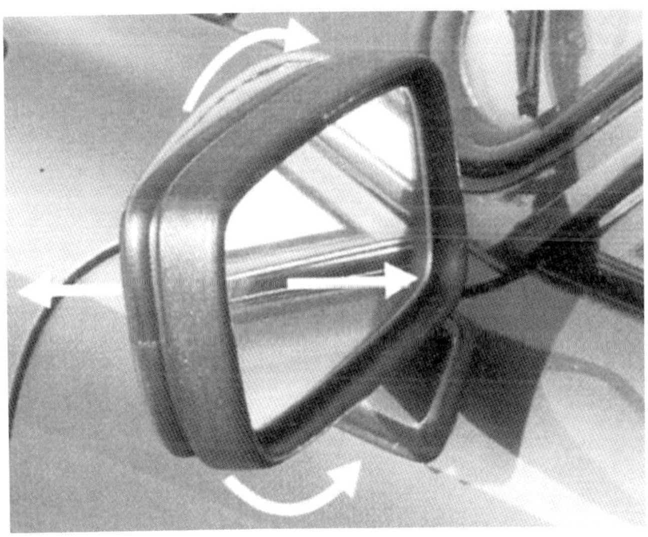

Prüfung der Außenspiegel

- Prüfen Sie die Funktion der beiden elektrisch verstellbaren Außenspiegel.
- Stellen Sie fest, ob sich die Spiegelgläser in alle Richtungen elektrisch verstellen lassen.

Die Frontsitze

- Prüfen Sie die mechanischen Funktionen beider vorderen Sitze. Stellen Sie fest, ob sich die Sitze problemlos nach vorn und hinten verstellen lassen.

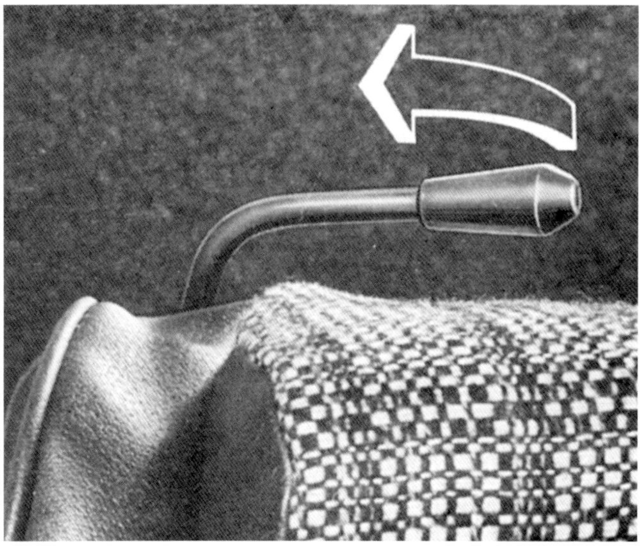

- Prüfen Sie auch, ob sich alle Hebel und Handgriffe frei bewegen lassen.

Die hinteren Sitze

- Prüfen Sie, ob die mechanische Entriegelung, das Umklappen und das Fixieren in aufrechter Position an beiden hinteren Sitzen funktioniert.

Der Zigarettenanzünder

Prüfen Sie die Funktion des Zigarettenanzünders und damit auch die Funktion der 12-Volt-Steckdose (wichtig als Stromversorgung für Navigationsgeräte).

Die heizbare Heckscheibe (Mehrausstattung bei Coupé und Targa). Erst Heckscheibe benetzen, dann Scheibenheizung einschalten und prüfen.

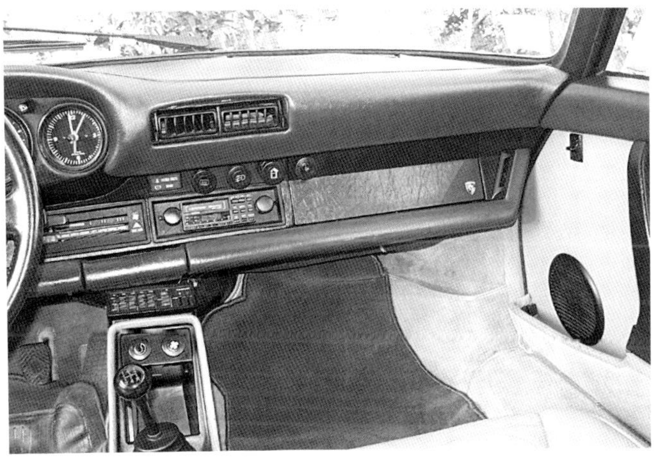

Das Soundsystem

Schalten Sie das Radiogerät ein. Ist ein Kassettendeck eingebaut, legen Sie eine Test-Kassette ein. Verwenden Sie niemals eigene, vielleicht sogar noch wichtige Kassetten, damit bei einer Fehlfunktion des Abspielgeräts ein eventueller Verlust der Kassette nicht weiter ärgerlich ist.
Prüfen Sie, ob alle Lautsprecher funktionieren, selbst wenn Sie später bessere einbauen möchten. Die Suche nach einem Bruch in den Lautsprecherkabeln kann ziemlich lästig werden. Dasselbe gilt für einen CD-Player.

Instrumente

Prüfen Sie, ob sich die Uhr einstellen lässt. Unter der Armaturentafel befindet sich dazu eine Verstellmöglichkeit.

Hinweis:
Der tiefer angebrachte Hebel auf der rechten Seite dient zum Einstellen der Geschwindigkeits-Regelung.

Das Schiebedach

Das Schiebedach war beim Coupé als Mehrausstattung bestellbar. Wenn dieses Extra vorhanden ist, sollte sich dieses weich und nahezu geräuschlos bewegen. Übermäßige Geräusche lassen auf mangelnde Wartung schließen. Vor allem der Seilzugmechanismus kann dadurch beschädigt sein. Ist ein Seil gerissen, funktioniert das ganze Dach nicht mehr richtig.

Die leichte Bedienbarkeit des Verdeckes war ein wichtiges Konstruktionsziel der Porsche Ingenieure, hier ein Cabriolet aus Modelljahr 1983.

Werksbild Porsche AG

Das Cabriolet-Verdeck

Es ist sehr wichtig, bei der Prüfung das Öffnen und Schließen des Verdecks mechanisch von Hand durchzuführen. Prüfen Sie, ob das gesamte Gestell in Ordnung ist und keine Hebel und Gestänge deformiert sind. Alles muss sich ohne großen Kraftaufwand bewegen lassen. Beachten Sie dazu auch **Kapitel 7**.

Hinweis:

Das Targa-Dach wird in diesem Abschnitt nicht beschrieben, da das Abnehmen und Einsetzen des Daches rein mechanisch erfolgt. Es sind keine elektrischen Systeme beim Targa-Dach im Einsatz.

Ein 911 SC Coupé Modelljahr 1983 bei Testfahrten auf dem Porsche Prüfgelände in Weissach. Werksbild Porsche AG

Die Probefahrt

Beginnen Sie mit der Probefahrt erst dann, wenn Sie sicher sind, dass alle Systeme funktionieren.

Freigängigkeitstest Vorderachse

Drehen Sie bei langsamer Fahrt vorwärts und rückwärts das Lenkrad in beide Richtungen bis zum Anschlag. Wenn jetzt ein Geräusch hörbar wird oder die Räder Karosserieteile berühren, kann dies folgende Ursachen haben:

- Falsche Einpresstiefe der Felgen
- Felgen und/oder Bereifung sind zu breit

Funktionstest Tempomat

Befolgen Sie die Hinweise in der Betriebsanleitung und prüfen Sie die automatische Geschwindigkeits-Regelung. Die gesamte Bedienung erfolgt mit dem längeren, dünneren Hebel auf der rechten Seite der Lenksäule. Einige 911 SC besitzen ein Klebeschild an der Armaturentafel, auf dem die Bedienung der Regelung erklärt wird.

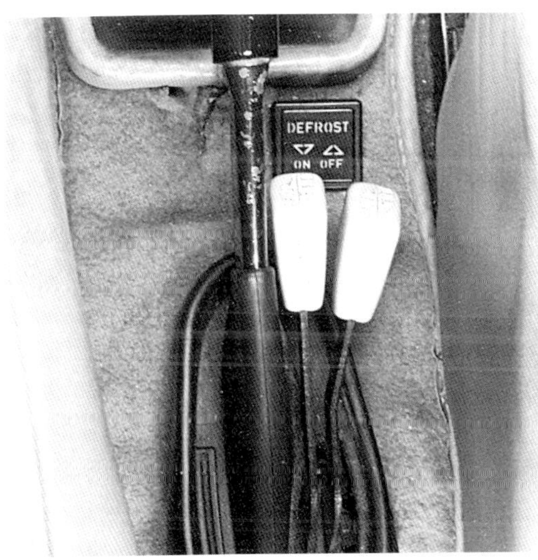

Die serienmäßigen zwei Bedienungshebel für die Innenraumheizung sitzen rechts neben dem Handbemshebel, davor der Defroster-Schalter für die Front- und Seitenscheiben.

Prüfung der Klimaanlage

Prüfen Sie die einwandfreie Funktion der Klimaanlage und des Heizsystems während der Probefahrt. Die Klimaanlage arbeitet ausschließlich wenn der Motor läuft. Der Schalter, um die Klimaanlage ein- oder auszuschalten, ist im Bereich vor dem Schalthebel positioniert: Der Drehknopf zur Regelung der Kälteleistung und der Regler für das Klimagebläse sind vor dem Schalthebel auf der Mittelkonsole angebracht.

Die automatische Heizungsregulierung steht beim Porsche 911 SC auf der Mehrausstattungsliste.

„Probefahrt" einmal anders: Sofern Sie ein 911-Rallye-Fahrzeug suchen, könnte das eine adäquate Art und Weise sein, den zum Verkauf stehenden SC zu testen. In allen anderen Fällen sollte man den Wagen auf der Probefahrt zwar auch mal zügig bewegen, sollte es aber nicht übertreiben. Vor allem sollte man das Fahrzeug vernünftig warmfahren, bevor man die Leistung abruft. Werksbild Porsche AG

Hinweis:
Abhängig vom Modelljahr und den Ausstattungswünschen änderte sich die Lage der Bedienelemente für die Klimaanlage immer wieder. Schauen Sie daher vor Antritt der Probefahrt in die Betriebsanleitung des entsprechenden Fahrzeugs, wie die jeweilige Klimaanlage bedient wird.

Stellen Sie sicher, dass die Probefahrt eine angemessene Testfahrt wird. Scheuen Sie sich nicht, auch mal richtig Gas zu geben, natürlich innerhalb der Vorschriften der Straßenverkehrsordnung. Ein regelmäßiger prüfender Blick in den Seitenspiegel lässt erkennen, ob der Motor Notsignale in Form von bläulichem oder weißem Qualm aus der Abgasanlage sendet.

Was Sie während der Testfahrt beachten sollten:

- Führen Sie einen normalen Bremsvorgang aus. Das Fahrzeug sollte weder zur einen noch zur anderen Seite ziehen (ebene Straße vorausgesetzt).
- Testen Sie die Lenkung daraufhin, ob Sie Vibrationen spüren oder ob die Lenkung an einer Stelle klemmt. Das Klemmen (Schwergängigkeit) oder auch die Vibrationen fühlen Sie am Lenkrad, während der Fahrt.
- Betätigung der Kupplung. An die Kupplung des Porsche 911 SC muss man sich erst gewöhnen. Lassen sich bei betriebswarmem Getriebe, getretener Kupplung und laufendem Motor geräuschlos der Rückwärtsgang und der erste Gang einlegen?
- Schalten Sie bis zum fünften Gang hoch. Lassen sich die Gänge auch problemlos ohne Kratzgeräusche zurückschalten, insbesondere der zweite Gang?

Professionelle Begutachtung vor dem Kaufabschluss

Fragen Sie den Verkäufer, ob er einer eingehenden Inspektion vor dem Kaufabschluss zustimmt. Einen solchen Fahrzeug-Check bieten TÜV und Dekra an, entstehende Kosten trägt allerdings in der Regel der potenzielle Käufer. Ein Besuch in der Porsche Werkstatt seines Vertrauens ist natürlich auch eine Möglichkeit, noch eine zusätzliche fachmännische Einschätzung des angebotenen Exemplars zu bekommen.

Wenn dann der Kauf abgeschlossen ist, wird es Zeit, sich mit seinem Neuerwerb richtig anzufreunden. Die Ausfahrt mit Club-Freunden oder eine entspannte Gebirgstour an den Wochenenden sind gute Möglichkeiten, den eigenen 911 SC noch besser kennen zu lernen.

Foto: Keith Stevens

Überlegungen vor dem Kaufabschluss

Ehe Sie sich endgültig für ein Fahrzeug entscheiden, sollten Sie folgende Punkte sorgfältig berücksichtigen:

- Der Porsche 911 SC ist nicht irgendein Auto, es ist ein sehr spezieller, älterer Sportwagen. Dies hat Vorteile, aber auch Nachteile.
- Die Kosten, um die vorgegebenen Routine-Wartungsarbeiten durchzuführen und die nicht absehbaren Reparaturkosten können höher sein, als bei neueren, modernen Fahrzeugen.
- Die Kosten für eine komplette Bereifung sind hoch.
- Der Porsche 911 SC ist überaus zuverlässig, aber wenn Teile ausfallen, kann Ersatz kostspielig und in einigen Fällen sogar auch schwierig zu beschaffen sein.

Der Porsche 911 SC ist ein Fahrzeug, das durchaus von einem ambitionierten Hobbyschrauber mit gutem Grundwissen und einigen Porsche Kenntnissen gewartet werden kann.
Lassen Sie sich Angebote von verschiedenen Kraftfahrzeug-Versicherungen für alle möglichen Varianten für die gesetzliche Haftpflicht und für eine Teil- oder Vollkasko-Versicherung machen. Da die Fahrzeuge, je nach Modelljahr inzwischen bis über 30 Jahre alt sind, kommt für sie auch eine Zulassung als Oldtimer in Frage. Der Hauptvorteil: Mit dem so genannten H-Kennzeichen sinken die Steuern auf rund 190 Euro jährlich.

Die Instandhaltung nach dem Kauf

Führen Sie nach dem Kauf und der Übernahme eines gebrauchten Porsche 911 SC, ohne Rücksicht auf die Kilometerleistung oder das letzte Wartungs Dokument, folgende Service-Arbeiten durch:

- Motorölwechsel und Ölfiltertausch
- Den normalen Wartungsservice, wie er alle 20.000 Kilometer vorgeschrieben ist

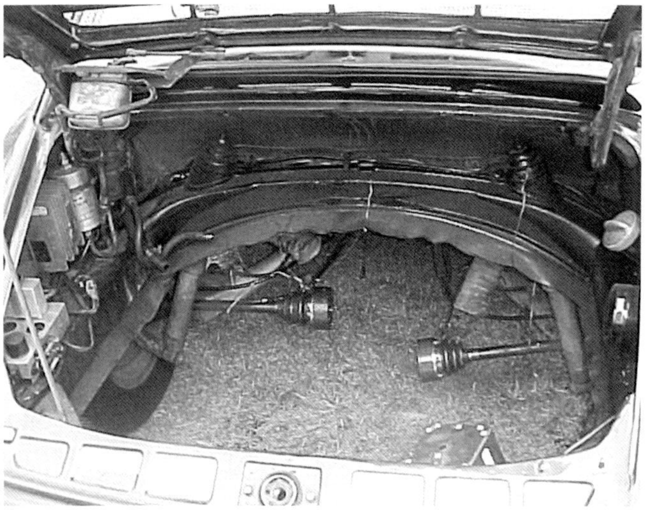

Bei vielen modernen Sportwagen sollte man für Service-Arbeiten am besten generell direkt den ganzen Motor ausbauen. Beim 911 ist dies zum Glück nicht notwendig. Für eine eher selten erforderliche Motorrevison kommt man allerdings auch beim Porsche nicht umhin, das Triebwerk auszubauen.

Wird der 911 – wie dieser SC Targa, Modelljahr 1978 – nur auf Landstraßen bewegt, sind die üblichen Werkstatt-Intervalle für eine angemessene Instandhaltung absolut ausreichend. *Werksbild Porsche AG*

Kundendienst und Instandhaltung

Dieser Abschnitt beschreibt einige Hinweise zur Wartung und Instandhaltung eines Porsche 911 SC. Eine komplette Anleitung zur Durchführung von Reparaturen und Wartungsarbeiten finden Sie im offiziellen Reparaturleitfaden der Firma Porsche für die gesamte Baureihe 911, der durch viele Nachträge ergänzt wurde. Ein guter Tipp ist auch *„Das 911er Schrauberhandbuch"* (HEEL Verlag), das einen recht detaillierten Überblick über diese Arbeiten bietet.

Die offiziellen Service-Intervalle bei Porsche sind mit 20.000 km festgelegt, mit wenigen Ausnahmen und zusätzlichen Empfehlungen.
Als generelle Regel können die folgenden Intervalle angewendet werden:

- Europa (ohne Großbritannien) 20.000 km
- Großbritannien: 12.000 miles
- USA: 15.000 miles
- Andere Länder: 20.000 km oder 12.500 miles. Prüfen Sie in Ihrem Porsche Wartungsplan, ob es weitere Hinweise für Ihr Land gibt.
- Bei seltener Benutzung des Fahrzeugs: Ein Service pro Kalenderjahr
- Wenn Sie Motorenöl auf Mineralölbasis benutzen, ist es empfehlenswert, das Öl entweder alle 5000 km oder alle 6 Monate zu wechseln, je nachdem, welches dieser beiden Kriterien zuerst erreicht ist.

Hinweis:
Einige Versicherungsunternehmen bieten spezielle Tarife für „Wenigfahrer" oder Oldtimer-Besitzer an.

Normale Instandhaltung oder erweiterte Inspektionen

Die Kundendienst-Intervalle für normale Betriebsbedingungen sind von den Automobilherstellern festgelegt und genügen für den durchschnittlichen Autofahrer. Sie sind in den Service-Unterlagen zu finden. Die Intervalle werden jedoch auch beeinflusst durch extremes Klima und die Bedingungen, unter denen das Fahrzeug benutzt wird. Der 911 SC-Besitzer, der sein Fahrzeug unter sehr harten Bedingungen ein-

Wenn jedoch der Wagen auch viel im Winter gefahren oder dauerhaft in kälteren bzw. heißeren Klimazonen bewegt wird, sollte man die Service-Intervalle entsprechend verkürzen. Werksbild Porsche AG

PORSCHE

Porsche Zentrum Bamberg
Ulf Schmitt Sportwagen GmbH

Bei Zahlung bitte Rechnungs-Nr. und Kunden-Nr. angeben

Porsche Zentrum Bamberg
Kärntenstraße 12 - 96052 Bamberg

RECHNUNG NR.07542
Betriebs-Nr. 11211100
Auftrags-Nr. 19327
Datum 15.09.04
Kunden-Nr. 10186
Abn.-Gr 8020
N 7198
SEITE: FREIGABE:
STEUERNUMMER:207/175/57108

Amtl. Kennzeichen	Typ/Modell	Fahrzeug-Ident-Nr.	Zulassungstag	Annahmetag	km-Stand	KD-Meister
	911330	WP0ZZZ91ZJS100400	9.10.87	9.09.04	117234	CG 1

			EURO
44052006	4 RÄDER AUS- UND EINGEBAUT	716	0,00
46504650	2 BREMSSCHEIBEN VORN GEDREHT	716	120,00
46832003	4 BREMSBACKEN AUS- UND EINGEBAUT	716	152,00
46532099	2 BREMSSCHEIBEN HINTEN ERNEUERT	716	0,00
	KOSTENLOS		
42010199	RADNABENSEITENSCHLAG GEPRÜFT	707	0,00
	KOSTENLOS		
51992999	FAHRZEUG AUSGESAUGT/GEWASCHEN	705	0,00
	KOSTENLOS		
51999999	ÖL,WASSER,LUFT GEPRÜFT/ERGÄNZT	716	0,00
	KOSTENLOS		
911 352 097 10	4 BREMSBACKE		120,44
901 352 954 10	2 RUECKZUGFE		4,30
911 352 041 08	2 BREMSSCHEI		249,56

BITTE BEACHTEN SIE UNSERE NEUEN ÖFFNUNGSZEITEN
MONTAG - FREITAG 8.00 UHR - 19.00 UHR
SAMSTAG 8.00 UHR - 13.00 UHR

USt. Basis: 646,30 16,00 % USt.-Betrag 103,41

	Arbeitspreis	Material/Fahrzeug	Umsatzsteuer	Austausch-Altwert	USt auf Altwert	Agenturware/Auslagen lt. Beleg*	Gesamt Betrag
EU	272,00	374,30	103,41	0,00	0,00	0,00	749,71*
		646,30					

Die Leistungen wurden zwischen Annahme- und Rechnungstag (§ 14 Abs. 1 Ziffer 4 UStG.) erbracht.
*Der Betrag enthält die jeweils gültige Umsatzsteuer.
Die Lieferung von Original-Teilen für Porsche erfolgt zu den im Verkaufsraum ausgehängten Lieferbedingungen.
Die Ware bleibt bis zur vollständigen Bezahlung unser Eigentum.

Zahlung sofort nach Rechnungserhalt rein netto Kasse.

Quittungsdruck

Porsche Zentrum Bamberg
Ulf Schmitt Sportwagen GmbH
Kärntenstraße 12, 96052 Bamberg

Telefon: 0951/3020-0
Telefax: 0951/3020-299
http://www.porsche-bamberg.de

Bankverbindung:
Sparkasse Bamberg
(BLZ 770 500 00) 74 112

Rechtsform: GmbH, Sitz der Gesellschaft: Bamberg, Registergericht Bamberg HRB-Nr. 4210, Geschäftsführer: Harald Bott, USt.-IdNr.: DE 208245001

setzt, bei Breitenmotorsportveranstaltungen (Orientierungsfahrten, Gleichmäßigkeitsprüfungen, etc) an den Start geht oder sich regelmäßig der Herausforderung Nürburgring Nordschleife stellt, sollte auch für ein angepasstes Service-Programm Sorge tragen.
Porsche selbst gibt keine Empfehlungen, die Service-Intervalle bei erschwerten Betriebsbedingungen zu ändern. Die Entscheidung sie zu verkürzen liegt also ganz beim Besitzer. Ratschläge hierzu erteilt sicherlich ein Porsche Zentrum.

- Einsatz in staubigem (Wüste), feuchtem (Tropen) oder schlammigem Terrain (Gebiete mit mangelhaftem Straßenbau
- Sehr häufiges Anhalten und wieder Anfahren (ständiger Großstadtverkehr)
- Häufige Kaltstarts und Fahrten mit zu niedriger Motortemperatur (kurzer Arbeitsweg im Winter)
- Extreme Außentemperaturen (hohe Temperaturen in Südeuropa im Sommer, tiefe Temperaturen in Ost- und Nordeuropa
- Häufige Fahrten im Gebirge (1500 Meter über Meereshöhe und höher)
- Betrieb mit Anhängelast

Es wird empfohlen, bei diesen Bedingungen den Service spätestens alle 5000 km durchführen zu lassen.

Kosten für Service und Instandhaltung

Typische Kosten für den Kundendienst und die Instandhaltung eines Porsche 911 SC variieren je nach Land und Fahrzeugmodell, ändern sich aber nicht wesentlich von Jahr zu Jahr.

Motorenöle

Hier sollte auf die Hersteller-Empfehlungen verwiesen werden: „Verwenden Sie nur die von Porsche freigegebenen Markenöle, die der API-Klassifikation SE oder SF für Ottomotoren entsprechen. Diese Klassifikationen werden oft in Verbindung mit den für Dieselmotoren gültigen Klassifikationen angegeben, z.B. SE/CC, SF/CC oder SF/CD."
Einbereichs-/Mehrbereichs- und Leichtlauföle sind mischbar, wenn die Viskositätsklassen den jeweiligen Außentemperaturen entsprechen.

Einbereichsöle

Nur wenn Mehrbereichsöle nicht greifbar sind und konstante Einsatzbedingungen vorliegen, können auch Einbereichsöle zum Einsatz kommen. Um Schäden vorzubeugen, müssen bei Verwendung dieser Öle unbedingt die bei größeren Temperaturschwankungen erforderlichen Ölwechsel eingehalten werden.

Mehrbereichsöle

Die im Wartungsplan angegebenen Wechselintervalle gelten bei Verwendung von Mehrbereichsölen. Für den Ganzjahresbetrieb dürfen nur die in der nachstehenden Übersichtstafel aufgeführten Mehrbereichsöle entsprechend der überwiegend herrschenden Umgebungstemperatur eingefüllt werden.

Leichtlauföle

Neben Einbereichs- und Mehrbereichsölen gibt es so genannte Leichtlauföle (Ganzjahresöle). Vor Verwendung dieser Öle sollten Sie sich von ihrem autorisierten Porsche Zentrum beraten lassen. Einige Ölzusatzstoffe (Additive) vertragen sich nicht oder nur schlecht mit Dichtungsmaterialien.
Das Motorenöl ist nicht nur ein Schmierstoff, sondern dient auch dazu, den Motor sauber zu halten. Ruß und Schmutz, die durch die Verbrennung entstehen, gelangen über den Ölstrom zum Filter und werden dort abgefangen. Außerdem muss der Motor vor Korrosion geschützt werden. Bei luftgekühlten Motoren übernimmt das Motoröl aber nicht nur

Schmieraufgaben, sondern muss auch mehr als bei wassergekühlten Antriebsaggregaten für eine verstärkte Wärmeabfuhr sorgen. Dadurch wird es mehr beansprucht als in wassergekühlten Konstruktionen, weshalb die Ölwechselintervalle unbedingt eingehalten werden sollten.
Mineralische Öle werden direkt aus Rohöl gewonnen, aus dem auch Benzin, Heizöl und Dieselkraftstoff destilliert werden. Durch eine Reihe chemischer Prozesse, beispielsweise das Hydrocrack-Verfahren, entstehen teilsynthetische Öle. Die derzeit höchste Stufe der Rohöl-Veredelung sind synthetische Öle. Diese sind von der Struktur her leistungsfähiger und es müssen weniger Additive (Zusatzstoffe) hinzugefügt werden, um bestimmte Eigenschaften zu erreichen.

Wie leistungsfähig Motorenöle sind, wird in der API-Klassifikation ausgewiesen: Die Kategorien „S" und „C" sind für Benzinmotoren besonders geeignet. Die Gütegrade werden durch den nachfolgenden Buchstaben ausgedrückt. Für Porsche-Motoren liegt die Anforderung in der API-Klasse SE/CC und SF/CD.

Viskosität

Motorenöl ist wie alle Flüssigkeiten bei Kälte dickflüssig und wird mit zunehmender Erwärmung dünnflüssiger. Wie „dickflüssig" oder „dünnflüssig" ein Öl ist, wird mit der SAE-Klasse angegeben. Die so genannte „Kaltfließfähigkeit" wird bei etwa 0 °C gemessen und eine Kennzahl mit dem Buchstaben „W" (wie Winter) angehängt (Beispiel SAE 10 W-30). Für „Warmfließfähigkeit" (gemessen bei 100 °C) ist die SAE-Klasse nur mit einer Kennzahl (z.B. 40) angegeben. Die hohe Zahl ist vor allem deswegen so interessant, weil mit dieser die Temperatur verschlüsselt ist, bis zu der ein Ölfilm seine Stabilität behält und zuverlässig schmiert.

Beispiel
Ein Motorenöl mit der Bezeichnung SAE 10 W-30 und ein Öl SAE 10 W-40 sind bei Kälte gleich flüssig. In der Wärme (bei 100 °C) ist das Öl mit der Zahl 40 zähflüssiger als das Öl mit der Bezeichnung 30 und bietet somit einen stabileren Ölfilm.

Das Kundenzentrum Porsche Classic in Stuttgart hat mit älteren luftgekühlten Sechszylinder-Motoren die Erfahrung gemacht, dass einige Mehrbereichsöle und Leichtlauföle mit sehr niedrigen Viskositätsklassen (z.B. SAE 5 W-20) zu erhöhtem Ölverbrauch und zu Undichtigkeiten führen können.

Inzwischen sind auch Motorenöle für klassische Fahrzeuge im Handel, die den seinerzeitigen Entwicklungsstand der Motorentechnik berücksichtigen. Bewährt hat sich, um nur ein Marken-Produkt mit Namen zu nennen, das Castrol Classic Öl 20 W-50.

Hinweis:
Sollte Sie nicht wissen, welches Motorenöl Ihr Vorbesitzer verwendet hat, wenn also das Vorleben des Porsche relativ unbekannt ist, ist Vorsicht geboten. Im Motor können sich Ölkohle-Rückstände auf dem Kolbenboden und auf der Innenseite des Zylinderkopfes gebildet haben, die sich mit den neuen, modernen Ölen lösen und im Ölkreislauf als Schmirgelpartikel wirken und einen wesentlich höheren, mechanischen Verschleiß der bewegten Teile verursachen können. Im Zweifelsfall sollte ein oder mehrere Ölwechsel während den ersten 500 bis 1000 Betriebskilometern gemacht werden.

Motorölstand im Vorratsbehälter prüfen

Es steht zwar ausführlich in der Betriebsanleitung, wie beim 911 SC mit Trockensumpf-Schmierung der Ölstand geprüft werden muss, trotzdem sei an dieser Stelle noch mal darauf hingewiesen: Im Gegensatz zu fast allen vergleichbaren Fahrzeugen wird der Ölstand immer bei laufendem Motor gemessen! Das linke Kombiinstrument in der Armaturentafel besitzt eine grobe Anzeige für den Ölvorrat des Motors. Steht der Zeiger bei betriebswarmem Fahrzeug und Leerlaufdrehzahl im weißen Bereich, ist eine ausreichende Ölmenge vorhanden. Achten Sie darauf, dass der Zeiger bei den geschilderten Betriebsbedingungen nie in den roten Bereich absinkt.
Während der Fahrt ist ein Ablesen der Vorratsanzeige nicht möglich, etwaige Zeigerbewegungen sind im Fahrbetrieb ohne Bedeutung.
Prüfen Sie trotz der großen Ölmenge, die beim Wartungsdienst eingefüllt wird, zwischen den Wechselintervallen regelmäßig den Ölstand im Vorratsbehälter. Wichtig: Da diese

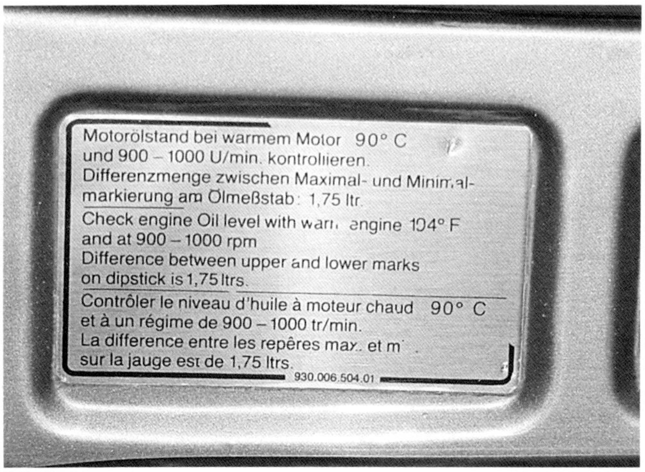

In späten Modellen der SC-Serie findet sich die Anleitung zur Ölstandskontrolle auch auf einem Aufkleber im Motorraum.

Prüfung bei offener Motorklappe und laufendem, betriebswarmem Triebwerk erfolgt, achten Sie darauf, dass Krawatten, Halsketten oder langes Haar nicht vom Lüfterrad, dem Keilriemen und anderen beweglichen Teilen erfasst werden können. Auch besteht Verbrennungsgefahr an den heißen Motorteilen.

Da sich das Ölvolumen im Vorratstank abhängig von der Öltemperatur ändert, ist nur die folgende Methode zur Messung des Ölstandes richtig:

- Das Fahrzeug muss auf einer ebenen Fläche stehen.
- Der betriebswarme Motor muss mindestens eine halbe Minute lang mit Leerlaufdrehzahl laufen.
- Im Motorraum befindet sich auf der rechten Seite der Deckel zum Vorratsbehälter. Diesen lösen und den Messstab herausziehen.
- Den Messstab mit einem sauberen, fusselfreien Lappen abwischen.
- Den Messstab wieder vollständig einführen, dann wieder herausziehen.
- Jetzt Öltemperatur am Anzeigeinstrument ablesen. Liegt die Anzeige im oberen Bereich des weißen Feldes, sollte sich der Ölstand etwa in der Mitte zwischen den beiden Markierungen (Min. und Max.) am Messstab befinden. Liegt die Öltemperatur niedriger, etwa am ersten Teilstrich, darf der Ölstand nicht höher als die Maximalmarke am Messstab sein.

Die Differenzfüllmenge zwischen der Minimal- und der Maximal-Markierung beträgt ca. 1,75 Liter.

Hinweis:

Bei falscher Ölstandsmessung kann versehentlich zu viel Öl eingefüllt werden. In Extremfällen gelangt dieses Öl über die Entlüftung des Motors in den Luftfilter und wird zusammen mit der Verbrennungsluft vom Motor angesaugt. Es entsteht dann extrem blauer Qualm, der fälschlicherweise auf einen kapitalen Motorschaden hindeutet. Das überschüssige Öl muss unbedingt abgelassen werden.

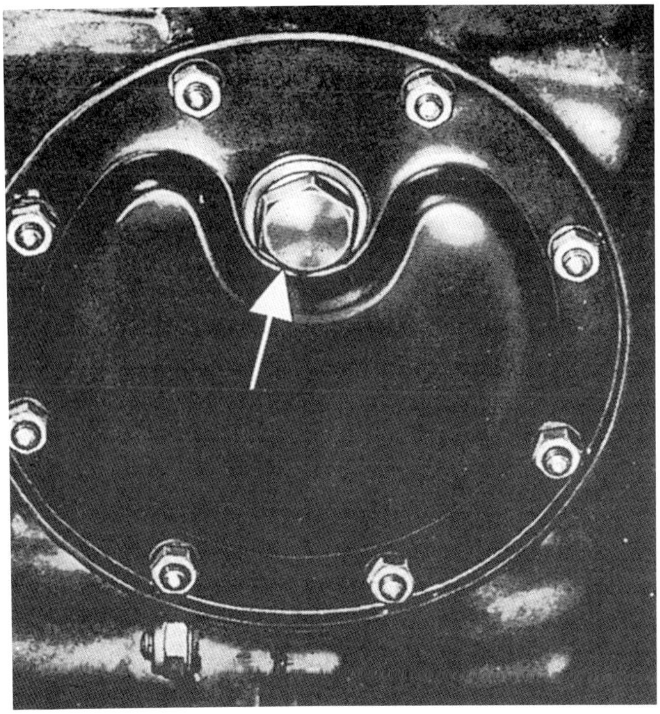

Bei den Porsche 911 SC, produziert bis Februar 1983 war im unteren Deckel eine Ablassschraube für den Ölwechsel. Es ist jedoch empfehlenswert, den kompletten Deckel abzunehmen und zu reinigen.

Ab März 1983 war keine Ablassschraube mehr im unteren Deckel.

Motoröl und Ölfilter wechseln

Ölwechselempfehlung und Ersatz des Ölfilters:
mit Mineralöl: alle 5000 km
mit synthetischen Ölen: alle 10.000 km, bei geringen Kilometerleistungen trotzdem einmal im Jahr

Neubefüllung mit Ölkühler im Fahrzeugbug:
Fahrzeug mit Schaltgetriebe: 13 Liter
Fahrzeug mit Sportomatic: 15 Liter

Nachfüllmenge nach Ölwechsel:
Auch Fahrzeuge mit Sportomatic 10 Liter

Hinweis:
Bei Fahrzeugen Modelljahr 1978 bis 1981 wird empfohlen, die Ölstandsmessung bei Öltemperaturen mit mindestens 80 °C, ab Modelljahr 1982 sogar erst die Messung bei 90 °C durchzuführen.

Warnhinweise:
Wechseln Sie Motorenöl nur selbst, wenn Sie auch eine Möglichkeit haben, Öl und Filter sachgerecht zu entsorgen. In Deutschland ist es mittlerweile so, dass die Stelle, die Ihnen das Öl verkauft, Altöl in derselben Menge wieder zurücknehmen muss. Den Filter allerdings nicht. Werkstätten sind nicht verpflichtet, Altöl anzunehmen, dessen Zusammensetzung unbekannt ist, da beispielsweise schon eine geringe Menge Bremsflüssigkeit das Altöl kontaminiert und diese „Mischung" nur noch als Sondermüll mit großem Kostenaufwand entsorgt werden kann. Da der Ölwechsel bei Betriebstemperatur (80 bis 90 °C) durchgeführt werden muss, ist unbedingt darauf zu achten, dass beim Ölablassen sehr heißes Öl austritt, das die Hände verbrennen kann. Schutzhandschuhe – am besten aus Leder – sind beim Entfernen der Schrauben dringend empfohlen.
Das austretende heiße Öl aus dem Motor selbst und dem Vorratsbehälter, dies können bis zu 10 Liter sein, ist durch die Temperatur sehr dünnflüssig. Es sollte auch darauf geachtet werden, dass ein genügend großes Auffanggefäß bereitsteht. Viele handelsübliche Auffangwannen sind für die großen Ölmengen eines 911 schlicht zu klein.

Zerlegter Motor, eine Gehäusehälfte entfernt: Direkt hinter dem Deckel (dieser ist im Bild entfernt) befindet sich die Ölansaugung (Pfeil).

Ablassschraube am Öl-Vorratsbehälter

Ein Spezialwerkzeug, um den Ölfilter zu lösen: ein elastisches Band umschlingt das Filtergehäuse und ist für den Einsatz einer Ratsche ausgelegt. Foto: Douglas Siegfriedt

Und so wird ein Ölwechsel durchgeführt:

- Beschaffen Sie vor dem Ölwechsel die entsprechenden neuen Dichtungen für die Ablassschraube am Ölvorratsbehälter, falls vorhanden auch für die Motor-Ablassschraube und für den Deckel zum Ölsumpf an der tiefsten Stelle des Motorblocks.
- Fahrzeug auf Betriebstemperatur bringen
- Fahrzeug auf Hebebühne oder Grube stellen
- Motor abstellen
- Auffang-Gefäß (Mindestfassung 10 bis 15 Liter) unter den Motorblock stellen
- Frühe 911 SC bis Februar 1983: Hier kann die Ölablassschraube geöffnet werden. Empfehlenswert ist jedoch, bei allen Fahrzeugen den Deckel an der tiefsten Stelle des Motorblocks komplett zu entfernen und auf diese Weise das Öl abzulassen. Vorsicht: Heißes Öl tritt aus.
- Später gebaute 911 SC besitzen keine Ablassschraube am Motor, hier muss der komplette Deckel (M6-Muttern, Schlüsselweite 10 mm) entfernt werden. Innenseite des Deckels auf Rückstände kontrollieren.
- Fahrzeuge, die nach März 1983 hergestellt wurden, haben eine separate Ablassschraube seitlich am Motorgehäuse.
- Einfülldeckel am Vorratsbehälter öffnen, Ölablassschraube lösen und Öl in den Auffangbehälter fließen lassen.
- Ölfilter ausbauen. Altöl aus den Öffnungen abtropfen lassen.
- Dichtung des neuen Ölfilters leicht einölen. Filter mit Handkraft bis zum Widerstand anziehen. Anschließend noch etwa eine halbe Undrehung weiter anziehen.
- Neue Dichtungen an Ablassschrauben und am gereinigten Deckel verwenden.
- Anzieh-Drehmomente: Ölablassschraube im unteren Deckel (bis 3/1983): 42 Nm, M6-Muttern am unteren Deckel (bis 3/1983): 10 Nm, Ölablassschraube am Motorgehäuse (ab 3/1983): 70 Nm.
- Jetzt neues Motorenöl einfüllen. Wechselmenge bei allen 911 SC ohne Ölkühler: 10 Liter
- Deckel am Vorratsbehälter wieder verschließen
- Motor starten, Ölkreislauf auf Betriebstemperatur bringen, bei Leerlaufdrehzahl auf Leckstellen an den Ablassschrauben, am Deckel und am Ölfilter achten.
- Ölstand kontrollieren

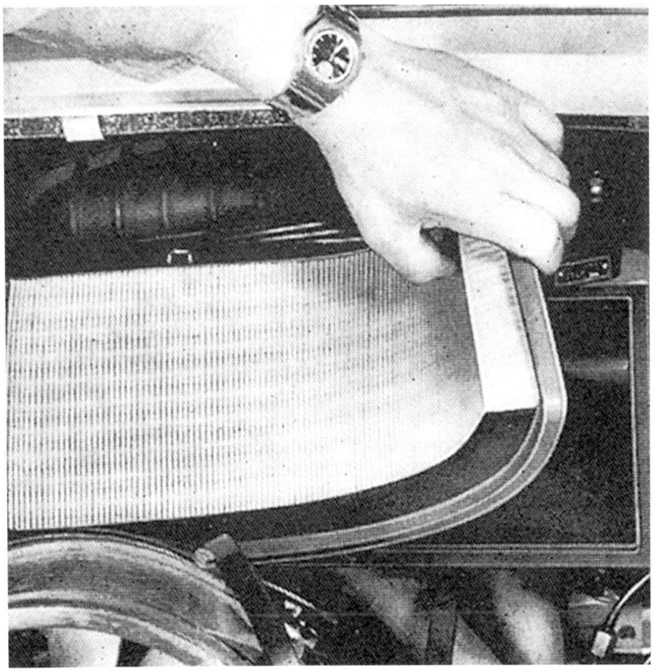

Luftfilter ersetzen

Die Wechselintervalle des Luftfilters sind für normale Umweltbedingungen festgelegt. Wird der 911 SC in extrem staubiger oder sandiger Umgebung benutzt, sollte der Luftfilter öfter gewechselt werden.
Das Luftfiltergehäuse ist am Ansaugsystem des Motors mit zwei elastischen Gummibändern befestigt. Entfernen Sie beide Bänder von ihren Befestigungslaschen und entnehmen Sie den eigentlichen Luftfilter. Reinigen Sie die Innenseite des Gehäuses, setzen Sie den neuen Luftfilter ein.
Achten Sie darauf, dass die metallische Seite des Filters zum Ansaugsystem hin eingesetzt wird. Setzen Sie den Deckel des Filtergehäuses wieder auf und befestigen Sie das System wieder durch die beiden Gummibänder.

Zündkerzen ersetzen

Entfernen Sie am kalten Motor die Zündkerzenstecker, indem Sie diese vorsichtig in Längsrichtung aus der Vertiefung herausziehen. Es ist empfehlenswert, die Kerzenstecker bzw. die Zuleitungskabel zu kennzeichnen, um spätere Verwechslungen beim Aufstecken zu vermeiden. Entfernen Sie allen Schmutz im Bereich um diese Vertiefung. So können keine Schmutzpartikel in den Brennraum gelangen, während die Zündkerze entfernt ist. Benutzen Sie einen Kerzenschlüssel mit 21 mm Schlüsselweite, um die Kerzen aus- und einzubauen. Bedingt durch die unverbleiten Kraftstoffe ist der Verschleiß der Zündkerzen sehr gering. Benutzen Sie eine Fühlerblattlehre, um den Elektrodenabstand zu prüfen. Sollte der Abstand zu groß sein, ersetzen Sie grundsätzlich die Zündkerzen. Von einem nachträglichen „Nachbiegen" der Elektroden wird dringend abgeraten, da eine abgebrochene Elektrode zu einem Motorschaden führen kann. Außerdem gelangt durch den Ausfall der Zündung an einem Zylinder unverbrannter Kraftstoff zum Katalysator, der diesen überhitzen und zerstören kann. Schrauben Sie bitte die neuen Zündkerzen gefühlvoll von Hand ein, um ein Verkanten am Gewindeanfang zu vermeiden. Anschließend die

Zündkerzen mit 30 Nm Drehmoment festziehen. Ersetzen Sie grundsätzlich alle 6 Zündkerzen gleichzeitig, um sicherzugehen, dass alle 6 Zündkerzen mit dem gleichen Elektrodenabstand arbeiten.

Von Porsche für den 911 SC empfohlene Zündkerzen:
Bosch WR 4 C1, Kupferelektroden, Elektrodenabstand 0,7 bis 0,8 mm
Bosch WR 7 DP, Platinelektroden, Elektrodenabstand 0,7 bis 0,8 mm
Beru 14/4 C1, Kupferelektroden, Elektrodenabstand 0,7 bis 0,8 mm

Anzugdrehmoment Zündkerze: 30 Nm

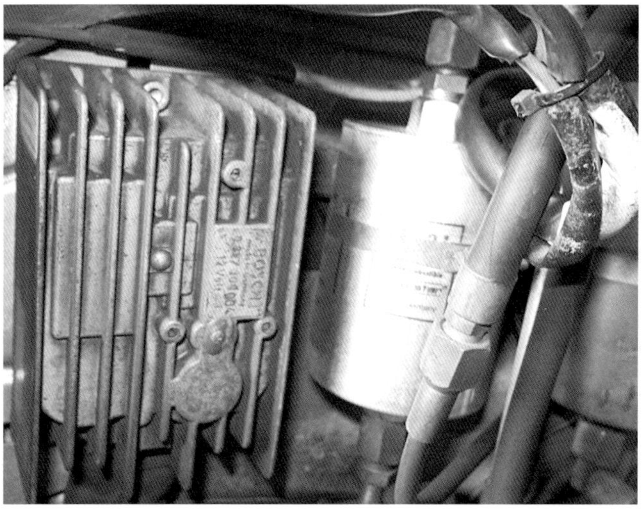

Kraftstofffilter ersetzen

Der Kraftstofffilter ist links hinten im Motorraum untergebracht. Vor dem Arbeiten am Kraftstoffsystem unbedingt das Massekabel am Minuspol der Batterie lösen. Zunächst das Spannband am Filter lösen. Dann die Überwurfmuttern an den beiden Anschlüssen lösen. Dabei den Filter selbst festhalten.

Hinweis:

Beim Lösen der Verschraubungen wird Kraftstoff austreten. Legen Sie den Bereich des Motorraums mit Putztüchern aus, um den Kraftstoff aufzufangen. Reinigen Sie die beiden Überwurfmuttern, damit bei der Montage keine Schmutzpartikel in die Kraftstoffleitungen gelangen können. Setzen Sie den neuen Kraftstofffilter in der richtigen Einbaulage ein. Die Fließrichtung ist auf dem Filtergehäuse dargestellt.

Warnung

Beim Ausbau des Filters tritt unvermeidlich Kraftstoff aus. Rauchen Sie nicht und lassen Sie auch keine Wärmequellen oder offenes Feuer in der Nähe zu.

Bremsanlage eines 911 SC, Modelljahr 1979: Der Vorratsbehälter befindet sich oberhalb des Bremskraftverstärkers vorn im Kofferraum. Eine Entlüftungsleitung führt von der Verschlusskappe in den linken Radlauf.

Die Bremsflüssigkeit

Die Wirksamkeit der Bremsanlage ist von verschiedenen Komponenten abhängig, entscheidend ist dabei auch der Zustand der Bremsflüssigkeit.
Bremsflüssigkeit ist hygroskopisch, nimmt also mit der Zeit aus der Umgebungsluft Feuchtigkeit auf. Bremsflüssigkeit muss außerdem frei von Schmutzpartikeln sein und darf auf keinen Fall mit anderen Flüssigkeiten vermischt werden. Ein Wechsel sollte alle zwei Jahre erfolgen.

Bremsflüssigkeitsstand prüfen

Der Behälter für die Bremsflüssigkeit befindet sich auf der linken Seite des Gepäckraums. Bei rechtsgelenkten Fahrzeugen ist der Behälter auf der rechten Seite.

- Prüfen Sie zunächst, ob sich der Flüssigkeitspegel zwischen den Markierungen MIN und MAX befindet.
- Ist der Pegelstand nahe der Minimum-Marke, starten Sie den Motor, treten Sie das Bremspedal so tief wie möglich durch und prüfen Sie den Flüssigkeitsstand erneut. Ist der Pegel jetzt unter der Minimum-Marke, muss die Ursache dafür gefunden werden. Generell ist bei zu wenig Flüssigkeit im Behälter das Bremssystem immer auf Undichtigkeiten hin zu untersuchen. Meistens liegt die Ursache allerdings darin, dass die Bremsbeläge verschlissen sind.

Eine ausführliche Beschreibung des Bremssystems finden Sie in **Kapitel 6**.

Warnung

Beim Wechseln der Bremsflüssigkeit oder bei Arbeiten an irgendeinem Teil der Bremsanlage, folgen Sie bitte genau den Anleitungen und Hinweisen in den Reparaturhandbüchern. Bremsen sind ein wesentliches Sicherheitselement eines jeden Fahrzeugs und ein Versagen der Bremsanlage kann zu schweren Sach- oder gar Personenschäden führen.
Verwenden Sie nur die vom Werk empfohlene Bremsflüssigkeit Typ DOT 3 oder 4 nach SAE-Norm J 1703. Verwenden Sie nicht die auf Silikon-Basis hergestellte Bremsflüssigkeit DOT 5. Um die Bremsflüssigkeit zu wechseln und um das gesamte

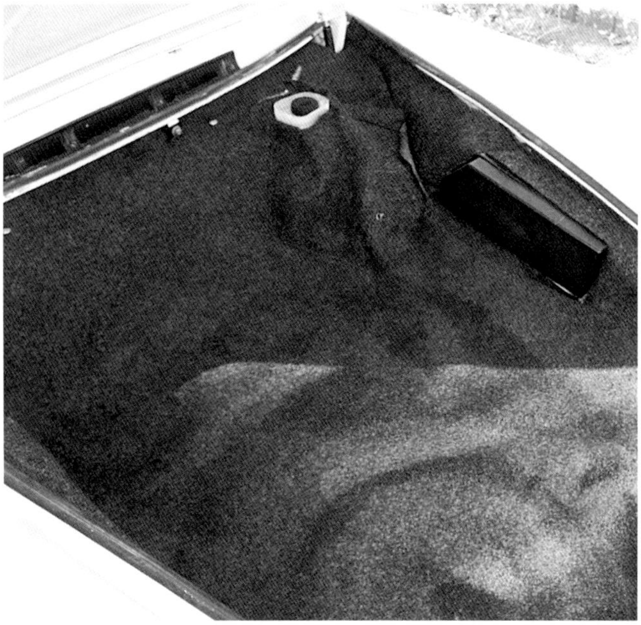

System anschließend zu entlüften, benötigen Sie Werkzeuge, die nur in Fachwerkstätten vorhanden sind. Diese verantwortungsvolle Arbeit ist ausführlich im Porsche Reparaturleitfaden beschrieben.

Füllmenge Bremsflüssigkeit

Der Bremsflüssigkeitsbehälter fasst 0,2 Liter. Weitere Bremsflüssigkeit befindet sich im Hauptbremszylinder, in den Leitungen und in den vier Bremssätteln an den Rädern.

Klimakompressor, eingebaut in einem 911 SC, Baujahr 1981. Die Prüfanschlüsse für die Hochdruck- und auch die Niederdruckseite sind rechts oben im Bild deutlich erkennbar.

Foto: R. Warren Cramer

Kältemittel in der Klimaanlage

Bei Porsche werden die Klimaanlagen seit 1995 serienmäßig mit dem umweltfreundlichen Kältemittel R 134a befüllt. Als der Porsche 911 SC seinerzeit vom Band lief, wurde noch das Kältemittel R 12 verwendet, das aus Umweltschutzgründen heute nicht mehr zum Einsatz kommen darf. Die beiden genannten Kältemittel sind nicht mischbar.
Eine Bestimmung, welches Kältemittel in Ihrem Fahrzeug derzeit eingefüllt ist, wird Ihnen Geld sparen und unnötige Schäden und Reparaturen an den Bauteilen vermeiden.

Wenn es nicht möglich ist, das verwendete Kältemittel eindeutig zu bestimmen, sollten Sie ein Porsche Zentrum oder einen Spezialbetrieb aufsuchen; dort kann dies leicht festgestellt werden.
Nähere Einzelheiten sind im Porsche Equipment-Bulletin Nr. 9501 beschrieben. Dort wird auf ein Testgerät RI -2002 der Firma Neurotronics Inc. hingewiesen.

Hinweis:
Wenn Sie eine Firma suchen, um die Klimaanlage warten oder reparieren zu lassen, informieren Sie sich, ob dieser Betrieb mit den notwendigen Geräten ausgerüstet ist, um die

Anlage zu prüfen und ob auch gewährleistet ist, dass die abgelassenen Kältemittel aus der Anlage vorschriftsmäßig entsorgt werden können. Die Klimaanlagen bei Porsche sind prinzipiell gleich aufgebaut wie bei anderen Herstellern.

Vorsichtsmaßnahme
Unbeabsichtigtes oder absichtliches Mischen der Kältemittel oder der beigegebenen Kälte-Öle führt zu Schäden am Kompressor, am Expansionsventil und im Trockner. Ablassen des Kältemediums in die Umgebungsluft ist in Deutschland wie in den meisten Ländern der Welt illegal.
Ohne die entsprechenden Geräte sollte keinesfalls an der Klimaanlage geschraubt werden.

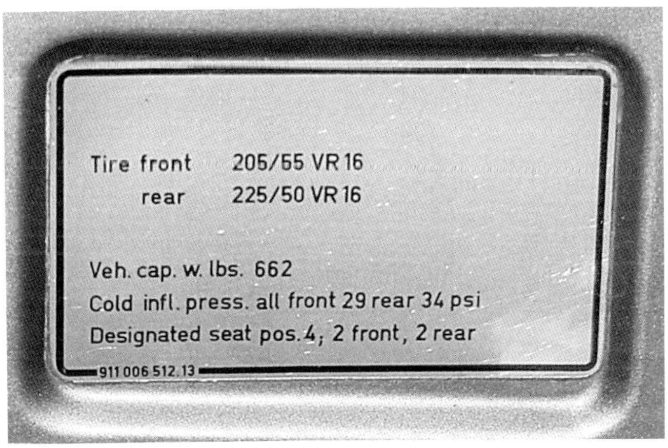

Reifenluftdruck prüfen

Bei den 911 SC der späteren Modelljahre wurde der korrekte Reifenluftdruck auf einem Klebeschild auf der hinteren Quersteifung des Motorraumes angegeben.

Serienmäßig wurden alle 911 SC mit 15-Zoll-Rädern ausgestattet, als Mehrausstattung waren aber auch Felgen mit 16 Zoll lieferbar. Daher sollten Sie sich nicht auf Klebeschilder mit Luftdruckangaben verlassen, sondern sich selbst von den Abmessungen der Bereifung Ihres Fahrzeugs überzeugen und in der Betriebsanleitung die richtigen Luftdruckwerte feststellen.

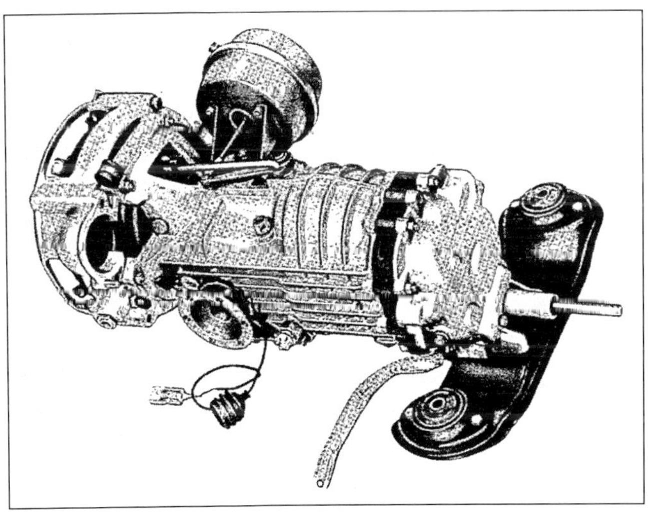

Wartungsarbeiten am Sportomatic-Getriebe

Das halbautomatische Sportomatic-Getriebe hat zwei unterschiedliche Sektionen und daher auch zwei unterschiedliche Betriebsflüssigkeiten.
Nur in einer Sektion muss das Getriebeöl gewechselt werden, da der Drehmomentwandler mit einer eigenen Ölpumpe aus dem Motorölvorratsbehälter versorgt wird. Der Schmierstoff wird also beim Motorölwechsel mit getauscht. Das anschließende Schaltgetriebe mit Triebwelle und Tellerrad sowie das Ausgleichgetriebe benötigen jedoch ein hochwertiges Getriebeöl. Dieses Getriebeöl muss alle 40.000 km gewechselt werden.

Hinweis:

Das Prüfen des Ölstandes im Sportomatic-Getriebe und das Nachfüllen geschieht analog zum mechanischen Fünfgang-Getriebe. Das eigentliche Schaltgetriebe wird dabei allerdings mit Hypoid-Getriebeöl befüllt und nicht mit der bei Automaten üblichen Flüssigkeit ATF (Automatic Transmission Fluid). Wie der Ölstand geprüft wird, können Sie in der Betriebsanleitung und im Porsche Reparaturleitfaden nachlesen.

Service am Sportomatic-Getriebe

Ölwechsel alle 40.000 km. Empfohlenes Öl: Hypoid-Getriebeöl SAE 90 API-Klassifikation GL 5 bzw. MIL-L 2105 B, Füllmenge: 3 Liter

Vorsichtsmaßnahme

Der Drehmomentwandler ist empfindlich gegen Überhitzung. Wenn der Ölstand im Vorratsbehälter für den Motor stark absinkt, kann nicht genügend Öl durch die Pumpe angesaugt werden. Dadurch überhitzt der Drehmomentwandler. Besitzer eines Fahrzeugs mit Sportomatic sollten den Ölstand im Vorratsbehälter regelmäßig prüfen. Wird beim Start und bei Leerlaufdrehzahl Rauch in den Abgasen bemerkt, sollte der Ölstand häufiger geprüft werden. Ölmangel kann zur Zerstörung des Drehmomentwandlers führen.

1978: Winter-Erinnerungen bei Porsche in Zuffenhausen.

Werksbild Porsche AG

Einlagerung des Fahrzeugs und saisonbedingte Wartungsarbeiten

Wenn der Winter naht, die Temperaturen unter 7 °C fallen und unter Umständen sogar Schnee auf den Straßen liegt, empfiehlt der Autor, dass Sie Ihrem 911 eine Pause gönnen und das gute Stück vorübergehend einmotten.

Richtig Überwintern

Welcher Aufwand getrieben wird, wenn man einen 911 SC für die Winterpause fertig macht, hängt ganz vom jeweiligen Besitzer ab. Manche heben das gesamte Fahrzeug an und stützen es unter dem Fahrwerk ab, so dass die Räder frei stehen und keine Standplatten bekommen. Andere montieren sogar die Räder ab und lagern diese gesondert. Wie weit man dabei geht, hängt auch von den individuell verschiedenen Platzverhältnissen ab, die zur Verfügung stehen. Allerdings sollte nicht vergessen werden: Je weiter das Fahrzeug zerlegt ist, umso mehr Arbeit ist notwendig, um es wieder fahrbereit zu machen. Auch sollte berücksichtigt werden, wie man in Notfällen das Fahrzeug rasch aus dem Winterlager entfernen kann. Bewährt hat sich die im Folgenden beschriebene Vorgehensweise, passen Sie Ihre eigenen Ansprüche dieser Aufstellung an. Es wird nicht empfohlen, den 911 SC im Freien stehen zu lassen. Leider haben einige Besitzer keine andere Möglichkeit. Wird der Wagen im Freien abgestellt, folgen Sie bitte den gleichen Schritten wie im folgenden Text beschrieben wird, aber sorgen Sie für noch besseren Diebstahlschutz. Ehe das Fahrzeug endgültig abgestellt wird, sollte der Motorölvorrat um ca. 1 Liter reduziert werden. Dies kann z.B. auch durch den Verzicht auf das Nachfüllen erfolgen oder durch Ablassen unmittelbar vor dem endgültigen Abstellen. Genau so wichtig ist es jedoch, direkt vor dem endgültigen Motor-Stopp, das Fahrzeug auf Betriebstemperatur zu bringen, um das Kondensieren von Kraftstoff im Brennraum zu verhindern, da sich sonst der Ölfilm lösen und Korrosion entstehen kann.

Bei den Vorbereitungen zur Winter-Einlagerung des Fahrzeugs ist der Schutz des Innenraumes genau so wichtig wie die Schutzvorkehrungen für die Karosserie. Foto: Joel Rosenblatt

Hinweis:

Es ist nicht notwendig, alles Motorenöl abzulassen und dieses durch ein spezielles Korrosionsschutzöl oder gar durch ein billiges Motorenöl zu ersetzen. Vergewissern Sie sich,

Ein perfektes Winterlager: Eine große, beheizte und trockene Garage sorgt für ein angenehmes Überwinterungsklima.

Foto: Bill Cline

dass der Reifendruck (kalt) an allen Rädern den normalen, vorgeschriebenen Wert hat. Es ist nicht notwendig, wie zuweilen empfohlen, den Druck über den vorgegebenen Wert zu erhöhen.

Reifenluftdruck (kalt), empfohlen für 15- und 16-Zoll-Bereifung:

- Vorderräder: 2,0 bar
- Hinterräder: 2,4 bar

Waschen, reinigen und – ganz wichtig – trocknen Sie den Innenraum des Fahrzeugs gründlich. Entfernen Sie alle Fußmatten und textilen Auskleidungen mit Ausnahme der festgeklebten Teile im Innenraum und im Gepäckraum. Sorgen Sie dafür, dass diese Teile absolut trocken sind. Diese Abdeckungen nicht wieder einbauen, sondern separat trocken lagern. Es wird empfohlen, auch das Ersatzrad und das Zubehör aus dem Fahrzeug zu nehmen. Führen Sie diese Arbeiten durch, bevor Sie das Fahrzeug in die endgültige Parkposition bringen. Stellen Sie sicher, dass der Platz während der Abstellzeit nicht für andere Zwecke benötigt wird. Wenn das Fahrzeug einmal abgestellt ist, sollte es nicht mehr mit der eigenen Motorkraft bewegt werden.

Hinweis:
Sind die Reifen mit dem empfohlenen Luftdruck aufgepumpt, werden sich keine Standplatten bilden wie das oft behauptet wird. Daher ist es nicht notwendig, das Fahrzeug während der Abstellzeit hin und her zu bewegen. Legen Sie einen alten Teppich oder eine Wolldecke auf den Fußboden, auf dem das Fahrzeug abgestellt werden soll. Diese Maßnahme bindet Feuchtigkeit und saugt kleine Öltropfen auf.

Batterie ausbauen und diese an einer trockenen und sauberen Stelle lagern. Stellen sie sicher, dass die beiden Pole der Batterie nicht mit elektrisch leitenden Materialien in Berührung kommen. Es wird nicht empfohlen, die Batterie längere Zeit im abgestellten Fahrzeug zu belassen. Da sich Batterien innerhalb von Monaten langsam selbst entladen, ist es zweckmäßig, die Batterie vor der Abstellphase noch einmal vollständig aufzuladen oder nach einigen Monaten sogar nachzuladen. Auch die Anschaffung eines sehr preisgünstigen Erhaltungsladegeräts (20,- bis 50,-Euro) kann sich lohnen.

Das lange Warten hat ein Ende: Endlich wieder Sommerzeit.

Foto: Kurt Fischer

Bedecken Sie das gesamte Fahrzeug mit einer luftdurchlässigen Abdeckung. Wird das Fahrzeug im Freien abgestellt, wird eine wasserdichte Schutzhülle empfohlen. Ganz wichtig dabei: Das Fahrzeug muss vorher gründlich gewaschen werden. Staub und kleine Sandkörner wirken ansonsten zwischen Lack und Schutzhülle wie Schleifpapier.

Vorsichtsmaßnahme

Unter keinen Umständen sollten Sie den Motor während der Abstellphase starten. Der Grund dafür ist, dass es sichergestellt sein muss, dass der gesamte Innenbereich des Motors mit einer Ölschicht geschützt bleibt. Bei einem Kaltstart oder auch nur einem kurzzeitigen Anlass-Vorgang kann diese Schutzschicht abgewaschen werden. Dadurch kann sich im Inneren des Motors Korrosion bilden, die später zu einem beschleunigten Verschleiß der Teile führen kann.

Vorbereitungen für den Sommerbetrieb

Wenn sich dann wieder wärmeres und besseres Wetter ankündigt, wird es Zeit, den Porsche 911 SC aus dem Winterschlaf zu wecken. Um das Fahrzeug betriebsbereit zu machen, müssen nun alle Maßnahmen wieder rückgängig gemacht werden, die zum „Einmotten" ergriffen wurden. Der Aufwand, um das Fahrzeug wieder fahrbereit zu machen, hängt davon ab, was bei Winteranfang abgebaut und durchgeführt wurde. Wenn Sie beim Abstellen darauf geachtet haben, den Motorölvorrat um einen Liter zu reduzieren, dann füllen Sie jetzt diese Menge wieder nach. Geben Sie dem Öl 10 Minuten Zeit, sich im Inneren des Motors zu verteilen.

2004: Sommer-Erinnerungen an einen sehr heißen Tag im Juli bei der Firma RUF in Pfaffenhausen. Foto: Adrian Streather

Hinweis:

Das Öl nach der Winterpause nachzufüllen macht Sinn: Die Nachfüllung hilft jetzt, Stellen im Motor zu erreichen, die während der Abstellzeit trocken geworden sind, ohne dass ein Überfüllen verursacht wird. Deshalb wurde vor der Winterpause ein Liter entnommen.

Vor dem Wiedereinbau der Batterie sollten Sie sich vom Ladezustand derselben überzeugen. Nachladen hat noch nie geschadet, auch nicht die Kontrolle des Flüssigkeitsstandes in den einzelnen Zellen. Füllen Sie eventuell etwas destilliertes Wasser nach. Die Uhr sollten Sie jetzt wieder auf Sommerzeit einstellen.

Wer sagt, dass ein Porsche 911 SC nicht auch familientauglich ist?

Foto: Chris Winter

Entgegen allgemeinen Vorstellungen ist ein 911 SC Cabriolet nicht einfacher zu reinigen als ein Coupé. Um das Verdeck in gutem Zustand zu halten, muss auch hier viel Pflege aufgewendet werden. Der beste Schutz vor dem Ausbleichen ist das ordentliche Verstauen des Verdecks unter der Persenning. Foto: Ryan Volin

Hinweise zur perfekten Reinigung und Lackpflege

Diesen Augenblick liebt jeder Porsche-Besitzer: Der 911 präsentiert sich frisch gewaschen und poliert. Dabei ist die richtige Fahrzeugpflege inzwischen fast zu einer Wissenschaft geworden. Ein boomender Markt offeriert eine schier unübersichtliche Anzahl an Produkten und vermeintlichen Wundermitteln für das perfekte Ergebnis. Und das alles hilft nichts, wenn man nicht die richtige Technik beherrscht, die man auf speziellen Workshops auch gleich vermittelt bekommt. Darum sind hier ergänzend auch nur ein paar Tipps und Tricks zusammengetragen. Wer sich tiefer in die Materie einarbeiten möchte, dem sei an dieser Stelle das Standardwerk zum Thema empfohlen: „Das große Buch der Fahrzeugpflege" von Christian Petzoldt (www.petzoldts.de). Wie wichtig eine gute Lackpflege ist, kann man sich angesichts aggressiven Sonnenlichts, hartnäckigen und schmirgelnden Staubes, Großstadtsmog und saurem Regen leicht vorstellen.

Reinigen der Karosserie und der Außenteile

Alles was bei der Wagenwäsche in Berührung mit der Lackoberfläche kommt, sollte weich und auswaschbar sein. Dort wo sich im Winter Salz und Split von den Straßen festgesetzt haben, sollten Sie mit einem Hochdruckreiniger die festgebackenen Schmutzrückstände entfernen. Halten Sie dabei immer genügend Abstand und gehen Sie mit der Hochdruckdüse nie zu nah an den Lack. Bei hartnäckigen Verschmutzungen ist ein Aufweichen und anschließendes sanftes Entfernen der schonendere Weg.

Wachsen und Polieren der Oberflächen

Der Lack auf der Außenhaut der Karosserie benötigt hochwertige Pflegemittel, um den ursprünglichen Glanz zu erhalten. Ultraviolette Strahlen im Sonnenlicht und die Schadstoffe in der Luft können die schützenden Substanzen austrocknen. Das Resultat sind glanzlose Oberflächen oder sogar angegriffener Lack.
Um die Lackoberfläche zu schützen, sind folgende Schritte einzuhalten:

Ein Porsche 911 SC Coupé, USA-Version aus dem Modelljahr 1981 mit perfekt gereinigten Glasflächen. Foto: R. Warren Cramer

Vergessen Sie bei der Reinigung auch nicht die hinteren Sitze und die Teppiche in diesem Bereich. Foto: Joel Rosenblatt

- Fahrzeug waschen
- gegebenenfalls polieren
- Versiegeln der gereinigten Flächen mit Wachs

Diese Prozedur sollte in zeitlich rascher Folge durchgeführt werden. Je nach Umweltbelastung sollte das Pflegen der Lackoberfläche mit Wachs mindestens zweimal im Jahr erfolgen. Wenn das Fahrzeug extremen Umweltbelastungen ausgesetzt ist, noch öfter. Der Unterschied zwischen Polieren und Wachsen: Beim Polieren wird die oberste Lackschicht hauchdünn abgetragen, beim Wachsen wird dagegen ein Schutzfilm auf den Lack aufgebracht. Polieren sollte man also nur, wenn der Lack stumpf bzw. angegriffen ist.

Hinweis:

Wenn Sie mit kaltem Wasserstrahl arbeiten, beachten Sie bitte, dass der Katalysator, die Abgasanlage und die Bremsen genügend Zeit haben sollten, sich abzukühlen. Achten Sie auch darauf, dass Sie mit dem Wasserstrahl nicht direkt in die aufgesetzten Rücklichter, die Hauptscheinwerfer oder in die Lufteinlässe für den Motor spritzen.

Seien Sie auch sehr vorsichtig, dass der Wasserdruck nicht zu hoch ist, denn Sie könnten lackierte Flächen beschädigen und Wasser dort hineinspritzen, wo es eigentlich nichts verloren hat. Auch sollte mit Hochdruckreinigern nicht direkt auf die Seitenflanken der Gummireifen gespritzt werden, da diese beschädigt werden könnten.

Reinigung der Fenster

Glasreiniger enthalten in der Regel Ammoniak, um Glas effektiv zu reinigen. Die meisten dieser Pflegemittel entfernen Straßendreck Rückstände von der Windschutzscheibe und den übrigen Glasflächen recht effektiv.

Reinigung des Innenraumes

Um eine perfekte Innenreinigung durchführen zu können, sollten auch die Sitze ausgebaut werden. Für die meisten Autobesitzer ist dies jedoch zu umständlich. Der erste Schritt ist getan, wenn mit einem Staubsauger der gesamte Innenraum ausgesaugt ist. Holen Sie die Fußmatten heraus und klopfen Sie diese kräftig aus, um den losen Schmutz zu entfernen.

Dieser Motor und seine Umgebung sind nicht nur oberflächlich gereinigt worden. Das leistungsfähige Gebläse sorgt immer wieder dafür, dass Staub und Schmutz im Motorraum verteilt werden. Regelmäßiges Reinigen ist das Einzige, was hier helfen kann.

Foto: Simon Gigney

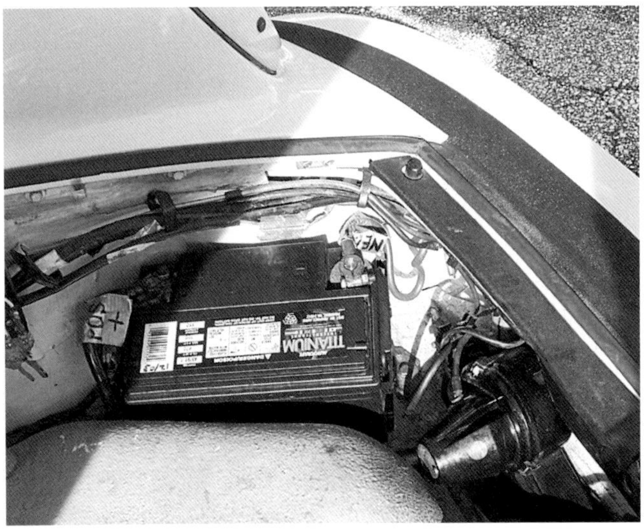

Pflege von Sitzen, Lederausstattung und Innenraum

Für die Sitze und die Innenausstattung, entweder mit Vollleder- oder Teilleder-Oberflächen, benutzen Sie an besten spezielle Leder-Reinigungs- und Lederpflegemittel. Bevor Sie mit der Lederpflege beginnen, wischen Sie die Oberflächen mit einem angefeuchteten Fensterleder ab, um Staub und Schmutz zu entfernen. Leder benötigt zur Erhaltung der natürlichen Elastizität einen gewissen Fettgehalt, um nicht rissig zu werden. Dazu benutzen Sie bitte ein Leder-Pfegemittel, das Sie sorgfältig in die Oberfläche einreiben sollten. Weniger ist dabei oft mehr: Das Leder sollte nicht „durchfeuchtet", sondern nur dünn mit dem Pflegemittel behandelt werden.

Reinigung von Motor und Motorraum

Einen Motor sauber zu halten, verlangt mehr als nur das Erscheinungsbild aufzubessern. Öl und andere Leckflüssigkeiten lassen sich leichter von einem sauberen Motor abwischen. Einfaches Heißdampf-Reinigen ist normalerweise ausreichend für eine Motorreinigung. Lesen Sie aber jedoch die untenstehenden Warnhinweise, wenn Sie spezielle Lösungsmittel zur Motorreinigung verwenden, um hartnäckigen Schmutz zu entfernen.

Warnhinweis

Durch die strengen Umweltschutz-Gesetze ist es in Deutschland, wie in den meisten anderen Staaten der Welt auch, streng verboten, chemische Abfälle, wie zum Beispiel Bremsen- und Motorreiniger über die Kanalisation zu entsorgen.

Batteriepflege

Sulfatbildung auf der Oberfläche des Batteriegehäuses und im Bereich der beiden Pole lässt sich am einfachsten entfernen mit einer Mischung aus 50% Wasser und herkömmlichem Backpulver. Das Putztuch, mit dem Sie die Batterie und die Wanne gereinigt haben, sollten Sie entsorgen und nicht mehr am Fahrzeug verwenden. Denn unter Umständen enthält es Reste von Säure, die auf dem Lack hässliche Spuren hinterlassen würde.

Feuchtigkeitsüberwachung im Innenraum

Bei sehr feuchten Wetterbedingungen, wie sie in tropischen Gebieten häufig anzutreffen sind, verursacht die wasserhaltige Luft nach längerer Abstellzeit Probleme mit der Fahrzeug-Elektronik und an Teilen der Innenausstattung. Hier können handelsübliche Feuchtigkeit bindende Kartuschen Abhilfe schaffen, die bis zu 500 Kubikzentimeter Wasser absorbieren. Damit kann im Innenraum für rund zwei Wochen eine angenehme Luftfeuchtigkeit zwischen 40 und 50% erreicht werden. Solche Kartuschen bestehen meist aus rostfreien Metallgehäusen oder auch textilen Behältern und sind mit einem Silikagel-Granulat (Kieselsäure in festem Zustand) gefüllt. Legen Sie den Feuchtigkeitsbinder in den Fußraum und für eine gewisse Zeit bindet das Silikagel die Feuchtigkeit im Innenraum. Die Kartusche kann bei nachlassender Wirkung ganz einfach recycelt werden: Legen Sie die Kartusche etwa 2,5 Stunden in den Backofen, der mit ca. 230 °C vorgeheizt ist.

Wartungsintervalle beim Porsche 911 SC

Die Wartungsintervalle auf den folgenden Seiten sind die von Porsche festgelegten routinemäßigen Arbeiten an den 911 SC-Fahrzeugen. Die Intervalle für diese Tätigkeiten sind entweder nach Laufleistung (Kilometer) und/oder nach Zeitintervallen aufgeteilt.

Wenn Sie Mineralöl für den Motor verwenden, wechseln Sie dieses alle 5000 km oder alle 6 Monate, je nachdem, welches Kriterium zuerst erreicht wird. **Tätigkeit**	Werkzeuge	Neue Teile	Motor Betriebstemperatur
Ölwechsel und Ölfilter erneuern	X	X	X

Inspektionen und Arbeiten an den Fahrzeugen alle 20.000 km Tätigkeit	Werkzeuge	Neue Teile	Motor Betriebstemperatur
Motor: Visuelle Lecksuche	-	-	-
Kurbelgehäuse Entlüftung: Schlauchverbindungen prüfen	-	-	-
Kraftstoffsystem: Auf Lecks überprüfen, Schlauchverbindungen auf festen Sitz prüfen	-	-	-
Ansaugluft: Verbindungsteile auf Dichtheit prüfen	-	-	-
Ölwechsel und Ölfilter erneuern	X	X	X
Prüfen und Einstellen des Ventilspiels	X	X	-
Drosselklappenseilzug ölen	-	-	-
Schaltgetriebe: Dichtheit prüfen, Ölstand prüfen, wenn erforderlich nachfüllen	X	X	X
Kraftstofftank: Alle Verbindungen auf Lecks überprüfen	-	-	-
Bremssystem: Spiel am Bremspedal prüfen und wenn erforderlich einstellen. Visuelle Prüfung der Bremsleitungen auf Dichtheit, Beschädigungen oder Korrosion. Visuelle Prüfung der Bremsbeläge und Bremsscheiben auf Verschleiß. Kontrolle Bremsflüssigkeitsstand, wenn erforderlich nachfüllen.	X	-	-
Kupplung: Kupplungsspiel prüfen	-	-	-
Pedalerie: Auf festen Sitz der Befestigungsschrauben achten	X	-	-
Abgassystem: Visuelle Prüfung auf Dichtheit und Beschädigungen. Auf festen Sitz der Befestigungsschrauben achten	X	-	-
Lenkung: Zahnstangenlenkung auf Spiel überprüfen. Auf festen Sitz der Zahnstangenlenkung achten. Schutzmanschetten auf Beschädigungen überprüfen, Spurstangengelenke auf Verschleiß überprüfen	X	-	-
Gelenkwellen: Auf undichte Schutzmanschetten und Beschädigungen achten	-	-	-
Handbremse: Funktion prüfen, bei Bedarf nachstellen	X	-	-
Radaufhängungen vorne und hinten: Auf sichtbare Beschädigungen überprüfen. Gelenklager auf Spiel überprüfen und deren Schutzmanschetten auf Beschädigungen überprüfen	-	-	-
Radlager der Vorderräder: Auf Spiel überprüfen und wenn notwendig korrigieren	X	-	-
Visuelle Überprüfung von Rädern und Bereifung, einschließlich des Ersatzrades. Luftdruck prüfen und einstellen	X	-	-
Scharniere und Verriegelungen: Ölen bzw. einfetten, Türfangbänder auf Funktion überprüfen	-	-	-
Schließeinrichtungen: Überprüfen der Zentralverriegelung auf Funktion. Prüfen des Motorraum-Deckels und des Deckels des Gepäckraumes auf korrekte Verriegelung und zusätzliche Sicherheitsverriegelung	-	-	-
Dichtungen der Türen, der Hauben und des Schiebedachs: Dichtheit überprüfen, wenn notwendig austauschen	-	-	-
Hauptscheinwerfer und Nebelscheinwerfer: Funktion und Einstellung überprüfen, wenn notwendig neu einstellen	X	-	-
Fahrzeugbeleuchtung: Überprüfen der Hauptscheinwerfer, Standlichter, Rückleuchten, Kennzeichenbeleuchtung, Innenraumbeleuchtung, Beleuchtung von Handschuhfach, Armaturentafel, Blinkleuchten, Warnblinkanlage, Bremsleuchten, Lichthupe und Lichtstärkenregelung	-	-	-

Inspektionen und Arbeiten an den Fahrzeugen alle 20.000 km Tätigkeit	Werkzeuge	Neue Teile	Motor Betriebstemperatur
Akustische Warnanlage (Hupe): Funktion überprüfen. Zusätzliche elektrische Ausrüstung: Funktion überprüfen	-	-	-
Klimaanlage: Funktion überprüfen. Kältemittelbestand am Schauglas überprüfen. Klimakompressor: Auf festen Sitz der Befestigungsschrauben achten	X	-	-
Sicherheitsgurte: Funktion und Zustand der Gurte überprüfen	-	-	-
Scheibenwaschanlage: Flüssigkeitsmenge und Zustand der Flüssigkeit überprüfen. Wenn notwendig, nachfüllen.			
Funktion der Waschanlage überprüfen. Zustand der Scheibenwischerblätter überprüfen	-	X	-
Batterie: Flüssigkeitsstand in den einzelnen Zellen überprüfen, wenn notwendig nachfüllen	-	-	-
Probefahrt	-	-	X
Bremse, Kupplung, Tempomat, Lenkung und Instrumente: Funktion überprüfen	-	-	X

Zusatzarbeiten an den Fahrzeugen alle 40.000 km

Keilriemen zu Generator und Klimakompressor: Zustand und Riemenspannung überprüfen, je nach Befund nachstellen oder tauschen	X	X	-
Luftfilter: Filterelement ersetzen	-	X	-
Halbautomatisches Getriebe „Sportomatic": Getriebeölwechsel im mechanischen Teil	X	X	X

Zusatzarbeiten an den Fahrzeugen alle 80.000 km

Schaltgetriebe Typ 915: Getriebeölwechsel alle 80.000 km	X	X	X
Lambda-Sonde bei USA-Fahrzeugen aus Sicherheitsgründen wechseln	X	X	-
Kraftstofffilter ersetzen	X	X	-

Zusatzarbeiten an den Fahrzeugen alle 24 Monate

Bremsflüssigkeit wechseln, Anlage entlüften	X	X	-
Zündkerzen ersetzen	X	X	-

Kapitel 3

Die Motoren des Porsche 911 SC

Sechszylinder-Boxermotor, drei Liter Hubraum, Luftkühlung

Ein Porsche 911 SC, Modelljahr 1980: Erstmals wurden Dreiwege-Katalysatoren und Lambda-Sonden serienmäßig für die USA-Fahrzeuge eingesetzt. RdW-Modelle wurden 1980 noch ohne Katalysator ausgeliefert, da seinerzeit unverbleiter Kraftstoff außerhalb der USA nicht flächendeckend verfügbar war. Foto: Julia Lynn

Motor 930/02, 3 Liter Hubraum, Modelljahr 1977 Foto: David Botterill

Ein 911 S mit US-Spezifikation, Modelljahr 1977: Motor-Typ 911/85 mit 2,7 Litern Hubraum. Foto: Walter Schedler

Allgemeine Hinweise

Eine der Freuden für einen 911 SC-Besitzer ist, dass sein Motor als nahezu unverwüstlich gilt. Die Dreiliter-Maschine, die Porsche für den 911 SC anbot, läuft eigentlich immer. Es gibt zwar Exemplare, bei denen einzelne Zylinderkopf-Ankerschrauben brachen, aber die Maschinen liefen trotzdem weiter. Viele 911 SC haben im Privatbesitz eine Laufleistung von über 400.000 Kilometern erreicht und sie laufen noch immer mit guter Leistung ohne eine Grundüberholung und in einigen Fällen sogar ohne Arbeiten an den Zylinderköpfen. Dieses Kapitel bietet einen technischen Überblick über alle Motoren, die im 911 SC eingebaut wurden, sowohl für den Weltmarkt, als auch für die USA. In diesem Kapitel werden alle diese Triebwerke mit den anderen Porsche Motoren des Modelljahres 1977 verglichen, insbesondere die beiden folgenden Motoren:

Motor 930/02, ein Dreiliter-Motor, eingebaut in die Porsche 911 Carrera 3,0 für den RdW-Markt. Dieser Motor wurde nie in die USA geliefert.

Motor 911/85, ein 2,7-Liter-Motor, eingebaut in die USA-Fahrzeuge 911 S im Modelljahr 1977. Dieser Motor wurde ausschließlich in die USA geliefert.

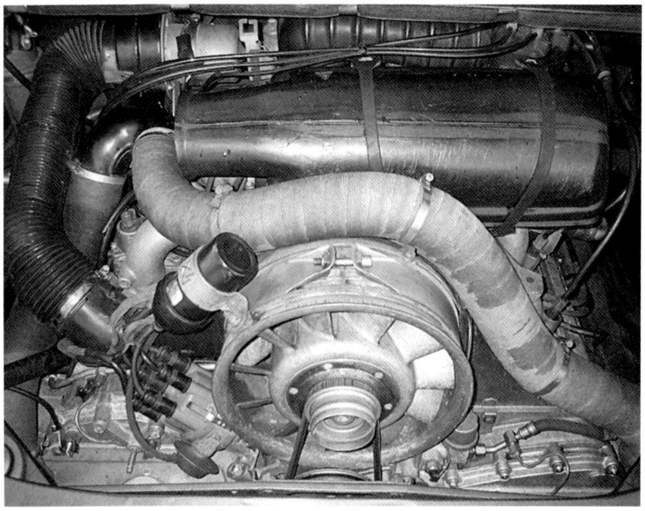

Foto eines Motors Typ 930/03 in einem 911 SC, Modelljahr 1978 (RdW) ohne Abgasreinigung und 15 kW (20 PS) Minderleistung gegenüber einem Dreiliter-Motor Typ 930/02, wie er im 911 Carrera ab Modelljahr 1977 verwendet wurde. Foto: Gerko Hoek

Ein ausgebauter Motor vom Typ 930/07 USA-Version im Modelljahr 1980 mit angebautem Dreiwege-Katalysator. Die Motorleistung blieb identisch gegenüber dem Modelljahr 1978. Werksbild Porsche AG

Der Motor

Die für den Porsche 911 SC vorgesehenen Motoren waren eine Weiterentwicklung aus dem Dreiliter-Carrera-Motor 930/02, der für die RdW-Fahrzeuge Carrera 3,0 eingesetzt wurde.
Diese neuen Motoren hatten in den USA eine Minderleistung von 15 kW (20 PS) gegenüber den RdW-Fahrzeugen Carrera 3,0 im Modelljahr 1977.

Anmerkung
Wenn man den Vergleich anstellt mit dem früheren 2,7-Liter-Motor (911/86), der in die USA-Fahrzeuge 911 S eingebaut wurde, dann ergibt dies einen Leistungsgewinn von 11 kW (15 PS).

Mit einem Konstruktionslayout basierend auf dem Motor 911/74 und den folgenden Rennmotoren, die erstmals 1974 in den 911 Carrera 3,0 Liter RS und RSR eingesetzt wurden, profitierte der Dreiliter-Motor des 911 SC eindeutig von den Erfahrungen und der Technologie aus den zahlreichen Motorsporteinsätzen des Werks. Den größten Vorteil von allen Verbesserungen stellte dabei das deutlich verstärkte Leichtmetall-Motorengehäuse dar.

Anmerkung
Porsche entwickelte ebenfalls eine Versuchsvariante auf Basis des 3,0-Liter-SC-Triebwerks mit einer von 95 auf 97 mm Durchmesser vergrößerten Zylinderbohrung. Dadurch entstand ein 3,1-Liter-Motor. Dies war das Leistungs-Kit, das Porsche als Mehrausstattung anbot. Dabei stieg die Motorleistung auf 154 kW (210 PS). Allerdings konnten preiswertere und noch leistungsfähigere Triebwerkvarianten von Ruf in Pfaffenhausen und Max Moritz in Reutlingen bezogen werden. Beide Tuner führten 158 kW (215 PS) starke 3,1-Liter-Aggregate in ihrem Programm.
Es ist allerdings nicht bekannt, ob Motoren mit den geschilderten werksseitigen Leistungssteigerungen jemals verkauft oder in Fahrzeuge eingebaut wurden.

Das verstärkte und im Druckguss-Verfahren hergestellte Leichtmetall-Gehäuse für einen Motor Typ 930/10 (RdW), Modelljahr 1981.
Foto: Simon Gigney

Schwungrad, Kurbelwelle und die sechs montierten Pleuelstangen eines 930/10-Motors aus dem Modelljahr 1981. Foto: Simon Gigney

Technische Details

Eine der erklärten Zielsetzungen, die Porsche mit der Einführung des 911 SC anstrebte, war eine Vereinheitlichung der aktuellen Fahrzeugpalette. Für das Modelljahr 1977 bot Porsche weltweit drei unterschiedliche Neunhundertelfer an:

- Für den RdW-Markt hatte Porsche den normalen Typ 911, angetrieben mit dem Motor 911/81 mit 2,7 Litern Hubraum, sowie den 911 Carrera 3,0 mit dem Motor 930/02, mit 3 Litern Hubraum.
- Für den USA-Markt bot Porsche den Typ 911 S an, ausgestattet mit einem 2,7-Liter-Motor Typ 911/85.

Als Teil der Produktionsoptimierung wollte Porsche nur noch einen Basismotor mit 3 Litern Hubraum anbieten. Unterschiedliche Auslegungen sollten allen Anforderungen des Weltmarktes gerecht werden. Als Basis verwendete man den Motor 930/02 mit 3,0 Litern Hubraum, wie er im Carrera 3,0 ab Modelljahr 1977 eingebaut wurde. Die Motoren vom Typ 930/03 (Typ 930/04 USA; Typ 930/05 Japan und 930/06 Kalifornien) waren – verglichen mit dem Vorläufer 930/02 – überarbeitete Varianten.

Da sowohl der /02 als auch der /03 den gleichen Hubraum und das verstärkte Leichtmetall-Motorengehäuse aufwiesen, fanden die einzelnen Änderungen an den Motoren während des Produktionsablaufs statt.

Die wichtigsten Änderungen vom Basismotor 930/02 zu den Varianten 930/03, 04, 05 und 06 betreffen:

- Durchmesser des Wellendichtrings an der Kurbelwelle (Schwungradseite) wird von 85 mm auf 110 mm vergrößert (Gleichteil mit Porsche 928).
- Die Kurbelwellenlager und die Lager der Hubzapfen werden verstärkt
- Die Pleuelstangen werden im Bereich des großen Durchmessers schmaler, da eine neue, geschmiedete Kurbelwelle nur noch eine Breite von 21,8 mm (anstelle von 23,8 mm) zulässt.

Das überarbeitete Kurbelgehäuse-Entlüftungssystem. Auf dem Bild ist die Einmündung des Entlüftungsschlauches in das Ansaugsystem gut zu erkennen. Bei früheren Motoren – wie zum Beispiel die 2,7- und 3,0-Liter-Typen – mündete das Entlüftungssystem in das Luftfiltergehäuse. Foto: Simon Gigney

Die verbesserten Gleitschienen und der Kettenspanner

Foto: Ron Perry

Hinweis:

Die Kurbelwelle wurde zum Modelljahr 1981 nochmals durch eine verbesserte Lagerung der Getriebe-Antriebswelle (Pilotlager) geändert. Dazu wurden drei neue Bohrungen am Kurbelwellen-Ende (Schwungradseite) notwendig. Frühere und spätere Kurbelwellen können nicht ohne Änderungen verwendet werden.

Um die Lebensdauer beim Betrieb mit unverbleitem Kraftstoff zu steigern, wurde der Werkstoff für die Auslass-Ventilsitze in den Zylinderköpfen geändert. Die Laufbahnen in den Zylindern waren jetzt nikasilbeschichtet.

- Der Einlass-Kanal im Zylinderkopf wurde von 36 mm auf 39 mm Durchmesser vergrößert.
- Der Rundlauf der Kurbelwelle wurde durch größere Gegengewichte verbessert.
- Änderungen an den Nockenformen der Nockenwellen erhöhten das maximale Motordrehmoment und verbesserten damit das Durchzugsvermögen des Motors.

Die geänderten Nockenwellen können wie folgt identifiziert werden:

- Linke Nockenwelle: Teile-Nummer 930.147.08
- Rechte Nockenwelle: Teile-Nummer 930.148.08
- Die Nockenwellen wurden vierfach direkt im Leichtmetall-Nockenwellengehäuse gelagert.
- Das Entlüftungssystem des Motorgehäuses wurde verbessert. Ein Entlüftungsschlauch mündete jetzt direkt in den Öl-Vorratsbehälter. Ein zweiter Entlüftungsschlauch führte vom Öl-Vorratsbehälter zum Ansaugsystem zwischen Gemischregler und Drosselklappengehäuse. Ein Winkelrohr im Schlauch besaß eine Drossel mit einem Durchlass von 6,5 mm. Dadurch wurde der Überdruck im Kurbelgehäuse bei allen Betriebsbedingungen auf 50 bis 150 mm Wassersäule begrenzt. Das entspricht ca. 5 bis 15 mbar.
- Neue Gleitschienen für die Ketten zum Antrieb der beiden Nockenwellen wurden eingesetzt, um das Kettengeräusch zu dämpfen. Eine der alten Gleitschienen wurde im Kurbelgehäuse rechts übernommen.
- Die Zuverlässigkeit der beiden Ketten wurde zum Modelljahr 1980 noch einmal erhöht, als verbesserte Kettenspanner verwendet wurden, um die Belastung derselben zu verringern.

Anordnung des Nockenwellen-Antriebs

Foto: Lon Tusler

Die Entwicklungsabteilungen bei Porsche hatten herausgefunden, dass die beweglichen Teile des Kettenspanners festgehen konnten. Daher wurde die Lagerung durch spezielle, verbesserte Gleitlager ergänzt. Das machte eine komplett neue Auslegung der Kettenspanner notwendig. Die Gleitschienen für die Ketten können folgendermaßen identifiziert werden: Die neue Version (aus Kunststoff) ist schwarz und hat die Teile-Nummer 911.105.222.06. Die alte Version (ebenfalls Kunststoff) war braun und hatte die Teile-Nummer 911.105.222.05.

Die linke Seite des Nockenwellenantriebs mit verbesserten Gleitschienen und neuem Kettenspanner.

Das neue Schwungrad und die Kupplung sind mit neun Innensechskant-Schrauben befestigt. Die früheren Ausführungen hatten nur sechs Schrauben. Foto: Simon Gigney

Ein neu entwickeltes Schwungrad mit einem neuen Befestigungsflansch, der von 44 auf 70 mm Durchmesser vergrößert wurde. Die Kupplung wird am Schwungrad mit 9 Innensechskantschrauben (früher mit 6 Schrauben) befestigt.

Hinweis:

In 911 S-Fahrzeugen für die USA können sowohl der Typ 930/02 als auch der Typ 930/03/04/06 eingebaut werden, da diese Triebwerke sehr ähnlich aufgebaut sind.
Der 930/03/04/06-Motor aus dem 911 SC ist allerdings keine modifizierte 2,7-Liter-Maschine, auch wenn viele Einzelteile des Ur-Motors 930/02 mit denen des 911/85 (2,7 Litern Hubraum) identisch sind.

Hinweis:

Der Motor 930/02 für den Carrera 3,0 Liter hatte ohnehin schon ein Motorengehäuse aus Leichtmetall-Druckguss. Dieser Werkstoff wurde auch für die neue Motorenbaureihe 930/xx verwendet, die für den 911 SC vorgesehen war.
Die neue Leichtmetall-Legierung hat die Handelsbezeichnung „Selinium".

Technische Daten

Die folgenden Tabellen beschreiben jeweils Motoren mit identischen Spezifikationen. Die erste Tabelle zeigt die Einzelheiten des Motors für den 911 Carrera mit 3 Litern Hubraum.

Motor-Typ 930/02
Technischen Daten:

Bohrung (mm)	95,0
Hub (mm)	70,4
Hubraum (cm³)	2994
Verdichtungsverhältnis	8,5:1
Leistung kW (PS)	147 (200)
bei Drehzahl (1/min)	6000
Drehmoment (Nm)	255
bei Drehzahl (1/min)	4200
Höchstdrehzahl (1/min)	7000
Leerlaufdrehzahl (1/min)	950 +/- 50
Kraftstoffart (ROZ)	91 mit Bleianteil (RdW)
Öldruck bei 5000/min	4,5 bar bei Öltemperatur 80 °C
Ölverbrauch	bis 1,5 Liter pro 1000 km

Motor 930/02 (3 Liter Hubraum) für den Rest-der-Welt-Markt

Foto: David Botterill

Motor-Typen 930/03, 04, 05, 06, 13 und 15
Technischen Daten:

Bohrung (mm)	95,0
Hub (mm)	70,4
Hubraum (cm³)	2994
Verdichtungsverhältnis	8,5:1
Leistung kW (PS)	132 (180)
bei Drehzahl (1/min)	5500
Drehmoment (Nm)	265
bei Drehzahl (1/min)	4200
Höchstdrehzahl (1/min)	7000
Leerlaufdrehzahl (1/min)	950 +/- 50
Kraftstoffart (ROZ)	91 mit Bleianteil (RdW) 91 unverbleit (USA)
Öldruck bei 5000/min	4,5 bar bei Öltemperatur 80 °C
Ölverbrauch	bis 1,5 Liter pro 1000 km

Motor 930/03 (3 Liter Hubraum) für den Rest-der-Welt-Markt

Foto: Thierry Reme

Motor-Typ 930/03, leistungsgesteigert
Technischen Daten:

Bohrung (mm)	97,3
Hub (mm)	70,4
Hubraum (cm³)	3122
Verdichtungsverhältnis	9,5:1
Leistung kW (PS)	154 (210)
bei Drehzahl (1/min)	5800
Drehmoment (Nm)	280
bei Drehzahl (1/min)	4700
Höchstdrehzahl (1/min)	7000
Leerlaufdrehzahl (1/min)	950 +/- 50
Kraftstoffart (ROZ)	98 mit Bleianteil (RdW)
Öldruck bei 5000/min	4,5 bar bei Öltemperatur 80 °C
Ölverbrauch	bis 1,5 Liter pro 1000 km

Dieser Motor 930/07 entspricht den Spezifikationen für den USA-Markt.

Foto: Keith Sheu

Motor-Typen 930/07, 08, 16, und 17
Technischen Daten:

Bohrung (mm)	95,0
Hub (mm)	70,4
Hubraum (cm³)	2994
Verdichtungsverhältnis	9,3:1
Leistung kW (PS)	132 (180)
bei Drehzahl (1/min)	5500
Drehmoment (Nm)	245
bei Drehzahl (1/min)	4200
Höchstdrehzahl (1/min)	7000
Leerlaufdrehzahl (1/min)	900 +/- 50
Kraftstoffart (ROZ)	91 unverbleit (USA)
Öldruck bei 5000/min	4,5 bar bei Öltemperatur 80 °C
Ölverbrauch	bis 1,5 Liter pro 1000 km

Ein Motor vom Typ 930/08 in einem für den USA-Markt bestimmten SC.

Foto: R. Warren Cramer

Motor vom Typ 930/09 in der Spezifikation für den Rest-der-Welt-Markt. Werksbild Porsche AG

Motor-Typen 930/09 und 19
Technischen Daten:

Bohrung (mm)	95,0
Hub (mm)	70,4
Hubraum (cm^3)	2994
Verdichtungsverhältnis	8,6:1
Leistung kW (PS)	138 (188)
bei Drehzahl (1/min)	5500
Drehmoment (Nm)	265
bei Drehzahl (1/min)	4200
Höchstdrehzahl (1/min)	7000
Leerlaufdrehzahl (1/min)	900 +/- 50
Kraftstoffart (ROZ)	91 unverbleit (RdW)
Öldruck bei 5000/min	4,5 bar bei Öltemperatur 80 °C
Ölverbrauch	bis 1,5 Liter pro 1000 km

Ein 930/10er-Motor für ein Rest-der-Welt-Fahrzeug

Foto: Simon Gigney

Motor 930/10
Technischen Daten:

Bohrung (mm)	95,0
Hub (mm)	70,4
Hubraum (cm^3)	2994
Verdichtungsverhältnis	9,8:1
Leistung kW (PS)	150 (204)
bei Drehzahl (1/min)	5900
Drehmoment (Nm)	267
bei Drehzahl (1/min)	4200
Höchstdrehzahl (1/min)	7000
Leerlaufdrehzahl (1/min)	900 +/- 50
Kraftstoffart (ROZ)	98 mit Bleianteil (RdW)
Öldruck bei 5000/min	4,5 bar bei Öltemperatur 80 °C
Ölverbrauch	bis 1,5 Liter pro 1000 km

Hinweis:
Die Höchstdrehzahl ist die höchste, zulässige Drehzahl des Motors, wie sie in den Datenblättern der Firma Porsche festgehalten ist. Die Drehzahl, bei der der automatische Drehzahlbegrenzer abregelt und die Methode, wie bei den verschiedenen Motor-Typen die Drehzahlbegrenzung technisch umgesetzt wird, finden Sie in Kapitel 4.

Länderspezifische Merkmale

Die untenstehende Tabelle listet alle Motor-Varianten für die 911 SC weltweit auf.

Die Motor-Varianten für den Porsche 911 SC				
Modelljahr	**Motor-Typ**	**Hubraum (cm³)**	**Getriebe**	**Einsatzland/Hinweise**
1978 und 1979	930/03	2994	Fünfgang-Schaltgetriebe	RdW
	930/03, 3,1	3122	Fünfgang-Schaltgetriebe	leistungsgesteigert
	930/13	2994	Dreigang-Sportomatic	RdW
	930/04	2994	Fünfgang-Schaltgetriebe	USA
	930/05	2994	Fünfgang-Schaltgetriebe	Japan
	930/15	2994	Dreigang-Sportomatic	Japan
	930/06	2994	Fünfgang-Schaltgetriebe	Kalifornien
1980	930/07	2994	Fünfgang-Schaltgetriebe	USA
	930/08	2994	Fünfgang-Schaltgetriebe	Japan
	930/09	2994	Fünfgang-Schaltgetriebe	RdW
	930/19	2994	Dreigang-Sportomatic	RdW
1981, 1982, 1983	930/10	2994	Fünfgang-Schaltgetriebe	RdW
	930/16	2994	Fünfgang-Schaltgetriebe	USA
	930/17	2994	Fünfgang-Schaltgetriebe	Japan

Auf der Produktionsstraße des Porsche Werks in Zuffenhausen wird im Modelljahr 1980 ein Motor des Typs 930/07 in ein für einen US-Kunden bestimmtes 911 SC Coupé montiert.

Werksbild Porsche AG

Ein Kühlgebläse mit 242-mm-Lüfter-Durchmesser und 11 Flügeln

Foto: Simon Gigney

Die Luftkühlung

Für die Dreiliter-Motoren Typ 930/02 wurde ein Lüfterrad mit fünf Flügeln verwendet. Ab Modelljahr 1978 wurde auf 11 Flügel umgestellt und ein kleineres Lüfterrad mit 222 mm Durchmesser eingebaut. Die Drehzahl des Lüfterrades blieb gleich. Die Übersetzung zwischen Kurbelwelle und Lüfterrad beträgt 1:1,8 (ins Schnelle). Dies ergibt bei einer Motordrehzahl von 6000/min eine angesaugte Luftmenge von 1380 Litern pro Sekunde.

Für die Motorentypen 930/09, 10, 16, 17 und 19 wurde ein neues Kühlgebläse mit 11 Lüfterflügeln und 242 mm Durchmesser verwendet. Die Übersetzung Kurbelwelle zu Lüfterrad wurde auf 1:1,68 geändert, dadurch stieg der Luftdurchsatz bei einer Motordrehzahl von 6000/min auf 1500 Liter pro Sekunde.

Dieses Kühlgebläse sitzt an einem USA-Motor Typ 930/17 und wird mit einem Keilriemen 9,5 x 710 angetrieben.

Foto: Bill Cline

Der Keilriemen zum Antrieb des Lüfterrades hatte im gesamten Modelljahr 1978 und den frühen Produktionsmonaten des Modelljahres 1979 die Abmessung 9,5 x 725 mm.
Im Laufe des Modelljahres 1979 wurde dieser Keilriemen auf die Abmessung 9,5 x 710 mm umgestellt.
Die Abmessungen des Keilriemens für USA-Fahrzeuge sind in den beiden gesamten Modelljahren 1978 und 1979 mit 9,5 x 725 mm dokumentiert. Für das Modelljahr 1980 wird dann auch hier auf die Abmessung 9,5 x 710 mm umgestellt.

Die Aufhängung von Motor und Getriebe

Der Motor und das Getriebe sind als zusammenmontierte Einheit an vier Punkten schwingungsgedämpft am Fahrzeug befestigt.

Jeweils ein elastisches Motor-Lager ist am linken und rechten Ende des Motor-Querträgers angebracht.

Am vorderen Ende des Getriebes ist der Getriebe-Querträger befestigt. Auch hier sind an beiden Enden des Trägers elastische Lager eingebaut.

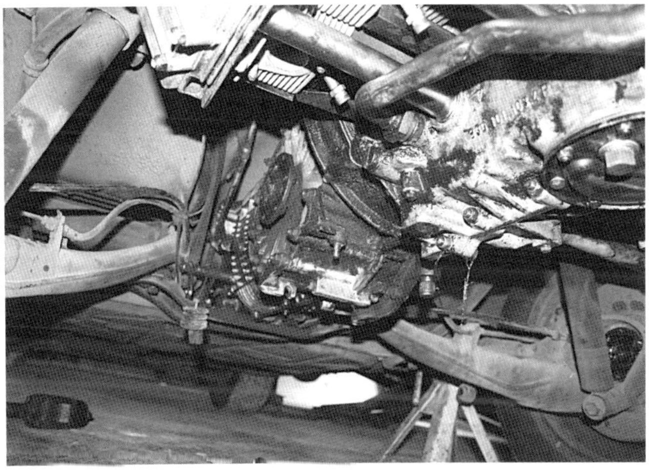

So sind Motor und Getriebe korrekt im Fahrzeug eingebaut.

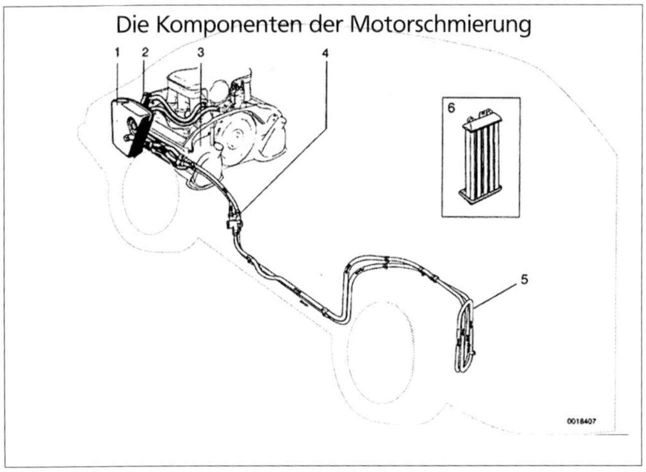

Die Lage des Öl-Vorratsbehälters im rechten hinteren Kotflügel

Foto: Gerko Hoek

Der Thermostat des Öl-Kühlers steuert den Strom des heißen Schmierstoffs in die Kühler. Foto: Donald Siegfriedt

Das Schmiersystem

Der Schmierkreislauf des Motors mit Öl-Kühler

Alle Motoren für den Porsche 911 SC sind mit einem Trockensumpf-Schmiersystem ausgestattet, das einen externen Öl-Vorratsbehälter besitzt. Aus diesem Behälter wird das Öl vom Motor angesaugt. Der Schmierstoff verteilt sich dann unter Druck zu den verschiedenen Lager- und Schmierstellen und wird anschließend aus dem Motor abgesaugt und zurück in den Vorratsbehälter gepumpt. Der Behälter ist so ausgelegt, dass die darin angesaugte Luft und das Öl voneinander getrennt werden, ehe das Öl wieder vom Motor angesaugt wird.

Auf dem Bild oben links sind die Hauptkomponenten des Trockensumpf-Schmiersystems zu erkennen:
Komponenten des Motor-Schmiersystems

1. Öl-Vorratsbehälter
2. Öl-Filter
3. Öl-Kühler
4. Thermostat für Öl-Kühler
5. Kühlschlangen-Öl-Kühler (serienmäßig)
6. zusätzlicher Lamellen-Öl-Kühler (optional)

Der Vorratsbehälter (Öltank) befindet sich innerhalb der Karosserie vor dem rechten Hinterrad. Eine S-förmige Schlauchleitung verbindet den Behälter mit dem am Motor befestigten Ölkühler.

Der Thermostat des Öl-Kühlers ist – wie auch der Vorratsbehälter – im rechten hinteren Radlauf untergebracht.

Ölfilter: Ein Hauptstromfilter mit Bypass-System bei Überdruck, wie er beispielsweise entsteht, wenn sich der Filter zusetzt.

Tandem-Öl-Pumpe: Zwei separate Pumpen in einem Gehäuse, untergebracht im unteren Bereich des Motorgehäuses. Eine der Pumpen fördert das Öl vom Vorratsbehälter unter Druck zu den Schmierstellen. Die zweite Pumpe saugt das Öl aus dem Motorgehäuse ab und fördert es zum Vorratsbehälter.

Im Bild ist der direkt am Kurbelgehäuse liegend montierte Öl-Kühler auf der linken Seite zu erkennen.

Foto: Simon Gigney

Der Öl-Kühler befindet sich auf dem Kurbelgehäuse innerhalb des Lüftungsgehäuses. Das Kühlgebläse für den Motor sorgt so gleichzeitig auch für die Ölkühlung.

Der zusätzliche Ölkühler sitzt im rechten vorderen Kotflügel. Er ist als Kühlschlange ausgebildet und wird auch als „Posaunen Kühler" bezeichnet. Dieser Kühler ist durch zwei Rohrleitungen und ein Thermostat mit dem Vorratsbehälter verbunden. Bei einer Öltemperatur von 80 °C öffnet der Thermostat und lässt das Öl zum vorderen Ölkühler strömen. Dieses System ist in alle USA-Fahrzeugen des 911 SC eingebaut. Ab Modelljahr 1980 ist in die RdW-Fahrzeuge ein wirksamerer Ölkühler mit Kühlrohren im Einsatz, der die Kühlschlange ersetzt.

Drei Öl-Rückschlagventile: Eines ist in der linken Seite des Kurbelgehäuses, ein zweites in der rechten Seite eingebaut. Das dritte Ventil befindet sich im Ölkühler-Thermostaten.

Der Öl-Kühler eines RdW-Fahrzeugs Typ 911 SC, Modelljahr 1983, im vorderen rechten Radlauf.

Der Ölkreislauf beim Sportomatic-Getriebe

Der hydraulische Drehmomentwandler des Sportomatic-Getriebes wird mit Motoröl aus dem Vorratsbehälter des Motors versorgt. Das Öl wird zur Befüllung des Wandlers, aber auch zu dessen Kühlung gebraucht. Der Ölkreislauf durch den Drehmomentwandler und der Rücklauf zum Vorratsbehälter wird durch eine kleine Ölpumpe erreicht, die von der linken Nockenwelle des Motors angetrieben wird. Die Kühlung des erhitzten Öls erfolgt über die beiden Öl-Kühler des Motors.

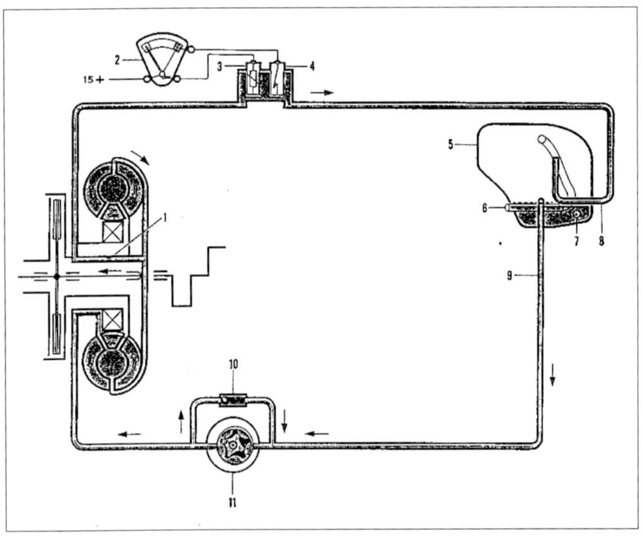

1. Kalibrierte Bohrung in Turbinenwelle
2. Temperaturanzeige Motoröl
3. Temperaturfühler Motoröl
4. Schalter Motoröltemperatur
5. Vorratsbehälter
6. Öl-Leitung vom Motor
7. Öl-Leitung zum Motor
8. Öl-Rücklaufleitung
9. Öl-Saugleitung
10. Überdruckventil
11. Öl-Pumpe für Drehmomentwandler

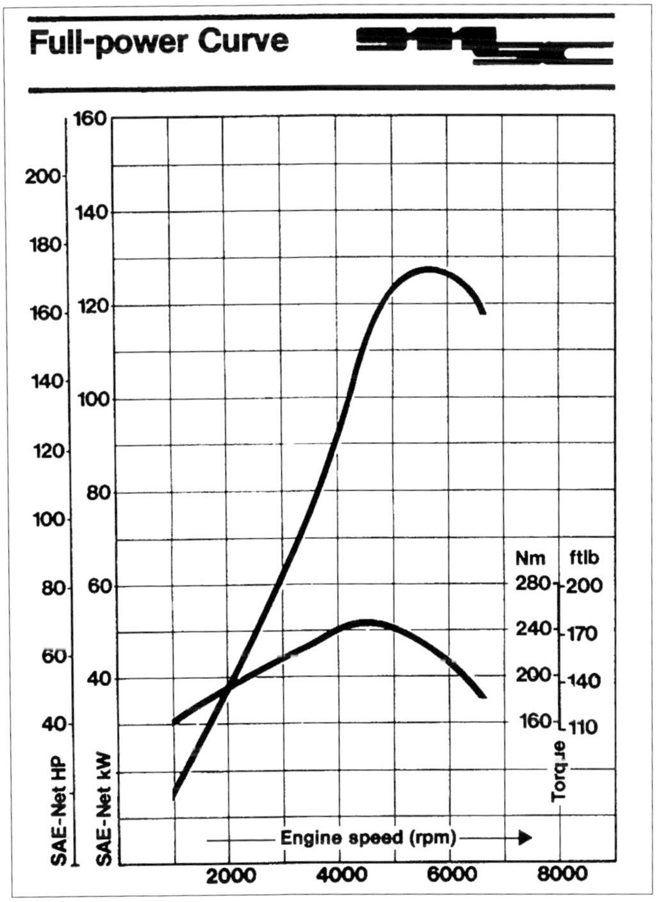

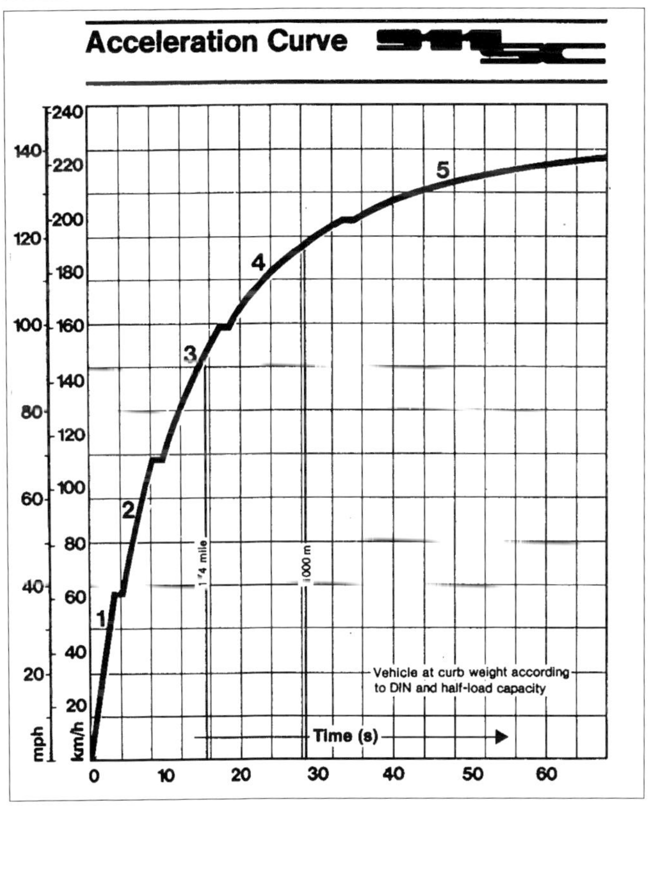

Leistungsdiagramme

Leistungskurve und die Beschleunigungswerte eines 911 SC aus den Modelljahren 1978 bis 1983

Zeichnungen: Archiv Porsche AG

Ein 930/10er-Motor: Beachten Sie bitte, wie viele Unterdruckleitungen es hier gibt. *Foto: Simon Gigney*

Derselbe Motor von der anderen Seite. Auch diese Unterdruckleitungen müssen in einwandfreiem Zustand gehalten werden, sonst sind Probleme mit einem unruhigen Motorlauf vorprogrammiert.

Foto: Simon Gigney

Hinweise für Besitzer

Störungen im Fahrbetrieb:

Die Motoren-Baureihen 930/xx, die in die Porsche 911 SC eingebaut sind, reagieren sehr empfindlich auf Unterdruckverluste in Leitungen und Schläuchen.

Die Motoren (und das Sportomatic-Getriebe) besitzen Stell- und Regelsysteme, die mit Unterduck arbeiten. Diese Unterdruckleitungen altern und können bei Routine-Inspektionen auch leicht beschädigt und damit undicht werden. Die Leitungen sollten regelmäßig auf guten Zustand geprüft und gegebenenfalls ersetzt werden.

Ein Leck in irgendeinem Unterdrucksystem oder einem der angeschlossenen Regelsysteme kann Störungen des korrekten Motorlaufs verursachen. Ein klassisches Beispiel hierfür ist eine Undichtigkeit in der Unterduck-Versorgung des Servomotors der Sportomatic. Das führt nicht nur dazu, dass die Kupplung nicht mehr trennt und sich die Gänge nicht mehr schalten lassen, sondern auch zu einem unrunden Motorlauf.

Kapitel 4

Die Bauteile des Motors

Auflistung der verschiedenen Komponenten

Mit dem Auslaufen der 911 SC-Reihe endete auch der Großserieneinsatz der K-Jetronic von Bosch. Der letzte 911 mit dieser Einspritzung lief als Turbo allerdings erst 1994 vom Band. Foto: Colin Judd

Die Unterscheide sind oft nur gering: Dieser Porsche 911 SC, Modelljahr 1979, ist ab Werk für die Auslieferung nach Kanada ausgerüstet und weicht lediglich in Details von der USA-Version ab.

Foto: Michael Maurer

Der hier gezeigte Porsche 911 SC Targa, Modelljahr 1981, war ursprünglich ein „Rest der Welt"-Fahrzeug, wurde jedoch für den USA-Markt umgerüstet. Foto: Mike Baxter

Einleitung

Dieses Kapitel beschreibt die Aufbereitung des Kraftstoffs, das Abgassystem und das elektrische System am Motor des Porsche 911 SC. Bedingt durch unterschiedliche Bestimmungen und Gesetze zur Abgasentgiftung in den einzelnen Ländern gibt es eine Vielzahl von Motor-Varianten und Abweichungen die es erforderlich machen, diese ausführlich zu beschreiben. In diesem Buch sind die Varianten zusammengefasst in folgende Gruppen:

- 911 SC, Ausführung „Rest der Welt"
- 911 SC, Ausführung für den USA- und Kanada-Markt
- 911 SC, die als Graumarktfahrzeuge auf USA-Version umgebaut wurden

Innerhalb der Gruppe der Fahrzeuge für den „Rest der Welt"-Markt gibt es eine Einteilung in Untergruppen, die notwendig wurde, um Sonderbestimmungen einzelner Länder einzuhalten. Diese Abweichungen werden in den folgenden Abschnitten ebenfalls beschrieben.
Ursprünglich war geplant, dass es für den gesamten USA-Markt nur ein einziges Modell für alle 50 Staaten geben sollte. Aber die noch strengeren Abgasbestimmungen in Kalifornien erforderten für diesen Bundesstaat eine eigene Version und eine Version für die übrigen 49 Staaten. Auch diese beiden Versionen und die Besonderheiten der Komponenten werden in diesem Kapitel noch behandelt.
Für Graumarktfahrzeuge Typ 911 SC gab es zwei Wege, diese in den USA legal betreiben zu dürfen: Entweder sie wurden bereits im Ausland umgerüstet, ehe sie in die USA kamen, oder die Umbauaktionen fanden statt, nachdem sie in die USA eingeführt wurden. Bei solchen Aktionen sind häufig Komponenten nach Gutdünken eingebaut worden, darum kann ein so umgebautes Fahrzeuge sowohl aus US-Komponenten als auch aus RdW-Teilen bestehen.

Hinweis:
Viele dieser Graumarktimporte wurden zunächst nach Hamburg gebracht, dort umgebaut und dann in die USA exportiert. Die Art und Weise, wie diese Fahrzeuge umgerüstet sind, ist normalerweise professioneller als jene, die innerhalb der USA praktiziert wurden.

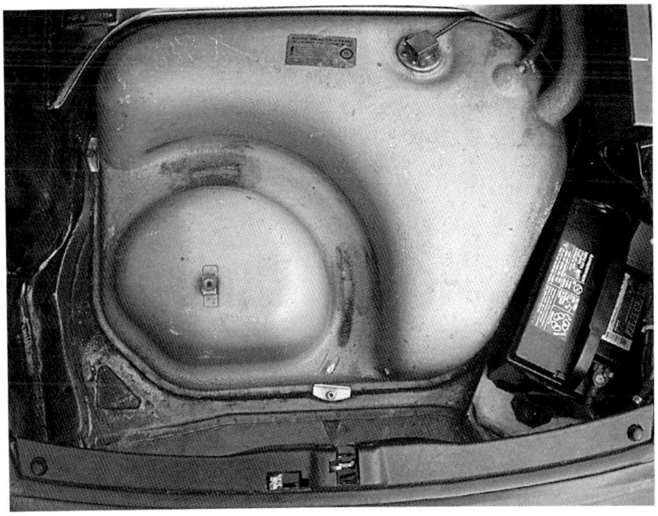

Der Kraftstoffbehälter des Porsche 911 SC ist ein Formteil, das zur Aufnahme des Reservefaltrads und des Werkzeugsatzes dient. Foto: Dan Whiteman

Hinweis:
Es gibt tatsächlich keine Norm für solche „Euro-911 SC"-Fahrzeuge für die USA. Dieser Begriff wird jedoch in diesem Buch verwendet, um die vorhandenen 911 SC umfassend beschreiben zu können. Auch hatten während der Produktionszeit des Porsche 911 SC (Modelljahre 1978 bis 1983) alle europäischen Länder noch eigene Vorschriften, die schon im Produktionsablauf im Werk Zuffenhausen berücksichtigt wurden. Daher gibt es auch keine „echte" Europa-Version des 911 SC. Es wurden auch SC-Exemplare beispielsweise aus Südafrika, Japan und sogar aus Australien mit Lenkrädern auf der rechten Seite in die USA eingeführt.

Das Kraftstoffsystem

Die Kraftstoffversorgung ist bei allen 911 SC-Fahrzeugen weltweit gleich aufgebaut. Die Abweichungen beim Modelljahrwechsel werden im Text beschrieben.

Der Kraftstoffbehälter

Der Kraftstoffbehälter befindet sich vorne unter dem Gepäckraum. Die Form des Behälters ist so ausgebildet, dass sich das Ersatzrad (ein Faltrad) und das Zubehör zum Radwechsel in einen vorgeformten Raum einsetzen lässt. Der Kraftstoff wird aus dem Tank angesaugt und wird nach hinten zum Motor befördert. Diese Aufgabe übernimmt eine elektrische Kraftstoffpumpe. Die Pumpe selbst ist unten, hinter dem Kraftstoffbehälter angeordnet.

Die Kraftstoffpumpe

Die Pumpe wird durch einen Unterschutz vor Steinschlag und Bodenberührung geschützt. Der Unterschutz muss entfernt werden, wenn Arbeiten an der Kraftstoffpumpe anstehen.

Ein Porsche 911 SC Coupé, Modelljahr 1978, von unten: Nicht jeder SC-Besitzer verfügt über den Luxus einer eigenen Hebebühne. Foto: Jim Williams

Hinweis:
Die Kraftstoffpumpe arbeitet aus Sicherheitsgründen nur dann, wenn das Zündschloss in Stellung „Zündung" steht und gleichzeitig die Stauscheibe im Luftmengenmesser auslenkt. So wird ein laufender Motor simuliert.

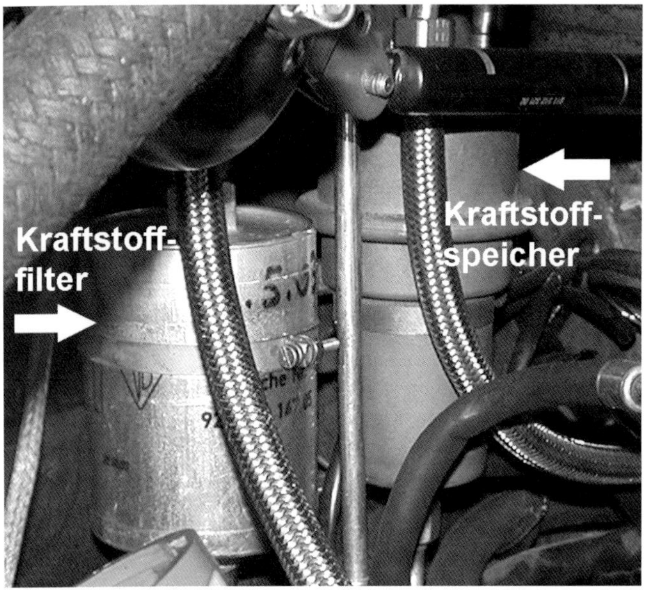

Kraftstofffilter und Kraftstoffspeicher Foto: Adrian Streather

Der eingebaute Kraftstofftank mit eingelegtem Reserverad bei einem SC aus dem Modelljahr 1980.

Marken-Kraftstoffe die für Porsche 911 SC auch im neuen Jahrtausend geeignet sind
Alle 911 SC, gebaut für den weltweiten Einsatz (außer Motor 930/10), Markenkraftstoff mit 91 ROZ
Alle 911 SC, gebaut für den USA-Markt, Markenkraftstoff mit 91 ROZ
Alle 911 SC , gebaut für den weltweiten Einsatz mit Motor 930/10, Markenkraftstoff mit 98 ROZ

Die Kraftstoffpumpe fördert Benzin vom Tank zum Kraftstoffspeicher, dann zu einem Kraftstofffilter und dahinter weiter zum Mengenteiler, der Bestandteil der Bosch K-Jetronic ist. Der Druck der Kraftstoffpumpe kann mit speziellen Messgeräten geprüft werden. Wie das durchgeführt wird, ist ausführlich im offiziellen Porsche Reparaturleitfaden beschrieben.

Der Kraftstoffspeicher

Der Kraftstoffspeicher befindet sich im Kraftstoff-Kreislauf zwischen der Benzinpumpe und dem Kraftstofffilter. Dieser Speicher besteht aus einer federbelasteten Membran, die auch bei stehendem Motor und damit abgeschalteter Benzinpumpe den Restdruck im Kraftstoffsystem hält. Der Kraftstoffspeicher reduziert beim Motorstart den plötzlichen Druckanstieg durch die anlaufende Pumpe für etwa eine Sekunde. Ein weiterer Vorteil ist auch die Geräuschdämpfung der Kraftstoffpumpe. Zum Modelljahr 1981 wurde der Speicher verbessert, er erhielt ein Ventil, das den schnelleren Druckaufbau im gesamten System ermöglicht.

Verwendbare Kraftstoffe

Die Kraftstoffempfehlung des Herstellers Porsche finden Sie auf der Innenseite der Tankklappe und in der jeweiligen Betriebsanleitung.

Hinweis:

Der Motor 930/10 war für den RdW-Markt bestimmt. Seinerzeit war (außer in den USA) verbleiter Kraftstoff mit 98 Oktan (ROZ) in allen Ländern verfügbar. Dieser Motor kann auch mit unverbleitem Kraftstoff mit mindestens 98 Oktan (ROZ)* betrieben werden, was sicher nicht nur aus Umweltgründen eine gute Alternative darstellt.*

Die Oktanzahl eines Kraftstoffs für Ottomotoren kennzeichnet die Klopffestigkeit, also den Widerstand gegen Selbstentzündung. Oberhalb der Klopfgrenze beginnt ein Motor unkontrolliert zu zünden, was zu schweren Motorschäden führen kann. Es gibt zwei Messmethoden: die ROZ (Research Oktan Zahl) und die MOZ (Motor-Oktanzahl). Die Angabe der ROZ an den Zapfsäulen ist inzwischen üblich geworden. Die im Text genannten Oktanzahlen sind die

Wichtige Änderungen der Teilenummern des Kraftstoffsystems		
Teilenummer	**Bezeichnung**	**Einführung im Modelljahr**
930.201.010.01	Kraftstoffbehälter	1979
930.201.010.02	Kraftstoffbehälter	1980
911.201.049.02	Einfüllstutzen	1979
911.201.049.04	Einfüllstutzen	1980
911.201.272.00	Tankklappe	1979
911.201.272.01	Tankklappe	1980
911.201.272.02	Tankklappe	1980
911.608.102.00	Kraftstoffpumpe	1979
911.608.102.02	Kraftstoffpumpe	1980
911.110.197.01	Kraftstoffspeicher	1979
930.110.140.00	Kraftstoffspeicher	1980
911.110.197.02	Kraftstoffspeicher	1980
930.110.448.00	Kraftstofffilter	1980
930.110.076.00	Kraftstofffilter	1980
928.110.147.05	Kraftstofffilter	1981

Mindestwerte, die bei hochsommerlicher Umgebungstemperatur und bei Motor-Höchstleistung erforderlich sind. Höhere Oktanzahlen im Tank als im Text gefordert, schaden dem Motor aber keineswegs.

Hinweis:
Um die Umwelt vor Blei-Rückständen zu schützen, wird seit Jahren nur noch unverbleiter Kraftstoff angeboten. Für Fahrzeuge, deren Ventilsitz auf die Schmierung mit Blei angewiesen sind, gibt es Kraftstoffzusätze, die zum normalen Kraftstoff zugefügt werden müssen. Alternativ lassen sich auch die Ventilsitze umrüsten, sodass problemlos bleifreier Kraftstoff getankt werden kann.

Warnung
Keiner der Motoren für die gesamte Porsche 911 SC-Baureihe ist mit Klopfsensoren ausgerüstet. Wird Kraftstoff mit niedrigerer Oktanzahl verwendet als empfohlen, kann das zu schweren Motorschäden führen. Ist der Motor mit einem Katalysator ausgerüstet, dürfen Sie keinesfalls verbleiten Kraftstoff verwenden. Blei im Kraftstoff zerstört den Katalysator und die Lambda-Sonde

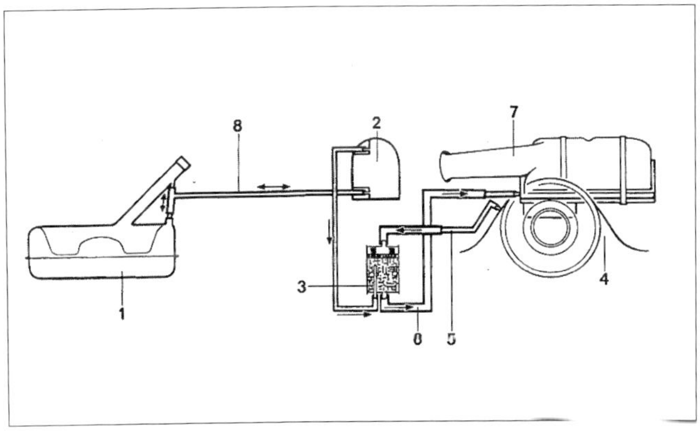

1 – Kraftstoffbehälter
2 – Ausgleichbehälter
3 – Aktivkohlebehälter
4 – Motor Kühlgebläse
5 – Schlauchleitung vom Gebläsegehäuse zum Aktivkohlebehälter
6 – Schlauchleitung vom Aktivkohlebehälter zum Luftfiltergehäuse
7 – Luftfiltergehäuse
8 – Rückflussleitung zum Kraftstoffbehälter

Das Tankentlüftungssystem für USA-Fahrzeuge

In den USA, inzwischen auch in Europa, gilt das Gebot, Kraftstoffbehälter nicht mehr in die Umwelt zu entlüften, sondern die Gase zwischenzuspeichern und diese dem Motor während der Fahrt auf der Ansaugseite zuzuführen. Dort werden sie dann mitverbrannt. Alle Porsche 911 SC für den RdW-Markt entlüften noch in die Umgebungsluft, lediglich die Fahrzeuge für den USA Markt haben serienmäßig die Tankentlüftung ins Ansaugsystem. Dieses System verhindert, dass bei stehendem Fahrzeug schädliche, brennbare Gase (z.B. Benzol), aus dem Kraftstoffbehälter in die Atmosphäre gelangen können. Das System sammelt die austretenden Gase in einem Aktivkohlefilter. Nach dem Erreichen der Betriebstemperatur des Motors wird die Leitung zum Ansaugstutzen freigegeben, die Gase werden abgesaugt und im Motor verbrannt. Dabei regeneriert sich der Aktivkohlebehälter wieder.

Das serienmäßige Luftfiltergehäuse des 911 SC.. Foto: Lon Tusler

Das Luftfiltergehäuse (Airbox)

Das Luftfiltergehäuse besteht aus zwei Teilstücken:
Das Oberteil besitzt eine Aufnahme für den Luftfilter, eine Montagefläche für den Gemischregler (Teil der K-Jetronic) und den Anschluss für das Drosselklappengehäuse. Das Drosselklappengehäuse endet im geschlossenen Unterteil des Luftfiltergehäuses.
Das Unterteil des Luftfiltergehäuses stellt die Verbindung zu den sechs Ansaugrohren und Ansaugkanälen der Zylinder her.

- An der Vorderseite des Luftfiltergehäuses ist das Kaltstartventil und der Lufteinlass vom Zusatzluftschieber angebracht.
- Die sechs Auslassöffnungen im Luftfiltergehäuse und die Verbindungsstücke sind im Modelljahr 1978 und 1979 im Durchmesser größer als im Modelljahr 1980 und in den nachfolgenden Jahren.
- Im Modelljahr 1980 wurde ein Ansaugstutzen aus Metall in das Ansauggehäuse eingesetzt. Dieser Ansaugstutzen verteilte das Kraftstoffgemisch des Kaltstartventils gleichmäßig in alle sechs Ansaugkanäle und damit in alle sechs Zylinder und verbesserte dadurch den Kaltstart des Motors. In den davor liegenden Produktionsjahren sprühte das Kaltstartventil ungezielt in die offenen Ansaugrohre.

Hinweis:
Das Luftfiltergehäuse aus dem Modelljahr 1980 kann bei früher gebauten Motoren aus den Modelljahren 1978 und 1979 nur dann eingebaut werden, wenn auch eine Gummi-Verbindungsmuffe gewechselt wird.

Das Oberteil des Luftfiltergehäuses und der Luftfilter sind entfernt. Die Rückschlagklappe ist auf der linken Seite des Gehäuses angebracht. Foto: Simon Gigney

Die Rückschlagklappe im Luftfiltergehäuse kann bei der nebenstehenden Abbildung gut erkannt werden. Eines der Probleme, das in Kapitel 2 besprochen wurde, betraf die Verpuffung innerhalb des Luftfiltergehäuses bei Fehlzündungen. Dieses Problem wurde ab Modelljahr 1981 durch den Einsatz dieser Klappe in das Luftfiltergehäuse behoben. Fahrzeuge mit dem Luftfiltergehäuse aus den Modelljahren 1978 und 1979 sollten aus Sicherheitsgründen mit dem Nachrüstsatz Rückschlagklappe versehen werden. Weitere Hinweise dazu wurden von Porsche seinerzeit an die Besitzer der Fahrzeuge verschickt.

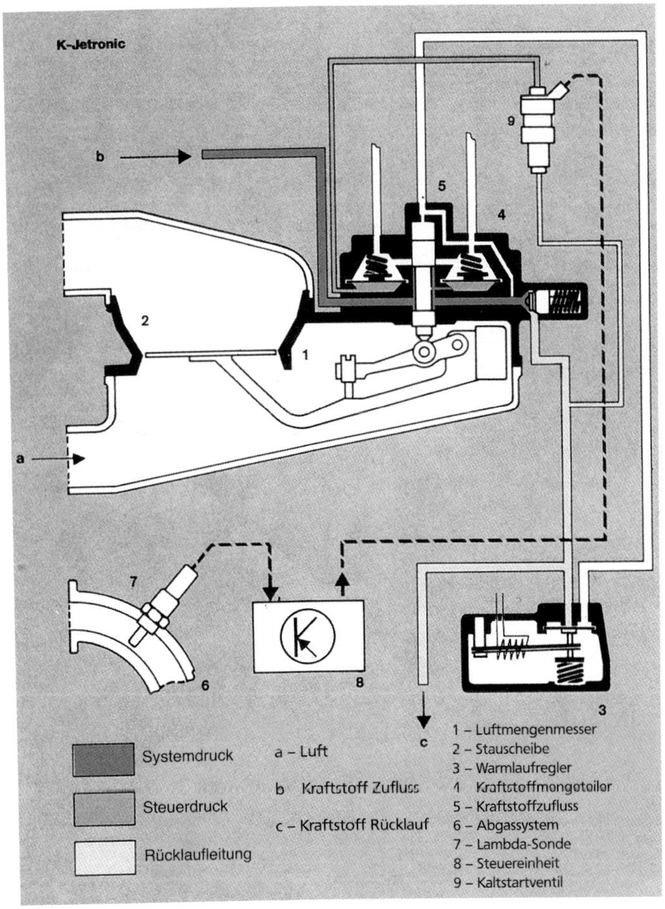

Die Kraftstoff-Einspritzung

Alle gebauten Porsche 911 SC besitzen zur Kraftstoff-Gemischaufbereitung die Bosch K-Jetronic. Dieses System spritzt ununterbrochen Kraftstoff ins Ansaugsystem, so lange der Motor läuft. Die Kraftstoffmenge, die eingespritzt wird, ist abhängig vom Kraftstoffdruck (Systemdruck) und vom Luftmengenmesser, der mit der Stauscheibe die angesaugte Luft misst und über einen Steuerkolben im Mengenteiler die entsprechende Menge Kraftstoff jedem der sechs Zylinder zuteilt. Es wurden drei Varianten der Bosch K-Jetronik in den 911 SC-Fahrzeuge eingebaut:

- Für die Modelljahre 1978 und 1979 weltweit
- Für die Modelljahre 1980 bis 1983, nur Rest der Welt
- Für die Modelljahre 1980 bis 1983, nur für USA, Kanada und Japan

Die drei Versionen der K-Jetronic besitzen viele gleiche Komponenten, während die Einspritzanlage für die Modelljahre 1980 bis 1983 für USA zusätzlich die Lambda-Regelung (Messung des Rest-Sauerstoffgehalts im Abgas) erhielt. Dies erforderte zusätzliche Mess- und Regeleinrichtungen zum Betrieb.

Beschreibung der Funktion

Die Einspritzmenge wird hauptsächlich durch die Stellung der Stauscheibe (2) im Ansaugluftstrom beeinflusst. Wird die Drosselklappe geöffnet (Fuß auf dem Gaspedal), wird Umgebungsluft durch das Luftfiltergehäuse, den Luftfilter und den Gemischregler (1) gesaugt. Die einströmende Luft hebt die Stauscheibe (2) an, die auf einem Hebelarm befestigt ist. Der Hebel wiederum hebt den Steuerkolben im Mengenteiler (4) an und dieser gibt, je nach Bedarf, mehr oder weniger Kraftstoff in die Kraftstoff-Zuleitungen zu den Einspritzventilen frei. Die einwandfreie Funktion der Einspritzung hängt von drei unterschiedlichen Drücken in der Anlage ab:

- Systemdruck, erzeugt durch die elektrische Kraftstoffpumpe
- Steuerdruck, reguliert durch den Steuerdruckregler im Mengenteiler (4)
- Restdruck im System (nach dem Abstellen des Motors) bleibt erhalten, da der unter Druck stehende Kraftstoffspeicher die Dampfblasenbildung im Gemischregler und in den Kraftstoffleitungen verhindert

Bauteile der Kraftstoffeinspritzanlage

Es gibt drei sich deutlich unterscheidende Systeme für die K-Jetronic-Einspritzung und die zugehörigen Unterdrucksysteme. Diese werden auf dieser Seite vorgestellt und erlauben es dem SC-Besitzer exakt festzulegen, auf welche Bauteile zu achten ist.

Hinweis:

Diese Zeichnungen stammen von der Firma Dr. Ing. h.c. F. Porsche AG.

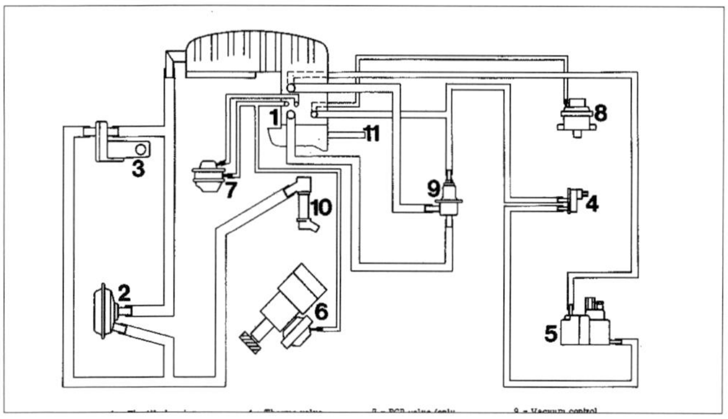

Modelljahr 1978

1 – Drosselklappengehäuse
2 – Zusatzluftventil
3 – Zusatzluftschieber
4 – Warmlaufregler
5 – Steuerdruck-Regelventil
6 – Zündverteiler
7 – Abgas-Rückführungsventil (nur Kalifornien)
8 – Luftsteuerventil
9 – Unterdruckventil
10 – Unterdruckanschluss für Zusatzluftventil und Zusatzluftschieber
11 – Unterdruckanschluss für Bremskraftverstärker

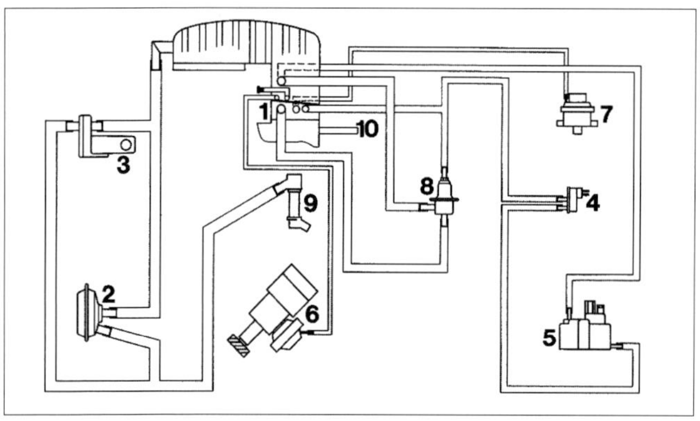

Modelljahr 1979

1 – Drosselklappengehäuse
2 – Zusatzluftventil
3 – Zusatzluftschieber
4 – Warmlaufregler
5 – Steuerdruck-Regelventil
6 – Zündverteiler
7 – Luftsteuerventil
8 – Schubabschaltungsventil
9 – Unterdruckanschluss für Zusatzluftventil und Zusatzluftschieber
10 – Unterdruckanschluss für Bremskraftverstärker

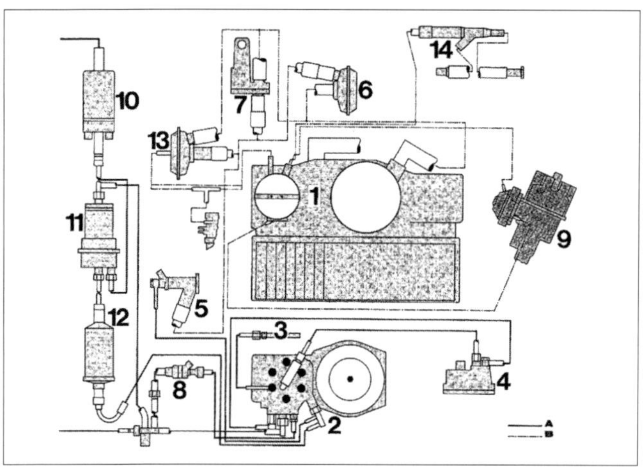

Modelljahr 1980

A – Kraftstoffleitungen
B – Unterdruckleitungen

1 – Drosselklappengehäuse
2 – Kraftstoffmengenteiler
3 – Einspritzdüse
4 – Warmlaufregler
5 – Kaltstartventil
6 – Zusatzluftschieber
7 – Zusatzluftregler
8 – Taktventil
9 – Zündverteiler
10 – Kraftstoffpumpe
11 – Kraftstoffdruckspeicher
12 – Kraftstofffilter
13 – Schubabschaltungsventil
14 – Unterdruckverstärker

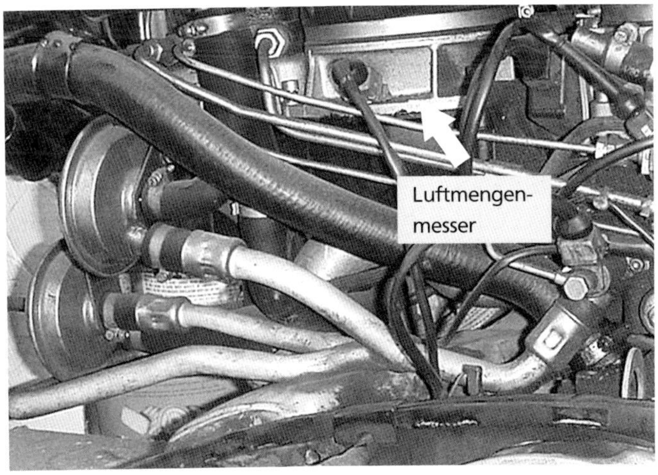

Die Gemischaufbereitung

Der Gemischregler der K-Jetronic besteht aus folgenden drei Komponenten:

- Luftmengenmesser
- Kraftstoffmengenteiler
- Systemdruckregelventil

Luftmengenmesser

Der Luftmengenmesser misst das Volumen der angesaugten Luft durch die Auslenkung der Stauscheibe.

Kraftstoffmengenteiler

Die angesaugte Luft hebt die Stauscheibe an, der Hebel, an dem die Platte befestigt ist, bewegt sich mit nach oben und hebt dabei den Steuerkolben im Mengenteiler an. Dadurch wird den Einspritzventilen mehr Kraftstoff zugeteilt.

Systemdruckregelventil

Der Systemdruckregler sorgt für einen vorbestimmten Systemdruck. Wenn der Kraftstoffdruck, erzeugt durch die Kraftstoffpumpe, diesen Wert übersteigt, regelt das Ventil den Druck und leitet den überschüssigen Kraftstoff durch eine separate Rücklaufleitung wieder zum Tank zurück.

Warmlaufregler

Der Steuerdruck wird im Warmlaufregler den Betriebsbedingungen „Kaltstart" und „betriebswarm" angepasst. Beim Kaltstart und während der Aufwärmperiode wird das Gemisch angereichert. Dies geschieht durch einen Gegendruck auf den Steuerkolben.

Am ausgebauten Motor gut zu finden: der Warmlaufregler (siehe Pfeil). Foto: Donald Siegfriedt

So sieht der Warmlaufregler für ein USA-Fahrzeug aus dem Modelljahr 1980 aus. Foto: Lon Tusler

- Motor kalt: Der Warmlaufregler senkt den Steuerdruck auf den Steuerkolben, um das Gemisch anzureichern. Der Steuerkolben hat es also leichter, „nach oben" zu kommen.
- Motor betriebswarm: Der Warmlaufregler erhöht den Steuerdruck auf den Steuerkolben, um das Gemisch abzumagern.
- Motor unter hoher Belastung: Der Druck im Ansaugsystem wird benutzt, um den Steuerdruck abzusenken, um damit das Gemisch wieder anzureichern.

Hinweis:
Bei kaltem Motor können deutliche Steuerdruck-Unterschiede auftreten.

Zwei verschiedene Warmlaufregler wurden im Porsche 911 SC verwendet. Im Modelljahr 1978 und 1979 war der Warmlaufregler mit einer zweiten Membrane versehen, die den Lastzustand des Motors ermittelte. Der Saugrohr-Unterdruck wurde mit berücksichtigt.
Zum Modelljahr 1980 wurde der Warmlaufregler überarbeitet und mit einer zusätzlichen Ventilfeder ausgestattet. Der Regler ist ab 1980 direkt auf dem Ansaugsystem montiert.

Hinweis:
Für den Warmlaufregler gibt es verschiedene Teilenummern, abhängig vom Modelljahr und Länderausstattung. Die Teilenummern für die USA-Fahrzeuge und die RdW-Modelle sind unterschiedlich. Prüfen Sie daher die Teilenummer des Reglers an dem betreffenden Motor und vergleichen Sie diese mit dem Porsche Teilekatalog. Besonders aufmerksam müssen Besitzer von 911 SC sein, die entweder für die USA gebaut und wieder nach Europa reimportiert wurden oder die als ursprüngliches RdW-Fahrzeug hinsichtlich USA-Bestimmungen umgerüstet wurden.

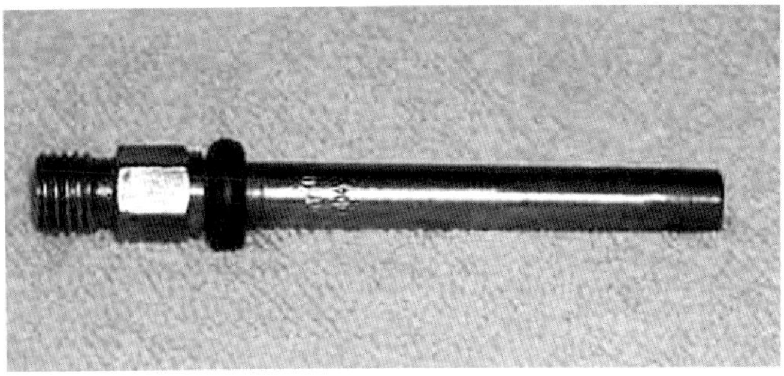

Die Einspritzventile

Für die K-Jetronic wurden hochwertige Einspritzventile verwendet. Wenn der Kraftstoffdruck in den Einspritzleitungen den vorgegebenen Mindestdruck erreicht, öffnen die Ventile und geben kontinuierlich einen fein zerstäubten Kraftstoffnebel in das Ansaugsystem ab. Jedes Einspritzventil ist zum Ansaugsystem des Motors hin mit einem O-Ring abgedichtet.

Hinweis:
Beschädigte oder gealterte Gummi-O-Ringe an den Einspritzventilen führen zu Undichtigkeiten. Angesaugte Falschluft kann dann zu Motorproblemen führen. Mögliche Folgen sind unrunder Leerlauf, höherer Verbrauch und schlechte Gasannahme.

Der Pfeil im Bild zeigt die Einbaulage des Einspritzventils.

Foto: Donald Siegfriedt

So sollten Einspritzventile eingebaut und Einspritzleitungen verlegt sein.

Foto: Lon Tusler

Schwer zu finden im Gewirr von Schläuchen und Leitungen: das Zusatzluftventil. Foto: Donald Siegfriedt

Zusatzluftschieber und Zusatzluftregler

Der Zusatzluftschieber und der Zusatzluftregler arbeiten zusammen, um beim Kaltstart das Kraftstoff-Luft-Gemisch anzufetten. Dazu wird am Zusatzluftschieber die Drosselklappe umgangen und an einem dünnen Kanal ein Ventil geöffnet. Dadurch wird an der Stauscheibe ein höherer Luftdurchsatz gemessen. Das hat zur Folge, dass das Gemisch angereichert wird. Die Hauptaufgabe von Schieber und Regler besteht darin, den Leerlauf bei kaltem Motor zu stabilisieren.

Im Zusatzluftschieber wird elektrisch beim Startvorgang ein Bimetall-Element erhitzt, das über einen Drehschieber nach der Erwärmung nach dem Startvorgang die zusätzliche Luftmenge wieder bis auf Null abregelt. Schieber und Regler sind an den Ansaugrohren zwischen den Zylindern 5 und 6 befestigt.

Direkt auf dem Motor befestigt: der Zusatzluftschieber. Foto: Lon Tusler

Zusatz-Luftschieber

Kaltstartventil zur Gemischanreicherung

Das Ventil zur Kaltstartanreicherung des Kraftstoff-Luft-Gemischs wird durch einen Elektromagneten betätigt. Das Ventil gibt für wenige Sekunden fein verstäubten Kraftstoffnebel in das Sammelrohr nach der Drosselklappe ab. Der Auslöser zur Kaltstartanreicherung erfolgt durch einen Thermo-Zeitschalter.

Thermo-Zeitschalter

Der Thermo-Zeitschalter befindet sich am linken Gehäuse für die Nockenwellen-Steuerung. Der Thermo-Zeitschalter hat drei Aufgaben:

- Unterhalb einer Motortemperatur von 45 °C wird bei einem Motorstart eine Gemischanreicherung durch zusätzlichen Kraftstoff eingeleitet.
- Oberhalb einer Motortemperatur von 45 °C wird bei einem Startvorgang keine Gemischanreicherung durchgeführt.
- Um die Zeit zur Kaltstart-Anreicherung zu begrenzen, hat der Thermo-Zeitschalter ein Bi-Metall-Element eingebaut, das einmal auf elektrische Beheizung, aber auch auf die Eigenwärme des Motors selbst reagiert.

Egal durch welche Wärmequelle das Bi-Metall-Element anspricht, nach etwa 7,5 Sekunden wird die Kaltstartanreicherung unterbrochen, um das Gemisch nicht zu fett werden zu lassen.

Schubanhebung

Die Schubanhebung erlaubt es, dass bei geschlossener Drosselklappe trotzdem Luft an der Drosselklappe vorbeiströmt, wenn im Schubbetrieb gefahren wird. Eine gewisse Luftmenge wird im Ansaugsystem benötigt, um die Verbrennung aufrecht zu erhalten. Das Ventil zur Schubanhebung ist am Drosselklappengehäuse auf der Seite zum Fahrgastraum angebracht. Ab Modelljahr 1980 wurde dieses Ventil auf die rechte Motorseite, hinter den Gemischregler versetzt.

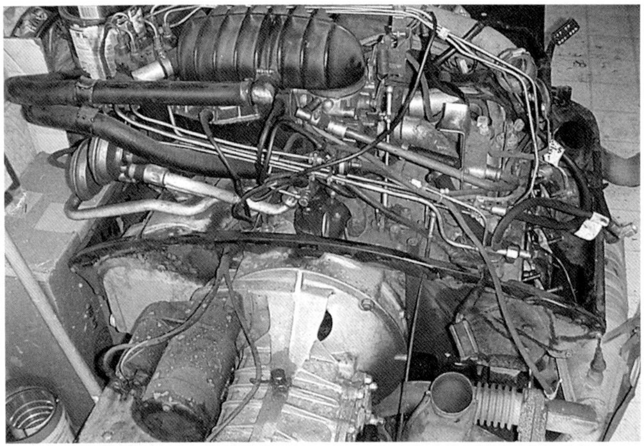

Überblick über die Einbaulage der Einspritzanlagen-Komponenten

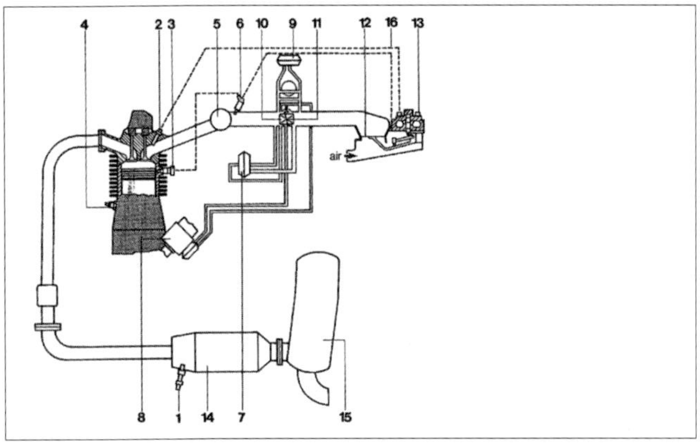

1 – Lambda-Sonde
2 – Einspritzventil
3 – Thermozeitschalter
4 – Öltemperaturschalter
5 – Ansaugsystem
6 – Kaltstartventil
7 – Unterdrucküberwachung
8 – Zündverteiler
9 – Zusatzluftschieber
10 – Leerlaufschalter
11 – Drosselklappengehäuse
12 – Stauscheibe
13 – Kraftstoffmengenteiler
14 – Dreiwege Katalysator
15 – Schalldämpfer
16 – Einspritzleitungen

Lambda-Sonde und geregelter Katalysator

Um die strengeren Abgasvorschriften in den USA, Kanada und Japan einzuhalten, wurden die Fahrzeuge für diese Länder ab dem Modelljahr 1980 mit Lambda-Sonde und geregeltem Dreiwege-Katalysator ausgerüstet.

Hat die Lambda-Sonde wie auch der Motor die Betriebstemperatur erreicht, übernimmt die Lambda-Regelung die Gemischzusammensetzung. Dazu wird mit der Lambda-Sonde der Restsauerstoffgehalt im Abgas gemessen. Genauer: Die Lambda-Sonde vergleicht den Sauerstoffgehalt der Umgebungsluft mit dem im Abgas. Aus dieser Differenz bildet die Sonde eine Spannung, die sie als Signal an das Steuergerät weiterleitet.
Angestrebt wird in allen Betriebszuständen ein stöchiometrisches Luft-zu-Kraftstoff-Verhältnis von 14,7 Kilogramm Luft zu 1 Kilogramm Kraftstoff, das die optimalen Bedingungen im nachfolgenden Dreiwege-Katalysator schafft. Dieser Zustand, auch Lambda 1 genannt, wird benötigt, um die vier Hauptgase, aus denen sich das Abgas zusammensetzt, effektiv zu reduzieren. Lambda-Werte unter 1 stehen für fettes, Werte um oder über Lambda 1 für ein mageres Gemisch.
Zum Beschleunigen wird das Gemisch auf etwa Lambda 0,9 angefettet. Damit kommen nur 13,3 Kilogramm Luft zu einem Kilogramm Kraftstoff.

Hinweis:

Die Lambda-Regelung ist bei den Motoren 930/07, 08, 16, und 17 serienmäßig eingebaut.

Lambda-Sonde mit abgenommener Gummiabdeckung

Foto: Donald Siegfriedt

Lambda-Sonde mit aufgeschobener Gummikappe

Foto: Donald Siegfriedt

Die Lambda-Regelung besteht aus folgenden Komponenten:

- Lambda-Sonde
- Lambda-Steuergerät
- Frequenzventil
- Temperaturschalter
- Drosselklappenschalter

Lambda-Sonde

Die Lambda-Sonde ermittelt den Restsauerstoffgehalt im Abgas und übermittelt die Werte an das Lambda-Steuergerät. Der beheizte Festkörper-Elektrolyt der Sonde aus Zirkon-Keramik gibt bei voller Betriebstemperatur im Abgasstrom bei Lambda 1 eine elektrische Sondenspannung bis etwa 1 Volt ab. Ist die Luftzahl zwischen Lambda 0,8 bis knapp unter Lambda 1,0, gibt die Sonde den Wert von knapp unter 1 Volt ab. Steigt der Luftwert über Lambda 1, fällt die Spannung schlagartig auf etwa 0,1 Volt ab. Diese Spannungsschwankung wird als Signal zur Regelung der einzuspritzenden Kraftstoffmenge benutzt. Solange die Lambda-Sonde ihre Betriebstemperatur nicht erreicht hat, sind die abgegebenen Signale unzuverlässig. Daher werden beheizte Lambda-Sonden verwendet, die nach sehr kurzer Zeit, auch schon in der Warmlaufphase des Motors, reale Werte abgeben, so dass die korrekte Kraftstoffmenge schon in dieser kritischen Phase gewährleistet ist.

Lambda-Steuergerät und Relais

Diese Systeme sind unter dem rechten Sitz im Fahrgastraum untergebracht. Das Lambda-Steuergerät überwacht ununterbrochen die Wirksamkeit der Lambda-Regelung durch die Signale der Lambda-Sonde. Stellt das Steuergerät Abweichungen des Restsauerstoffs und damit einen Zustand außerhalb der idealen Zusammensetzung von Ansaugluft und zugemessener Kraftstoffmenge fest, wird über ein Taktventil die einzuspritzende Kraftstoffmenge sofort erhöht oder verringert. Das Lambda-Sonden-Relais steuert im Bedarfsfall auch die elektrische Beheizung.

Reduziert den Steuerdruck im unteren Teil des Mengenteilers: das elektrisch betätigte Taktventil. Foto: Donald Siegfriedt

Taktventil

Das elektrisch betätigte Taktventil reduziert den Steuerdruck im unteren Teil des Mengenteilers. Je länger dieses Ventil offengehalten wird (höhere Anzahl der Takte ausgegeben vom Lambda-Steuergerät), umso niedriger wird der Druck in den unteren Kammern. Ist der Druck in den unteren Kammern reduziert, wird auch der Kraftstofffluss zu den Einspritzventilen verringert. Das Gemisch wird also magerer.

Temperaturschalter (15 °C)

Dieser Schalter ist im rechten Kettenkasten montiert und übermittelt als Signal die Temperatur des Motors an das Steuergerät für die Lambda-Regelung.

- Bei kaltem Motor ist der Schalter geöffnet.
- Wenn das Motoröl 15 °C erreicht, wird der Schalter geschlossen und vermittelt „Masse" als Signal an das Steuergerät.
- Das Steuergerät arbeitet jetzt als geschlossenes Regelsystem (Rückkoppelung).

Temperaturschalter (35 °C)

Der Temperaturschalter 35 °C ist im Entlüftungsdeckel im hinteren Bereich des Motorengehäuses befestigt. Dieser Schalter ist Teil der Kaltstartanreicherung (verwendet nur in den Modelljahren 1981 bis 1983).

- Liegt die Motortemperatur unter 35 °C, wird das Gemisch etwa 2 Sekunden lang zusätzlich mit Kraftstoff angereichert, wenn das Gaspedal von Nullgas auf 2° bis 3° Drosselklappenwinkel getreten wird und noch einmal bei Teillast (etwa 15° Drosselklappenwinkel).
- Der Schalter ist bei kalter Maschine geschlossen.
- Erreicht das Motoröl eine Temperatur von 35 °C, öffnet der Schalter. Dann findet keine Beschleunigungsanreicherung mehr statt.

Hinweis:
Dieser Temperaturschalter wird nur bei den Motoren 930/16 (USA und Kanada) und 930/17 (Japan) verwendet.

Schalter am Drosselklappengehäuse (Modelljahr 1980)

Das Schaltersystem am Drosselklappengehäuse besteht aus zwei integrierten Mikroschaltern, die die Stellung der Drosselklappe weitermelden sollen:

- Der Nullgas-Schalter dient als Signal für das Lambda-Regelsystem und verhindert schwankende Leerlaufdrehzahlen.
- Der Vollgas-Schalter signalisiert ab 35° Drosselklappenwinkel dem Lambda-Regelsystem den Fahrbetrieb unter Last, das System schaltet auf „offenen Regelkreis", und das führt zu einer Benzinanreicherung im Luft-Kraftstoff-Gemisch.

Schalter am Drosselklappengehäuse (Modelljahre 1981 bis 1983)

Das Schaltersystem am Drosselklappengehäuse besitzt jetzt drei Mikroschalter:

- Der Nullgas-Schalter signalisiert dem Lambda-Steuergerät geschlossene Drosselklappe. Das Steuergerät verzögert die Regelfunktion, um schwankenden Leerlauf zu verhindern.
- Der 15° Drosselklappenschalter verbessert das Beschleunigungsverhalten bei kaltem Motor.
- Der Vollgas-Schalter meldet „offene Drosselklappe" von 35° Drosselklappenwinkel bis zur Endstellung (90°). Auch hier schaltet das Lambda-Regelsystem auf „offenen Regelkreis", es wird ein fetteres Kraftstoff-Luft-Gemisch zugelassen.

Die Funktion der Lambda-Regelung

Die Lambda-Regelung arbeitet mit zwei Programmen, mit dem Programm „offener Regelkreis" und dem zweiten Programm „geschlossener Regelkreis". Im Programm „offener Regelkreis" wird bei kaltem Fahrzeug die Gemischzusammensetzung etwa 90 Sekunden lang während der Warmlaufphase beeinflusst. Auch wenn die Lambda-Regelung ausfällt, greift dieses Programm. Im „offenen Regelkreis" läuft ein fest einprogrammiertes Programm für das Taktventil ab. Sind dann Lambda-Sonde und Motor auf Betriebstemperatur erwärmt, wird auf „geschlossener Regelkreis" umgeschaltet. Das ist der normale Ablauf für den Betrieb mit Lambda-Regelung. Dabei hat die Lambda-Sonde durch die heißen vorbeiströmenden Abgase und die eingebaute Heizung eine Betriebstemperatur von 315 °C erreicht. Die Signale der Lambda-Sonde modulieren jetzt ununterbrochen das Taktventil und sorgen somit für das korrekte Verhältnis von Kraftstoff und Ansaugluft.

Das Taktventil übernimmt die wichtigste Aufgabe bei Beschleunigungsvorgängen in kaltem Zustand, nämlich die Anreicherung des Luft-Kraftstoff-Gemisches. Foto: Donald Siegfriedt

Hinweis:

Dieses System ist lediglich bei Motortemperaturen unter 35 °C wirksam. Dabei wird beim Beschleunigen kurzzeitig mehrmals das Gemisch angereichert.

Die Zusatzlufteinblasung in das Abgassystem

Alle Porsche 911 SC besitzen eine Zusatzlufteinblasung in die Abgase. Eine vom Motor über einen Keilriemen angetriebene Luftpumpe fördert Frischluft in den Abgasstrom.
Der mit der Luft zugeführte Sauerstoff steigert die Abgastemperatur und sorgt für eine Nachverbrennung der Schadstoffe.
Ein notwendiger Zusatz bei der Nachverbrennung ist das Umschaltventil. Es verhindert die Bildung eines zu starken Gegendrucks und schützt vor Überhitzung des Dreiwege-Katalysators.
Das Umschaltventil wird vom Saugrohr-Unterdruck gesteuert. Bei einem Unterdruck von weniger als 107 mbar schaltet das Ventil um und die Zusatzluft wird in die Atmosphäre abgeblasen. Ein zusätzliches Rückschlagventil im System sorgt dafür, dass keine Abgase in die Pumpe zurückströmen können.

Bei diesem 911 SC-Motors vom Typ 930/04 (USA) ist die aufgesetzte Zusatzlufteinblasung - Sekundärluftpumpe - gut zu erkennen.

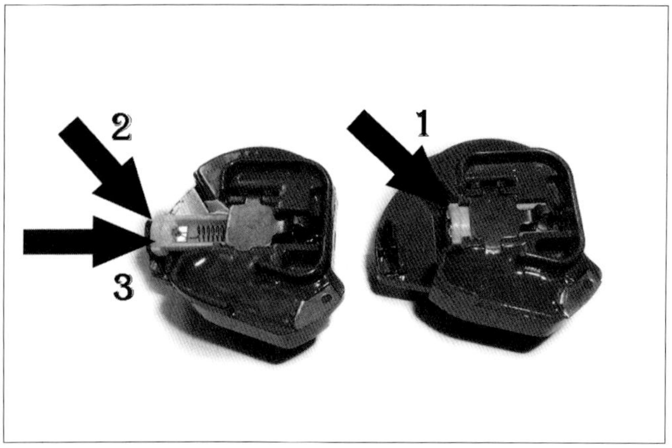

Fliehkraftgeregelter Drehzahlbegrenzer: Position 1 zeigt den Verteilerfinger in Ruhelage und niedrigen Drehzahlen, Position 2 im Bereich der Drehzahlbegrenzung. Der Kontakt (3) sorgt für die Zündunterbrechung.

Der Drehzahlbegrenzer

Um den Motor vor zu hohen Drehzahlen zu schützen, werden zwei Systeme zur Drehzahlbegrenzung verwendet:
- Unterbrechung der Zündung (RdW-Fahrzeuge)
- Unterbrechung der Kraftstoffförderung mittels Abschalten der Kraftstoffpumpe (USA und Kanada)

Um die Zündung zu unterbrechen, wird ein sehr einfaches System verwendet: Anstelle eines starren Zündverteilerfingers wird einer mit einem Fliehkraftregler eingebaut. Beim Erreichen einer vorgegebenen Drehzahl (angegeben auf dem Verteilerfinger), unterbricht ein Fliehgewicht den Strom zur Zündspule (Mittelkontakt der Verteilerkappe). Wenn jetzt die Motordrehzahl wieder unter den Nennwert sinkt, kehrt das Fliehgewicht in die Ausgangslage zurück, die Zündung wird wieder in Gang gesetzt. Folgende Motoren sind mit der Zündunterbrechung ausgestattet: M 930/03, 09, 10, 13 und 19. Die Maximaldrehzahl war unterschiedlich bei den verschiedenen Motortypen:

- Motoren 930/03, 010 und 13:
- Abstelldrehzahl 6800/min +/- 200/min.

- Motoren 930/09 und 19:
- Abstelldrehzahl 6500/min +/- 200/min.

Sicht auf den Drehzahlbegrenzer hinter der Armaturentafel durch die Öffnung für das Benzinanzeigeinstrument. Der weiße Stecker sorgt für die Verbindung zum Kraftstoffpumpenrelais.

Foto: Jim Williams

Um die Kraftstoffzufuhr zu unterbrechen, wird das Eingangssignal für den elektrischen Drehzahlmesser benutzt, um in einem Steuergerät beim Erreichen der Maximaldrehzahl über das Kraftstoffpumpenrelais die Kraftstoffpumpe abzuschalten. Fällt dann die Motordrehzahl wieder unter den Grenzwert ab, wird die Kraftstoffpumpe wieder in Gang gesetzt. Die Unterbrechung der Kraftstoffzufuhr erfolgte bei den Motoren: 930/04, 05, 06, 07, 08, 15, 16 und 17.
Die Abriegeldrehzahl variierte bei den verschiedenen Motortypen:

- Motoren 930/04, 05, 06 und 15:
  Abriegeldrehzahl 6700/min +/- 300/min.

- Motoren 930/07, 08,16, und 17:
  Abriegeldrehzahl 6500/min +/- 200/min.

Dieser Verteilerfinger hat keine Vorrichtung zur Drehzahlbegrenzung.

Foto: Keith Stevens

Das Zündsystem

Das Zündsystem HKZ (Hochspannungs-Kondensator-Zündung), auch Thyristorzündung genannt, wird bei allen Porsche 911 SC-Motoren weltweit eingesetzt. Dieses System arbeitet ohne Unterbrecherkontakte und ist speziell von Bosch für Hochleistungsmotoren entwickelt worden. Hauptvorteil des Systems ist die Unempfindlichkeit gegen elektrische Nebenschlüsse im Zündkreis und verschmutzte Zündkerzen. Das HKZ-System arbeitet prinzipiell wie ein herkömmliches Zündsystem, nur ohne verschleißanfällige Unterbrecherkontakte. In einem speziellen Steuergerät wird das Zündsignal auf 450 Volt verstärkt, ehe es die Zündspule erreicht. Dadurch kann ein „kräftigerer" Zündfunke entstehen, der eine vollständigere Verbrennung des Luft-Kraftstoff-Gemisches einleitet.

Die wichtigsten Komponenten des Zündsystems sind:

- HKZ-Steuergerät
- Zündverteiler mit Vakuum-Dose zur Zündverstellung
- Zündspule
- Zündkerzen
- Sechs Hochspannungs-Zündleitungen von der Verteilerkappe zu den Zündkerzen und eine von der Zündspule zur Verteilerkappe

Hinweis:

Die Einführung der Katalysatortechnik für den USA- und Japan-Markt ab Modelljahr 1980 machte auch den Wechsel des Zündsystems und der Unterdruck-Einheit erforderlich.

Eine der interessantesten Änderungen am Zündsystem gegenüber früheren Ausführungen war, dass Porsche und Bosch entschieden hatten, den Zündverteiler in entgegengesetzter Richtung rotieren zu lassen. Das wurde durch geänderte Zahnräder am Verteilerantrieb erreicht.

Hinweis:

Der neue Verteilerantrieb ist mit „Porsche" markiert, der frühere Antrieb hatte das Kennzeichen „VW".

Diese Abbildung zeigt den Verteiler mit Kappe, die Anordnung der Zündkabel zu den einzelnen Zylindern (in Zündreihenfolge 1-6-2-4-3-5) und auch den Drehsinn des Rotorarms gegen den Uhrzeigersinn. Der Verteilerfinger rotiert innerhalb der Verteilerkappe und sitzt auf einer vom Motor angetriebenen senkrechten Welle. Eine ausgeschlagene Verteilerwelle macht sich in schwankenden Drehzahlen bemerkbar.

Die Zündspule ist auf dem Gehäuse des Motor-Kühlgebläses befestigt.

Foto: Donald Siegfriedt

Zündspule: Auf dem mittleren Anschluss sitzt das Hochstromkabel zum Verteiler.

Das Herzstück der HKZ: das Zündmodul

Beschreibung des Zündsystems

Das Zündsystem des Porsche 911 SC hat keinen Unterbrecherkontakt. Dieser wird durch einen Zündimpulsgeber ersetzt, der sich im Verteilergehäuse befindet. Der Zündimpulsgeber besteht aus drei Teilen:

- Dauermagnet
- Aufnehmer
- Impulsgeberrad

Der Zündimpulsgeber erzeugt fortlaufende Impulse, immer wenn das Impulsgeberrad das Magnetfeld des Aufnehmers unterbricht. Der Aufnehmer sendet ein Niederspannungs-Signal zum HKZ-Steuergerät. Innerhalb des Steuergerätes gibt es zwei Stromkreise:

- Kondensator-Stromkreis, der die Primärwindungen im Zündtransformator auflädt
- Kondensator-Stromkreis, der die Windungen wieder entlädt

Wenn ein Zündimpuls gebraucht wird, sendet das Impulsgeberrad ein elektrisches Signal zum Steuergerät. Der Kondensator im Steuergerät verstärkt dieses Signal auf mindestens 450 Volt. Dieses verstärkte Signal wird an den Zündtransformator (Zündspule) weitergeleitet und kann dort auf eine entsprechende Hochspannung gebracht werden. Diese Hochspannung wird an die Zündkerze geleitet, so dass sich ein Zündfunke bilden kann.

Beim 911 SC wird die Zündverstellung (Richtung Früh- oder Spätzündung) durch Saugrohr-Unterdruck und auch drehzahlabhängig durch Fliehkraft verstellt.

Mit steigendem oder fallendem Saugrohr-Unterdruck (bei wechselnder Motorbelastung) verändert sich die Stellung des Impulsgeberrades zum Aufnehmer. Dies führt entweder zu einem früheren oder späteren Zündzeitpunkt. Innerhalb des Zündverteilers befindet sich auch ein System mit Fliehgewichten. Dieses Regelsystem ist mit dem Impulsgeberrad verbunden und verstellt, je nach Motordrehzahl, ebenfalls die Zündung Richtung „früh" oder „spät".

Links unten im Bild ist der Vorschalldämpfer eines 911 SC in RdW-Ausführung des Modelljahrs 1981 zu erkennen. Foto: Simon Gigney

Dieses zeitgenössische Bild zeigt die Endmontage eines SC-Motors im Porsche Werk, der querliegende voluminöse Hauptschalldämpfer verschwindet später unter dem hinteren Abschlussblech.
Werksbild Porsche AG

Das Abgassystem

Wie viele andere Komponenten des Porsche 911 SC, gibt es auch beim Abgassystem unterschiedliche Ausführungen, abhängig vom Modelljahr, Bestimmungsland des Fahrzeugs und von den unterschiedlichen Vorschriften zur Abgasemission in einzelnen Ländern.
Die unterschiedlichen Abgasanlagen können in drei Basisgruppen aufgeteilt werden, je nach Bestimmungsland:

- Fahrzeuge für „Rest der Welt"
- Fahrzeuge für USA und Kanada
- Fahrzeuge für Japan

Hinweis:
In den beiden Modelljahren 1978 und 1979 gibt es eine spezielle Version des 911 SC für Kalifornien. Die kalifornischen Gesetze verlangen ein besonderes System, um die Abgase zu reinigen. Dieses System „AGR" (Abgasrückführung) verlangt, dass ein Teil der Abgase abgezweigt und wieder dem Ansaugsystem zugeführt wird. Ein solches System wurde in jener Zeit auch bei Fahrzeugen gefordert, die für Japan bestimmt waren. Eine ausführliche Funktionsbeschreibung des Abgas-Rückführungssystems folgt im Hauptkapitel über die Abgasanlagen.

Abgassystem der RdW-Fahrzeuge

Das Abgassystem des 911 SC für den RdW-Markt blieb von 1978 bis 1983 in allen Modelljahren unverändert in seiner Form und Funktion. Die Bestandteile des Abgassystems für „Rest der Welt"-Fahrzeuge

- Wärmetauscher
- Vorschalldämpfer
- Querliegender Hauptschalldämpfer
- Zierblende auf dem Abgas-Endrohr

Die Bauart der Vorschalldämpfer wurde im Laufe der Produktionsjahre mehrfach geändert. Die Teilenummern sind:

- 930.111.183.00
- 930.111.183.02
- 930.111.183.03

Hinweis:
Die Vorschalldämpfer sind untereinander austauschbar.

Der Zweiwege-Katalysator kann durch seine rechteckige Form und die Sicken in der Ummantelung leicht identifiziert werden.

Foto: Ron Perry

Abgassystem der Fahrzeuge in US- und Kanada-Ausführung

Das Abgassystem, wie es für die USA- und Kanada-Fahrzeuge in den Modelljahren 1978 und 1979 verwendet wurde, war nahezu identisch mit der Anlage für „Rest der Welt"-SC, mit Ausnahme des Vorschalldämpfers, denn der wurde durch einen Zweiwege-Katalysator ersetzt. Der Hauptschalldämpfer war wieder identisch mit der RdW-Ausführung.

Hinweis:
Der Vorschalldämpfer und der Hauptschalldämpfer sind keine gemeinsame Einheit.

Es gibt Unterschiede bei den Zweiwege-Katalysatoren in den einzelnen Modelljahren.
Die entsprechenden Teilenummern sind :

- Modelljahr 1978: 930.113.228.00 oder auch 930.113.228.01
- Modelljahr 1979: 930.113.228.02

Der Dreiwege-Katalysator unterscheidet sich schon rein äußerlich von dem Zweiwege-Katalysator.

Foto: Donald Siegfriedt

Modelljahr 1980 bis 1983

Um die verschärften Vorschriften zur Abgasentgiftung in den USA und Kanada erfüllen zu können, wurde ab Modelljahr 1980 der Zweiwege-Katalysator durch einen Dreiwege-Katalysator ersetzt. Der neue Dreiwege-Katalysator arbeitet zusammen mit der ebenfalls neu eingeführten Lambda-Sonde und dem für USA und Kanada modifizierten K-Jetronic-Einspritzsystem.

Der Dreiwege-Katalysator hat, je nach Modelljahr, folgende Teilenummern:

- Modelljahr 1980: 930.113.230.02
- Anfang Modelljahr 1981: 930.113.230.04
- Ende Modelljahr 1981: 930.113.230.09

Zum Modelljahr 1983 wurde eine Schutzabdeckung für die Lambda-Sonde eingeführt.

Abgassystem der Fahrzeuge in Japan-Ausführung

Modelljahre 1978 und 1979

In den beiden Modelljahren 1978 und 1979 waren auch die Fahrzeuge für den japanischen Markt mit einem Abgassystem ähnlich wie jenes für die „Rest der Welt"-Modelle ausgerüstet, jedoch waren der Hauptschalldämpfer und das Endrohr den japanischen Vorschriften angepasst.

Die Teilenummern:

- Hauptschalldämpfer 930.111.024.01 und 930.111.024.02
- Zierblende auf dem Schalldämpferendrohr 911.111.245.00 und 911.111.245.01

Im Verlauf des Modelljahres 1979 wurde in Japan der Zweiwege-Katalysator vorgeschrieben. Das bedeutete, dass die restlichen Fahrzeuge des Modelljahres mit Katalysator ausgerüstet wurden. Es gab zwei verschiedene Ausführungen:

- 930.113.228.10 und 930.113.228.11.

Ein Porsche 911 SC in Japan-Ausführung mit Dreiwege-Katalysator mit Anschluss für Temperaturmessung (Pfeil) an der linken Seite des Katalysatorgehäuses.

Modelljahre 1980 bis 1983

Ab Modelljahr 1980 wurde auch in Japan der geregelte Dreiwege-Katalysator mit Lambda-Sonde eingeführt. Zusätzlich wurde in die Japan-Fahrzeuge ein Anschluss zur Messung der Abgastemperatur des Katalysators integriert sowie im Cockpit eine optische Warnanzeige vor Überhitzung des Katalysators. Diese Maßnahmen wurden ausschließlich für die Fahrzeuge nach Japan realisiert und blieben auch serienmäßig im Einsatz bei späteren Fahrzeugen für diesen Markt. Zwei Dreiwege-Katalysatoren wurden für Japan eingebaut, deren Teilenummern lauten:

- 930.113.230.12 und 930.113.230.18

Hinweis:

Dreiwege-Katalysatoren werden auch als NOX-Katalysatoren bezeichnet (NOX = chemische Bezeichnung für Stickoxide).

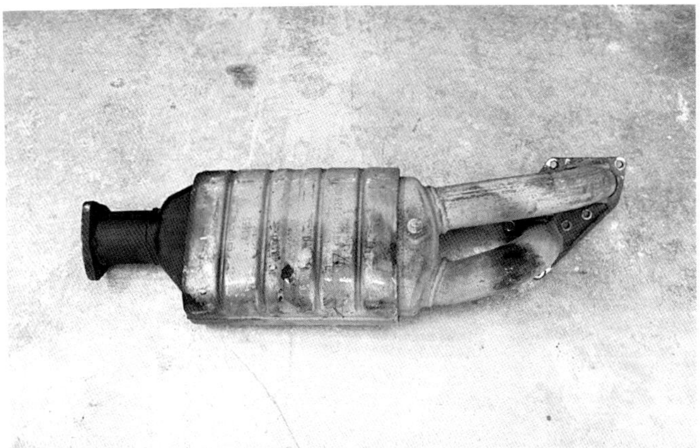

Zweiwege-Katalysator

Dreiwege-Katalysator

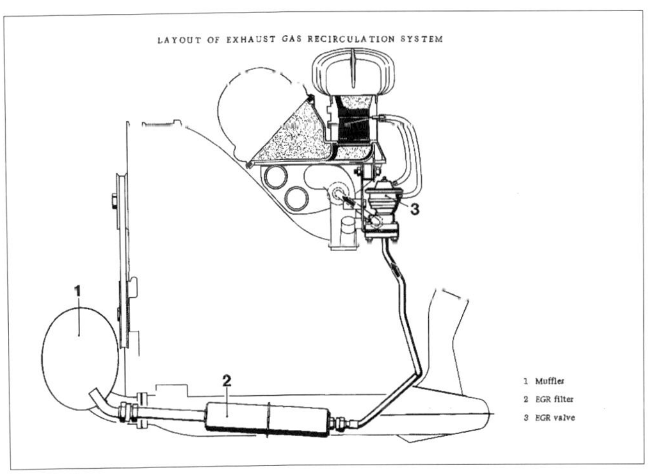

Funktionsbeschreibung Katalysator (USA, Kanada, Japan)

Porsche 911 SC, für die Exportmärkte USA, Kanada und Japan bestimmt, besaßen in den ersten Jahren zwei unterschiedliche Systeme, um die Schadstoffe in den Abgasen zu eliminieren:

- Zweiwege-Katalysatoren (Modelljahre 1978 und 1979)
- Dreiwege-Katalysatoren (Modelljahre 1980 bis 1983)

Der Zweiwege-Katalysator besteht aus einem ummantelten Monolithen aus feuerfester Keramik der in Strömungsrichtung der Abgase mit einer Vielzahl von feinen, parallelen Kanälen versehen ist. Die Innenseiten dieser Kanäle sind mit einer Legierung aus Platin und Rhodium beschichtet. Wenn nun die sehr heißen Abgase diese Kanäle durchströmen, werden unverbrannte Kohlenwasserstoffe (HC) und Kohlenmonoxide (CO) oxidiert und dabei in Wasserdampf (H^2O) und Kohlendioxid (CO^2) umgewandelt.

Der Dreiwege-Katalysator sorgt für die gleiche Umwandlung der Schadstoffe wie der Zweiwege-Katalysator, kann aber darüber hinaus schädliche Stickoxide in Stickstoff und Sauerstoff umwandeln. Das wird möglich durch die Einblasung zusätzlicher Luft (Sauerstoff) in das Abgassystem. Wird zusätzliche Luft dem Katalysator direkt zugeführt, erhöht sich die Wirksamkeit der Umwandlung nochmals.

Funktionsbeschreibung Abgas-Rückführung

Die Rückführung eines Teiles der Abgase in das Ansaugsystem war eine Maßnahme, die der Bundesstaat Kalifornien forderte, um den Schadstoffausstoß zu verringern. Dies wurde bei den 911 SC-Fahrzeugen für Kalifornien in den beiden Modelljahren 1978 und 1979 realisiert. Ein gewisser Anteil der Abgase wurde dabei wieder in die Brennräume der Zylinder zurückgeleitet, um schädliche Spitzentemperaturen zu vermeiden und um die Bildung von Stickoxiden zu verringern. Beim 911 SC werden Abgase aus dem Rohr zwischen dem rechten Wärmetauscher und dem Katalysator abgezweigt. Diese heißen Gase werden über ein EGR-Ventil (EGR = Exhaust Gas Recirculation = Abgasrückführung) in das angesaugte Luft-Kraftstoff-Gemisch geleitet und damit erneut in die Brennräume der Zylinder. Das EGR-Ventil wird durch den Saugrohr-Unterdruck gesteuert. Je stärker das Gaspedal niedergedrückt wird, umso mehr öffnet das Ventil.

Einbaulage der Batterie im Kofferraum *Foto: Tom Uban*

Batterie, Anlasser und Drehstromgenerator

Alle Porsche 911 SC arbeiten mit 12-Volt-Gleichstrom. Der Minuspol der Batterie (Masse) ist mit der Karosserie verbunden.

- Die 12-Volt-Batterie ist in der linken vorderen Ecke des Gepäckraums, hinter dem linken Hauptscheinwerfer untergebracht.
- Der Anlasser ist rechts oben an der Kupplungsglocke des Getriebegehäuses verschraubt.
- Der Drehstromgenerator mit Gleichrichter befindet sich im Zentrum des Kühlgebläses und wird durch einen Keilriemen von der Kurbelwelle des Motors angetrieben.

Die Batterie

Die Batterie speichert elektrische Energie durch chemische Reaktion. Bleiplatten innerhalb der Batteriezellen reagieren mit verdünnter Schwefelsäure (Elektrolyt) und liefern elektrische Energie.

Empfehlung für die Batterieauswahl

Alle Porsche 911 SC Coupé, Targa und Cabriolet sollten eine Batterie mit mindestens 66 Ah (Amperestunden) haben.

Warnung

Bei laufendem Motor dürfen niemals die Verbindungskabel der Batterie zum Fahrzeug unterbrochen werden.

Der Anlasser (Pfeil) sitzt in Fahrtrichtung gesehen auf der rechten Seite des Getriebes. Foto: Simon Gigney

Der Anlasser

Der Anlasser ist auf der rechten Motorseite hinter dem Motor oben an der Kupplungsglocke des Getriebegehäuses befestigt. Er kann ohne den Ausbau von Motor oder Getriebe ausgewechselt werden. Die Arbeiten am Anlasser werden von unten ausgeführt.

Der Anlasser des Porsche 911 SC arbeitet auf die übliche Weise:

- Der Zündschlüssel wird in die Position „Start" gedreht.
- 12-Volt-Batteriestrom liegt am Einrückrelais an.
- Wenn jetzt beim Startvorgang Strom am Einrückrelais fließt, wird das Startritzel des Anlassers in den Zahnkranz des Motor-Schwungrades eingespurt und dieses angetrieben.
- Wenn der Motor nun zündet und der Anlassvorgang am Zündschloss beendet ist, wird der Strom zum Einrückrelais unterbrochen. Das Ritzel kehrt wieder in die Ausgangslage zurück.

Nach dem der Stromkreis durch Drehen des Zündschlüssels geschlossen wurde, spurt das Ritzel des Anlassers in die Verzahnung des auswechselbaren Ringrades ein, das zusammen mit der Kupplungseinheit und dem Schwungrad verschraubt ist. Foto: Donald Siegfriedt

Der Drehstromgenerator befindet sich unter der Kühlgebläse-Abdeckung hinter dem Lüfterrad des Motors. Dieses Fahrzeug besitzt übrigens einen fliehkraftgesteuerten Drehzahlbegrenzer, wie an der abgenommenen Verteilerkappe zu erkennen ist.

Der Drehstromgenerator

Der Drehstromgenerator liefert den notwendigen elektrischen Strom, um die Batterie stets geladen zu halten und die elektrischen Nebenaggregate zu versorgen. Der Generator ist direkt hinter dem Gebläserad des Motors montiert und besitzt zum Schutz eine Plastikabdeckung. Der Kühlluftstrom für den Motor kühlt auch den Generator. Der Generator und das Gebläserad zur Motorkühlung werden durch einen Keilriemen von der Kurbelwelle angetrieben. Die Riemenspannung wird durch Hinzufügen oder Wegnehmen von Einstellscheiben eingestellt.
Je nach Modelljahr wurden unterschiedliche Generatoren für den 911 SC verwendet:

- In den Modelljahren 1978 bis 1981 waren die 911 SC mit Generatoren mit einem externen Spannungsregler ausgestattet.
- In den Modelljahren 1982 und 1983 hatten die Generatoren eingebaute Spannungsregler.

Hinweis:
Die Wirkungsweise eines intern oder extern angebrachten Spannungsreglers ist identisch.

Hinweis:
Die meisten Porsche 911 SC wurden von ihren Besitzern auf Generatoren mit internem Spannungsregler umgerüstet. Nur wenige Fahrzeuge mit externem Regler existieren heute noch.

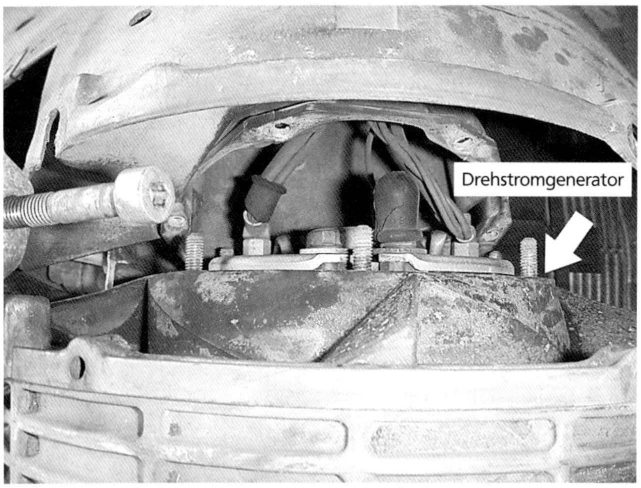

Der Drehstromgenerator mit abgenommener Abdeckung

Foto: Donald Siegfriedt

Funktionsbeschreibung des Drehstromgenerators

Batteriespannung liegt am Rotor des Generators (Feldwicklungen) an. Wird der Generator jetzt durch den Keilriemen angetrieben, entsteht ein rotierender Elektromagnet mit einer festgelegten Polarität. Wenn der Rotor an jedem feststehenden Stator vorbeiläuft, beeinflusst das Magnetfeld die Stator-Wicklung und induziert einen Wechselstrom-Fluss. Die drei Stator-Wicklungen erzeugen drei Wechselströme mit 120° Abständen untereinander. Das Diodenpaket sorgt für eine Gleichrichtung der drei elektrischen Drehströme, damit ein annehmbarer Gleichstrom vorliegt. Steigt im Fahrbetrieb die elektrische Belastung, steigert der Spannungsregler die Zeittakte in denen Spannung an den Rotor abgegeben wird.

Einbaulage eines externen Spannungsreglers in einem 911 SC Modelljahr 1980. Links: Externer Spannungsregler, Rechts: HKZ-Steuergerät

Foto: Don Bryant

Dadurch verstärkt sich das Magnetfeld des Rotors und verursacht einen Anstieg des induzierten Wechselstroms in die Stator-Wicklungen und sorgt damit für eine höhere elektrische Ausbeute.

Hinweis:
Die Maximalleistung eines Drehstromgenerators ist durch seine Bauart gegeben; dies sind ungefähr 22 Volt. Wird von dem Generator darüber hinaus eine noch höhere Leistung gefordert, tritt eine elektrische und thermische Überlastung auf, die zum Ausfall des Generators führen kann.

Hinweis:
Ein konstanter Stromverbrauch von 25 Ampere erfordert etwa 1 PS Motorleistung.

Der Generator und der Spannungsregler: Ab Modelljahr 1982 kam eine komplette Einheit zum Einsatz. Foto: Tom Uban

Spannungsregler

Der externe Spannungsregler des Generators (Modelljahre 1978 bis 1981) ist links im Motorraum zu finden.

- Der Spannungsregler kann nicht eingestellt werden. Teilenummer: 911.603.120.02.

Ab Modelljahr 1982 ist der Spannungsregler direkt am Generator angebracht.

- Der Spannungsregler (ab Modelljahr 1982) hat die Teilenummer 911.603.120.04.

Die Drehstromgeneratoren mit integriertem Spannungsregler (ab Modelljahr 1982) können nachträglich auch in ältere 911 SC eingebaut werden. Ganz wichtig dabei: zuerst den alten externen Spannungsregler aus dem Bordnetz entfernen.

Hinweis:
Wenn die Bürsten des Spannungsreglers verschlissen sind, ist das ein Zeichen dafür, dass auch die Bürsten des Stromgenerators nahe der Verschleißgrenze sind. Prüfen Sie den Zustand dieser Bürsten ebenfalls. Es wird nicht empfohlen, die Bürsten selbst auszuwechseln, dies gehört zu den Aufgaben einer professionellen Fachwerkstatt.

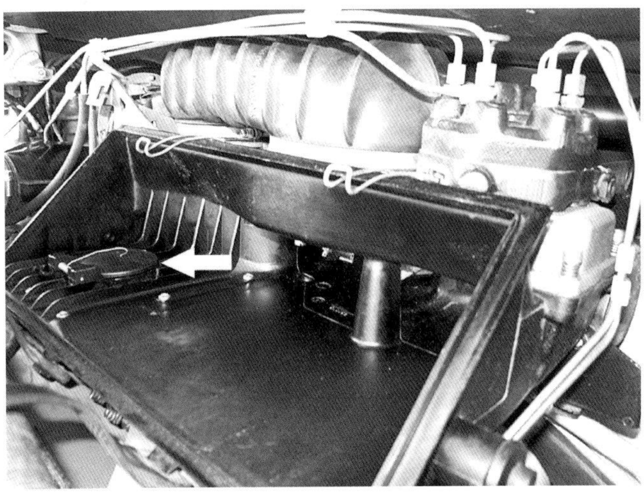

Die richtig eingebaute Rückschlagklappe.

Foto: Lee and Jay Heppe

Hinweise für Fahrzeugbesitzer

Nachträglicher Einbau die Rückschlagklappe in das Lüftergehäuse

Es gibt einen Nachrüstsatz, um nachträglich in ältere 911 SC die Rückschlagklappe einzubauen. Dieser Nachrüstsatz enthält auch eine Bohrschablone. Die zusätzlich erforderlichen Werkzeuge und Hilfsmittel sind:

- eine elektrische Winkelbohrmaschine
- eine Lochsäge für ein 50,8 mm großes Loch
- ein spezieller Klebstoff für Epoxid-Harz (Polyesterharz)

Die Lochsäge sollte einen langen, einstellbaren Führungsdorn zum Zentrieren der Bohrung haben. Ohne diese Führung beim Ansetzen der Lochsäge kann die Säge abrutschen und das Gehäuse beschädigen.

Hinweis:
Vorsicht ist geboten beim Heraussägen des Loches, insbesondere bei Fahrzeugen ab Modelljahr 1980. Direkt unterhalb des Luftfiltergehäuses befindet sich ein Metallrohr des Kaltstartventils. Es ist auf jeden Fall besser, das Luftfiltergehäuse abzubauen und die Umbauaktion außerhalb des Fahrzeugs durchzuführen.

Hinweise zum Einbau

Entfernen Sie das Oberteil des Luftfiltergehäuses. Befestigen Sie vorsichtig die Bohrschablone auf der linken Seite des Gehäuses. Der Pfeil auf der Schablone sollte an der Schraube zentriert werden. Bohren Sie das Loch und setzen Sie zur Probe die Rückschlagklappe ein. Wenn sich die Klappe nicht sauber in die Bohrung einsetzen lässt – das gesägte Loch also noch zu klein ist –, kann durch vorsichtiges Abschleifen des Führungszapfens der Klappe diese eingepasst werden. Die Klappe muss bis zum Anschlag eingefügt werden können. Wenn dies möglich ist, kann mit dem eigentlichen Klebevorgang begonnen werden. Vermischen Sie sorgfältig die beiden Komponenten des Klebers nach Vorschrift und bringen Sie den Klebstoff dünn auf dem Unterteil der Klappe auf. Tragen Sie auch eine dünne Klebstoffschicht an der gebohrten Wand im Filtergehäuse auf. Setzen Sie jetzt die Rückschlagklappe vorsichtig ein, drehen Sie dann die Klappe etwas hin und her, um den Klebstoff noch besser zu verteilen. Das Scharnier der Klappe soll parallel zur hinteren Stoßstange ausgerichtet werden (Pfeil im Bild S.132). Verschließen Sie mit je einem Tropfen Klebstoff die beiden Bohrungen für die Scharnierachse, dann kann diese Achse nicht herauswandern.

Die Zusatzluftpumpe (Sekundärluftpumpe) sitzt links im Motorraum und wird mit einem Keilriemen angetrieben. Dieser Porsche 911 SC, Modelljahr 1983, war ursprünglich ein RdW-Fahrzeug und wurde später für den Betrieb in den USA umgerüstet.

Foto: Lee and Jay Heppe

Lassen Sie dann dem Klebstoff 24 Stunden Zeit, um auszuhärten. Prüfen Sie anschließend, ob sich die Klappe öffnen lässt, ob der O-Ring richtig eingesetzt ist und dass die Feder die Klappe einwandfrei verschließt. Jetzt können Sie den Luftfilter einbauen und das Oberteil des Gehäuses wieder aufsetzen und befestigen. Bei künftigen Routine-Inspektionen sollten Sie sich überzeugen, dass der O-Ring richtig sitzt und dass die Rückschlagklappe sich einwandfrei bewegen lässt.

Keilriemenspannung prüfen am Antrieb der Sekundärluftpumpe

Die Riemenspannung kann durch Verschieben der Pumpe an den Befestigungspunkten eingestellt werden. Die Riemenspannung ist korrekt, wenn sich der Riemen mit normalem Daumendruck etwa 8 mm niederdrücken lässt.

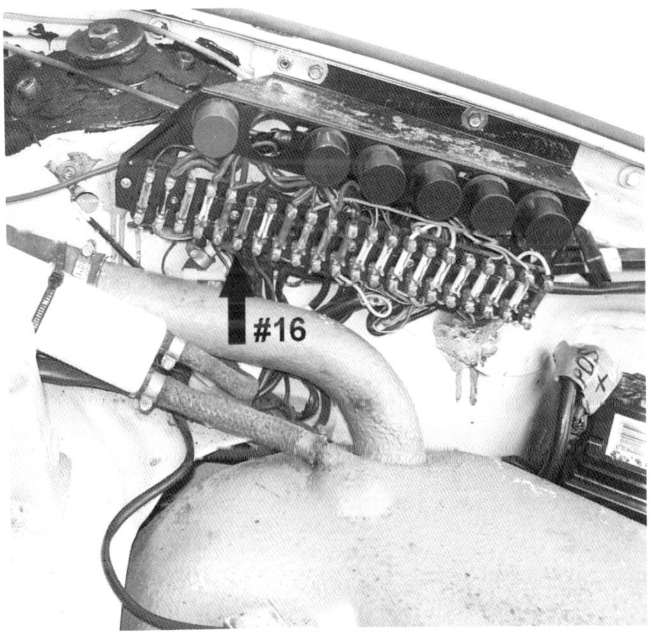

Funktionsprüfung der Kraftstoffpumpe

Wenn die Kraftstoffpumpe versagt, kann auch der Motor nicht starten. Oft ist das Kraftstoffpumpen-Relais die Ursache. Es gibt einen Schnelltest, ob der Fehler an der Pumpe oder am Relais liegt: Um diesen Test durchführen zu können, wird ein einadriges Prüfkabel mit Sicherung benötigt, das an beiden Enden mit Krokodilklemmen versehen ist.

Zunächst muss die Sicherung Nr. 16 ermittelt und geprüft werden. Sie befindet sich in dem Zentralsicherungskasten auf der linken Seite des Gepäckraumes. Prüfen Sie die Sicherung, ist sie durchgebrannt, ersetzen Sie diese und starten den Motor erneut.

Hinweis:
Brennt die Sicherung erneut durch, dann ist irgendwo im System ein Kurzschluss und es werden weitere, aufwändige Prüfmethoden notwendig, um die Ursache zu finden. Ein Kurzschluss in der Kraftstoffpumpe oder in der Stromzuführung wird wahrscheinlich die Ursache sein.

Brennt die Sicherung bei dem Startversuch nicht durch, dann muss der Test an der Pumpe durchgeführt werden.
Suchen Sie zunächst das Pumpenrelais in der Zentralelektrik. Es hat die Zählnummer R7 und trägt die Kennfarbe rot. Auf dem Foto ist es jenes Relais, das der Windschutzscheibe am nächsten positioniert ist. Entfernen Sie das Relais. Verbinden Sie jetzt das Prüfkabel mit den Steckern 87 und 30. Damit wird das Pumpenrelais überbrückt und es ist eine manuelle Kontrolle der Pumpenfunktion möglich. Jetzt die Zündung einschalten. Nun erhält die Kraftstoffpumpe Strom durch das Prüfkabel. Wenn die Pumpe jetzt richtig arbeitet, sind Geräusche von der Pumpe hörbar.

Das Pumpenrelais leitet Strom zur Pumpe unter den folgenden Bedingungen:

- Der Zündschlüssel steht auf Position „Start"
- Wenn die Stauscheibe im Luftstrom (Ansaugluft) angehoben wird

Das Pumpenrelais unterbricht den Strom unter den folgenden Bedingungen:

- Zu hohe Motordrehzahl (nur USA, Kanada und Japan)
- Die Stauscheibe ist in der Ausgangsposition (kein Luftstrom).

Kapitel 5

Antriebstechnik

Leistungsübertragung vom Motor auf die Räder

Einblick in die Technik: In Fahrtrichtung gesehen sitzt die komplette Getriebeeinheit vor dem Motor. Schaltgetriebe und Differenzial teilen sich ein Gehäuse, die Kraftübertragung zu den Hinterrädern erfolgt über Gelenkwellen. Werksbild Porsche AG

Zeitgenössische Bilder aus der Getriebefertigung bei Porsche. Motor und Getriebeeinheit wurden nach dem Zusammenbau von unten im Fahrzeug montiert. Werksbild Porsche AG

Nur zwei Pedale: eindeutiges Erkennungsmerkmal eines 911 SC mit Sportomatic. Werksbild Porsche AG

Einführung

Im Kapitel 2 stand ein kurzer Absatz über Eigenheiten des Porsche 911 SC. Eine dieser Eigenheiten war das Fünfgang-Getriebe Typ 915 mit der hauseigenen Synchronisierung System Porsche. Das Getriebe war eine hundertprozentige Porsche-Entwicklung, die Bauteile dazu wurden nach Zeichnungen von Porsche von deutschen Lieferanten hergestellt. Hauptlieferant der Teile waren die Firmen Getrag im benachbarten Ludwigsburg und Hurth in München. Von der Firma ZF (Zahnradfabrik Friedrichshafen) wurden die Sperrdifferenziale geliefert. Die Montage und die Einstellung der Getriebe fand wiederum im Porsche Werk in Zuffenhausen statt. Das Getriebe Typ 915 ist nicht das am komfortabelsten zu bedienende Getriebe, denn es wurde für den harten Einsatz in Sport- und Rennfahrzeugen entwickelt und es gab nichts, was man daran noch verbessern konnte – eine jener Besonderheiten des 911 SC, die den leidenschaftlichen Besitzer eines solchen Fahrzeugs mit Stolz erfüllt.

Dieses Kapitel ist dem Antriebsstrang des 911 SC gewidmet. Auf den ersten Blick und sicherlich erst recht, wenn man weitere Veröffentlichungen über diese 911-Generation gelesen hat, sollte es eher eine knappe Abhandlung werden. Allerdings haben Nachforschungen ergeben, dass eine nennenswerte Anzahl von Innovationen mit dem 911 SC eingeführt wurden, die bei späteren Serien des Neunelfers dann als selbstverständlich hingenommen wurden. Unglücklicherweise – oder je nach Blinkwinkel: glücklicherweise – wurde das Getriebe vom Typ 915 im Laufe der Jahre nicht weiter verbessert. Es blieb bis 1987 im Programm und fand erst im G50-Getriebe einen Nachfolger.

In diesem Kapitel wird auch ausführlich über das halbautomatische Getriebe „Sportomatic" berichtet. Eine selten georderte Mehrausstattung, deren Funktion und Aufgabe oft missverstanden wurde. Die Sportomatic war seinerzeit eine echte Innovation und findet im gesamten Buch Bestätigung und verdiente Aufmerksamkeit.

Ein Motor Typ 930/10, Modelljahr 1981, für eine RdW-Ausführung. Sechs der neun Schraubenbolzen der neuen Schwungradausführung sind auf dem Bild sichtbar. Foto: Simon Gigney

Das Schwungrad

Mit einer neugestalteten Kurbelwelle, wie sie in den 911 SC-Motoren verwendet wurde, musste auch das Schwungrad angepasst werden. Viele Details wurden in der Neuentwicklung realisiert:

- Das Schwungrad wird jetzt mit neun Schraubenbolzen an der Kurbelwelle befestigt. Bei früheren Serien waren es nur sechs Schrauben.
- Die Verzahnung für den Anlasser befindet sich nicht mehr auf dem Schwungrad. Ein auswechselbares, verzahntes Ringrad ist zusammen mit der Kupplungseinheit auf dem Schwungrad verschraubt. Bei früheren Motoren für den Porsche 911 war das verzahnte Ringrad mit dem Schwungrad verpresst und bildete eine Einheit. Die neue Konstruktion besitzt ein deutlich massiveres Ringrad, das auch für andere Motoren verwendet werden kann.

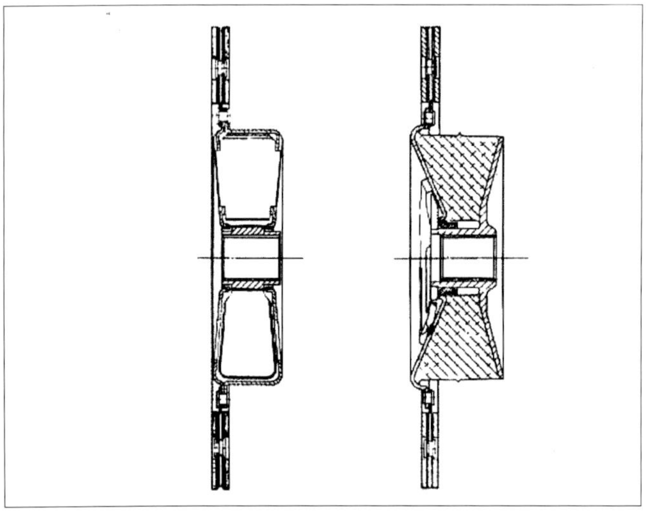

Links: Die frühere Kupplungsscheibe mit dem Guibo-Drehschwingungsdämpfer.
Rechts: Die neue Kupplungsscheibe mit dem Porsche Drehschwingungsdämpfer.

Eine gute Kupplung wird auch beim 24 Stunden Rennen in Le Mans gebraucht. Der Porsche 935/78 – bekannt auch unter dem Spitznamen „Moby Dick" – startete 1978 beim französischen Langstreckenklassiker. Laut Werksangaben mobilisierte die bis heute leistungsfähigste Version des bekannten Sechszylinders unglaubliche 845 PS aus 3,2 Litern Hubraum. Damit erreichte der 935/78 auf der langen Hunaudières-Geraden in Le Mans eine Höchstgeschwindigkeit von 366 km/h. Gewonnen hat er jedoch nur die 6 Stunden von Silverstone.
Werksbild Porsche AG

Die Kupplung

Mit dem Serienanlauf der 911 SC-Produktion wurden ergänzend zu den schon ab 1977 beim 911 S und 911 Carrera 3,0 realisierten Modifikationen zusätzliche Verbesserungen eingeführt. Der Hauptgrund für die erneuten Änderungen war eine Optimierung des Fahrkomforts. Dazu wurde die Kupplungsscheibe mit einem deutlich weicheren Gummi-Drehschwingungsdämpfer ausgerüstet. Dieser sollte die beim Beschleunigen aus niedrigen Drehzahlen hörbaren Rasselgeräusche aus dem Getriebe dämpfen. Frühere Kupplungsscheiben waren mit einem einfachen Gummi-Torsionsdämpfer ausgestattet. Die neuen Kupplungen bekamen einen von Porsche selbst entwickelten Torsionsdämpfer, der Verdrehwinkel von bis zu 29 Grad zuließ. Der Vorteil beim diesem System war, dass das hohe Drehmoment des Motors nicht mehr durch Gummiteile übertragen werden musste. Die früher verwendeten Gummidämpfer (Herstellerfirma Guibo) versagten insbesondere dann, wenn bei niedrigen Motordrehzahlen und hoher Last geschaltet wurde.
Das Problem wurde erst mit der Einführung einer Kupplungsscheibe mit Stahlfederdämpfung vollständig behoben. Diese Kupplungsscheiben haben die Teilenummern

- 911.116.011.18 und 911.116.011.19.

Zusätzlich wurde die Anpressplatte der Kupplung (Fichtel und Sachs) aus Eisenguss hergestellt. Diese Fertigungsmethode erhöhte die Schwungmasse des Motors und verbesserte gleichzeitig die thermische Belastbarkeit der Kupplung. Auch wurde das Gehäuse der Kupplung von Leichtmetallguss auf Grauguss umgestellt. Dadurch verbesserte sich zusätzlich nochmals der „Rundlauf" des Motors bei niedrigen Drehzahlen und das Getrieberasseln bei niedrigen Motordrehzahlen wurde weiter verringert. Zwei Hilfsfedern wurden in die Mechanik der Kupplungsbetätigung eingebaut, um die Pedalkräfte beim Niedertreten des Kupplungspedals zu verringern.

Hinweis:
Auch wenn die geänderte Anpressplatte der Kupplung häufig als Beanstandung des Kupplungssystems beim 911 SC genannt wurde, sollte festgehalten werden, dass die geänderte Anpressplatte bereits ab Modelljahr 1977 sowohl im 911 S als auch im 911 Carrera 3,0 ohne Probleme zum Einsatz kam.

Die Kupplungsbetätigung

Die Kupplungsbetätigung blieb beim 911 SC unverändert. Wie bei Porsche damals üblich, fand die Kommunikation zwischen Pedal und Kupplung rein mechanisch per Seilzug statt. Wie bereits erwähnt wurden jedoch Federn installiert, um die Pedalkräfte beim Treten des Kupplungspedals zu reduzieren.

Das Seil zur Betätigung der Kupplung war direkt mit dem Ausrückhebel der Kupplung am hintenliegenden Getriebegehäuse verbunden. Das mitlaufende Ausrücklager wurde durch den Hebel bewegt und hob die Federvorspannung an der Anpressplatte auf, sodass bei Betätigung des Kupplungspedals die Kupplungsscheibe freigegeben wurde und der Kraftfluss vom Motor zum Getriebe getrennt war.

Getriebeseitig gab es während den Produktionsjahren des 911 SC keine Änderungen an der Kupplungsbetätigung.

Die ersten Porsche 911 mit dem Fünfgang-Schaltgetriebe Typ 915/61 waren nicht Porsche 911 SC, sondern die 911 S im Modelljahr 1977.

Foto: Rev. Walter Schedler

Das Fünfgang-Schaltgetriebe Typ 915

Seit dem Produktionsstart des 911 SC gehörte das Fünfgang-Schaltgetriebe zur Serienausstattung. Im Modelljahr 1980 wurde die Übersetzung des zweiten Ganges geändert, weshalb die Getriebe eine neue Typbezeichnung erhielten.

Die einzige Mehrausstattung in den Modelljahren 1979 bis 1983 beim serienmäßigen Fünfgang-Getriebe war ein Sperrdifferenzial mit 40% Sperrfaktor, hergestellt von ZF (Zahnradfabrik Friedrichhafen).

Die nachfolgende Tabelle hilft, die verschiedenen Getriebe, Basistyp 915, die in die Porsche 911 SC weltweit eingebaut wurden, zu identifizieren:

Zuordnung der Getriebe Typ 915			
Getriebebezeichnung	**Länderzuordnung**	**Modelljahr (e)**	**Anmerkungen**
915/61	Alle Länder	1978	Sperrdifferenzial nicht lieferbar
915/61	Alle Länder	1979	Normales Ausgleichgetriebe
915/61.12	Alle Länder	1979	Mit Sperrdifferenzial (40% Sperre)
915/62	Rest der Welt	1980 bis 1983	Normales Ausgleichgetriebe
915/62.12	Rest der Welt	1980 bis 1983	Mit Sperrdifferenzial (40% Sperre)
915/63	USA und Kanada	1980 bis 1983	Normales Ausgleichgetriebe
915/63.12	USA und Kanada	1980 bis 1983	Mit Sperrdifferenzial (40% Sperre)

Ein Fünfgang Schaltgetriebe Typ 915/61 aus dem Modelljahr 1978.

Foto: Ron Perry

Teilenummern für Tauschgetriebe	
Teilenummer	**Ersetzt Getriebetyp**
915.300.010.61	915/61
915.300.913.61	915/61.12
915.300.010.62	915/62
915.300.913.62	915/62.12
915.300.010.63	915/63
915.300.913.63	915/63.12

Foto: Mike Baxter

Funktion des Getriebes

Das Fünfgang-Getriebe Typ 915/61 war kein brandneues Schaltwerk, das speziell für den 911 SC konstruiert worden wäre. Jedoch wurde eine wesentliche Änderung zusammen mit dem SC-Serienanlauf eingeführt: Der Gehäusewerkstoff wurde von Magnesium auf die Druckguss-Leichtmetall-Legierung „Silumin" umgestellt. Die Legierung besteht aus Aluminium und Silizium. Die Vorzüge dieses Werkstoffs sind die höhere Festigkeit bei Betriebstemperaturen über 100 °C und ein höherer Schutz gegen Korrosion, speziell bei winterlichen Straßenverhältnissen mit Salz, Splitt und Wasser.

Hinweis:
Das Gewicht eines einbaufertigen Getriebes Typ 915/61, 62 und 63 mit Getriebeöl und Anlasser beträgt etwa 56 kg.

Hinweis:
Im Gegensatz zu Magnesium-Getriebegehäusen, ist bei den Gehäusen aus „Silumin" ein nachträglich aufzubringender Korrosionsschutz, wie z.B. Tectyl nicht mehr erforderlich.

Die Übersetzungen des Getriebes 915/61		
Gang	**Code**	**Übersetzung**
1	AZ	3,181
2	HX	1,833
3	NT	1,261
4	QQ	1,000
5	SN	0,821
R		3,325

Hinweis:
Das Getriebe 915/61 hat die gleichen Gangübersetzungen wie das 915/44. Die Zähnezahl der Triebwelle beträgt acht, die des Tellerrades 31. Das ergibt eine Hinterachs-Übersetzung bei allen Schaltgetrieben der SC-Baureihe von 1: 3,875.

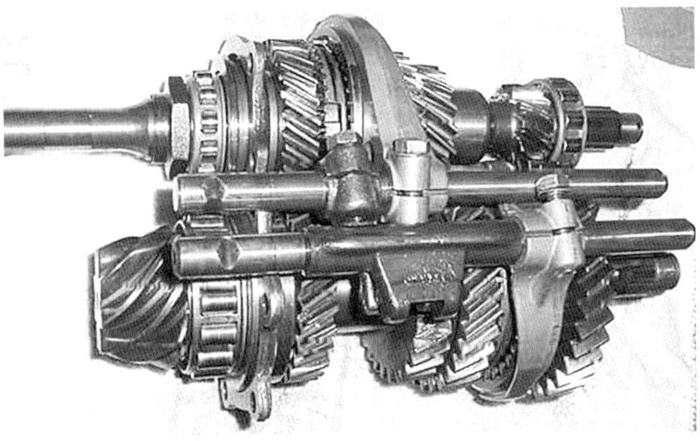

Der Radsatz eines Fünfgang-Schaltgetriebes Typ 915/63. Wenn man genau hinschaut, sieht man beschädigte Zahnflanken. Dieser Schaden wurde durch Schaltfehler verursacht. Foto: Harvey Robideau

Die Übersetzungen des Getriebes 915/62 und 63		
Gang	**Code**	**Übersetzung**
1	AZ	3,181
2	HX	1,778
3	NT	1,261
4	QQ	1,000
5	SN	0,821
R		3,325

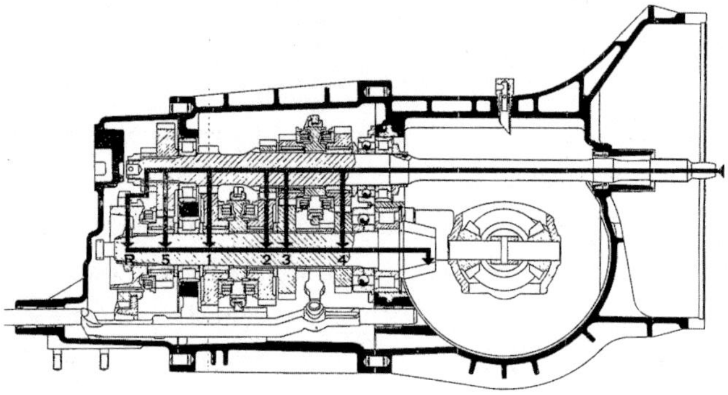

Wenn dann der Kraftfluss vom Motor bei den Antriebsrädern ankommt, dann sollte man ihn auch richtig ausnutzen. Das war auch das Motto der Porsche Teams, die bei den Langstreckenrennen der Markenweltmeisterschaft ab 1976 mit so genannten Produktions-Rennsportwagen des neuen Gruppe-5-Reglements antraten, wie dem hier gezeigten Porsche 935. Das Viergang-Getriebe mit starrem Durchtrieb leitete die 590 bis 650 PS des Sechszylinder-Zweiventil-Turbomotors mit 2857 ccm und zwei obenliegende Nockenwellen an die Hinterräder. Foto: The Coyotes

Egal für welches Getriebeöl Sie sich entscheiden, hier wird es eingefüllt. Werksbild Porsche AG

Der Kraftfluss im Getriebe

Der Kraftfluss (Übertragung von Drehmoment und Motordrehzahl) erfolgt immer von der obenliegenden Antriebswelle zur darunter angeordneten Triebwelle, jeweils durch ein geschaltetes Zahnradpaar. Im Rückwärtsgang werden zur Drehrichtungsumkehr zwei weitere Zahnräder auf einer Zwischenwelle eingesetzt.

Das Einlegen des 1. und 2. Ganges sowie des 5. Ganges erfolgt durch das jeweilige Verschieben einer der beiden Schaltmuffen auf der Triebwelle. Für die Gänge 3 und 4 ist die Schaltmuffe auf der Antriebswelle zuständig. Der Rückwärtsgang ist eingelegt, wenn die Schaltmuffe für den 5. Gang mit ihrer Verzahnung in das zweite Zahnrad auf der Zwischenwelle des Rückwärtsganges eingeschoben wird. Alle Vorwärtsgänge sind mit der vielfach patentierten Porsche Ringsynchronisierung ausgerüstet, die Schaltzeiten, auch beim Zurückschalten, von unter 0,1 Sekunden zulässt.

Welches Getriebeöl soll verwendet werden?

Diese Frage wird insbesondere von 911-Neulingen immer wieder gestellt werden. Ausgehend von den Empfehlungen des Porsche Kundendienstes und den Erfahrungen vieler Porsche Fahrer ist ein herkömmliches, mineralisches Getriebeöl die beste Empfehlung. Für instandgesetzte Getriebe mit neuen Wellendichtringen und neuen Dichtungen können auch synthetische Getriebeöle problemlos eingefüllt werden. Spezifikation des zu verwendenden Getriebeöles: Viskosität SAE 90, Güteklasse GL 5, 3 Liter Füllmenge.

Hinweis:
Da das Getriebe keinen Ölfilter besitzt, sollte nach jeweils 80.000 Kilometern ein Ölwechsel durchgeführt werden. Vor dem Zusatz von reibungsmindernden Additiven in das Getriebeöl wird gewarnt, da beim Gangwechsel (also während des Synchronisiervorgangs) nur durch Reibung zwischen der Schaltmuffe und den Synchronringen ein Gleichlauf der Teile erreicht werden kann. Diese Reibung wird durch die zusätzlichen Additive verhindert.

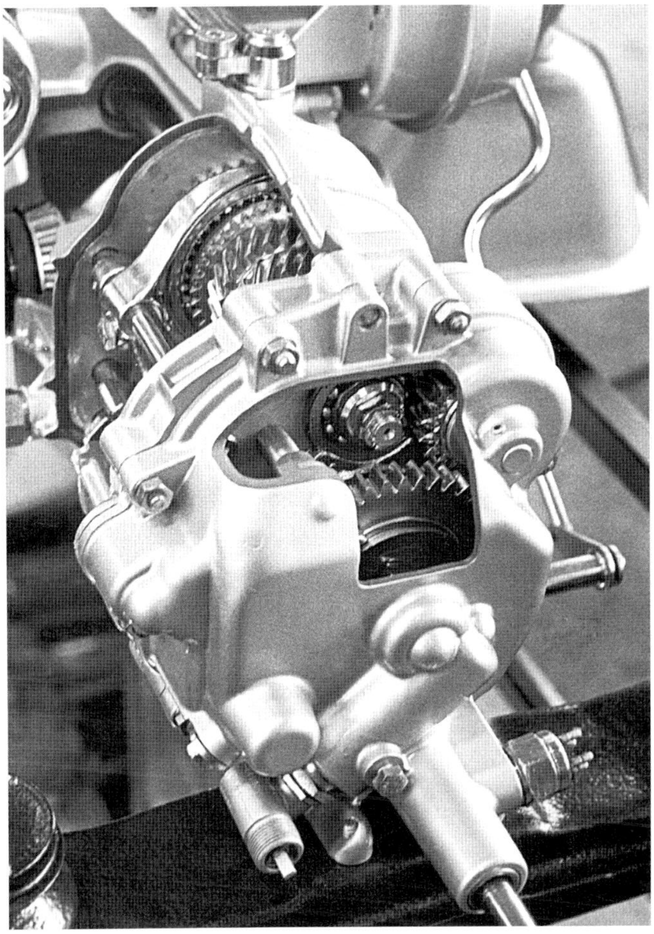

Sportomatic, das halbautomatische Getriebe mit drei Gängen

Die Porsche 911 SC waren die letzten Fahrzeuge, die mit dem halbautomatischen Getriebe „Sportomatic" bestellt werden konnten. Angeboten wurde dieses Getriebe lediglich in den Modelljahren 1978 bis 1980 und stand anschließend nicht mehr zur Verfügung. Tatsächlich wurden die letzten Fahrzeuge mit Sportomatic schon im Modelljahr 1979 ausgeliefert, für besondere Kunden wurden allerdings auch nach 1979 auf „Sonderwunsch" weiterhin Fahrzeuge ab Werk mit diesem Getriebetyp ausgestattet. Gerüchten zufolge wurde sogar noch im Modelljahr 1985 eine Dreigang-Sportomatic in einem Carrera 3,2 an einen Spezialkunden geliefert.
Der wirkliche Grund, dass es dieses Getriebe nicht mehr gab, waren zum einen strengere Abgas-Grenzwerte aber zum anderen auch Probleme, in einigen Ländern die seinerzeitigen Grenzwerte für Fahrgeräusche bei Typprüfungen einhalten zu können.

Die Geschichte der Sportomatic

Die Sportomatic wurde 1968 in die Liste der aufpreispflichtigen Sonderausstattungen aufgenommen. Die erste Ausführung hatte vier Vorwärtsgänge. Wie auf dem nebenstehenden Veranstaltungsplakat zu sehen ist, wurde die Sportomatic nicht nur bei Kurzstreckenrennen eingesetzt. Auch das Langstreckenrennen „Marathon de la Route" auf der Nordschleife des Nürburgrings wurde nach 84 Stunden mit einer Sportomatic gewonnen.
Die ursprüngliche Sportomatic war eine Kombination bestehend aus einem synchronisierten Viergang-Getriebe mit Kegelrad-Antrieb für die Hinterräder und einem hydraulischen Drehmomentwandler, dessen Gehäuse direkt am Schwungrad des Motors befestigt war. Zwischen dem Drehmomentwandler und dem synchronisierten Schaltgetriebe war eine Schaltkupplung zur Trennung des Kraftflusses bei Schaltvorgängen eingebaut. Diese Kupplung wurde durch Unterdruck betätigt, der am Saugrohr abgenommen wurde. Das Öffnen und Schließen der Kupplung erfolgte durch einen Mikroschalter am Schalthebel, der den Unterdruck zu einem Servomotor (ähnlich Bremskraftverstärker) steuerte. Der Drehmomentwandler und die Schaltkupplung waren von Fichtel &

Sachs in Schweinfurt entwickelt worden, der Zusammenbau des Gesamtsystems erfolgte in Zuffenhausen. Um die Gänge zu wechseln, brauchte nur der Schalthebel berührt werden. In Bruchteilen einer Sekunde öffnete die Kupplung und der Gang konnte blitzschnell gewechselt werden. Die Sportomatic ermöglichte damit einen deutlich sportlicheren Gangwechsel, ohne das lästige Betätigen einer mechanischen Kupplung. Ein weiterer Vorteil war das problemlose Anfahren und Rangieren ohne Kupplungspedal, denn für diesen Zweck gab es ja den hydraulischen Drehmomentwandler wie bei einem vollautomatischen Getriebe. Als sich die Motorleistung und das Drehmoment beim 911 S und beim Carrera 3,0 Liter steigerten, war die Grenze der Auslegung der ursprünglichen Sportomatic erreicht. Das gesamte Getriebe wurde verstärkt, es wurden Bauteile vom Typ 915 übernommen und auch der Drehmomentwandler wurde verstärkt. Der Umstand, dass das Getriebe nur noch drei Vorwärtsgänge bekam, hatte weniger mit den stärkeren Motoren als mit den Abgas-Grenzwerten und den Fahrgeräuschen zu tun.

Die Sportomatic-Varianten und die Einsatzmöglichkeiten

In den Modelljahren 1978 und 1979 wurden RdW-Fahrzeuge, die mit Mehrausstattung Sportomatic bestellt wurden, grundsätzlich mit dem Getriebe Typ 925/16 ausgeliefert. Die Teilenummer dazu: 925.300.010.16.

Trägerplatte für den Drehmomentwandler eines Sportomatic-Antriebssystems 925/16. Hier noch die frühere Ausführung mit sechs Befestigungsbohrungen. Für den 911 SC wird eine verstärkte Platte mit neun Bohrungen verwendet.

Hinweis:
Mit dem Ende der Produktion des Modelljahrs 1980 wurde die Mehrausstattung „Sportomatic" nicht mehr angeboten.

Aufgliederung der Sportomatic-Versionen

Die Sportomatic Typ 925/16 wurde nicht direkt für den 911 SC entwickelt, sondern war schon in den Modelljahren 1976 und 1977 im 911 Carrera 3,0 im Einsatz. Diese Version hatte bereits den Geber für den elektronischen Tacho und den verstärkten Drehmomentwandler. Auch der Unterdruck-Servomotor und die Betätigung der Schaltkupplung waren verstärkt. Da die Motoren für den 911 SC eine geänderte Kurbelwelle (9 Befestigungsschrauben) hatten, musste auch die Trägerplatte zwischen Kurbelwelle und Drehmomentwandler angepasst werden.

Die Sportomatic-Einheit 925/16 besteht aus:

- Dreigang-Schaltgetriebe mit Ausgleichgetriebe zum Antrieb der Hinterräder
- Hydraulischer Drehmomentwandler und Anlasserzahnkranz
- Unterdruck-Servomotor und Gestänge zur Betätigung der Schaltkupplung
- Schaltkupplung bestehend aus Ausrücklager, Mitnehmerscheibe und Kupplungseinheit

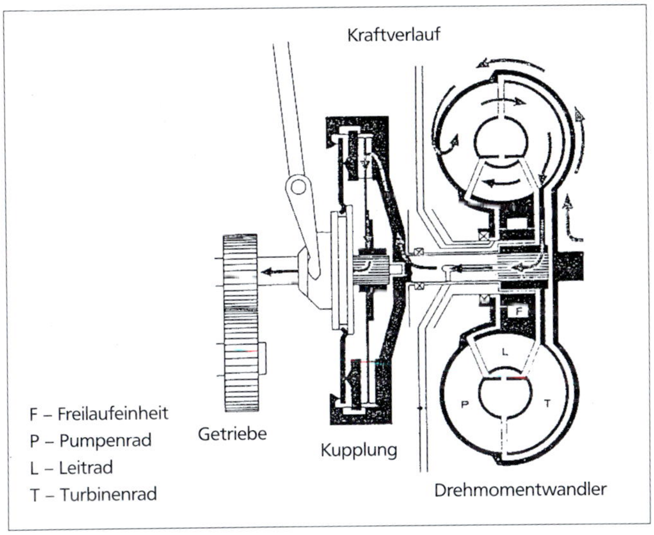

Die Hinterachsübersetzung im Getriebe beträgt 1: 3,375

Die Übersetzungen des Sportomatic-Getriebes 925/16	
Gang	Übersetzung
1	2,400:1
2	1,429:1
3	0,926:1
R	2,534:1

Die Achsübersetzung beträgt 3,375 : 1

Die Funktion der Sportomatic

Bei allen Varianten der Sportomatic wird die Aufgabe der Trenn- und Anfahrkupplung zwischen Motor und Getriebe durch einen hydraulischen Drehmomentwandler und eine automatisch arbeitende Schaltkupplung ersetzt. Der Drehmomentwandler ermöglicht auch ein ruckfreies Anfahren am Berg, ohne dass ein Kupplungspedal betätigt werden muss. Außerdem wird im Drehmomentwandler beim Anfahren das Motordrehmoment durch die Drehzahl und das im Inneren strömende Öl deutlich verstärkt. Die Gangwahl wird wie beim Schaltgetriebe durch Vorwählen und Einlegen am Handschalthebel wie bei einem mechanischen Getriebe ausgeführt.

Wird der Schalthebel berührt, löst ein dort untergebrachter Mikroschalter ein elektrisches Signal aus, das in einem Steuerventil den Saugrohr-Unterdruck zum Servomotor freigibt. Dieser Unterdruck öffnet in Bruchteilen einer Sekunde die

Wichtig für eine einwandfreie Funktion der Sportomatic: das Unterdruck-Steuerventil. Sobald durch den elektrischen Impuls des Mikroschalters am Schalthebel das Unterdruck-Steuerventil aktiviert wurde, versorgt dieses den Servomotor, der dann die Kupplung betätigt, mit Unterdruck aus dem Ansaugrohr. Der Stellmotor des Unterdruck-Steuerventils mit seinen Anschlüssen ist unten an das Ventil angeflanscht.

Schaltkupplung und trennt damit den Kraftfluss zwischen Motor und Getriebe. Jetzt kann der gewünschte Gang geschaltet werden.

Wird der Schalthebel vom Fahrer losgelassen, schließt die Kupplung wieder selbsttätig, jetzt ist die Verbindung zwischen Motor und Antriebsstrang wieder hergestellt.

Hinweis:

Der Mikroschalter gibt einen elektrischen Impuls an das Unterdruck-Steuerventil. Auf dem Bild auf Seite 145 ist die Abdeckung des Schalthebels abgenommen, um die Lage des Mikroschalters zu zeigen.

Unterdruck-Servomotor mit integriertem Unterdruck-Reservoir

Da der Saugrohr-Unterdruck sich je nach Stellung der Drosselklappe stark verändert, gibt es einen Unterdruck-Speicher, der bei Schaltvorgängen angezapft wird.

Der Servomotor besteht aus zwei Blechdeckeln, dazwischen befindet sich eine Membrane. Eine Seite der Membrane ist dem atmosphärischen Luftdruck ausgesetzt, auf die andere Seite wirkt der Unterdruck. Die Bewegung der Membrane wird auf ein Gestänge übertragen, das wiederum auf das Ausrücklager der Schaltkupplung wirkt. Bei der Sportomatic Typ 925/16 ist der Unterdruck-Speicher direkt im Servomotor untergebracht.

Eine andere Ansicht des Mikroschalters am Schalthebel. Dieser Mikroschalter kann immer wieder zu Störungen im System führen. Allerdings ist es auch recht einfach, ihn zu reparieren. Wenn er dann gereinigt und eingestellt – oder im schlimmsten Fall erneuert – ist, lässt sich das Getriebe wieder problemlos schalten.

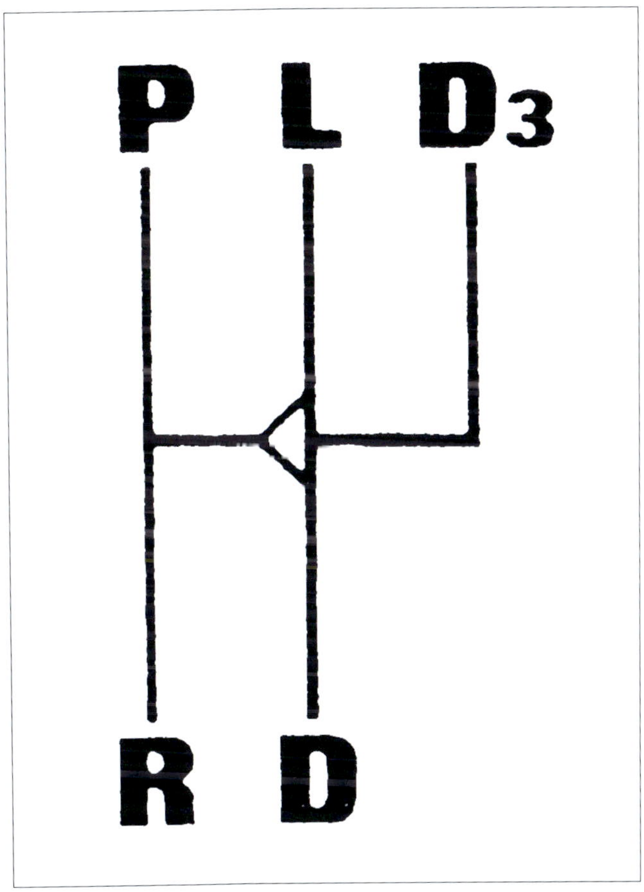

Der Schalthebel hat fünf Wählhebel-Stellungen und die Neutralstellung.

P = Parksperre

- Drücken Sie den Schalthebel nach links, überdrücken Sie die Federsperre und bewegen Sie dann den Schalthebel nach vorne. Dazu muss der Motor abgestellt und die Handbremse angezogen sein. Jetzt sind die Antriebsräder blockiert.

L = Niedrige Geschwindigkeit

- Legen Sie den Schalthebel links an und schieben ihn dann nach vorne. Die Position L wird benutzt, um beim Anfahren beste Beschleunigung zu haben und um langsam zu fahren. Die Höchstgeschwindigkeit in der L-Position liegt bei ca. 72 km/h.

D = Normale Fahrweise

- Legen Sie den Schalthebel links an, ziehen Sie dann den Hebel nach hinten. Diese Stufe ist für Geschwindigkeiten zwischen 10 und 100 km/h gedacht.

D3 = Hohe Fahrgeschwindigkeiten

- Drücken Sie den Schalthebel ganz nach rechts und schieben sie ihn dann nach vorne. Für hohe Geschwindigkeiten bis zur Höchstgeschwindigkeit.

R = Rückwärtsgang

- Drücken Sie den Schalthebel nach links, überdrücken Sie die Federsperre und bewegen Sie dann den Schalthebel nach hinten.

Das Getriebe Typ 915/61 hatte serienmäßig ein konventionelles Ausgleichgetriebe. Foto: Ron Perry

Das Ausgleichgetriebe (Differenzial)

Der Porsche 911 SC konnte mit zwei unterschiedlichen Ausgleichgetrieben ausgerüstet werden:

- Mit einem herkömmlichen Kegelrad-Differenzial
- Mit einem Sperrdifferenzial mit 40% Sperrwert (Mehrausstattung)

Das serienmäßige Ausgleichgetriebe

Als der 911 SC im Modelljahr 1978 eingeführt wurde, hatten beide Getriebesysteme – das Fünfgang-Schaltgetriebe und die Dreigang-Sportomatic – das gleiche, konventionelle Ausgleichgetriebe mit Kegelrädern. Im Modelljahr 1980, als die Sportomatic nicht mehr angeboten wurde, stellte man bei Porsche auch das Ausgleichgetriebe für das Schaltgetriebe um. Man verwendete dafür Gleichteile aus der Typenreihe 930 und 928.

Mehrausstattung Sperrdifferenzial (40% Sperrwert)

Das im Porsche 911 SC als Mehrausstattung verwendete Sperrdifferenzial stammte von der Firma ZF (Zahnradfabrik Friedrichshafen). Es handelte sich um ein herkömmliches Lamellen-Sperrdifferenzial mit 40% Sperrwirkung, sowohl im Zug (Beschleunigung) als auch im Schubbetrieb (Motor bremst Fahrzeug).

Das ZF-Sperrdifferenzial mit 40% Sperrwert komplett montiert.

Das Prinzip eines Sperrdifferenzials

In einem herkömmlichen Ausgleichgetriebe mit vier Kegelrädern wird das Drehmoment des Motors über die Gangräder (z.B. Festrad und Losrad des 2. Ganges) zur Schaltmuffe und über die Führungsmuffe zur Triebwelle übertragen. Das kleine Kegelrad an der Triebwelle treibt das große Tellerrad an, das wiederum mit dem Gehäuse des Differenzials verschraubt ist. Im Gehäuse des Differenzials wird nun das Drehmoment gleichmäßig auf beide Abtriebsflansche verteilt und über Gelenkwellen an die beiden Hinterräder (50/50) weitergeleitet. Solange die Fahrt geradeaus geht, gibt es keine Probleme, aber bei extremer Kurvenfahrt oder ungleicher Fahrbahnbeschaffenheit und ungleicher Reibung der

Das ZF-Sperrdifferenzial in teilzerlegtem Zustand. Neben dem Gehäuse eine Tellerfeder (links), eine Reiblamelle, die mit dem Gehäuse durch die vier Mitnehmer verbunden ist (Mitte) und eine mit Molybdän beschichtete Reiblamelle (rechts), die mit den Abtriebsflanschen verbunden ist.

Räder auf der Straße, wird der Antrieb unzureichend verteilt. Das Rad mit weniger Traktion dreht durch und beeinflusst das Verhalten des Fahrzeugs sehr negativ.

Ein Sperrdifferenzial dagegen verringert das Durchdrehen eines Rades, in dem es dem nicht durchdrehenden Rad mehr Antriebskraft zuteilt. Damit bleibt das Fahrzeug in der Spur und es kann deutlich mehr Antriebskraft zum Beschleunigen genutzt werden.
Wie viel Antriebskraft übertragen werden kann, ist abhängig vom Sperrwert. Die folgende Tabelle zeigt, welches Drehmoment oder welche Antriebskraft mit beiden Differenzialen übertragen werden kann.

Typ des Ausgleichgetriebes	**Sperrwirkung**	**Mögliche Verteilung**
Normales Ausgleichgetriebe	0%	50 : 50
Sperrdifferenzial	40%	30 : 70

Das ZF-Sperrdifferenzial mit 40% Sperrwert für das Fünfgang-Getriebe Typ 915 hat die Teilenummer 930.332.053.02 oder 03.

Kapitel 6

Fahrwerk, Räder und Bereifung

Traktion ist alles!

Ein original 911 SC „Weissach Spezial" nach US-Spezifikation. Diese Sonderserie wurde nicht in Europa angeboten.

Porsche 911 S (USA-Ausführung) mit der Servo-Bremsanlage, die anschließend im 911 SC weiterverwendet wurde.

Foto: Jay Justesen

Einführung

In diesem Kapitel wird über die Teile des 911 SC berichtet, die zur großen Baugruppe Fahrwerk zählen. Dies sind:

- Radaufhängungen
- Bremsanlage
- Lenkung
- Räder und Bereifung

Porsche verwendete beim 911 SC nicht nur bei Radaufhängung und Rädern, sondern auch in anderen Fahrzeugbereichen erprobte Teile, die sich in früheren Modelljahren schon bei anderen Neunelfern bewährt hatten.
Für den 911 SC übernahm Porsche die Radaufhängungen und das Bremssystem vom Porsche 911 3,0 (RdW) und vom 911 S (USA) aus dem Modelljahr 1977.

Dieselben Radaufhängungen wie sie in diesem Porsche Carrera 3,0, Modelljahr 1977, verwendet wurden, kamen später beim 911 SC zum Einsatz. Foto: David Botterill

Porsche 911 SC Modell 1980, vordere Radaufhängung. Foto: Gary Cuozzo

Radaufhängungen, Federung und Dämpfung

Die Stoßdämpfer und Federungen für die Produktion des 911 SC wurden von Sachs/Boge geliefert. Als Mehrausstattung war ab dem Modelljahr 1978 auch ein Sportfahrwerk von Bilstein lieferbar. Allerdings konnte dieses geänderte Fahrwerk nicht für die Exportmodelle in die USA, Kanada und Japan angeboten werden.
Das Bilstein-Paket wurde serienmäßig in den Sondermodellen „911 SC Sport" und im Modelljahr 1980 als „911 SC Weissach Spezial" verwendet. Dass für den normalen 911 SC kein verbessertes Fahrwerk entwickelt wurde, hatte den realen Hintergrund, dass die Planung bei Porsche wie bekannt vorsah, zum Ende des Modelljahres 1981 die gesamte Produktion der Baureihe 911 einzustellen. Obwohl die Entscheidung zur Produktionseinstellung wieder aufgehoben wurde, erfolgten keine weiteren Verbesserungen oder Modifikationen an den Radaufhängungen, der Federung und den Stoßdämpfern.

Überblick Vorderradaufhängung

Wie alle Neunelfer vor ihm, so war auch der Porsche 911 SC mit einer Einzelradaufhängung mit Dämpferbeinen und Querlenkern ausgestattet. Die eigentliche Federung übernahm ein Drehstab, der in Längsrichtung eingebaut war. Ein Stabilisator zur Verringerung der Seitenneigung des Fahrzeugs bei Kurvenfahrt verbesserte zusätzlich die Straßenlage. Die Federbeine hatten auswechselbare Dämpfereinsätze. Die Gelenke am Querlenker waren mit Dauerschmierung versehen und mussten nicht im Rahmen der Inspektionsintervalle nachträglich „abgeschmiert" werden. Die Federstäbe waren innerhalb der Dreieckslenker montiert und ließen sich einstellen. Die in die USA exportierten Fahrzeuge ab Modelljahr 1978 bis Modelljahr 1981 waren am oberen Ende der Federbeine mit je einem Distanzstück versehen, um die Fahrzeuge höher zu legen. Die amerikanischen Gesetze zur einheitlichen Stoßstangenhöhe zwangen Porsche zu dieser Maßnahme, wodurch sich aber nicht nur die Fahrzeughöhe vergrößerte, sondern auch der Federweg der Räder. Mit den eingebauten Distanzstücken war bei den USA-Fahrzeugen der Einfederweg dann wieder identisch mit den übrigen

Fahrzeugen des Weltmarktes. Diese Distanzstücke kamen erstmals im Modelljahr 1975 zum Einsatz. Die Teilenummer ist 911.341.615.00.

Überblick Hinterradaufhängung

Die Aufhängung der Hinterräder war völlig unabhängig voneinander. Sie wurde mit geringen Änderungen vom Carrera 3,0 aus dem Modelljahr 1977 übernommen. Folgende Änderungen hielten Einzug in die Serienproduktion:

- Querstabilisator geändert auf 18 mm Durchmesser
- Hintere Drehstäbe von 23 auf 24,1 mm Durchmesser vergrößert

Die hinteren Stoßdämpfer arbeiteten nach den üblichen Verfahren: Es wurden serienmäßig hydraulische Boge-Dämpfer und als Mehrausstattung Gasdruck-Stoßdämpfer von Bilstein eingebaut. Im Modelljahr 1983 wurden für die USA- und Kanada-Fahrzeuge etwas härtere hintere Boge-Stoßdämpfer eingeführt. Die Teilenummer änderte sich von 911.333.051.03 auf 911.333.051.04.

Hinweis:
Temporär wurden im Modelljahr 1983 bei den RdW-Fahrzeugen neue, geänderte Boge-Stoßdämpfer an der Hinterachse eingebaut. Die alte Teilenummer 911.333.051.03 wurde durch neue Teilenummer 911.333.051.05 ersetzt.

An der Hinterradaufhängung dieses Porsche 911 SC Coupé in RdW-Ausführung arbeiten Bilstein-Stoßdämpfer. Foto: Lee and Jay Heppe

Die Bilstein-Stoßdämpfer für die Hinterachse hatten für den RdW-Markt, einschließlich Japan, eine einheitliche Teile-Nummer für die gesamte Produktionszeit: 911.333.051.49.
Die Version für USA und Kanada hatte insgesamt vier verschiedene Teilenummern für die als Mehrausstattung angebotenen Bilstein-Stoßdämpfer:

Teilenummer	Modelljahr
911.333.051.42	1980
911.333.051.48	1981
911.333.051.55	1982
911.333.051.49	1983

Die Bodenfreiheit kann beim 911 SC so eingestellt werden, dass er aussieht wie dieser RUF 911 SCR. Foto: Adrian Streather

Wenn Sie bei einem 911 SC Targa die Dachhöhe messen wollen, dann vergessen Sie nicht, das Targadach einzusetzen. Foto: Chris Duffey

Fahrzeugvermessung, Räderjustierung

Überblick Höhenvermessung

Sowohl die Vorderachse als auch die Hinterachse des 911 SC waren in der Höhe einstellbar. Damit konnte nicht nur das gesamte Fahrwerk für ein optimales Fahrverhalten eingestellt werden, sondern auch die für die US-Zulassung so wichtige Stoßstangenhöhe und Bodenfreiheit erreicht werden. Natürlich war es auch möglich, aus optischen Gründen das gesamte Fahrzeug tieferzulegen. Die Bodenfreiheit wird zwischen der Fahrbahnoberfläche und speziellen, vom Hersteller festgelegten Punkten am Fahrzeug gemessen. Am 911 SC wird die Höhe an den Mittelpunkten der Drehstäbe an der Vorder- und Hinterachse als Bezugshöhe genommen. Begonnen wird mit sehr einfachen Messungen. Es ist zunächst wichtig, ein Verhältnis zwischen den Drehstab-Mitten von Vorder- und Hinterachshöhe und den Mittelpunkten der Naben der Räder herzustellen.

Schnelltest Höheneinstellung

Ein schneller und einfacher Weg, um die Bodenfreiheit am 911 SC zu messen, besteht darin, abweichend von den Werksangaben, die Gesamthöhe des Daches zu kontrollieren. Es gibt zwei Standardhöhen bei den 911 SC-Fahrzeugen:

- Eine Gesamthöhe gilt für die Fahrzeuge, gebaut und eingestellt für den RdW-Markt.
- Die zweite Gesamthöhe gilt für USA, Kanada und Japan. Diese Staaten forderten, dass der SC grundsätzlich 20 mm höher eingestellt sein muss als die Fahrzeuge für den Rest der Welt

Das „Anheben" des gesamten Fahrzeugs 911 SC ist erforderlich, um die US-Sicherheitsvorschriften bezüglich der Stoßstangenhöhe einhalten zu können. Die Dachhöhen werden vom höchsten Punkt des Daches bis zur Fahrbahnebene mit dem Leergewicht nach DIN 70020 gemessen:

Fahrzeugversion	Dachhöhe
Porsche 911 SC Rest der Welt	1320 mm
Porsche 911 SC USA, CDN, JP	1340 mm

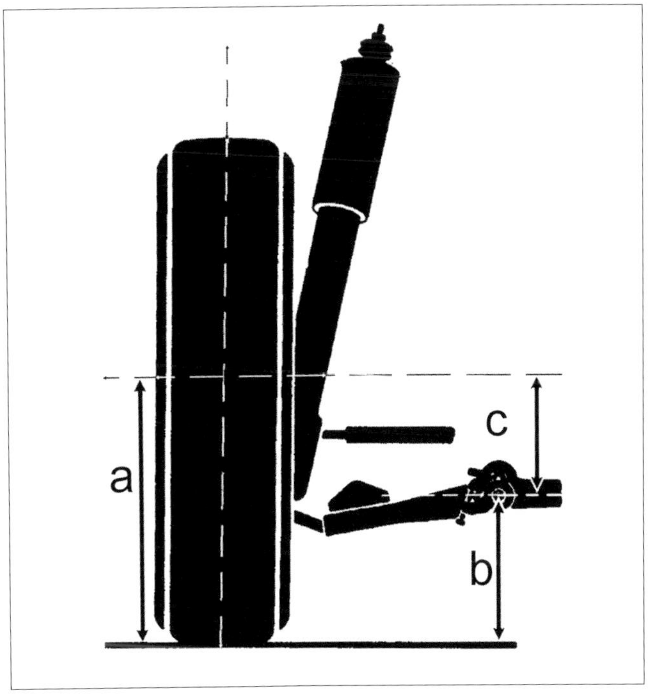

Vermessen der Vorderachshöhe

Wenn der 911 SC waagerecht auf einem ebenen Untergrund steht, wird das Maß vom Boden zum Mittelpunkt beider Vorderräder festgestellt (Maß a).

- Nächste Messung: Von der Aufstandsfläche zum Mittelpunkt der Einstelldeckel für die vorderen Drehstäbe (Maß b).
- Subtrahieren Sie anschließend das Maß Aufstandsfläche zum Einstelldeckel Drehstäbe (b) vom Maß Aufstandsfläche zum Radmittelpunkt (a).

Als Ergebnis (a - b = c) ergibt „c" die tatsächliche Höhe der Vorderachse.

Höheneinstellwert vorne	
Fahrzeugversion	**Höheneinstellung „c"**
Porsche 911 SC Rest der Welt-Version	99 mm +/- 5mm
Porsche 911 SC USA, CDN, JP	108 mm +/- 5 mm

Hinweis:
Die größte zulässige Höhendifferenz zwischen linker und rechter Seite beträgt 5 mm.

Vermessen der Hinterachshöhe

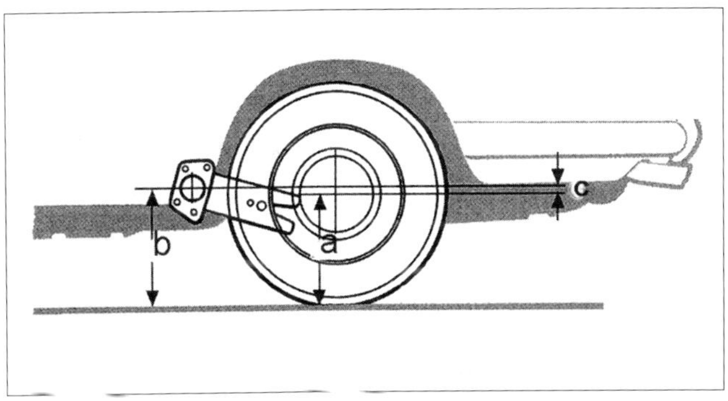

1° Neigungsänderung der Federstrebe verändert beim 911 SC die Höheneinstellung der Hinterachse um 7 bis 9 mm.

Wenn der 911 SC auf einer ebenen Bodenfläche steht, wird das Maß festgestellt von der Bodenfläche zum Mittelpunkt beider Hinterräder (Maß a).

- Nächste Messung: Von der Bodenfläche zum Mittelpunkt der Verkleidung der hinteren Drehstäbe (Maß b).
- Subtrahieren Sie anschließend das Maß Bodenfläche zum Mittelpunkt der Drehstabverkleidung (b) vom Maß Bodenfläche zum Radmittelpunkt (a).

Das Ergebnis (b – a – c). „c" ist die tatsächliche Höhe des Messpunktes für die Hinterachse.

Höheneinstellwert hinten	
Fahrzeugversion	**Höheneinstellung**
Porsche 911 SC Rest der Welt	16 mm +/- 5mm
Porsche 911 SC USA, CDN, JP	37 mm +/- 5 mm

Hinweis:
Die zweiteilige Torsionsplatte wurde bei der Werkseinstellung fixiert, daher kann das Fahrzeug mit dem Einstell-Exzenter höher, aber nicht tiefer eingestellt werden.

Eine spezielle Radlast-Waage findet man nur in Fachbetrieben. Eine korrekte Einstellung der Radlast geht über die Fähigkeiten und Ausrüstung manch eines Hobbyschraubers hinaus. Da bleibt nur der Weg ins Porsche Zentrum ... Foto: Tom Sharpes

Prüfen der einzelnen Radlasten

Zur optimalen Fahrwerksabstimmung kann das Fahrzeug mittels einer Radlast-Waage so eingestellt werden, dass das Achslastverhältnis links zu rechts möglichst genau halbiert wird. Dabei steht jedes Rad eines Fahrzeugs auf je einer kalibrierten Präzisionswaage, die die gemessenen Gewichte an einen Rechner mit Monitor weiterleitet. Dabei ist es wichtig, dass das Fahrzeug exakt waagrecht steht. Besonders gut hat sich dabei das „Abgleichen über Ecke" bewährt. Dabei kann erreicht werden, dass sich durch Verändern der Höheneinstellwerte an den einzelnen Rädern gleiche Radlasten an den jeweiligen linken und rechten Rädern einer Achse erreichen lassen. Wird die Radlast an einem der Vorderräder verändert, so ändert sich die Radlast am diagonal angeordneten Rad der Hinterachse.

Ein Beispiel:

- Vergrößern der Höheneinstellung links vorne (A) vergrößert die Radlast rechts hinten (D).
- Verringern der Höheneinstellung rechts vorne (B) verringert die Radlast links hinten (C).

Der maximale Unterschied der Radlasten an beiden Rädern einer Achse sollte 20 kg nicht überschreiten. Diese aufwändige Arbeit verhilft zu optimalen Fahreigenschaften und zu einem ausgezeichneten Handling des Fahrzeugs auf kurvenreichen Strecken.

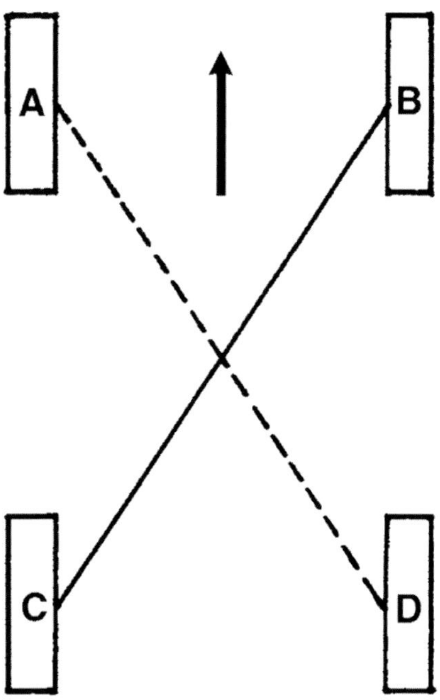

Hinweis:
Bei Fahrzeugen mit Sportomatic muss das Mehrgewicht berücksichtigt werden. Es müssen 50 kg für die Vorderachse und 90 kg für die Hinterachse hinzugerechnet werden.

Achslasten an Vorder- und Hinterachse:

Modelljahr	Gewicht Vorderachse	Gewicht Hinterachse
1978 und 1979	600 kg	840 kg
1980 und 1981	650 kg	880 kg
1982 und 1983	650 kg	950 kg

Ein 911 SC Coupé, Modelljahr 1980, während einer Fahrwerkseinstellung im Werk. Das Fahrzeug ist mit Pirelli P7-Bereifung ausgerüstet.

Werksbild Porsche AG

Überblick Radstellungen vermessen

Radstellungen vermessen und das Einstellen eines Fahrwerks sind keine Aufgaben für Bastler, sondern sollte Fachleuten überlassen werden. Und nicht jede Fachwerkstatt kennt sich mit einem 25 Jahre alten Porsche 911 SC aus. Es ist empfehlenswert, diese Aufgabe einem offiziellen Porsche Zentrum zu übertragen. Dort stehen die entsprechenden Messbühnen und die Radlast-Waagen zur Verfügung.

Eine Fahrwerksvermessung sollte immer dann stattfinden, wenn Komponenten, die das Fahrwerk beeinflussen, ausgebaut, wieder hergestellt oder ersetzt wurden, wie beispielsweise Lenkungsteile oder Spurstangen. Auch wenn das Fahrzeug auf ebener Fahrbahn nach einer Seite zieht oder aber wenn Reifen unterschiedliche Verschleißerscheinungen zeigen.

Einstellwerte an der Vorderachse

Einstellwerte	**Modelljahre 1978 bis 1983 für alle Fahrzeuge**
Spur (gedrückt mit 150 N)	0° +/- 10′
Spur (unverspannt)	+ 15′ +/- 5′
Spurdifferenzwinkel bei 20° Lenkeinschlag	0° bis +/- 30′
Radsturz RdW-Fahrzeuge	0° +/- 10′
Radsturz USA, CDN, JP	+ 30′ +/- 10′
Max. links/rechts Differenz	10′
Nachlauf	6°5′ +/- 15′
Max. links/rechts Differenz	15′

Einstellwerte an der Hinterachse

Einstellwerte	**Modelljahre 1978 bis 1983 für alle Fahrzeuge**
Spur pro Rad	+ 10′ +/- 10′
Max. links/rechts Differenz	10′
Sturz	0° +/- 10′
Max. links/rechts Differenz	10′

Die vordere Bremse des 911 SC: Eine innenbelüftete Bremsscheibe läuft in einem gusseisernen Zwei-Kolben-Bremssattel vom Typ A. Foto: Albert Upsher

Die Bremsanlage

Die Bremsanlage des Porsche 911 SC besitzt einen Bremskraftverstärker, der mit Saugrohr-Unterdruck arbeitet. Alle vier Räder sind mit Scheibenbremsen ausgestattet. Das gesamte Bremssystem, einschließlich dem Bremskraftverstärker ist identisch mit der Anlage, die 1977 im Porsche Carrera 3,0 (Rest der Welt) und im 911 S (USA) bereits eingebaut wurde. Der 911 SC war das erste Porsche Fahrzeug, das eine Servo-Bremsanlage hatte, da in viele Länder im Jahre 1977 weder der Carrera 3,0 noch der 911 S exportiert wurde.

Der 911 SC hat eine Bremsanlage mit zwei hydraulischen Bremskreisen. Das bedeutet, dass ein Bremskreis die Bremssättel der Vorderachse, der andere Bremskreis die Bremssättel der Hinterachse versorgt. So ist gewährleistet, dass im Falle des Versagens eines Kreises mit Hilfe des anderen der 911 jederzeit noch zum Stehen gebracht werden kann.

Scheibenbremsen an allen vier Rädern

Die hintere Bremse des 911 SC: Hier arbeiten ebenfalls innenbelüftete Scheiben, allerdings ist der ebenfalls mit zwei Kolben ausgestattete Bremssattel vom Typ M und die Innenseite der Scheibe dient als Bremstrommel für die Handbremse. Foto: Ron Perry

Die beim 911 SC verwendeten vier Bremsscheiben sind innenbelüftet. Das hat den Vorteil, dass die zwischen den Reiboberflächen der Scheiben befindlichen Luftkanäle bei drehenden Rädern wie ein Ventilator die Scheiben von innen mit Frischluft kühlen. Das steigert die Effektivität der Bremsen erheblich. Diese innenbelüfteten Scheiben sollten nicht mit den gelochten Bremsscheiben aus dem Zubehörhandel verwechselt werden. Allerdings sollten aus Sicherheitsgründen sowieso keine billigen Zubehör-Bremsscheiben verwendet werden, da die Sicherheit des Bremssystems absolute Priorität besitzt.

Hinweis:
Bremsscheiben werden auch als Bremsrotoren bezeichnet, da Bremsscheibe und Radnabe eine Einheit bilden.

Alles fest im Griff: Oben ein Festsattel Typ A für die Vorderachse, unten ein Festsattel Typ M für die Hinterachse. Foto: William Verburg

Bremssättel

Die Bremssättel für den 911 SC sind je nach Achse unterschiedlich:

- Vorderachse: Typ A, Festsattelbremse aus Grauguss mit zwei Kolben
- Hinterachse: Typ M, Festsattelbremse aus Grauguss mit zwei Kolben

Die einzige wesentliche Verbesserung am Bremssystem des 911 SC waren modifizierte vordere Bremssättel zum Modelljahr 1981. Die Teilenummern für die neue Ausführung lauten: 911.351.425-01 für den linken Bremssattel und 911.351.426-01 für den rechten Bremssattel. Die Original-Bremsbeläge für den 911 SC sind asbestfrei. Die folgende Tabelle liefert die Teilenummern für die vorderen und hinteren Bremsbeläge. Die Teilenummern gelten für alle 911 SC.

Teilenummern für Bremsbeläge	
911.351.949.01	Beläge Vorderachse, asbestfrei
911.351.950.01	Beläge Vorderachse, asbestfrei
911.351.950.02	Beläge Vorderachse, asbestfrei
911.352.950.03	Beläge Hinterachse, Hersteller Textar
911.352.950.05	Beläge Hinterachse, Hersteller Textar

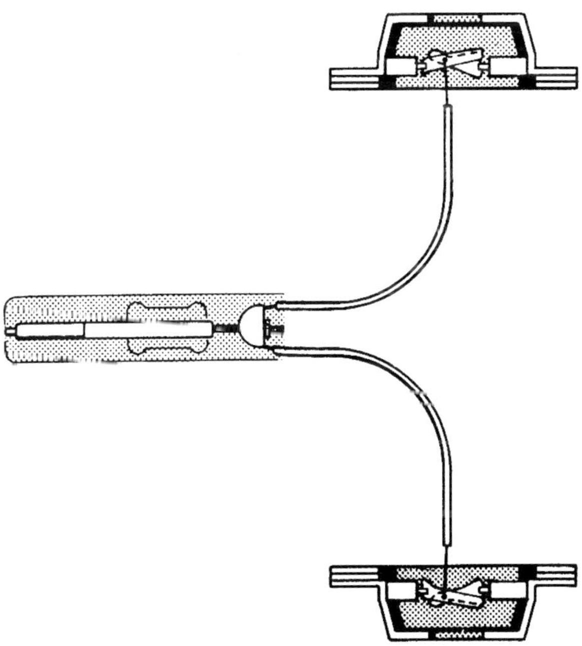

Feststellbremse (Handbremse)

Die Feststellbremse ist eine mechanisch wirkende Trommelbremse, die auf die Hinterräder wirkt. Zu diesem Zweck sind die hinteren Bremsscheiben zusätzlich mit Bremstrommeln versehen, in denen sich die über Seilzüge vom Handbremshebel aus betätigten Bremsbeläge befinden.
(Teilenummer: 911.352.097.01)

Seitlich im Kofferraum: Bremskraftverstärker und Behälter für die Bremsflüssigkeit

Hauptbremszylinder

Der Bremskraftverstärker und der Hauptbremszylinder befinden sich an der hinteren Wand des Gepäckraumes; bei Linkslenker-Ausführungen auf der linken Seiten und bei Rechtslenker-Fahrzeugen auf der rechten Seite. Im Hauptbremszylinder läuft ein Kolben, der Druck auf die Bremsflüssigkeit ausübt, der sich durch die Bremsleitungen bis zu den Bremssätteln fortsetzt. Der Kolben im Bremszylinder wird durch eine Stößelstange bewegt, die ihrerseits über ein Gestänge mit dem Bremspedal im Fahrgastraum verbunden ist. Innerhalb des Hauptbremszylinders gibt es zwei Druckkammern. Eine Kammer versorgt den Bremskreis an der Vorderachse, die andere leitet den Druck an den hinteren Bremskreis. In den Hauptbremszylinder sind zwei elektrische Druckschalter eingebaut. Steht das System unter hydraulischem Druck (Fuß auf dem Bremspedal), messen beide den anliegenden Bremsdruck in beiden Kammern und aktivieren die Bremsleuchten am Heck des Fahrzeugs. Sollte es einen unterschiedlichen Druck in einem der beiden Bremskreise geben, leuchtet in der Armaturentafel das Warnlicht für die Bremsanlage auf.

Unterdruck-Bremskraftverstärker

Der Vorteil eines Bremskraftverstärkers ist offensichtlich: Er verringert die Pedalkräfte für den Fahrer beim Bremsen erheblich. Je nach Pedaldruck erhöht oder verringert der Verstärker den hydraulischen Druck im Bremssystem. Den notwendigen Unterdruck zur Bremskraftverstärkung erhält das System durch eine Schlauchverbindung mit dem Ansaugsystem des Motors. Da der Unterdruck aber je nach Motorbelastung schwankt, ist im Bremskraftverstärker ein Unterdruck-Reservoir eingerichtet, das den Unterdruck für Bremsvorgänge speichert. Selbst wenn der Motor stehen bleibt, ist im Unterdruck-Behälter immer noch genug Reserve, um einige Bremsvorgänge mit Servounterstützung durchführen zu können.

Vorratsbehälter für die Bremsflüssigkeit

Der Vorratsbehälter sitzt über dem Hauptbremszylinder und dem Bremskraftverstärker. Er ist leicht zugänglich, um den Flüssigkeitsstand zu prüfen oder fehlende Bremsflüssigkeit nachzufüllen, ohne dass Abdeckungen entfernt werden müssen.

Feststellbremse und Bremsen-Warnleuchte

Die Bremsen-Warnleuchte hat drei Funktionen:

- Warnen, wenn die Feststellbremse noch nicht gelöst ist.
- Warnen, wenn der Bremsflüssigkeitsstand im Vorratsbehälter zu niedrig ist.
- Warnen, wenn in den beiden Bremskreisen unterschiedliche Drücke beim Bremsvorgang auftreten.

Eine wichtige Funktion der Warnleuchte ist es anzuzeigen wenn die Handbremse noch nicht gelöst ist. Wird der Handbremshebel hochgezogen, löst ein Mikroschalter die Warnung aus. Wird der Hebel wieder nach unten in die Ruhelage gebracht, erlischt die Warnleuchte.

Eine sehr wichtige weitere Funktion ist die Warnung vor einem zu niedrigen Bremsflüssigkeitsstand im Vorratsbehälter. Dazu ist im Schraubdeckel des Vorratsbehälters ein Sensor eingebaut, der bei einem festgelegten Pegelstand die Warnung auslöst. Wird Bremsflüssigkeit nachgefüllt bis zur angezeigten Max-Markierung, erlischt die Warnleuchte wieder. In diesem Fall ist es aber auch unerlässlich, den Grund für den niedrigen Flüssigkeitsstand zu finden. Abgenutzte Bremsbeläge sind die wahrscheinlichste Ursache, aber auch eine undichte Manschette in einem der Bremssättel oder ein undichter Hauptbremszylinder sollten in Betracht gezogen werden.

Die wichtigste Aufgabe der Warnleuchte ist es jedoch, den Fahrer vor unterschiedlichen Drücken in den beiden hydraulischen Systemen zu warnen, denn dies deutet auf eine Fehlfunktion oder verringerte Bremswirkung in einem der Bremskreise hin. Dazu sind zwei Druckschalter im Hauptbremszylinder eingebaut, die die Drücke in den beiden Bremskreisen überwachen. Wird ein Druckunterschied festgestellt, leuchtet die Warnleuchte auf.

Warnung

Wenn die Warnleuchte während der Fahrt aufleuchtet, bedeutet dies, dass der Bremsflüssigkeitsstand im Vorratsbehälter zu niedrig oder dass einer der beiden Bremskreise ausgefallen ist. Der Fahrer sollte dann darauf gefasst sein, dass die Bremsanlage nicht mehr richtig funktioniert und mit längeren Bremswegen zu rechnen ist. Eine defekte Bremsanlage ist gefährlich und der Wagen sollte so schnell wie möglich zur Fehlersuche in eine Fachwerkstatt gebracht werden.

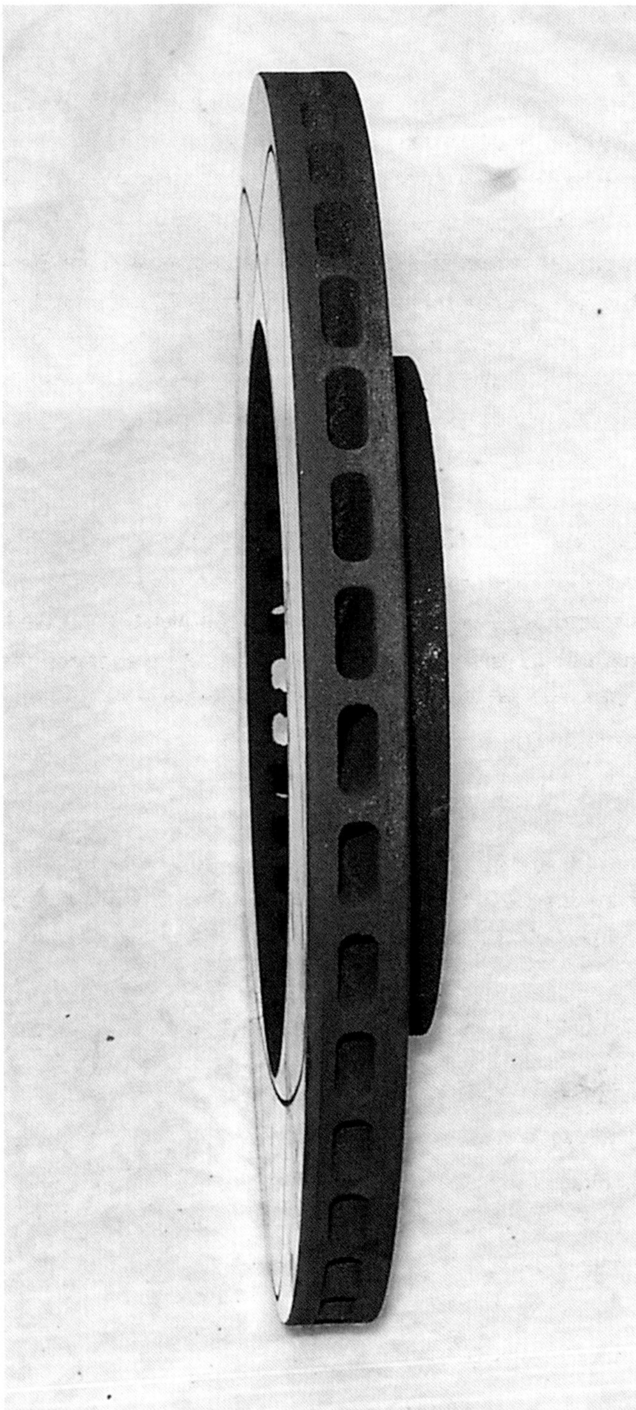

Innenbelüftete Bremsscheibe: Durch Drehung wird von den in der Mitte befindlichen Luftkanäle Frischluft zur Kühlung eingeleitet.

Technische Daten der Bremsanlage

Technische Daten der Bremsanlage	
Typ des Bremskraftverstärkers	Unterdruck 267 mbar
Übersetzungsverhältnis	2,2
Hauptbremszylinder Kolbendurchmesser (mm)	20,64
Kolben in den Bremssätteln, Durchmesser	
Vorderachse (mm)	48
Hinterachse (mm)	38
Bremsscheiben, Durchmesser	
vorne (mm)	282,5
hinten (mm)	290,0
Bremsscheibe, Dicke	
vorne (mm)	20,5
hinten (mm)	20,0
Bremsbelag, Oberfläche	
vorne (cm^2)	72,0
hinten (cm^2)	52,5
Gesamte wirksame Bremsbelag-Oberfläche (cm^2)	128,5
Bremsbelag, Dicke	
vorne (mm)	10,0
hinten (mm)	10,0
Feststellbremse, auf beide Hinterräder wirkend	
Bremstrommel, Durchmesser (mm)	180,0
Bremsbelag, Breite (mm)	25
Bremsbelag, Dicke (mm)	4,5

Verschleißgrenzen der Bremsanlage

Beschreibung Bauteil	**Verschleißgrenze**
Minimale zulässige Dicke der Bremsscheibe vorne (mm) hinten (mm)	 18 18,6
Minmale Dicke der Bremsbeläge (mm)	2,0
Bremsbelag zur Bremsscheibe (mm) (Bremse nicht betätigt)	0,2
Leerweg am Bremspedal (mm) (Motor abgestellt, Bremsanlage ist entlüftet)	10
Dicke der Beläge der Feststellbremse (mm)	2

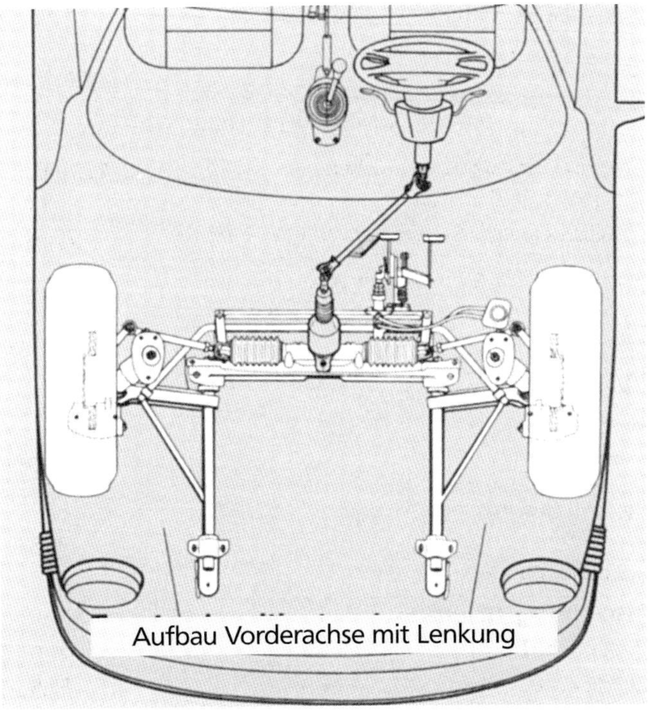

Aufbau Vorderachse mit Lenkung

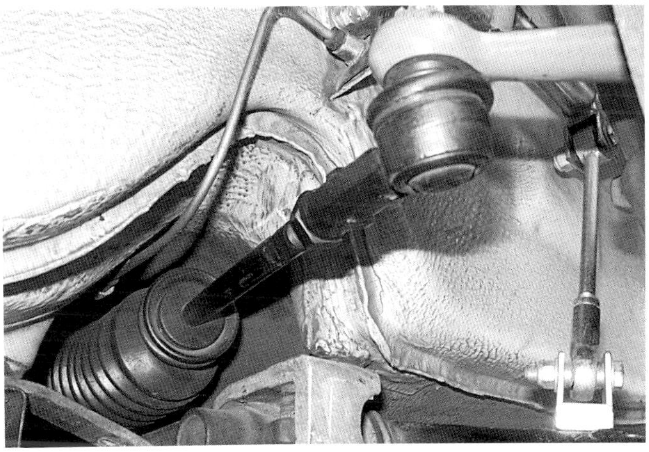

Die Lenkung

Der Porsche 911 SC hat eine Zahnstangenlenkung, wobei die eigentliche Zahnstange über dem Vorderachsträger, unter dem Kofferraumboden positioniert ist. Die Zahnstange selbst ist in einem Leichtmetallgehäuse untergebracht und besitzt an beiden Enden des Gehäuses auswechselbare Gleitlager. Das in die Zahnstange eingreifende Zahnrad wird in zwei Lagern ebenfalls im Lenkungsgehäuse geführt. Der Weg der Zahnstange ist begrenzt durch die zwei Lager in den Enden des Gehäuses, ein einstellbares und federbelastetes Druckstück führt im Zahnradbereich die Zahnstange zu spielfreiem Eingriff zum Gegenrad. Dieses Lenksystem mit Endanschlägen und spielfreier Zahnsstange arbeitet sehr präzise in allen Fahrzuständen. Das Gehäuse der Zahnstangenlenkung ist mit einem speziellen Schmierstoff ab Werk gefüllt und versiegelt. Der Schmierstoff kann weder geprüft noch nachgefüllt werden, ohne dass die gesamte Lenkung zerlegt wird.

Jeweils am Ende der Zahnstangenlenkung sitzt eine einstellbare Spurstange, die mit einem Kugelgelenkkopf mit dem Lenkhebel verbunden ist.

Technische Daten der Lenkung

Beschreibung	Angaben
Reibmoment der Lenkung	0,8 bis 1,4 Nm
Lenkungsübersetzung	17,78 : 1
Lenkradumdrehungen von Anschlag zu Anschlag	ca. 3
Wendekreis des 911 SC	10,7 m

Die einzige verfügbare Mehrausstattung für die Lenkung eines serienmäßigen 911 SC waren Lederlenkräder in verschiedenen Größen.

Mehrausstattung für diesen 911 SC war ein Lederlenkrad mit drei Speichen. Die Lenkräder konnten in verschiedenen Durchmessern bestellt werden.

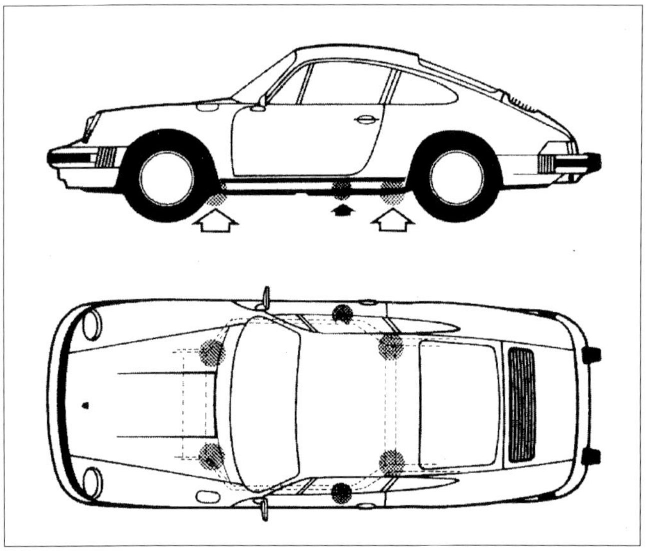

Bei Arbeiten am angehobenen Fahrzeug muss man auf ausreichende Sicherheit achten und sollte wie hier Unterstellböcke verwenden.

Foto: Gary Cuozzo

Hinweise für Besitzer

Aufnahmepunkte für Wagenheber

Bevor Sie mit Arbeiten an Fahrwerk oder Bremse beginnen, sollten Sie wissen wo am 911 SC die Aufnahmepunkte für den Wagenheber sind. Um in einer Werkstatt das komplette Fahrzeug hochzuheben, hat Porsche spezielle Bereiche verstärkt und vorbereitet.

Zwei Ansatzpunkte für den Bord-Wagenheber.

Etwa an der Hinterkante von Fahrer- oder Beifahrertüre befinden sich unterhalb der Einstiegsbleche die Aufnahmepunkte für den Bord-Wagenheber. (Dunkle Punkte und schwarze Pfeile auf der Abbildung).

Insgesamt vier Aufnahmepunkte zum Anheben des gesamten Fahrzeugs mit einer Hebebühne gibt es am Unterboden des Fahrzeugs. Dabei handelt es sich um spezielle, verstärkte Aufnahmepunkte (graue kreisförmige Flächen und weiße Pfeile auf der Abbildung) hinter den Vorderrädern sowie vor den Hinterrädern.

Die Abbildung oben links zeigt die Stellen, an denen ein 911 SC problemlos hochgehoben werden kann.

Bremsenquietschen

Der allgemein übliche Grund, warum die Bremsen bei weichen Bremsvorgängen quietschen, ist Korrosion zwischen der Stahl-Rückseite der Bremsbeläge und der Gegenfläche der Bremssättel, ebenfalls aus Stahl. Um das Quietschen abzustellen, müssen die Beläge ausgebaut und die Schächte für die Beläge in den Bremssätteln gründlich gereinigt werden. Beim Wiedereinbau ist darauf zu achten, dass die Beläge einwandfrei flach aufliegen und sich gleichmäßig einschieben lassen.

Eine andere häufige Ursache sind falsch ausgewählte Bremsbeläge. Beschaffen Sie sich einen originalen Satz Porsche Bremsbeläge und vergessen Sie in diesem Zusammenhang spezielle Renn-Beläge. Diese sind häufig nicht für den 911 SC geeignet. Insbesondere bei kalten Bremsscheiben ist mit diesen Belägen das Quietschen nahezu Standard.

Bremsanlage entlüften

Soll eine Bremsanlage entlüftet oder die Bremsflüssigkeit im System komplett gewechselt werden (was alle zwei Jahre gemacht werden sollte), kann man dazu klassisch das Bremspedal benutzen und pumpen.

Dazu muss an jedem Bremssattel mit dem dort montierten Entlüftungsventil die Bremsflüssigkeit durchgepumpt werden. Zwei Nachteile gibt es allerdings dabei: So werden mindestens zwei Leute benötigt und man muss ferner aufpassen, das Bremspedal nicht zu weit durchzutreten. Tritt man das Pedal komplett durch, was ja mangels Widerstand sehr schnell passieren kann, beschädigt man unter Umständen die Dichtungsmanschetten innerhalb des Hauptbremszylinders.

Viel schneller, sauberer und ohne das Pumpen kann dies in einer Werkstatt mit dem Druckentlüfter durchgeführt werden.

Es gibt auf dem Markt viele Systeme, um die Bremsanlage mit Druck zu entlüften und die Bremsflüssigkeit zu wechseln. Das hier gezeigte ist von der einfachen Sorte, aber durchaus brauchbar.

Foto: Jason Andreas

Noch ein Tipp

Grundsätzlich mit dem Entlüften an dem Bremssattel beginnen, der am weitesten vom Nachfüllbehälter entfernt ist. Dies dürfte in den meisten Fällen der am rechten Hinterrad sein.

Ein 911 SC „Weissach-Coupé", Modelljahr 1980, mit polierten 16-Zoll-Leichtmetallrädern. Foto: Jim Giampaolo

Dieses 911 SC Coupé, Modelljahr 1978, wurde auf die schönen 17-Zoll-Räder der 911-Baureihe 964 (Modelljahr 1992) umgerüstet.

Foto: Jim Williams

Räder und Bereifung

Einführung

Räder und Bereifung sind ein komplexes Thema, insbesondere bei einem Sportwagen wie dem Porsche 911 SC. Es sind so viele Einzelheiten miteinander verknüpft, dass ein ganzes Kapitel dafür notwendig wird. Änderungen haben direkten Einfluss auf Komfort und Fahreigenschaften, genauso wie sie auch das optische Bild des gesamten Fahrzeugs beeinflussen. Modifikationen an Rädern und Bereifungen sollten auch unter dem Aspekt Sicherheit betrachtet werden.

Der Porsche 911 SC war bei Auslieferung serienmäßig mit 15-Zoll-Rädern ausgestattet. Die Größe der vom Werk gelieferten Felgen im Modeljahr 1978 lautete 6J x 15 vorne und 7J x 15 hinten.

Die Felgen mit einem Durchmesser von 16 Zoll wurden als Sonderausstattung angeboten. Um die Fahreigenschaften angenehmer zu gestalten, entwickelte Porsche für anspruchsvolle Käufer ein Komfortpaket für den 911 SC. Dieses Paket war auf 14-Zoll-Räder abgestimmt.

Die serienmäßig verwendeten Felgen am 911 SC haben eine Einpresstiefe von 36 mm (vorn) und 23 mm (hinten). *Foto: Tom Uba*

Einpresstiefe der Felgen

Als Einpresstiefe bezeichnet man den Abstand von der vertikalen Felgenmitte zur inneren Auflagefläche der Felge an der Radnabe. Eine Einpresstiefe von 23 mm bedeutet, dass die Auflagefläche des Rades 23 mm von der vertikalen Mittellinie des Rades entfernt ist. Das heißt nichts anderes, als dass sich die Radmitte um 23 mm „weiter innen" befindet als die Flanschfläche der Radnabe.
Beispiel: Wenn wir dieses Rad mit 23 mm Einpresstiefe gegen ein Rad mit 36 mm Einpresstiefe tauschen, dann ist die Radmitte dieses Rades noch weiter nach innen verlegt worden.

Hinweis:
An original Felgen von Porsche ist die Einpresstiefe deutlich sichtbar markiert. „ET 36" bedeutet, dass dieses Rad mit einer Einpresstiefe von 36 mm gefertigt wurde. Serienmäßig sind die 911 SC-Fahrzeuge mit ET-36-Felgen an der Vorderachse und mit ET-23 an der Hinterachse ausgestattet.

Distanzscheiben (Spurverbreiterung)

Links eine hintere Distanzscheibe, rechts eine vordere Distanzscheibe, verwendet an einem 911 SC Coupé, Modelljahr 1978. Das Fahrzeug wurde auf 17-Zoll-Räder eines 911 Typ 964 umgerüstet.
Foto: Jim Williams

Distanzscheiben werden häufig eingesetzt, um Räder mit falschen Einpresstiefen verwenden zu können, um breitere Spurweiten zu erreichen oder um aus optischen Gründen die Radläufe besser ausfüllen zu können.

Da Distanzscheiben den Raum zwischen Radnabe und Rad vergrößern, ist Vorsicht geboten, wenn es um die Dicke der Scheiben geht .
Distanzscheiben bis zu 6 mm können ohne Bedenken noch mit den vorhandenen Stiftschrauben verwendet werden.
Wenn aber Distanzscheiben mit einer Dicke von 7 mm und mehr verwendet werden sollen, müssen Sie entweder längere Radbolzen verwenden oder Distanzscheiben beschaffen, die bereits mit Radbolzen mit der passenden Länge versehen sind. (siehe Bild)

Für den Motorsport werden für den 911 SC Radmuttern aus Stahl empfohlen. Foto: Mark Johnston

Vorsicht

Der Buchautor und andere Fachleute, die an diesem Buch mitgearbeitet haben, empfehlen schon längere Radbolzen, wenn Distanzscheiben dicker als 5mm verwendet werden. Für die Rennstrecke sind längere Radbolzen bereits bei noch dünneren Distanzscheiben und auch Radmuttern aus Stahl dringend empfohlen.

Bei allen angebotenen Spurverbreiterungen muss man darauf achten, dass die Teile mit einer ABE oder einem TÜV-Gutachten geliefert werden.

Freigegebene Rad-Kombinationen für die Baureihe 911 SC		
Abmessung des Rades	**Teilenummer**	**Beschreibung des Rades**
6J x 15 ET 36	911.361.023.44	Gegossenes Leichtmetallrad, unlackiert
6J x 15 ET 36	911.361.023.40	Gegossenes Leichtmetallrad, silberfarbig
6J x 15 ET 36	911.361.023.45	Gegossenes Leichtmetallrad, schwarz lackiert
6J x 15 ET 36	911.361.021.00	Gepresstes Stahlrad, silberfarbig (für Wintereinsatz)
7J x 15 ET 23,3	911.361.023.54	Gegossenes Leichtmetallrad, unlackiert
7J x 15 ET 23,3	911.361.023.50	Gegossenes Leichtmetallrad, silberfarbig
7J x 15 ET 23,3	911.361.023.55	Gegossenes Leichtmetallrad, Schwarz lackiert
7J x 15 ET 23,3	911.361.023.41	Geschmiedetes Leichtmetallrad, Stern schwarz, Kranz poliert
8J x 15	911.361.020.42	Geschmiedetes Leichtmetallrad, Stern schwarz, Kranz poliert
6J x 16	911.361.020.43	Geschmiedetes Leichtmetallrad, Stern schwarz, Kranz poliert
6J x 16	911.361.020.97	Geschmiedetes Leichtmetallrad, unlackiert, Kranz poliert
7J x 16	911.361.020.44	Geschmiedetes Leichtmetallrad, Stern schwarz, Kranz poliert
7J x 16	911.361.020.98	Geschmiedetes Leichtmetallrad, unlackiert, Kranz poliert

Nicht nur die Porsche 911 SC haben einige Gleichteile mit dem Porsche 928, auch spätere Serien des Neunhundertelfers wurden damit ausgerüstet. Foto: Adrian Streather

Die als Mehrausstattung angebotenen Komfort-Räder sind in der Tabelle nicht aufgeführt, da die Teilenummern zum Zeitpunkt der Drucklegung nicht verfügbar waren.

Warnhinweis

Der Porsche Original-Teilesatz mit Radmuttern enthält eine abschließbare Radmutter aus dem 928-Programm (Teilenummer ist 928.361.047.03). Die Teilenummer für eine einzelne Radmutter ist 999.182.003.36. Die genannten Radmuttern dürfen nur an Leichtmetallrädern verwendet werden. Für Stahlräder dürfen ausschließlich die Radmuttern mit der Teilenummer N 020.112.1 verwendet werden. Die Zentrierung zwischen Mutter und Rad ist unterschiedlich.

Toyo Proxes T1S Sommerreifen: Die entschlüsselten Angaben auf der Reifenflanke stehen auf der rechten Seite.

Foto: Toyo tyres (Alan Meaker)

Nenngrößen von Bereifungen

Die folgende Aufgliederung wurde von der Firma Toyo erstellt. Das Beispiel beschreibt den Reifen

- **Toyo Proxes T1-S 265/40 ZR 17 96Y**

Proxes T1-S: Markenname und Reifentyp der Firma Toyo

265: gemessene Reifenbreite in Millimetern

40: Querschnittsverhältnis von Höhe zu Breite

ZR: Radialreifen

17: Durchmesser der Felge

96: Belastungsgrenze des Reifens, zum Beispiel darf dieser Reifen, bei richtigem Reifen-Luftdruck, mit 710 kg belastet werden.

Y: Symbol für die zulässige Geschwindigkeit, maximale Dauergeschwindigkeit (mit 710 kg belastet) beträgt hier bei diesem Beispiel 300 km/h.

Stahlgürtelreifen: Das „R" bezeichnet den konstruktiven Aufbau des Reifens. Stahlgürtelreifen sind eine der derzeitigen radial aufgebauten Reifenkonstruktionen.

DOT: Mit diesem Zifferncode lässt sich das Alter der Reifen auf eine Woche genau bestimmen. In den 1990er Jahren war am Ende der dreistelligen Zahlen ein Dreieck eingeprägt, das den Unterschied zu den 1980er Jahren für jeden deutlich machen sollte. Seit dem Jahr 2000 ist der Zahlencode vierstellig. 3709 bedeutet, das der Reifen in der 37sten Woche im Jahr 2009 produziert wurde. Insbesondere bei einem Sportwagen wie dem 911 sollten Reifen nicht älter als sechs Jahre sein, unabhängig vom Zustand des Profils. Der Werkstoff Gummi härtet mit der Zeit aus, was eine schleichende Verschlechterung der Haftung mit sich bringt.

Wichtig beim Kauf eines SC ist zu kontrollieren, ob die montierten Räder überhaupt in die Papiere eingetragen sind und in welchem Zustand – und vor allem wie alt – die Reifen sind. Bei diesem Fahrzeug kann man die Bezeichnungen deutlich erkennen.

Foto: Lee and Jay Heppe

Ein Winterreifen von Toyo: der SNOWPROX S941.

Foto: Toyo Tyres (Alan Meaker)

Angaben zur zulässigen Höchstgeschwindigkeit

Internationale Symbole für die zulässige Höchstgeschwindigkeit	Höchstgeschwindigkeit (km/h)
Sommerreifen	
S	180
T	190
H	210
V	240
W	270
Y	300
VR*	> 210*
ZR	> 240
Winterreifen	
Q	160
R	170

**Alte Bezeichnung*

Warum Winterbereifung?

Seit Dezember 2010 gilt in Deutschland wie in vielen anderen Ländern auch eine Winterreifenpflicht. Wer mit Sommerreifen bei Glatteis, Schneeglätte, Schneematsch, Eis- oder Reifglätte angehalten wird, muss mit einer Strafe von 40 Euro rechnen. Der doppelte Betrag ist fällig, wenn der Fahrer mit seinem Wagen noch dazu eine Behinderung für andere Verkehrsteilnehmer darstellt. Dazu kommt noch ein Punkt im Flensburger Verkehrszentralregister. Als Winterreifen gelten alle M+S-Reifen. Auch Ganzjahresreifen fallen darunter. Sie sind mit einem M+S-Symbol gekennzeichnet, teilweise auch in Verbindung mit dem Bergpiktogramm mit Schneeflocke (Alpine Symbol).
Ein spezielles Modell eines entsprechenden Reifens an dieser Stelle zu empfehlen, macht wenig Sinn, da die Reifenhersteller fast zu jeder Wintersaison neue Typen auf den Markt bringen. Ein Blick auf aktuelle Tests großer Autozeitungen oder Empfehlungen in den diversen Porsche Foren (z.B. www.PF-Magazin.de) spiegeln ein aktuelleres Bild wieder.

Bei diesen Straßenzuständen kann mit Sommerreifen nicht mehr sicher gefahren werden. Wer seinen SC im Winter bewegen will, sollte sich unbedingt einen Satz qualitativ hochwertiger Winterreifen anschaffen. Werksbild Porsche AG

Wie kann man winterliche Verkehrsbedingungen beschreiben?

- Temperatur der Straßenoberfläche unter + 7 °C
- Schnee auf der Straße bleibt liegen
- Eisschicht oder Reif auf der Straße

Diese genannten Straßenbedingungen sind für Sommerreifen schwer zu bewältigen, da sich zum Einen die Reifenwerkstoffe bei niedrigeren Temperaturen anders verhalten als bei hohen Plusgraden. Aber zum Anderen sind auch die Profilformen für diese Bedingungen nicht optimal. Die Sommerreifen haben weniger Grip, bergauf weniger Traktion und auch die Bremswege werden, verglichen mit Winterreifen, deutlich länger. Auf einer nassen Straßenoberfläche mit +7° C oder kälter ist der Bremsweg aus 80 km/h bis zum Stillstand um 38% länger.

Reifenverschleiß

Die wichtigsten Faktoren für Reifenverschleiß sind:

- Falscher, meist zu niedriger Luftdruck
- Falsch eingestellte Radlasten
- Falsch eingestelltes Fahrwerk (Spur- und Sturzwerte)
- Unsachgemäße Fahrweise

Je nachdem wie ein Porsche gefahren wird, kann die Lebensdauer einer neu aufgezogenen Bereifung um bis zu 30% differieren. Der von Porsche für den 911 SC empfohlene Luftdruck, gültig für alle Fahrgeschwindigkeiten, kalt gemessen ist:

- Vorderräder: 2,0 bar
- Hinterräder: 2,4 bar
- Ersatzrad: 2,2 bar

Das Notrad ist auch wirklich nur als solches anzusehen: Mehr als 80 km/h sollte man mit dem Faltrad auf keinen Fall fahren. Außerdem sollte man sehen, dass man auf kürzestem Wege in eine Werkstatt oder zum Reifenhändler fährt, um passenden Ersatz zu besorgen.

Reserverad und Faltreifen

Alle Porsche 911 SC sind serienmäßig mit einem faltbaren Ersatzrad ausgestattet. Das Reserverad befindet sich in gefaltetem Zustand im Gepäckraum. Wird das Reserverad für die Weiterfahrt benötigt, muss es zunächst aus dem Gepäckraum heraus genommen werden und mit dem beigefügten, elektrisch betriebenen, tragbaren Bordkompressor aufge-

Reserverad und der zum Aufpumpen benötige Bordkompressor.

Ein 911 SC „Weissach Spezial", Modelljahr 1980, mit etwas größeren Rädern als serienmäßig montiert waren. Foto: Kurt Fischer

Foto: Dan Chrisman

pumpt werden. Die Stromversorgung erfolgt über den Zigarettenanzünder. Das faltbare Ersatzrad darf nur an der Vorderachse verwendet werden. Hat der 911 SC einen defekten Hinterreifen, muss zuerst ein Vorderrad gegen das Ersatzrad getauscht werden. Anschließend wird das Vorderrad hinten montieren. Die Höchstgeschwindigkeit mit dem faltbaren Ersatzrad beträgt 80 km/h. Es wird dringend empfohlen, die Fahrstrecke so kurz wie möglich zu wählen. Mehr als 50 Kilometer sollte man mit dieser Notbereifung keinesfalls fahren.

Änderungen an Rädern und Bereifung

Worauf man achten sollte, bevor man auf eine andere Rädergröße wechselt:
Der erste Schritt vor der Anschaffung eines neuen Radsatzes für den 911 SC sollte darin bestehen, die derzeitig montierten Räder mit der Liste in diesem Kapitel zu vergleichen. Wenn die Felgenbreite innerhalb der erlaubten Grenzen liegt, dann ist die nächste wichtige Aufgabe, die Einpresstiefe zu vergleichen. Es ist sehr wichtig, die gleiche Spurweite einzuhalten. Diese kann (durch Distanzscheiben) vergrößert, aber nicht verringert werden.
Erkundigen Sie sich nach den neuen Einpresstiefen der Räder, dann subtrahieren Sie die alten Einpresstiefen (36 mm Vorderräder und 23,3 mm Hinterräder) von den neuen Einpresstiefen-Werten. Das Ergebnis zeigt, ob Sie noch Distanzscheiben benötigen oder ob das Gegenteil eintritt, dass die Spurweite vergrößert sein wird.
Verchromte Räder waren in den Jahren, als der 911 SC gebaut wurde, keine Mehrausstattung, aber sie sehen wirklich gut aus, auch nach all den Jahren. Gewarnt sei jedoch vor Korrosionsproblemen mit verchromten Felgen.

Als dieser 911 SC neu ausgeliefert wurde, existierte der montierte Bridgestone S (Null)-O2 Reifen noch gar nicht.

Verfügbare Felgen und Bereifungen im 21. Jahrhundert

Die folgende Tabelle mit Informationen über verfügbare Felgen und Reifen wurde von 911 SC-Besitzern aus der ganzen Welt zusammengetragen und wird hoffentlich den aktuellen Fahrern und auch den künftigen Besitzern eines SC weiterhelfen, die richtige Wahl bei der Neuanschaffung eines Radsatzes zu treffen.

Warnhinweis

Nicht alle Bereifungen haben exakt dieselbe Breite. Es ist bekannt, dass Reifen mit der gleichen Katalog-Reifenbreite in ihren Maßen um bis zu 12,5 mm differieren können.

Felgen vorn, Abmessung und Typ	Bereifung der Vorderachse	Felgen hinten, Abmessung und Typ	Bereifung der Hinterachse	Anmerkungen von 911 SC Besitzern
7J x 16 (Fuchs)	225/50 - 16	9J x 16 (Fuchs)	245/45 - 16	Kotflügel nachgearbeitet
7J x 16 (Fuchs)	225/50 - 16	9J x 16 (Fuchs)	245/45 - 16	Geringfügiges Streifen an der unteren Leitung zur Klimaanlage
7J x 16 (Fuchs)	225/50 - 16	8J x 16 (Fuchs)	245/45 - 16	keine
7J x 16 (Fuchs)	225/45 - 16	9J x 16 (Fuchs)	245/45 - 16	keine
7J x 16 (Fuchs)	205/55 - 16	9J x 16 (Fuchs)	245/45 - 16	Kotflügel nachgearbeitet
8J x 16 (Fuchs vom 951)	205/50 - 16	9J x 16 (Fuchs vom 930)	245/45 - 16	Kotflügel nachgearbeitet, Bremssättel vom 930 Turbo eingebaut
6J x 15 (ATS)	195/65 - 15	7J x 15 (ATS)	215/60 - 15	Originalauslieferung
7J x 17 (964 Replika)	225/45 - 17	9,5J x 17 (964 Replika)	255/40 - 17	Kotflügel nachgearbeitet, Distanzscheiben vorne 21 mm, Distanzscheiben hinten 25,4 mm
7J x 17 (964 Cup)	225/45 - 17	9,5J x 17 (964 Cup)	255/30 - 17	Kotflügel nachgearbeitet, Distanzscheiben vorne 21 mm, Distanzscheiben hinten 25,4 mm
6J x 16 (Fuchs)	205/55 - 16	7J x 16 (Fuchs)	225/50 - 16	
6J x 16 (Ronal)	205/55 - 16	8J x 16 (Ronal)	225/50 - 16	
8J x 17	235/45 - 17	9,5J x 17	275/45 - 17	
7J x 15	205/50 - 15	8J x 15	225/50 - 17	

Hinweis: Kotflügel nachgearbeitet bedeutet, dass die Reifen-Felgen-Kombination beim Einfedern oder bei Kurvenfahrt an Blechteilen des Kotflügels schleifen würde. Daher mussten diese Fahrzeuge im Kotflügelbereich nachgearbeitet werden, um Platz zu schaffen.

Hinweis: Generell ist darauf zu achten, dass die gewählte Felgen-Reifen-Kombination im Kfz-Brief eingetragen ist oder eine Freigabe von Porsche für den 911 SC besitzt. Sofern keine original Porsche Felgen verwendet werden, muss für diese Zubehörteile eine ABE vorliegen.

Das Lackieren der Nabe und der Speichen (in Wagenfarbe oder Schwarz) und das anschließende Überziehen der Felge mit Klarlack ist eine gute Methode, um Korrosion zu verhindern. Foto: Daniel Elsass

Hier sehen Sie, was der Korrosionsschutz eigentlich verhindern soll.
Foto: Jeffrey Chan

Die Pflege der Räder

Wenn etwas am 911 SC altert, dann sind es die Felgen. Korrosion setzt ein, insbesondere an den Leichtmetallrädern, wenn diese im Winter auf gesalzten Straßen bewegt werden. Hier kann sich, zunächst unerkannt, von der Innenseite aus Korrosion ausbreiten, was sich durch ein Auflösen der Leichtmetallstruktur bemerkbar macht. Wenn die Korrosion einmal begonnen hat, kann man diese nicht aufhalten. Allerdings kann man die Felgen vorbeugend schützen, indem man sie lackiert. Dies ist eine gute Methode, solange der verwendete Lack dazu geeignet ist und die Farbe alle 5 Jahre entfernt und die Räder erneut lackiert werden. Porsche selbst lackiert die Räder serienmäßig mit Klarlack; auch das ist eine empfehlenswerte Methode.
Das Verchromen von Leichtmetallrädern kann keinesfalls empfohlen werden. Der galvanische Prozess erzeugt sogar Korrosion. Das hat Porsche schon vor Jahren mit großem Aufwand ausgiebig erprobt.
Die beste Methode, Korrosion an den Rädern zu verhindern, ist gleichzeitig die einfachste. Waschen Sie die Felgen regelmäßig und reinigen Sie diese gründlich, auch auf der Rückseite. Verwenden Sie anschließend ein Schutzwachs, wie Sie es auch zum Polieren der Karosserieteile verwenden. Diese Wachsschicht hilft zusätzlich Korrosion zu verhindern. Vermeiden Sie Fahrten auf winterlichen Straßen, wenn dort der Einsatz von Streusalz sehr wahrscheinlich ist. Aus diesem Grunde werden lackierte Stahlräder für den Winterbetrieb angeboten. Und auch wenn der Winter eigentlich vorbei ist, liegt immer noch eine Menge Salz und Splitt entlang der Fahrbahn. Sofern dann doch der 911 SC für die erste Frühlingstour herausgeholt wird, dann gönnen Sie dem Fahrzeug anschließend wenigstens eine Unterbodenwäsche, sodass der Fahrzeugboden und die Innenseiten der Felgen wieder von Schmutz und Salz befreit werden. Erst ein ausgiebiger Frühlingsregen wäscht das Salz wieder von der Straßenoberfläche und den Seitenstreifen.

Kapitel 7

Die Karosserie

Das Blechkleid des SC

Der hier gezeigte Porsche 911 SC, Modelljahr 1981, war für den Export in die USA bestimmt, erkennbar an den damals gesetzlich vorgeschriebenen Scheinwerfern mit den senkrechten Streuscheiben der Sealed Beam-Lampen. Foto: R.Warren Cramer

Strukturell ist der Porsche 911 SC identisch mit dem Carrera 3,0.

Werksbild Porsche AG

Einführung

Betrachtet man das Karosserie-Design des Porsche 911 SC, so stellt man zunächst keine großen Änderungen gegenüber früheren Neunhundertelfern fest. Es wird zwar zuweilen behauptet, dass der 911 SC der erste Neunelfer mit der größeren Gesamtbreite sei, aber das ist nicht ganz richtig, denn es waren die Porsche 911 Carrera ab Modelljahr 1974 und die Porsche 911 Carrera 3,0 ab 1976, die schon die Fahrzeugbreite von 1652 mm hatten. Die Rohkarosserien der angesprochenen Neunelfer sind identisch. Trotzdem hält sich unter den 911 SC-Besitzern hartnäckig die Behauptung, ihr Modell wäre der erste 911 mit dem breiteren Heck.
Dazu muss man aber auch bedenken, dass nur 2500 Carrera 3,0 in den zwei Modelljahren gebaut wurden und diese wurden auch nur in ausgewählte Märkte verkauft. Daher ist es durchaus nicht unberechtigt, davon zu sprechen, dass der SC als erster der 911-Baureihe das verbreiterte Heck besitzt.

Es war auch dieses breite Heck des 911 SC, das den Autor dazu veranlasste, in die Welt der Neunelfer einzusteigen. An einem ruhigen Sonntag im Sommer 1978 war ich in Südaustralien auf dem South Eastern Freeway (südwestlich von Adelaide) mit meinem treuen Fiat 124 Sport unterwegs. In meinem Rückspiegel sah ich nicht einen sondern zwei Porsche, die rasch zu mir aufschlossen, mich am Berg überholten und noch ehe ich oben ankam, waren sie bereits verschwunden. Ich erinnere mich nur noch, dass ich zwei breite Hinterteile gesehen habe, die dann vor meinen Augen verschwanden. Da wurde mir klar, dass ich unbedingt einen solchen Sportwagen besitzen möchte. Später begegnete ich den beiden Porsche Fahrern an einer Raststätte und ich sah mir die Fahrzeuge mal genauer an. Das war meine erste Bekanntschaft mit dem Porsche 911 SC.

Es war ein weißer 911 SC genau wie dieser, der dem Autor im Jahre 1978 alle Sinne für das Thema Porsche öffnete. Foto: Adrian Streather

Es sollte aber noch 20 Jahre dauern, bis ich selbst einen Neunelfer mit dem üppigen Hinterteil mein Eigen nennen konnte. Der 911 SC setzte übrigens die Porsche Tradition fort, nicht nur linksgelenkte, sondern auch rechtsgelenkte Sportwagen zu entwickeln und herzustellen. Dieses Konzept, nebeneinander beide Varianten herzustellen, wurde sogar bei den Teilenummern realisiert und erst mit dem Modelljahr 1989 vereinheitlicht.

Zwei 911 SC Coupés, bereit für die Wintereinlagerung. Die Karosserie des SC ist zwar verzinkt, was aber nicht heißt, dass diese 911-Baureihe keine Rostprobleme hat. Schlecht ausgeführte Karosseriereparaturen können großen Schaden anrichten, weil die Zinkschutzschicht beschädigt ist und Wasser eindringen kann. Foto: Albert Upshe

Qualitätsprüfung im Jahre 1980: Jedes Fahrzeug, das das Werk in Zuffenhausen verlässt, wurde zuvor getestet und bekam ein eigenes Prüfprotokoll. Werksbild Porsche AG

Die Struktur der Karosserie

Die komplette Karosserie wurde aus feuerverzinkten Stahlblechen hergestellt. Die Zinkschichten auf beiden Seiten der Bleche wurden noch vor dem Stanzen und Pressen der Karosserieteile durch viermaliges Tauchen in eine Zinkschmelze aufgebracht.

Hinweis:
Mit dem Einsatz von verzinkten Karosserieblechen wurde im Modelljahr 1976 begonnen. Dazu mussten sowohl die Technik für das Punktschweißen als auch die üblichen Schweißverfahren umgestellt werden. Das hatte natürlich auch einen direkten Einfluss auf Karosseriereparaturen und die Beseitigung von Unfallschäden. Diese Problemstellung wird später im Kapitel Unfallreparaturen angesprochen.

Nach der Fertigstellung müssen die Karosserien – noch vor Erreichen der Lackieranlage – verschiedene Vorbehandlungsstufen durchlaufen:

- Tauchbad, um die Blechoberflächen für die Lackierung vorzubereiten
- Kataphorese-Tauchbad, um erste Deckschicht aufzubringen (Primer)
- Aufbringung eines Heißwachs-Füllers, um Hohlräume zu schützen
- Aufbringung einer PVC-Schicht in Kotflügeln und auf den Unterboden

Erst wenn diese Arbeitsgänge abgeschlossen sind, erreichen die Karosserien die eigentliche Lackiererei und werden dort mit den für ein bestimmtes Modelljahr ausgewählten Farben lackiert.

Nur ganz geringe kosmetische Änderungen wurden während den Produktionsjahren an der Karosserie des 911 SC durchgeführt. Diese Änderungen waren aber nur marginal, sodass die Fahrzeuge, die 1978 fertig gestellt wurden, prinzipiell identisch sind mit denen, die am Ende des Produktionsjahres 1983 aus den Produktionshallen herausrollten.

Die Spurweite wird, wie im Bild zu sehen, von Radmitte zu Radmitte gemessen. Das Einstellen von Spur und Radsturz ist ein Fall für die Werkstatt.

Abmessungen Porsche 911 SC

911 SC Karosseriemaße 1978 bis 1983	
Länge (mm)	4291
Breite (mm)	1652
Radstand (mm)	2272

Die Spurweite der Vorderachse des 911 SC wird mit den serienmäßigen Porsche Rädern angegeben.

Abmessungen der Räder	Spurweite vorne (mm)
5,5J x 15	1349
5,5J x 14	1351
6J x 15	1361
6J x 16	1361
7J x 15	1386
7J x 16	1386

Die Spurweite der Hinterachse des 911 SC wird mit den serienmäßigen Porsche Rädern angegeben.

Abmessungen der Räder	Spurweite hinten (mm)
5,5J x 15	1330
5,5J x 14	1332
6J x 15	1342
6J x 16	1342
7J x 15	1367
7J x 16	1367
8J x 15	1389

Hinweis:
Die 14-Zoll-Räder waren Bestandteil des Komfortpakets. Das Leergewicht nach DIN 70020 blieb beim 911 SC für alle Modelljahre bei 1160 kg. Das zulässige Gesamtgewicht stagnierte gleichzeitig bei rund 1500 kg.

Hinweis:
Einzelheiten zur Fahrzeughöhe und den Achslasten finden Sie in ***Kapitel 6.***

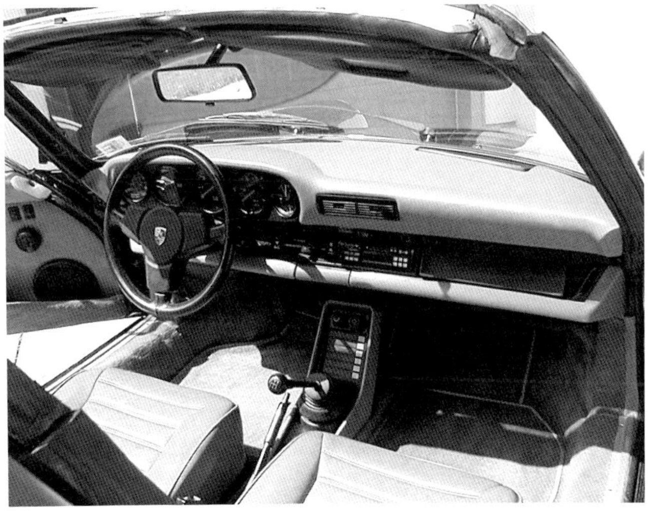

Porsche hat beim 911 SC sowohl im Targa als auch im Coupé dieselbe Windschutzscheibe verbaut. Foto: Tom Uban

Verglasung

Die in der Serienproduktion eingebauten Windsschutzscheiben stammten vom Hersteller Sekuriflex. Die Original-Sekuriflex-Windschutzscheiben sind heute nicht mehr verfügbar. Die Windschutzscheiben, die aktuell als Ersatzteil geführt werden, stammen von Sigla und sind von der Qualität her identisch. Die übrige Verglasung, also Seitenscheiben und Heckscheibe, stammen weiterhin von Sekuriflex und sind über die Porsche Niederlassungen weltweit verfügbar.

Hinweis:
Es gab 1984 eine Kleinserie von 20 Fahrzeugen des Typs Porsche 911 SC RS (interne Typnummer 954) für den Einsatz bei Rallyes und Rundstreckenrennen. Diese Fahrzeuge hatten zur Gewichtsreduzierung eine deutlich leichtere Verglasung bekommen, bei der die Windschutzscheibe durch Verwendung von dünneren Glaslagen im Composite-Material gewichtssparend gefertigt wurde.

Die serienmäßigen Verglasungen für den 911 SC aus Klarglas, die Windschutzscheibe als auch die Seitenscheiben betreffend, waren für die USA und für Kanada nicht zulässig. Die Heckscheibe aus Klarglas war jedoch erlaubt. Die Windschutzscheiben, wie sie im SC verbaut wurden, sind identisch mit denen vom 911 Carrera 3,0.

Die Heckscheibe des 911 SC Targa war nur mit getöntem Glas und der Dual-Heizleistung mit 150/300 Watt im Angebot.

Für die SC-Baureihe sind drei verschiedene Windschutzscheiben verfügbar:

- Getönt
- Oberer Bereich getönt (Grünkeil-Scheibe), eingeführt im Modelljahr 1980
- Oberer Bereich getönt, mit Heizdrähten (Scheibenheizung), eingeführt im Modelljahr 1980
- Klarglas (nicht erlaubt in den USA und Kanada)

Es gibt zwei verschiedene Varianten der Heckscheiben mit eingelegten Heizdrähten:

- Klarglas mit einer Heizleistung von 150 Watt
- Klarglas mit doppelter Heizung von 150/300 Watt
- Getöntes Glas mit 150 Watt Heizleistung
- Getöntes Glas mit 150/300 Watt Dual-Heizleistung

Die an allen 911 SC montierten seitlichen Faltenbälge sind Teil der nachgebenden Stoßfänger. Diese Faltenbälge sind auch am hinteren Stoßfänger im Einsatz.

Dieser 911 SC wurde ohne Scheinwerfer-Reinigungsanlage bestellt.

Foto: Julia Lynn

Der erste 911 SC, der die Werkshallen in Zuffenhausen mit einem Heckspoiler für den USA-Markt verließ, war der „Weissach Spezial".

Foto: Kurt Fischer, Jim Giampaolo, Robert Hall jun.

Exterior

Stoßfänger

Ab dem Modelljahr 1973 war es in den USA gesetzlich geregelt, dass alle Importfahrzeuge mit Energie absorbierenden Gummipuffern vorne und hinten ausgestattet sein mussten. Nach Informationen von Porsche wurden ab Modelljahr 1974 die Stoßfänger der US-Modelle zusätzlich hydraulisch federnd ausgelegt, so dass nach einem Aufprall mit geringer Geschwindigkeit die Stoßfänger selbst in die ursprüngliche Lage zurückfedern konnten. Ab dem Serienanlauf des 911 SC im Modelljahr 1978 waren diese federnden Stoßfänger in den USA- und Kanada-Fahrzeugen eingebaut. Für RdW-Fahrzeuge konnten die hydraulisch federnden Stoßfänger als Mehrausstattung bestellt oder nachträglich montiert werden. Die RdW-Fahrzeuge hatten nämlich nur einfache, nachgiebige Pralldämpfer hinter den Stoßfängern, die nach einem Aufprall ohne großen Zeit- und Geldaufwand ersetzt werden konnten.

Die Stoßfänger vorne und hinten waren weltweit identisch. Es gab lediglich zwei Varianten des vorderen Stoßfängers, nämlich eine mit den Bohrungen für die Scheinwerfer-Reinigungsanlage (M288) und einen ohne diese Bohrungen.

Die vordere Stoßfänger-Einheit des 930 Turbo konnte ab Modelljahr 1982 auch am 911 SC montiert werden.

Hinterer starrer Spoiler

Drei der am meisten gestellten Fragen von zukünftigen Käufern und neuen 911 SC-Besitzern lauten:

Sollte der 911 SC einen Heckspoiler haben?

Antwort: Bei den 911 SC Fahrzeugen der Modelljahre 1978 und 1979 wurden vom Werk keine Heckspoiler typisiert oder angeboten. Für Großbritannien enthielt ab dem Modelljahr 1980 die Mehrausstattung M 637 (Sportpaket) auch den Heckspoiler.

Wann wurden Heckspoiler für den 911 SC als Mehrausstattung angeboten?

Heckspoiler konnten im Modelljahr 1980 für normale Serienfahrzeuge 911 SC als Mehrausstattung M 473 bestellt werden.

Ein Original PU-Heckspoiler, montiert an einem 911 SC Coupé, Modelljahr 1981. Foto: Simon Gigney

Zum Vergleich: Ein Heckspoiler, wie er eigentlich für den Turbo entwickelt wurde, hier montiert an einem 911 SC Targa. Foto: Adrian Streather

Wann wurden Heckspoiler serienmäßig beim 911 SC angebaut?

Heckspoiler waren zu keinem Zeitpunkt serienmäßig am 911 SC montiert. Sie waren Bestandteil der Mehrausstattungsliste, auch die Sondermodelle wie z.B. „Weissach Spezial" hatten den Heckspoiler nicht serienmäßig im Ausstattungspaket. Hier musste der Heckspoiler ebenfalls mit einem gesonderten Mehrausstattungs-Auftrag bestellt werden.

Die Aussage „Der Typ Weissach hatte serienmäßig einen Heckspoiler" sind vom technischen Standpunkt der Produktion aus betrachtet nicht ganz richtig. Der „Weissach Spezial" war ein Porsche 911 SC mit Mehrausstattungen. Gleiches gilt für das Sportpaket.

Der Heckspoiler, der als Mehrausstattung ab Modelljahr 1980 angeboten wird, hat bei Porsche die Bezeichnung „PU*-Heckspoiler". Diese Ausführung unterscheidet sich vom Spoiler des 911 Turbo desselben Modelljahres und auch von dem, der am „Weissach Spezial" montiert wurde. Den Unterschied zwischen einem PU*-Spoiler und jedem anderen Spoiler ist so zu erklären:

Ein PU*-Spoiler besteht fast ausschließlich aus dauerelastischem Polyurethanschaum. Die anderen beiden Spoilerversionen – jene des 911 Turbo und des „Weissach Spezial" – sind aus hartem Kunststoff und haben lediglich an den Außenkanten des Flügels eine elastische Umrandung.

*** Hinweis:**

Die Abkürzung „PU" steht für Polyurethan, ein Kunstharzschaum, der je nach Herstellung hart, spröde, aber auch dauerelastisch und weich sein kann. Polyurethan kann problemlos in Wagenfarbe lackiert werden.

Hinweis:

Der serienmäßige PU-Spoiler brauchte keinen zusätzlichen speziellen Motorraum-Deckel. Für das Modell „Weissach Spezial" dagegen war eine besondere Ausführung erforderlich. Zum Modelljahr 1981 wurde der Deckel für den serienmäßigen 911 SC geändert. Diese Änderung betraf auch die Befestigungsteile aus Metall. Aus dem Porsche Teile-Katalog ist zu entnehmen, dass der Heckspoiler des 911 SC und der des 911 Turbo kompatibel sind.

Targa-Dach

Zum Modelljahr 1974 wurde ein neues Faltdach für den Porsche 911 Targa entwickelt. Das neue Dach hatte Metallastik-Befestigungsteile im hinteren Bereich. Die Zapfen zum Fixieren des Daches waren jetzt mit auswechselbaren Plastikhülsen versehen. Geänderte Metallastik-Stützlager mit längeren Stecksystemen waren im Überrollbügel untergebracht, um die längeren Fixierzapfen aufzunehmen. Ein weiterer Befestigungszapfen war in der Zentrallagerung des hinteren Dachrahmens angebracht. Die Zapfen waren elastisch in Gummi gelagert und versteiften das herausnehmbare Dach zusätzlich.

Geänderte Dichtleisten entlang dem Rahmen der Windschutzscheibe und an der Vorderseite des Targa-Bügels sorgten für bessere Abdichtung und geringere Windgeräusche. Diese Änderungen wurden auch für den 911 SC übernommen.

Ebenfalls im Modelljahr 1974 eingeführt und für den 911 SC übernommen war das herausnehmbare Festdach (Hardtop), welches das Faltdach ersetzt. In der Betriebsanleitung ist jedoch kein Hinweis zu diesem zusätzlich angebotenen Hardtop zu finden.

Das serienmäßige Targa-Dach kann zusammengefaltet und platzsparend im Gepäckraum verstaut werden, wenn es nicht gebraucht wird. Das Dach hatte seine eigene Schutzhülle, die mit dem Neuwagen mitgeliefert wurde.

Hinweis:

Diese Hülle sollte ein Punkt in Ihrer Check-Liste sein, wenn Sie einen zum Verkauf stehenden Targa besichtigen.

Cabriolet-Verdeck

Beim Porsche 911 SC Cabriolet wird das Verdeck mechanisch von Hand betätigt. Sorgen Sie dafür, dass das Fahrzeug sicher abgestellt ist, wenn das Dach geöffnet oder geschlossen werden soll.

Die von Porsche veröffentlichten Abbildungen zeigen die Prozedur der Verdecköffnung und erklären die wichtigsten Handgriffe beim Öffnen.

Vollständige Instruktionen zur Betätigung finden Sie in der Betriebsanleitung des 911 SC.

Im Angebot war auch ein spezielles Hardtop für den SC, das die Teilenummer 911.503.969.00 hat. Zum Hardtop-Installationsset gehört auch eine Schutzhülle aus Kunstleder.

Stahlschiebedach

Das elektrisch betätigte Stahlschiebedach, Mehrausstattungs-Nummer M 650, musste gesondert für den 911 SC beim Händler bestellt werden. Es wird mit einem Kipptaster betätigt, der sich über dem Zündschloss befindet. Das Schiebedach ist mit einer Rutschkupplung ausgestattet, die den Antriebsmechanismus auskuppelt, wenn ein gewisser Widerstand überschritten wird. Diese Sicherheitsabschaltung dient als Schutz, damit sich beim Schließen des Schiebedaches niemand die Finger oder sonstige Körperteile einklemmt.

Das elektrisch betätigte Stahlschiebedach und der Antriebsmechanismus bestehen aus:

- Einem einzelnen Elektromotor, der sich im hinteren Dachbereich zwischen dem Blechdach und der Innenverkleidung befindet. Er kann freigelegt werden, indem man einen Reißverschluss in der Dachverkleidung öffnet.
- Antriebsgetriebe, das direkt mit dem Antriebsmotor verbunden ist.
- Zwei Seilzüge (links und rechts), die vom Antriebsgetriebe nach vorne zur Schiebe-Mechanik führen.
- eine Handkurbel zum Öffnen und Schließen des Schiebedachs, wenn der elektrische Antrieb ausgefallen ist.
- Wenn allerdings der Fehler am Kabelzug oder am Getriebe auftritt, hilft auch die Handkurbel nicht mehr. Sobald ein nennenswerter Widerstand bei Benutzung der Handkurbel zu spüren ist, sollte nicht mit Gewalt versucht werden, das Dach zu betätigen, denn es könnte dadurch zu weiteren Schäden kommen.

Der Kipptaster für die Betätigung des Schiebedachs sitzt links über dem Zündschloss in der Armaturentafel.

Die Sonderausstattung „Stahlschiebedach" erhöht das Leergewicht des 911 SC um etwa 10 Kilogramm.

Ein 911 SC Cabriolet mit der serienmäßigen Vollleder-Ausstattung.

Foto: Keith Stevens

Innenausstattung

Das Interieur des 911 SC blieb gegenüber dem Vorgänger 911 Carrera 3,0 weitgehend unverändert. Neue Gewebestoffe wie „Pascha" (Modelljahr 1980) und „Berber" (Modelljahr 1981) gehörten zu den geringfügigen Änderungen, die sofort ersichtlich waren. Die Einführung des Stoffs „Pascha" für die Sitze führte zu einigen Debatten. Das Design war für den Porsche 928 ausgewählt worden. Von dem einen Teil der Kundschaft begeistert angenommen, lehnte der andere Teil der Käufer das Design ebenso leidenschaftlich ab. Weitere kosmetische Änderungen wurden durchgeführt, so etwa eine Zentralablage, um Platz für Kleinigkeiten zu schaffen. Eigentlich gab es aber nichts Neues bei der Innenausstattung, so dass der Übergang vom 911 S zum 911 SC recht fließend war.

Ab dem Modelljahr 1983 wurde das Angebot an möglichen Mehrausstattungen noch erweitert. Gegen Aufpreis war nun Vollleder in den Coupés zu haben, während die Vollllederausstattung bei allen 911 SC Cabriolets serienmäßig war. Leder ist strapazierfähiger als ein Textilgewebe, benötigt aber etwas Pflege.

Eines der allerletzten Cabriolets der Baureihe 356 das jemals gebaut wurde. Dieses Fahrzeug ist ein 356 B aus dem Modelljahr 1963.

Foto: Manfred Sappler

Die Lederausstattung beim 911 SC erinnerte an die Zeit der ersten Porsche 356 Cabriolets, die seinerzeit ebenfalls mit einer Lederausstattung übergeben wurden.

Vordere Sitze

Es gab nur zwei unterschiedliche Sitz-Ausführungen für den 911 SC:

- Standard- bzw. Komfortsitze
- Sportsitze

Der Standardsitz wurde in vielen verschiedenen Farben und mit vielen Varianten für die Zwischenpolsterung angeboten. Diese Sitze sind alle im Anhang B dieses Buches beschrieben. Das Design und der Aufbau des Standardsitzes hat sich während der gesamten Produktionszeit des 911 SC nicht geändert. Alle Mehrausstattungen wurden für alle SC-Varianten angeboten, ausgenommen die „Weissach Spezial"-Modelle für den USA-Markt und die „Ferry Porsche Spezial" für den RdW-Markt.

Die Sportsitze wurden nur als Mehrausstattung ab Modelljahr 1980 angeboten. Das Design des Sitzes hatte sich etwas geändert und für die Modelljahre 1981 bis 1983 gab es eine neue Sportsitz-Generation. Beide Sitze, der Standardsitz wie auch der Sportsitz, wurden mechanisch verstellt.

Hintere Sitze

Ab Modelljahr 1980 war es möglich, dass auch die hinteren Sitze mit den gleichen Stoffen und Farben bezogen werden konnten, wie sie für Fahrer- und Beifahrersitze ausgewählt wurden. Im Modelljahr 1983, bei Einführung des Cabriolets, wurden dafür spezielle neue, um 125 mm gekürzte Rücksitze entwickelt.

Gepäck- und Motorraum

Die Ladekapazität des Gepäckraums des 911 SC war gleich groß wie die des 911 Carrera 3,0, aber etwas voluminöser als bei den früheren 911 und 911 S aus den Modelljahren 1976 und 1977. Vergleicht man die Motorräume dieser Modelle, dann kann man feststellen, dass jener des 911 SC genau gleich groß war wie der des Carrera 3,0, er jedoch etwas größere Abmaße als der Maschinenräume des 911 und 911 S der Modelljahre 1976 und 1977 aufwies.

Die einzige Änderung beim Wechsel zum 911 SC war eine Notbeleuchtung des Motorraums. Diese Lampe kann nur eingeschaltet werden, wenn das Fahrlicht brennt und wenn man den Deckel der Leuchte dreht. Die Abdeckung des Motorraumes ist links und rechts an Scharnieren befestigt und wird von Gasdruckdämpfern offengehalten.

Hinweis:

Der Anbau eines feststehenden Heckspoilers macht auch den Austausch der Gasdruck-Heber notwendig. Das zusätzliche Gewicht des Heckspoilers ist zu groß für die serienmäßigen Dämpfer, die in diesem Falle am besten gegen jene des 911 Turbo (Typ 930) getauscht werden sollten.

Porsche 911 SC Coupé, Modelljahr 1980, Linkslenker-Fahrzeug

Foto: Colin Judd

Porsche 911 SC Coupé, Modelljahr 1981, Rechtslenker-Fahrzeug

Foto: Simon Gigney

Unterschiede zwischen Linkslenker- und Rechtslenker-Fahrzeugen

Eine häufig gestellte Frage von Besitzern eines rechtgelenkten Exemplaren lautet: „Ist der SC eigentlich eine vollkommene Eigenkonstruktion und separat gebaute Version oder ein umgebautes Linkslenker-Fahrzeug?"
Antwort: Schon die Rohkarosserien sind unterschiedlich, was auch erklärt, warum jeweils eigene Teilenummern vergeben wurden. Zwar basiert die Karosserie des rechtsgelenkten Fahrzeugs auf der Linkslenker-Karosserie, sie wurde jedoch schon im Rohbau für die Länder mit Linksverkehr besonders umgerüstet.
Bei einer Prüfung, ob es sich um ein Original-Fahrzeug mit Rechtslenkung ab Werk handelt, sollte man folgende Details beachten:

- Die Einfüllöffnung für den Kraftstofftank befindet sich auf derselben Seite wie beim linksgelenkten Fahrzeug (auf dem linken Kotflügel).
- Der Zuggriff zum Öffnen der Motorhaube ist hinter der linken Tür angebracht.
- Der Zuggriff zum Öffnen der Tankklappe ist auf der linken Seite unter der Armaturentafel zu finden.
- Die Lenksäulen-Anordnung ist zwar auf die rechte Seite verlegt, die Bedienhebel für Fernlicht und Blinker sind jedoch wie beim Linkslenker angeordnet.
- Die Scheibenwischer der Windschutzscheibe sind gegenüber den Linkslenker-Fahrzeugen spiegelbildlich angeordnet. Um ein besseres Wischfeld für den Fahrer zu gewährleisten, liegen die Wischerblätter in Ruhelage waagrecht jeweils auf der Fahrerseite, also beim rechtsgelenkten Fahrzeug rechtsseitig.

Die Abbildungen auf den nächsten beiden Seiten zeigen Details von 911 SC-Fahrzeugen, wobei jeweils ein Linkslenker-Fahrzeug einem Rechtslenker-Exemplar gegenüber gestellt wird. Es handelt sich dabei um keine nachgerüsteten, auf Rechtslenker umgebaute Fahrzeuge, sondern Originale, die im Zuffenhausener Werk gefertigt wurden.
An nachgebauten und umgerüsteten Fahrzeugen werden meist nur die zwingend erforderlichen Änderungen ausgeführt. Die kleineren kosmetischen Umrüstungen werden dabei normalerweise nicht vorgenommen. Der folgende Abschnitt verschafft Klarheit.

Unterschiede und Gemeinsamkeiten zwischen linksgelenkten und rechtsgelenkten 911 SC

Linkslenkerfahrzeug

Ansicht von vorne

Gepäckraum

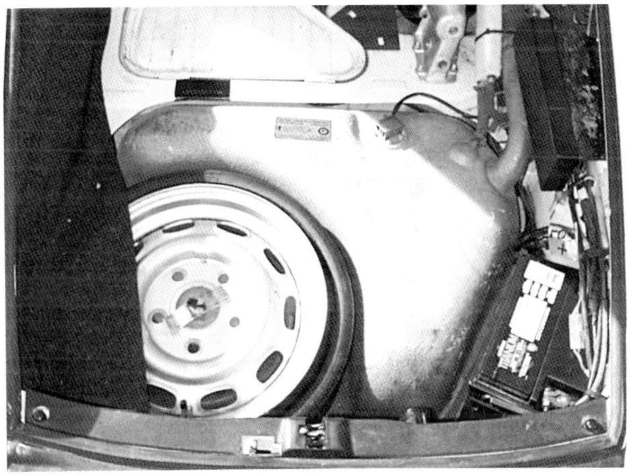

Lenkung, Schaltung und Armaturentafel

Rechtslenkerfahrzeug

Ansicht von vorne

Gepäckraum

Lenkung, Schaltung und Armaturentafel

Linkslenkerfahrzeug

Pedale

Motorraum

Heckansicht

Rechtslenkerfahrzeug

Pedale

Motorraum

Heckansicht

Ein original Rechtslenker-Fahrzeug wie es von Porsche ausgeliefert wurde. Foto: Paul Rawnsley

Umbau Linkslenker auf Rechtslenker: Original vs. Umrüstung

Im vorigen Kapitel wurde erwähnt, dass es zwei unterschiedliche Typen des rechtsgelenkten 911 SC gibt: Zum einen jene Exemplare, die werksseitig für Länder mit Linksverkehr produziert wurden und zum anderen die Fahrzeuge, die ursprünglich als linksgelenkte 911 SC ausgeliefert und von ihrem Besitzern nachträglich auf Rechtslenkung umgebaut wurden.

Hinweis:

Beim Kauf eines rechtsgelenkten SC sollte man sich vorher über die anstehenden Umbaumaßnahmen erkundigen, damit ein solches Fahrzeug auf deutschen Straßen betrieben werden kann. Erkundigen Sie sich deshalb nach entsprechenden Umrüstvorschriften.

Auf den ersten Blick ist schwierig, den Unterschied zwischen Original und Nachrüstung festzustellen. Allerdings zeigen die Abbildungen auf der linken Seite eine Besonderheit, die von den Umrüst-Firmen aus Kostengründen gerne vernachlässigt wird: Ein vom Werk hergestellter, rechtsgelenkter 911 SC hat spezielle, für den Linksverkehr vorbereitete Türen. Das bedeutet, dass die Verkleidung der Fahrertüre zwei Tasten für die Fensterheber hat und auch der Außenspiegel an der „richtigen" Stelle angebracht ist.
Die linke Tür (Beifahrerseite) hat dann nur eine Taste für das Beifahrerfenster. Wenn ein 911 SC in einer Werkstatt von Links- auf Rechtslenkung umgerüstet wird, werden die Türen bzw. Türverkleidungen normalerweise nicht ausgewechselt. Lediglich ein zusätzlicher Außenspiegel wird montiert.

Hinweis:

Aus Kostengründen kamen nur bei wenigen der in Werkstätten nachträglich umgebauten, ehemaligen Linkslenker neue Porsche Teile für die Umrüstung zum Einsatz. Die meisten Teile der Innenausstattung werden von Gebraucht- oder Unfallfahrzeugen übernommen.

Ein nachträglich auf Rechtslenkung umgebautes 911SC Coupé. Foto: Simon Gigney

Im seltenen Fall, dass beim 911 SC das Dach ersetzt werden soll, muss das Neuteil angeschweißt werden. Das ist keine Arbeit für Hobby-Schrauber!

Unfallreparaturen

Auch Porsche Sportwagen haben Unfälle, wobei die große Mehrzahl davon Heckaufprallschäden sind.

Dieser Abschnitt im Buch behandelt nicht die Problematik, wie man Unfallschäden beseitigt. Für diese Zwecke gibt es das Porsche Reparaturhandbuch. Im Folgenden werden einige Einzelheiten herausgestellt, die für einen 911 SC-Besitzer nützlich sein können, wenn er jemals in einen Unfall verwickelt sein sollte und eine Reparatur notwendig wird.

Die Karosseriearbeiten – wie auch Arbeiten am Fahrwerk – sollten grundsätzlich nur in ausgesuchten Fachwerkstätten durchgeführt werden. Aber es ist immer gut zu wissen, worauf man bei Reparaturen am Blechkleid des SC achten sollte.

Der größte Feind eines jeden Porsche ist Korrosion. Die feuerverzinkten Karosserien, die ab 1976 verwendet wurden, und die Anwendung von aufgesprühtem Unterbodenschutz haben das Risiko der Rostbildung zwar drastisch verringert. Wird jedoch die feuerverzinkte Oberfläche beschädigt und nicht fachgerecht repariert, ist es beinahe unvermeidlich, dass die Farbe in diesem Bereich früher oder später Blasen bildet und aufbricht, da sich der Rost seinen Weg ins Freie sucht.

Unzureichende oder billig ausgeführte Unfallreparaturen sind oft die Ursache und nur der Anfang von teuren Korrosionsschäden.

Die vorderen Kotflügel gehören zu den wenigen an- und abschraubbaren Karosserieteile einer 911 SC-Karosserie. Foto: Paul Rawnsley

Nur sehr wenige Bauteile der Karosserie sind mit Schrauben befestigt und können entfernt werden. Das bedeutet, dass die meisten Unfallreparaturen sehr aufwändige Arbeiten sind und Schweißen erforderlich wird. Zink wird verwendet, um Karosseriebleche vor Korrosion zu schützen. Die Dicke der Zinkschicht variiert zwischen 7,5 und 20 Mikrometer, abhängig vom Korrosionsrisiko im Bereich des Blechteils.

Bei einer Karosseriereparatur erfordert die Zinkschicht drei besondere Arbeitsgänge die beachtet werden müssen:

- Von der vorhandenen Zinkschicht sollte so wenig wie möglich abgeschliffen werden.
- Niemals säurehaltige Reinigungsmittel verwenden.
- Beim Schweißen Techniken anwenden, die die Zinkschicht so wenig wie möglich beschädigen.

Prüfen Sie die Wasserablaufschläuche im Führungsrahmen des Schiebedachs.

Prüfen Sie die Türabläufe für Wasser an der Unterseite der Türen und kontrollieren Sie, ob die Türtaschen trocken sind. Sollten Letztere feucht sein, ist das kein gutes Zeichen. Foto: Tom Uban

Hinweise für Besitzer

Wassereintritt

Seit dem Ende der Produktion des 911 SC sind über 25 Jahre ins Land gegangen. Diese Zeit geht an keinem Fahrzeug spurlos vorbei.
Dabei ist es unerheblich, wie sorgfältig bei Porsche die Fahrzeuge damals hergestellt wurden, die Zeit lässt sich nun mal nicht zurückdrehen. Es gibt Dinge, die altern selbst bei bester Pflege. Dazu gehören Gummi- und Plastikteile, die nach und nach porös oder spröde werden. Wenn aus diesem Material gefertigte Abdichtungen undicht werden, kann Wasser eindringen. Besonders gefährdete Bereiche sind die Dachdichtungen, Türdichtungen sowie die Abdichtung der Windschutzscheibe, an diesen Stellen muss man genau prüfen, ob nicht bereits Wasser in den Innenraum gelangt ist.

Der 911 SC besitzt Wasserablaufleitungen, die beispielsweise Regenwasser „kanalisieren". Systeme wie das Schiebedach sind damit ausgestattet. Diese Ablaufleitungen sollten regelmäßig auf Verstopfungen überprüft werden. Es wird auch empfohlen, die Türablassöffnungen zu prüfen, denn wenn Wasser an den Seitenscheiben eintritt, wird der elektrische Hebemechanismus für die Seitenscheiben korrodieren. Eine der einfachsten Möglichkeiten zu prüfen, ob sich Wasser in den Türen ansammelt, besteht in der Begutachtung der Türtaschen. Sind diese feucht ist das ein schlechtes Zeichen.
Stellen Sie fest, ob die Türabläufe offen sind. Die Tür, die am häufigsten innen feucht oder nass ist, ist die Beifahrertür, da diese selten geöffnet wird und daher das Wasser nicht abfließen kann. Öffnen Sie diese Tür und lassen Sie diese einige Zeit offen stehen, so dass die Feuchtigkeit entweichen kann. Nach heftigen Regenfällen ist dies übrigens für beide Türen empfehlenswert.
Besitzer von 911 SC Targa oder Cabriolet haben eine etwas schwerere Aufgabe. Das Dach und die Dichtungen müssen ständig überprüft werden. Das ist die beste Methode, um den Wassereintritt in das Fahrzeug zu verhindern.
Noch ein kleiner Hinweis zum selben Thema: Sie sollten dafür sorgen, dass das Fahrzeug beim Parken bestens belüftet ist: Der Luftaustausch hilft, die Feuchtigkeit aus dem Fahrzeug zu bekommen. Wenn sich unangenehme Gerüche im Fahr-

Bevor man sich dazu entschließt, eine Neulackierung in Auftrag zu geben, sollte man zunächst bei einem Fahrzeugaufbereiter vorbeischauen. Moderne Pflege- und Politurmittel haben schon manche hoffnungslos erscheinende Fälle gerettet. Und preisgünstiger als eine Neulackierung ist diese Behandlung allemal ...

Werksbild Porsche AG

zeuginneren bilden, ist ein restloses Austrocknen (z.B. längere Zeit bei Sonnenschein mit offenen Türen oder Seitenfenstern) die einzige Möglichkeit, Feuchtigkeit und Modergeruch wieder los zu werden.

Eine komplette Neulackierung

Nichts hält ewig, besonders lackierte Oberflächen nicht. Die Lebensdauer der Lackierung eines 911 SC hängt stark von den Umwelteinflüssen und Klimabedingungen des Landes ab, in dem der SC beheimatet ist. Auch der Straßenzustand tut ein Übriges, den Lack zu malträtieren, wenn beispielweise Steinschlag die Außenhaut beschädigt. Ein weiterer Aspekt ist die Unterbringung des Fahrzeugs, wenn es nicht gefahren wird. Egal wie streng die Lacktests beim Hersteller auch durchgeführt werden, insbesondere die Sonnenbestrahlung verursacht massive Schäden an der Lackierung. Am schlimmsten leidet die Farbe „Indischrot". Nach 25 Jahren kann so aus „Indischrot" auch schnell die Farbe „Rosarot" werden. Zwar helfen moderne Polier- und Konservierungsmittel bis zu einem gewissen Grad, aber irgendwann ist es Zeit, das Fahrzeug neu zu lackieren.

Wie bereits erwähnt ist Lackpflege inzwischen eine Wissenschaft für sich. Fachliteratur und Lehrgänge zeigen dem Hobbyanwender, wie er die Lackierung seines Fahrzeugs langanhaltend und effektiv schützen kann, welche Mittel sich dafür eignen und welches Werkzeug man einsetzen sollte.

Wem das alles zu aufwändig erscheint oder wer schlichtweg keinen Platz oder keine Zeit für eine ausgiebige Polierorgie hat, kann sich auch hier an einen Fachbetrieb wenden. Qualifizierte Fahrzeugaufbereiter bieten ihre Dienste für meist angemessene Preise an und sorgen für hochwertigen und vor allem langanhaltenden Lackschutz. Ein Blick ins Branchenbuch oder ins Internet lohnt sich in jedem Fall.

Die nachfolgenden Informationen und Bilder zum Thema Nachlackierung wurden von Paul Rawnsley aus Darvin, Australien ausgearbeitet. Paul liebt seinen 911 SC, der 20 Jahre lang nahezu im Originalzustand verblieb, auch der Lack. Dann aber entschied sich der Australier, seinem Porsche ein neues Lackkleid zu spendieren. Die folgenden Abbildungen dokumentieren die aufwändigen Arbeiten und den Ablauf der Neulackierung.

Hinweis:
Eine Komplettlackierung sollte man generell nur beim Fachmann durchführen lassen. Allerdings kann man viel Geld sparen, wenn man möglichst viel Vorarbeit leistet, bevor man den Wagen beim Lackierer seines Vertrauens abliefert.

Vor dem Lackieren muss das Fahrzeug zerlegt werden. Einzelteile wie Hauben und Türen lassen sich so besser bearbeiten und lackieren. Ganz wichtig ist dabei der Ausbau der Scheiben, denn mitlackierte Dichtungen weisen eher auf Pfuscharbeit als auf Profihandwerk hin. Alle nicht zu lackierenden Stellen müssen sorgfältig abgedeckt werden. Sprühnebel kommt selbst in die kleinsten Ritzen.
Anschließend muss der alte Lack angeschliffen werden, eventuelle Roststellen müssen freigelegt und gründlich behandelt werden.

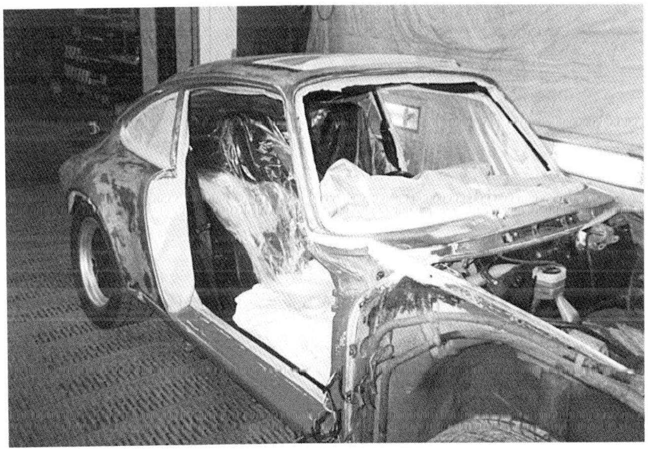

Ebenso müssen Unebenheiten und Vertiefungen verspachtelt und verschliffen werden. Der notwendige Arbeitsaufwand, um eine möglichst glatte Oberfläche zu erzielen, darf auf keinen Fall unterschätzt werden. Jede Unebenheit und Welle im Blech wird nach Aufbringen des Decklacks gnadenlos zu sehen sein.

Nach mehreren Schleif- und Spachtelgängen ist der Wagen nun fertig für eine Grundreinigung, bei der sämtlicher Schleifstaub und Schmutz entfernt werden muss. Hier schön zu sehen, wie sorgfältig die Abklebearbeiten ausgeführt wurden. Der Wagen steht auch bereits in der Lackierkammer, damit er nicht wieder einstauben kann. Jetzt ist alles bereit zum Auftragen des Grundierfüllers.

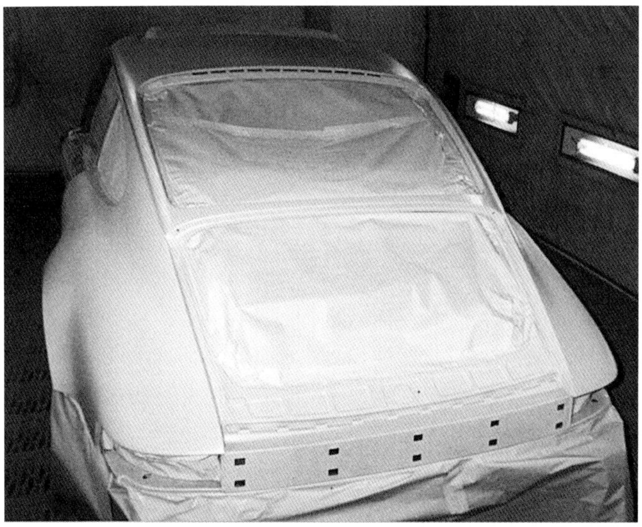

Nachdem die Grundierung aufgebracht ist, muss der Wagen nochmals abgeschliffen und gereinigt werden. Jetzt ist noch Zeit, eventuell vorhandene Unebenheiten nachzuarbeiten. Viele Lackierer tragen an den betroffenen Stellen ganz dünn mattschwarzen Lack auf, um anhand des Schattenspiels besser erkennen zu können, wo nachgearbeitet werden muss.

Beide vorderen Kotflügel sind lackiert. Die abmontierten Teile lassen sich wesentlich einfacher handhaben, sodass auch das Lackierergebnis besser wird. Besonders die Lackierung an den unteren Enden erreicht man so wesentlich besser als im eingebauten Zustand.

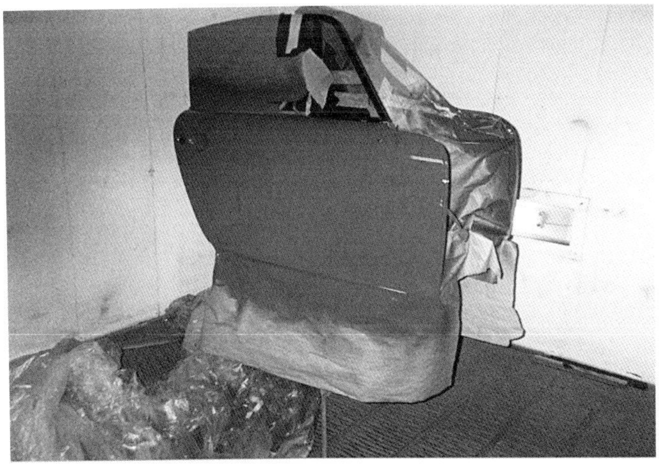

Dasselbe gilt auch für die Hauben und Türen, deren Ecken und Kanten nur im ausgebauten Zustand vernünftig mit Farbe bedacht werden können.

Warnhinweis

Beim Einbau der Verglasung sollten grundsätzlich neue Dichtungen verwendet werden und auch die alten Fensterführungen haben ausgedient. Schlussendlich sparen Sie richtig Geld, denn die neuen Dichtungen sorgen dafür, dass die Fensterscheiben dicht sind und keine neue Rostprobleme auftreten.

Foto: Sally Carrington

Die viele Arbeit hat sich gelohnt: Der neu lackierte und komplettierte Porsche 911 SC mit seinem stolzen Besitzer in Darwin, Australien.

Werksbild Porsche AG

Zurück zu den Wurzeln: das Lackierwerk von Porsche in Zuffenhausen. Über diese Brücke wurde einst auch der SC von Paul befördert, damals noch unlackiert, vom Karosseriebau (rechts) zur Lackiererei. Unter der Brücke steht übrigens noch das alte Pförtnerhaus der Porsche Urzelle, dem Werk 1.

Kapitel 8

Nebenaggregate und Systeme

Mysterium und Magie

911 SC Coupé „Ferry Porsche Spezial", Modelljahr 1982

Foto: Andy Leadbetter

Nicht alle SC benötigen eine Klimaanlage: Frischluftspaß mit dem 911 SC Cabrio. Die Rücknahme der Entscheidung, die Produktion des 911 einzustellen, markierte die Präsentation der Studie eines Porsche 911 Cabriolets mit Turbomotor und Allradantrieb auf der Internationalen Automobil Ausstellung in Frankfurt im Jahre 1981. Die Serienproduktion der neuen Karosserievariante startete ab Modelljahr 1983, allerdings ohne den geplanten Allradantrieb. Dieses Konzept wurde erst bei der nachfolgenden 911-Generation, Typ 964, umgesetzt.

Einführung

Der 911 SC ist nicht für größere elektrische Probleme bekannt. Das liegt vor allem daran, dass nicht viele elektronische Steuergeräte und Spielereien verbaut wurden. Der 911 SC hat lediglich ein Radio-Cassettengerät, einen Spannungsregler, ein Zündungssystem und ab Modelljahr 1980 in den USA, Kanada und Japan ein Lambda-Sonden-Steuergerät. Dieses Kapitel behandelt die Klimaanlage, die Heizung und die serienmäßigen oder als Mehrausstattung möglichen elektrischen und elektronischen Systeme, die im 911 SC zu finden sind. Viele dieser Systeme sind sehr einfach aufgebaut und funktionieren nicht zuletzt deshalb reibungslos. Unglücklicherweise geht es dort, wo diese Systeme im Fahrzeug untergebracht sind, recht eng zu. Dies führt sicherlich hier und da zu handwerklichen Problemen, gehört aber eben auch zum Reiz, einen Porsche 911 SC zu besitzen.

Klimaanlage

So funktioniert eine Klimaanlage

Die wichtigste Komponente im Kreislaufsystem einer Klimaanlage ist das Kältemittel. Das ist ein chemisches Lösungsmittel mit einem sehr niedrigen Siedepunkt. Das Kältemittel, das Porsche zu Zeiten des 911 SC in die Fahrzeuge einfüllte, trug die Bezeichnung R12. Seit 1993 verwendet Porsche das Kältemittel R134a in allen Klimaanlagen. Das Kältemittel R12 wurde inzwischen in den meisten Ländern verboten, da es die Umwelt schädigt. Die Hauptaufgabe einer Klimaanlage ist es, der angesaugten Luft für die Belüftung Wärme und Feuchtigkeit zu entziehen, um im Innenraum ein angenehmeres Klima zu schaffen. Für den Kreislauf des Kältemittels im 911 SC werden die nachfolgenden Anforderungen gestellt:

- Das Kältemittel absorbiert Wärme, da es sich aus dem flüssigen in den gasförmigen Aggregatzustand umwandelt (verdampft).
- Das Kältemittel gibt Wärme ab, wenn es sich aus dem gasförmigen Zustand wieder in den flüssigen Zustand zurückverwandelt (kondensiert).
- Der Siedepunkt des Kältemittels verändert sich mit dem Druck.
- Wärme fließt immer von heiß nach kalt.

Warnung

Die Klimaanlage des 911 SC war ursprünglich für das Kältemittel R12 ausgelegt. Da R12 inzwischen gesetzlich verboten ist, muss auf das neue, umweltfreundliche Kältemittel R134a umgerüstet werden, wenn die Klimaanlage weiter betrieben werden soll. Leider sind einige Komponenten der ursprünglichen Klimaanlage des 911 SC nicht für das Kältemittel R134a geeignet. Auch das seither verwendete Kälteöl zur Schmierung des Kompressors verträgt sich nicht mit dem neuen Kältemittel R134a. Es muss der komplette Kompressor, die Trocknerflasche, alle Schlauchleitungen und alle Dichtungen ausgewechselt werden. Da somit ohnehin fast alle Bauteile betroffen sind, sollte sich der Besitzer auch den Klimakondensator genau ansehen und diesen im Zweifelsfall gleich mittauschen. Denn wenn sich nach der Reparatur herausstellt, das dieser auch kaputt ist, muss nach dem Austausch die gesamte Anlage noch mal neu befüllt werden. Es gibt in einigen Ländern Ersatz für das verbotene Kältemittel R12. Diese „Drop In"-Flüssigkeiten haben entflammbare Bestandteile. Eine Leckstelle in einem mit dieser Flüssigkeit gefüllten System kann einen verheerenden Fahrzeugbrand zur Folge haben; es besteht auch Explosionsgefahr.

Generell sind Reparaturen an der Klimaanlage nichts für Bastler. Das Kältemittel kann zu Erfrierungen auf der Haut führen. Altes Kältemittel muss abgesaugt und gesondert entsorgt werden. Alles andere ist strafbar. Lassen Sie deshalb alle Arbeiten von einem speziellen Klimaservice ausführen oder bei den Spezialisten des nächsten Porsche-Zentrums. Auch viele Fachwerkstätten geben Arbeiten an Klimaanlagen in externe Hände.

Komponenten der Klimaanlage

Hinweis:

Die Betriebsanleitung für den 911 SC im Modelljahr 1978 liefert Instruktionen wie man die Klimaanlage bedient, weist aber nicht auf das Relais Nr.1 (für die Klimaanlage) hin, das im vorliegenden Buch auf den Seiten über die elektrischen Systeme beschrieben wird.

Das beim 911 SC verbaute System der Klimaanlage (Mehrausstattung M 599) besteht aus folgenden Komponenten:

Kompressor: *Ein Kolbenkompressor, der durch eine elektrische Magnetkupplung ein- oder ausgekuppelt wird. Der Kompressor ist im Motorraum untergebracht und wird durch einen Keilriemen von der Kurbelwelle angetrieben.*

Die Verdampfereinheit (nur bei Linkslenkern) befindet sich unter einer großen Montageklappe im Gepäckraum. Foto: R. Warren Cramer

Verdampfereinheit mit folgenden Bauteilen:

- Wärmetauscher der Anlage, auch Verdampfer oder Kondensator genannt
- Expansionsventil, am Verdampfergehäuse befestigt
- Temperaturfühler mit elektrischem Anschluss
- Gebläse, das die heiße und feuchte Außenluft durch den Wärmetauscher leitet und diese trocknet und abkühlt
- Elektrischer Vorschaltwiderstand

Die gesamte Anlage befindet sich bei linksgelenkten Fahrzeugen im Gepäckraum unter einer Abdeckung hinter dem Kraftstofftank.

Hinweis:

Der Vorwiderstand des Gebläses sitzt im Einlassbereich des Gebläsegehäuses, zugänglich vom Passagierraum aus. Diese Einbaulage ist wichtig für eine ausreichende Kühlung des Widerstandes.

Hier ein Blick auf die Verdampferanlage bei abgenommenem Deckel.

Foto: R. Warren Cramer

Beachten Sie bei dieser Abbildung das dünne Kapillarröhrchen des Temperatursensors (Pfeil).

Bei den rechtsgelenkten 911 SC befindet sich die Verdampfereinheit und auch das Gebläse im Fußraum des Beifahrers. Das Kapillarröhrchens ist in dieser Abbildung ebenfalls markiert (Pfeil).

Hinweis:

Nicht alle Klimaanlagen in den rechtsgelenkten 911 SC wurden im Werk bei Porsche eingebaut. Besonders bei nach Großbritannien exportierten Fahrzeugen erfolgte die Aufrüstung mit einer Klimaanlage erst beim Händler. Dort wurden sehr oft Fremdfirmen mit diesen Arbeiten beauftragt. Diese Umrüstungen variieren jedoch dramatisch in der Qualität und Wirksamkeit. Bei derart umgerüsteten Fahrzeugen sollten Sie besonders auf die Verkabelung achten. Die elektrischen Leitungen entsprechen häufig nicht den DIN-Kabelfarben, oft auch nicht dem Original-Porsche-Schaltplan.

Die Lage des vorderen Kondensators ist bei Links- und Rechtslenkerfahrzeuge gleich. Foto: Andy Leadbetter

Um das Kältemittel nach dem Kompressionsvorgang wieder abzukühlen und zu kondensieren (verflüssigen), besitzt der 911 SC zwei Kondensatoren. Der eine davon befindet sich hinter der Bugschürze am Unterboden und ist gegen Steinschlag mit einem Schutzgitter versehen.

Das elektrische Relais für den Ventilator des Frontsensors befindet sich bei der Waschpumpe für die Windschutzscheibe.

Foto: Tom Uban

Der Lüfter für den vorderen Kondensator sitzt bei Links- und Rechtslenkerfahrzeugen an derselben Stelle.

Die Trocknerflasche ist hinten im linken vorderen Kotflügel befestigt.

Der zweite Kondensator befindet sich unter den Lüftungsschlitzen für den Motor, befestigt an der Unterseite des Motorraum-Deckels. Sowohl Trocknerflasche als auch Kondensator sind für Links- und Rechtslenkerfahrzeuge gleichermaßen geeignet.

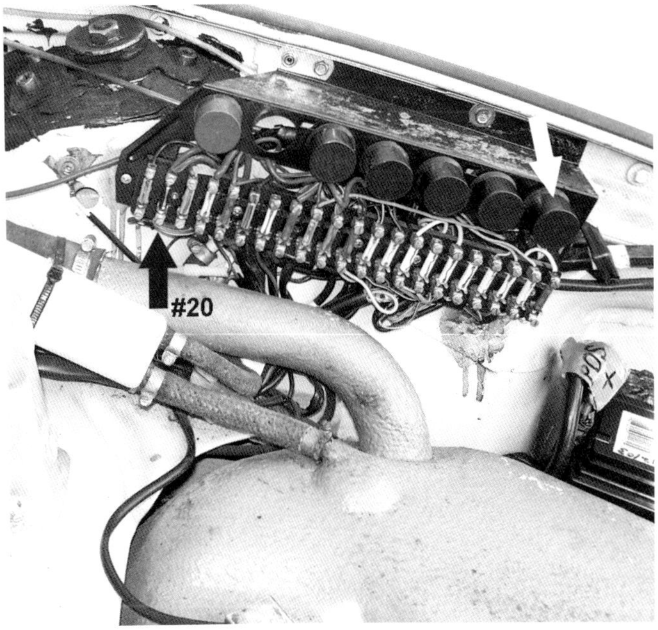

Das Relais für die Klimaanlage befindet sich auf Position 1 (Relais direkt in Batterienähe). Die Sicherung für den Verdampfer-Lüfter hat die Nummer 20. Diese Stelle ist für Links- und Rechtslenker immer gleich.

Im Oberteil der Zentralkonsole befinden sich zwei Bedienungsknöpfe: Mit dem linken wird die Raumtemperatur eingestellt, mit dem rechten Knopf kann der gekühlte Luftstrom aus der Klimaanlage in drei Stufen geregelt werden.

Hinweis:

Der Regler für die Temperatur (linker Drehknopf) ist über die Kapillarleitung mit dem Temperatursensor im Verdampfer verbunden. Bei zu niedrigen Temperaturen im Verdampfer besteht die Gefahr, dass sich dort Eis bildet und die Klimaanlage damit unwirksam wird. Bevor dieser Fall eintritt, schaltet die Anlage selbsttätig ab.

Bedienung der Klimaanlage im Porsche 911 SC

Die Klimaanlage wird eingeschaltet durch den rechten Drehknopf in der Zentralkonsole. Dieser Drehknopf hat 5 Stellungen.

- 0 = Alle Systeme sind abgeschaltet. Drehknopf ganz nach links drehen.
- Eine Stellung nach rechts drehen, die Antriebskupplung wird aktiviert, der Kompressor beginnt zu arbeiten. Diese Position ist nicht auf der Drehknopf-Skala zu sehen, sie liegt zwischen 0 und 1.

Die weiteren Markierungen auf dem Drehknopf:

- 1 = Das Gebläse im Verdampfergehäuse fördert mit geringer Strömungsgeschwindigkeit gekühlte Luft in den Innenraum.
- 2 = Das Gebläse fördert mehr gekühlte Luft in den Innenraum.
- 3 = Das Gebläse fördert mit höchster Drehzahl gekühlte Luft in den Innenraum.

Wenn die Klimaanlage eingeschaltet ist, wird die 12-Volt-Spannung über das Relais Nr. 1 und Sicherung Nr. 20 durch den Drehzahl-Stufenschalter, dann durch den Temperaturfühler zur Antriebskupplung des Kompressors geleitet.
Wenn dann der Kompressor arbeitet, wird flüssiges Kältemittel von der Trocknerflasche abgesaugt und unter Druck dem Expansionsventil zugeführt. Dort wird das Kältemittel in das Innenteil des Verdampfers gesprüht. Da hier Unterdruck herrscht, expandiert das Kältemittel, wird dabei zu Gas umgewandelt und kühlt bis wenige Grade über 0 °C runter. Dabei kühlt sich auch der mit Lamellen versehene Verdampfer stark ab. Die an den Kühllamellen vorbei streichende Luft wird abgekühlt und in Richtung Innenraum befördert.
Die gekühlte Luft wird über ein Verteilungssystem hinter der Armaturentafel durch verschiedene Öffnungen in den Innenraum geleitet. Die Menge der gekühlten Luft ist abhängig von der Drehzahl des Gebläses.
Das im Verdampfer erwärmte Kältemittel wird vom Kompressor angesaugt und dort wieder komprimiert. Das erwärmte und durch das Komprimieren nochmals erhitzte Kältemittel wird zunächst noch gasförmig in den vorderen Kondensator geleitet, wo der Fahrtwind und bei Stillstand

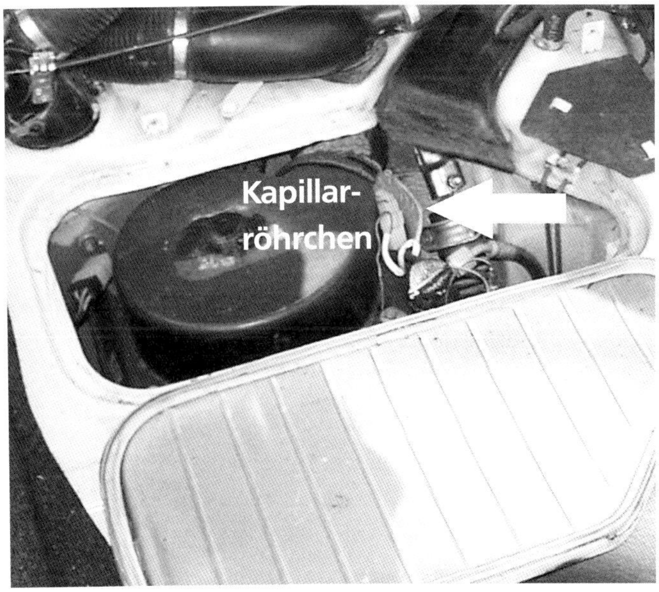

auch das dort eingesetzte Gebläse das Kältemittel abkühlt. Am Ende des vorderen Kondensators ist das Kältemittel zwar kälter, aber immer noch in gasförmigem Zustand. Durch Rohrleitungen und Schläuche wird das Kältemittel jetzt dem zweiten Kondensator unter dem Motorraum-Deckel zugeleitet. Hier wird es weiter abgekühlt und dabei in den flüssigen Zustand umgewandelt. Anschließend wird das Kältemittel der Trocknerflasche zugeleitet und der Kreislauf beginnt von vorn.

Das Gebläse am vorderen Kondensator läuft bei eingeschalteter Klimaanlage immer mit. Elektrischen Strom erhält der vordere Gebläsemotor vom Relais des Verdampfergebläses, das sich in unmittelbarer Nähe des Gebläses in der linken vorderen Ecke des Gepäckraums befindet.

Aufbereitung der einströmenden Luft

Der linke Drehknopf in der Zentralkonsole ermöglicht die Regelung der Temperatur des Innenraumes. Das Regelsystem ermöglicht einen variablen, gedrosselten Luftstrom aus dem Innenraum zurück zu den abgekühlten Lamellen des Verdampfers. Die Luft dient dazu, den Temperatursensor zu kühlen und soll verhindern, dass dieser aktiv wird und das Kühlsystem abschaltet. Je mehr kalte Luft dem Sensor zugeführt wird (durch Drehen am Verstellknopf nach rechts), umso länger bleibt der Sensor kalt und die elektrische Stromversorgung zum Kompressor wird nicht unterbrochen.
Bei einer vorgegebenen Temperatur öffnet sich der Temperaturschalter selbsttätig und unterbricht damit die Stromversorgung zum Kompressor. Dieselbe Temperaturschalter-Einheit wird benutzt, um den Verdampferblock vor Vereisung zu schützen.
Oftmaliges selbsttätiges Ein- und wieder Ausschalten des Kompressors ist durchaus normal, besonders dann, wenn der Regelknopf auf eine sehr niedrige Kühlleistung gestellt wurde.

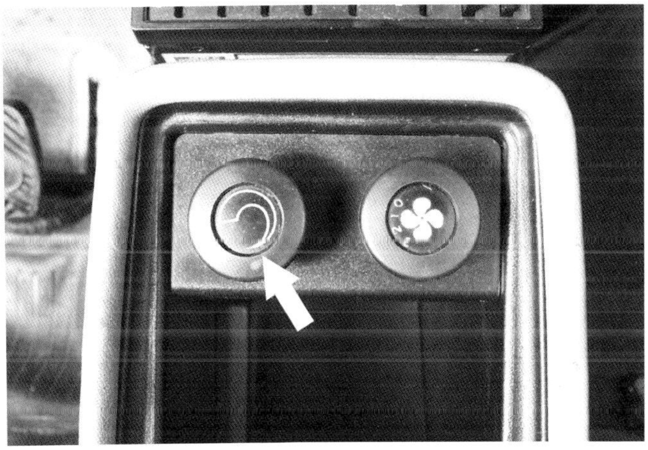

Wenn Sie die Klimaanlage nach einer langen Abstellzeit erstmals wieder benutzen, sollten Sie den Drehregler ganz nach rechts stellen, um sicherzugehen, dass die Anlage noch voll regelt. Auch sollte eine Klimaanlage regelmäßig etwa alle vier Wochen kurzzeitig in Betrieb genommen werden, um das Kälteöl im Kältemittelkreislauf neu zu verteilen. Dabei wird Korrosion insbesondere im Kompressor vermieden und alle Dichtungen geschmiert.

Die Stellungen des Drehreglers sind:

- Ganz nach links gedreht: sehr geringe Kühlleistung
- Von ganz links Richtung rechts gedreht: zunehmende Kühlleistung
- Ganz nach rechts gedreht: höchste Kühlleistung

Heizsystem

Die Heizluftquelle ist bei allen 911 SC gleich und ebenso die Art und Weise, wie die Wärme in den Innenraum befördert wird. Es gibt es zwei Möglichkeiten, die Heizung zu regulieren:

- serienmäßige, mechanisch geregelte Heizung mit mechanischen Verstellhebeln
- eine automatische Heizungsregulierung, die optional bestellt werden kann

Komponenten des Heizsystems:

- dreistufiges Heizgebläse, im Motorraum

Relais für das Heizgebläse, ebenfalls im Motorraum montiert

Hinweis:
Das runde Relais ist für die Heckscheibenheizung zuständig.

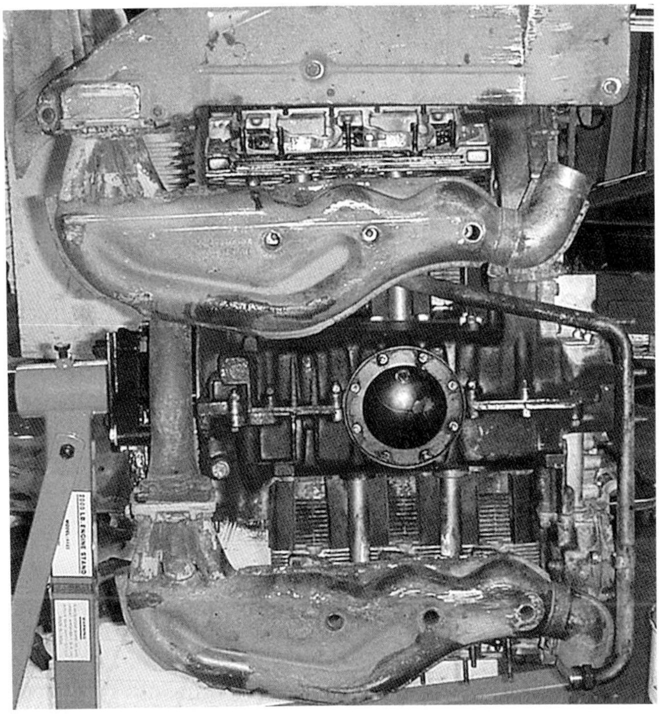

Generell empfindlich gegen Korrosion: linker und rechter Wärmetauscher. Falls einmal durchgerostete Exemplare ersetzt werden müssen, bietet der Zubehörmarkt hochwertigen und langlebigen Ersatz.

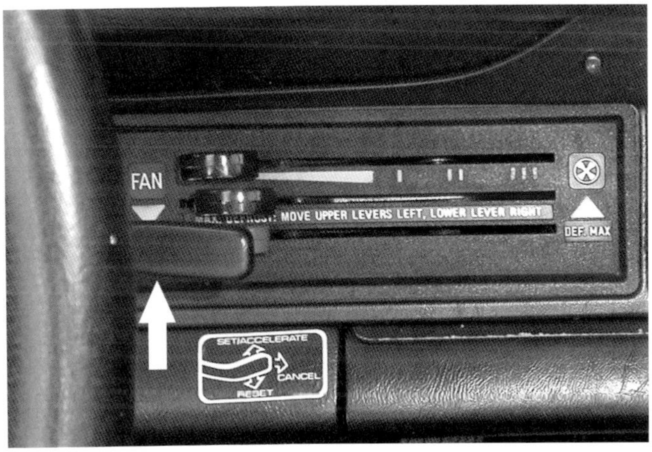

Drehzahlregler für das Heizgebläse

Mit dem mittleren Schieberegler wird das Heizgebläse bedient. Drei verschiedene Gebläsedrehzahlen können gewählt werden.

So funktioniert das Heizsystem

Wenn das Heizgebläse im Motorraum durch den Schieberegler in der Armaturentafel eingeschaltet ist, saugt das Gebläse kalte Frischluft an und leitet diese zu den beiden Heizungs-Wärmetauschern. Innerhalb der beiden Wärmetauscher wird die Luft beim Vorbeiströmen an den heißen Abgasleitungen des Boxermotors erwärmt. Die erwärmte, saubere Luft wird in isolierten Leitungen nach vorne zum Innenraum hingeleitet. Bis hierher sind beide Heizsysteme gleich.

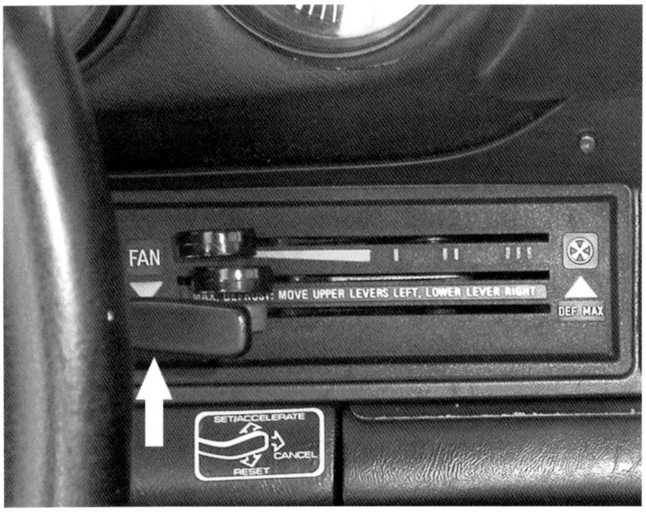

Hier wird die Heizung eingestellt. Der untere Schieberegler (roter Bedienknopf) sorgt für die Heizluftverteilung im Innenraum.

Die mechanisch geregelte Heizung (Serienausstattung)

Die Bauteile der Serienheizung:

Zwei Schieberegler sitzen in der Mittelkonsole. Je ein mechanisches Drehventil ist im Luftstrom nach den Wärmetauschern angebracht. Zu jedem dieser Drehventile führt von der Mittelkonsole ein Seilzug.

Hinweis:
Auch wenn diese Hebel mit „DEFROST" markiert sind, regeln sie tatsächlich die Menge der erwärmten Luft in das Verteilersystem.

Diese Heizungsregelung befindet sich in der Armaturentafel.

So funktioniert die Standardheizung

Neben dem Handbremshebel, auf dem Mitteltunnel, befinden sich zwei Hebel, jeweils mit „DEFROST" bezeichnet. Jeder der Hebel ist für eine Seite des Innenraumes zuständig. Werden diese Hebel angehoben, sorgen die Drehventile nach den Wärmetauschern für den Warmluftstrom.

- Hebel voll nach oben gezogen = Heizung (voll) an
- Hebel nach unten gedrückt = Heizung abgestellt

Die Verteilung der Heizluft zum Innenraum wird durch den unteren Schieberegler in der Armaturentafel geregelt. Die Temperatur der erwärmten Luft wird durch den mittleren Schieberegler eingestellt.

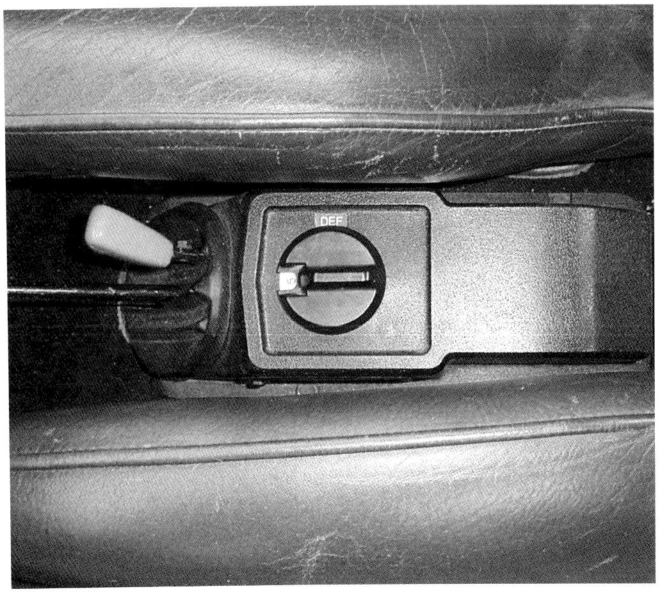

Optionale automatische Heizungsregulierung

Dieses Heizungsreguliersystem bietet eine automatische thermostatische Regelung der Innenraumtemperatur.

Die Bauteile der automatisch regulierenden Heizung:
Die Regeleinheit ist auf dem Mitteltunnel nach dem Handbremshebel zu finden. Der oben auf der Regeleinheit zentral angeordnete Drehregler ist Teil der automatischen Heizungsregelung.

Der Temperaturfühler für die Innenraumtemperatur befindet sich zentral oberhalb von Windschutzscheibe und Innenspiegel zwischen den beiden Sonnenblenden.

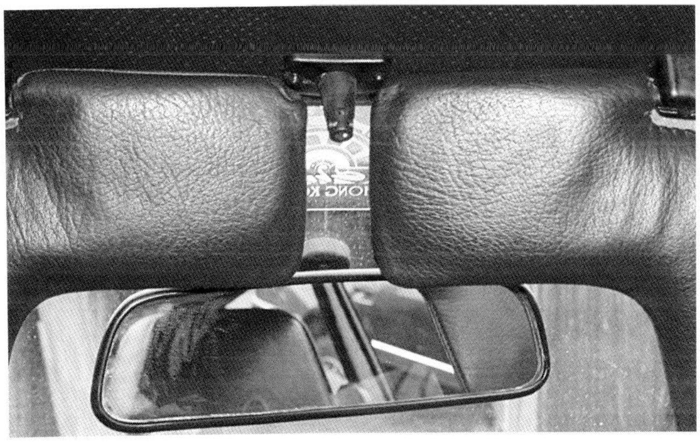

Der Temperaturfühler für die einströmende Heizluft befindet sich nach dem linken Wärmetauscher im Klappengehäuse für die Heizung. Nach beiden Wärmetauschern sind am Unterboden diese Klappengehäuse angeordnet, um überschüssige Heißluft, insbesondere im Sommer an die Umgebungsluft abzugeben.

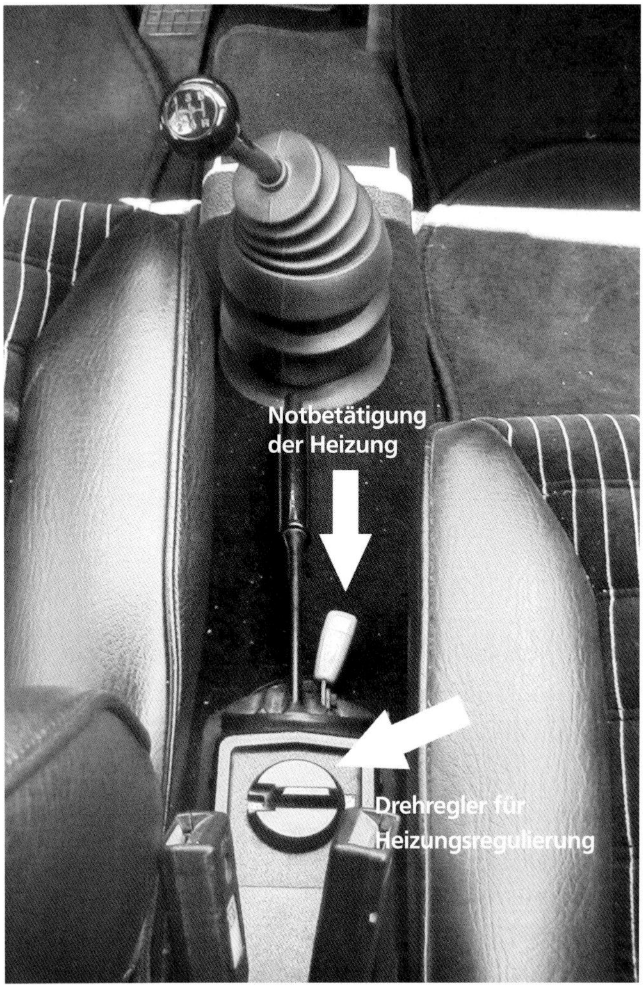

Die Einstelleinheit für die automatisch regelnde Heizung in der Armaturentafel unterscheidet sich von der serienmäßigen Einheit mit handgeregelter Heizleistung.

So funktioniert die automatische Heizungsregulierung (Mehrausstattung):

Stellungen des Drehreglers

- Ganz nach links bis zum Stopp: Heizung ausgeschaltet
- Position 1 bis 9: minimale bis maximale Heizung (thermostatisch geregelt)
- Position „DEF" (Windschutzscheibe enteisen): maximale Wärme zur Windschutzscheibe (nicht thermostatisch geregelt)
- Notbetätigung der Heizung: Hebel nach oben ziehen (nicht thermostatisch geregelt)

Warnung

Der Hebel zur Notbetätigung der automatisch geregelten Heizung darf nicht gezogen werden, so lange die Heizung selbsttätig regelt. Um den Hebel bewegen zu können, muss erst die Klemmschraube gelöst werden (Pfeil).

Die automatische Regelung der Heizung erfolgt mittels Servomotor, der durch ein Gestänge und durch Seilzüge mit beiden Heizklappenmechanismen verbunden ist. Wird eine bestimmte Raumtemperatur gewählt, bewegt der Servomotor die Heizklappen. Der Temperaturfühler im Innenraum meldet die momentane Innenraumtemperatur an das Heizungs-Steuergerät. Das Steuergerät vergleicht ständig die gewünschte Temperatur mit der tatsächlichen Temperatur im Innenraum und regelt je nach Messwert die Klappen, so dass mehr oder weniger Heizluft zum Innenraum strömt.
Fällt das Regelsystem aus und wird der Hebel der Notbetätigung bewegt, erfolgt eine Überbrückung des Stellmotors. In diesem Falle öffnen die Heizklappen ganz und versorgen den Innenraum mit voller Heizleistung. Dies ist auch der Grund, warum dieser Notbetätigungshebel nicht gezogen werden soll, solange die Heizung einwandfrei funktioniert.

Die automatische Temperaturregelung kann nicht richtig arbeiten, wenn Seitenfenster, das Targa-Dach oder das Verdeck beim Cabriolet offen sind.
Die automatische Temperaturregelung ist ebenfalls nicht wirksam, wenn der Bedienungshebel in der Armaturentafel auf „DEF" steht, da in diesem Falle die Wärme komplett zur Windschutzscheibe strömt.

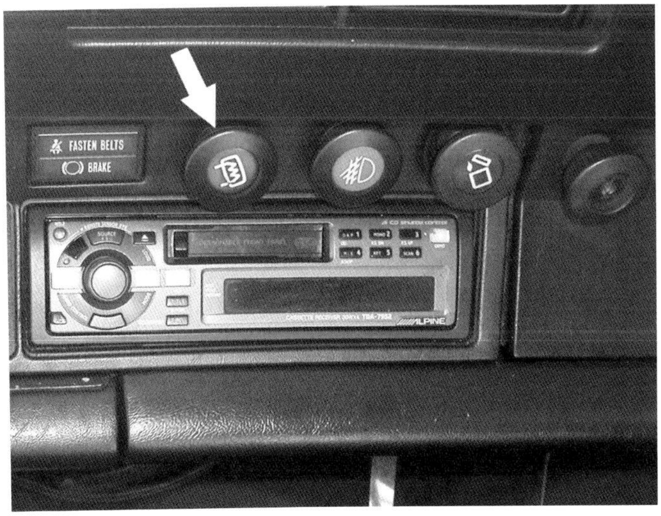

Heckscheibenheizung

Wie in Kapitel 7 erwähnt, gibt es für den 911 SC zwei unterschiedliche Heizsysteme für die Heckscheibe.

- einfaches Heizsystem mit 150 Watt gegen das Beschlagen der Heckscheibe
- zweifaches Heizsystem mit 300 Watt gegen das Beschlagen und Eisbildung

Um die Heizung der Heckscheibe einzuschalten, muss der Knopf des Heizschalters gezogen werden. Wenn im Fahrzeug das zweifache Heizsystem eingebaut ist, wird die Entfeuchtung durch Ziehen des Knopfes erreicht. Wird der Knopf im Uhrzeigersinn (nach rechts) gedreht, verstärkt sich die Heizleistung.

Um herauszufinden, welches System in einem bestimmten 911 SC eingebaut ist, sind zwei kleine Tests hilfreich:

- Prüfen Sie den Einschaltkopf in der Armaturentafel.
- Prüfen Sie die Relais im Motorraum auf der Konsole für Relais und Sicherungen.

Relais und Sicherungen

- Relais Nr. 1 (oben links) ist das Relais für die einfache 150 Watt Heizanlage.
- Relais Nr. 3 (unten links) ist das Relais für die stärkere Heckscheibenheizung.
- Sicherung Nr. 1, das ist die oberste Sicherung, ist für den Stromkreis der Heckscheibenheizung und für den Heckscheibenwischermotor zuständig.

Das Frischluftgebläse sitzt in einem rechtsgelenkten 911 SC direkt vor der Spritzwand. *Foto: Andy Leadbetter*

Frischluftsystem

Die Frischluft für den Innenraum wird während der Fahrt durch den Staudruck des Luftstroms in den Schlitz vor der Windschutzscheibe geleitet und dem Fahrzeug zugeführt. Unterstützt wird der Luftstrom durch ein Frischluftgebläse, das hinten unter der Abdeckung des Gepäckraumes installiert ist (siehe Pfeil). Wenn das Fahrzeug steht, saugt ausschließlich das Frischluftgebläse die Luft an und verteilt diese in das Belüftungssystem und damit in den Innenraum.

Die Verteilung der Frischluft wird durch mechanische Schiebehebel geregelt, die sich in der Armaturentafel befinden.

Das Frischluftgebläse wird durch den oberen Schieberegler bedient. Dabei wird der Schieber von links bis zur Mitte bewegt. Steht der Schieber ganz links, steht das Frischluftgebläse still. Damit ist die Frischluftzufuhr abgestellt. Wird der Schieber nach rechts bewegt, beginnt das Gebläse Frischluft zu fördern und das Frischluftsystem ist geöffnet.

Die Zentralelektrik mit Sicherungen und Relais verbirgt sich unter der großen schwarzen Abdeckung.

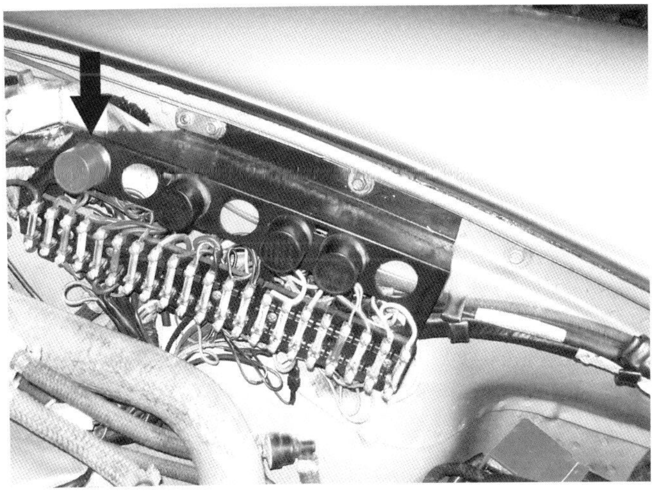

Der Hauptsicherungskasten mit abgenommener Verkleidung: Korrosion durch Kondenswasser aus der Umgebungsluft sorgt manchmal für Probleme. Ein leichtes Drehen der Sicherungen in ihren Haltern mit den Fingern sorgt für neuen Stromfluss.

Aufteilung der Bordelektrik

Es gibt im Porsche 911 SC zwei voneinander getrennte Stromverteilerstellen mit Relais und Sicherungen, die jeweils auf einer Konsole untergebracht sind. Die Hauptkonsole befindet sich im Gepäckraum auf der linken Seite.

Hinweis:
Die Einbaulage dieser Konsole ist für links- und rechtsgelenkte 911 SC gleich.

Im Motorraum ist die zweite Konsole untergebracht. Sie befindet sich links und ist mit einer schwarzen Plastikabdeckung geschützt.

Elektrische Entstörung

Der Generator des 911 SC ist mit einem Entstörkondensator ausgestattet, um elektrische Störungen schon am Ursprung zu unterbinden. Abgeschirmte elektrische Leitungen sind vorhanden, um Systeme zu schützen, die sensibel auf elektrische Interferenzen reagieren.

Elektrische Fensterheber

Die elektrischen Fensterheber werden durch Taster betätigt. Zwei Taster (einer für das Fahrerfenster und einer für die Beifahrerseite) sind in die Fahrertür eingebaut. Die Tür auf der Beifahrerseite hat nur einen Taster für das dortige Fenster. Die Taster geben die Befehle zur Betätigung der Fenster an das Relais Nr. 5 in der Zentralelektrik weiter. Durch diese Schaltung werden die kleinen Taster in den Türen vor der starken elektrischer Belastung geschützt, die bei der Betätigung der Fenster durch die Elektromotoren auftritt.
Zwei unterschiedliche Fensterheber-Systeme wurden beim 911 SC verwendet, eine Version für das Coupé, die zweite für Targa und Cabriolet im Modelljahr 1983. Die Hebevorrichtungen für die Fenster bei Targa und Cabriolet haben einen einstellbaren oberen Anschlag, den das Coupé nicht braucht, da hier der obere Türrahmen als Anschlag dient.
Im November 1979 wurde der Fensterhebermotor durch eine leichtere Version ersetzt. Gleichzeitig wurde der Hebemechanismus für die Fenster verbessert. Während die alte Ausführung parallele Schienen für die Fensterführung aufwies, hat die neue Version ein System mit gekreuzten Hebearmen. Wie in den früheren Modelljahren, wurden auch hier für Coupé und Targa zwei unterschiedliche Versionen verwendet.

Elektrisch verstellbare Außenspiegel

Während der Bauzeit der Porsche 911 SC hatten alle Fahrzeuge serienmäßig nur einen Außenspiegel auf der Fahrerseite. Das Gegenstück für die Beifahrerseite konnte jedoch als Mehrausstattung bestellt werden. Die elektrisch verstellbaren Außenspiegel haben zwei kleine Elektromotoren, einer bewegt die Spiegelfläche um die Hochachse, der andere um die Querachse. Hat das Fahrzeug zwei Außenspiegel, sind zwei Steuerelemente eingebaut: Mit einem Wippschalter kann der zu verstellende Spiegel (Fahrer- oder Beifahrerseite) ausgewählt werden. Dieser Schalter befindet sich unterhalb der Instrumente, oberhalb vom Zündschloss. Der Vierwege-Steuerschalter für die Spiegelfläche(n) befindet sich auf der Fahrertür. Je nach Einstellung des Wippschalters wird dann elektrisch der linke oder der rechte Außenspiegel verstellt.

Die Außenspiegel sind elektrisch beheizbar. Die Heizung erfolgt automatisch, da sie mit der Funktion der Heckscheibenheizung gekoppelt ist.

Scheibenwischer und Waschanlagen

Scheibenwischer für die Windschutzscheibe

Die Scheibenwischer für die Windschutzscheibe werden durch einen Schalter an der Lenksäule bedient. Es gibt drei unterschiedlich schnelle Dauer-Wischgeschwindigkeiten und ein Intervallprogramm, das durch einen Drehschalter zwischen dem Tachometer und der Zeituhr eingeschaltet wird. Um die Intervalle zu verlängern oder zu verkürzen, kann der Drehschalter entsprechend eingestellt werden.

Heckscheibenwischer (Mehrausstattung M 425)

Gegen Aufpreis war auch ein Heckscheibenwischer verfügbar. Mit einem Tastschalter auf der Armaturentafel konnte der Heckwischer in Gang gesetzt werden. Die Sicherung für den Heckscheibenwischermotor befindet sich auf der Relais- und Sicherungskonsole im Motorraum. Es ist dieselbe Sicherung, die auch den Stromkreis für die Heckscheibenheizung absichert.

Waschanlage der Windschutzscheibe

Die Waschanlage wird durch Ziehen am Scheibenwischerhebel betätigt. Die Pumpe für die Scheibenwaschanlage ist vor der Batterie im Gepäckraum untergebracht.

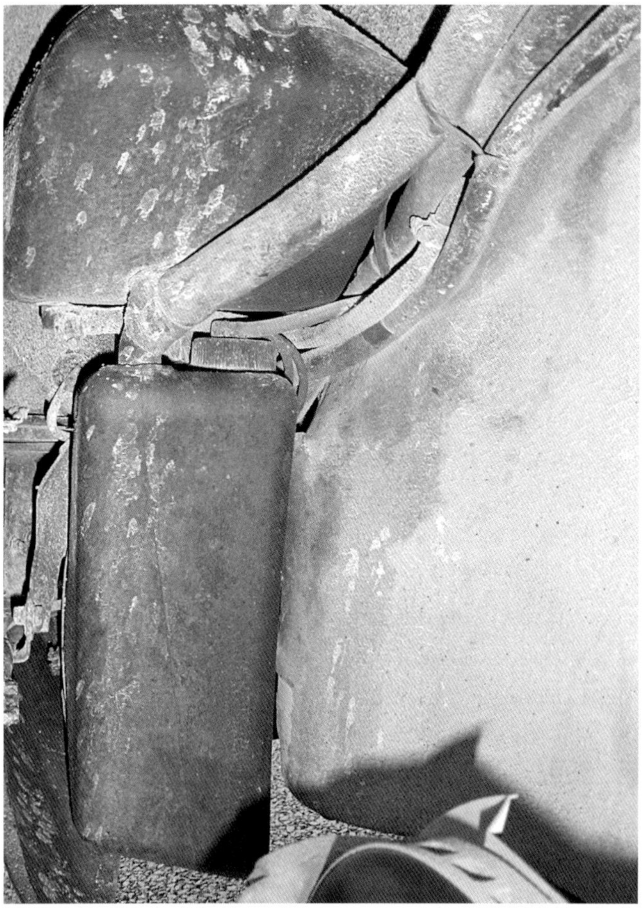

Der Behälter für die Waschflüssigkeit ist im linken Kotflügel neben dem Kraftstofffilter montiert.

Waschanlage der Hauptscheinwerfer

Eine Waschanlage für die Hauptscheinwerfer war als Mehrausstattung erhältlich. Die Anlage wird durch einen Tastschalter an der Armaturentafel kurzzeitig eingeschaltet.

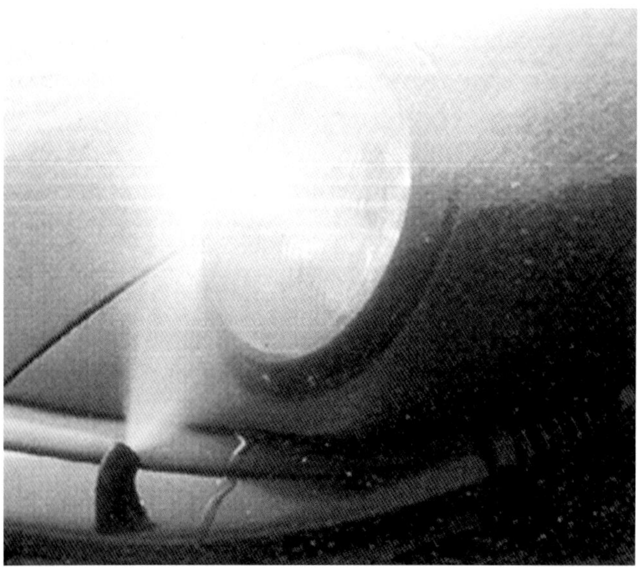

Es gibt zwei Arten von Waschanlagen für die Hauptscheinwerfer:

- Mit feststehenden Düsen, die aus der Stoßstange herausragen (Modelljahre 1978 und 1979)
- Mit flachen, auf der Stoßstange aufliegenden Düsen (Modelljahre 1980 bis 1983)

Die Waschanlage für die Hauptscheinwerfer verwendet eine eigene Pumpe und nicht jene von der Scheibenwaschanlage. Diese Pumpe befindet sich unter dem vorderen Stoßfänger.

Werden rechtsgelenktes 911 SC – wie dieses aus England stammende Coupé (GB) aus dem Modelljahr 1981 – auf dem Europäischen Festlang bzw in Ländern mit Rechtsverkehr bewegt, muss man die Scheinwerfer entsprechend abkleben, damit der Gegenverkehr nicht geblendet wird. Wird ein solches Fahrzeug importiert, müssen die Scheinwerfer umgerüstet werden. Foto: Adrian Streather

Wenn, wie an diesem US-Coupé aus dem Modelljahr 1983, Nebelscheinwerfer montiert sind, sollte man kontrollieren, ob sie richtig geschaltet sind: Bei betätigtem Fernlicht müssen die Nebelleuchten ausgehen.
Foto: Michael Topp

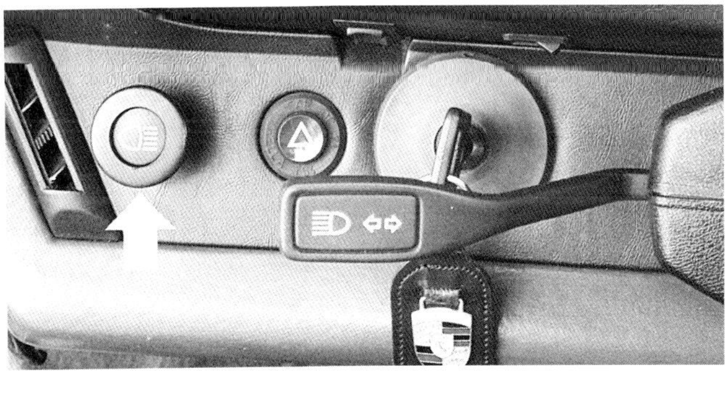

Fahrzeugbeleuchtung

Hauptscheinwerfer

Die meisten 911 SC für den RdW-Markt sind ab Werk serienmäßig mit Bosch H4-Hauptscheinwerfern ausgestattet. Verglichen mit den Sealed-Beam-Scheinwerfern leuchten bei Nacht die Bosch H4-Scheinwerfer die Fahrbahn besser aus.

Hinweis:

Fahrzeuge mit Linkslenkung haben andere Scheinwerfer bzw. Streuscheiben als solche mit Rechtslenkung, da sie unterschiedliche Straßenseiten ausleuchten müssen. So wird die asymmetrische Ausleuchtung sichergestellt.

Die Fahrzeuge für USA haben Bosch H5 „Sealed Beam"-Hauptscheinwerfer. Bei diesem Scheinwerfertyp, der seinerzeit gesetzlich in den USA vorgeschrieben war, musste die gläserne Streuscheibe senkrecht stehen und bildete mit dem Parabolspiegel einen luftleeren Innenraum, in dem sich auch die Glühfäden für die Beleuchtung befanden.
Fällt bei einem „Sealed Beam"-Scheinwerfer ein Glühfaden aus, muss der komplette Scheinwerfer ersetzt werden. Die Einstellung dieser, mit einer einzigen Schraube am Kotflügel befestigten US-Scheinwerfer erfolgt mittels zweier Schrauben, die am Umfang der Scheinwerfer-Einfassung unter zwei schwarzen Kunststoffstopfen sitzen.
Der Hauptschalter für die Fahrzeugbeleuchtung befindet sich links neben der Lenkkonsole. Wird der Schalter in die erste Raste gezogen, ist das Standlicht eingeschaltet. Mit der zweiten Zugstufe werden die Hauptscheinwerfer eingeschaltet. Um Fernlicht oder Abblendlicht zu wählen muss der linke Lenksäulenhebel hinter dem Lenkrad benutzt werden.
Die Hauptscheinwerfer des 911 SC werden nicht über Relais mit Strom versorgt. Die Kabelstränge und Schalter sind entsprechend stark ausgelegt. Die Verkabelung der RdW-Version ist identisch mit US-Ausführungen, so dass eine nachträgliche Umrüstung auf die H4-Scheinwerfer problemlos funktioniert.

Warnung

Einige Fahrzeuge in den USA wurden nachträglich mit H4-Hauptscheinwerfern aus dem Zubehörhandel ausgestattet. Wenn Sie sich für ein solches Fahrzeug näher interessieren, erkundigen Sie sich zuvor beim TÜV, ob diese zugelassen sind.

Porsche 911 SC, Modelljahr 1980 Foto: Colin Judd

Tagfahrlicht

Einige Länder der EU, aber auch beispielweise Kanada, schreiben vor, dass auch bei Tageslicht mit Beleuchtung gefahren werden muss. Serienmäßig hatte der SC keine solche Schaltung oder Leuchten. Nachrüstsets werden auf dem Zubehörmarkt angeboten, aber man muss auf jeden Fall auf eine entsprechende Zulassung achten. Das Fahren allein mit Standlicht ist in Deutschland nicht erlaubt.

Hinweis:
Im Hauptscheinwerfer des 911 SC mit H4-Glühlampe (60/55 Watt) befindet sich auch die Glühlampe für das Standlicht mit 4 Watt.

Blinkleuchten vorne

Die 911 SC wurden damals je nach Ländervorschrift ausgerüstet und ausgeliefert. Da die einzelnen Vorschriften aber heute nicht mehr eindeutig zu verifizieren sind, kann man nur eine Aussage über die verwendeten Blinkerversionen beim SC treffen, von denen es zwei unterschiedliche gab: Es wurden die vorderen Blinkleuchten mit orangefarbenem Deckglas und einer klaren 21-Watt-Glühlampe oder klarem Deckglas und einer orangefarbenen Glühlampen eingebaut. In Deutschland müssen die Blinker orange leuchten. Ob das über ein eingefärbtes Abdeckglas oder eine entsprechende Glühlampe realisiert wird, spielt dabei keine Rolle.

Seitliche Blinkleuchten

Nur RdW-Fahrzeuge wurden an den vorderen Kotflügeln serienmäßig mit zusätzlichen seitlichen Blinkleuchten ausgerüstet.

Warnung
In Deutschland ist es nicht zulässig, die Nebelscheinwerfer nur zusammen mit den Standlicht zu benutzen. Hierzulande dürfen Nebelscheinwerfer nur zusammen mit dem Abblendlicht benutzt werden.

Einseitig einschaltbares Parklicht

Das Abstellen eines unbeleuchteten Fahrzeugs auf öffentlichen Straßen ist in der Nacht häufig verboten. Um Strom zu sparen, kann entweder die linke oder die rechte Fahrzeugseite vorne und hinten beleuchtet werden. Wird der Hebel zum Anzeigen einer Fahrtrichtungsänderung (Blinkerhebel hinter den Lenkrad) auf „links" oder „rechts" belassen, schaltet sich bei abgezogenem Zündschlüssel das entsprechende Standlicht vorne und hinten ein.

Hinweis:
Dieses einseitige Parklicht ist in einigen europäischen Ländern Vorschrift. Das System wurde jedoch weltweit bei allen 911 SC als Funktion belassen.

Leuchten im hinteren reflektierenden Mittelteil

Zwischen den beiden Heckleuchten ist ein rotes reflektierendes Band mit der Aufschrift „PORSCHE" angebracht. In dieses Band sind zwei Nebelschlussleuchten integriert, die allerdings je nach Bestimmungsland nicht angeschlossen sind.

Rückleuchten

Das Gehäuse der beiden Rückleuchten besteht aus Kunststoff. Integriert sind die Rückleuchten, die Bremsleuchten und die hinteren Blinkleuchten sowie die Rückfahrscheinwerfer. Die Rückleuchten werden automatisch eingeschaltet, wenn Standlicht oder Hauptscheinwerfer eingeschaltet werden. Alle Lampen in den Rückleuchten werden nicht über Relais versorgt, sondern sind direkt mit der Fahrzeugelektrik verbunden. Die Warnblinkanlage besteht aus allen Blinkleuchten an der vorderen und hinteren Stoßstange sowie den seitlichen Blinkern in den vorderen Kotflügeln. Eingeschaltet wird die Warnblinkanlage durch einen rot markierten Druckknopf direkt links vom Zündschloss.

Drei 911 SC, Modelljahr 1980, Sondermodell „Weissach": alle mit Nebelscheinwerfern. Foto: Robert Hall jun., Kurt Fischer, Jim Giampaolo

Nebelscheinwerfer

Nebelscheinwerfer waren als Sonderausstattung ab Werk lieferbar. Sie sind an der Unterseite des vorderen Stoßfängers montiert. Die Scheinwerfer sind über ein Relais mit dem Bordnetz verbunden. Es ist das Relais Nr. 2 auf der großen Relais- und Sicherungskonsole. Um die Nebelscheinwerfer einzuschalten, muss der entsprechende Nebellichtschalter in der Armaturentafel betätigt werden. Dazu muss aber auch das Abblendlicht eingeschaltet sein.

Gleiches gilt auch für die Nebelschlussleuchten. Zusätzlich müssen erst die Nebelscheinwerfer am Fahrzeugbug leuchten, dann erhalten auch die Nebelschlussleuchten über den separaten Schalter Strom.

Bei Betätigung des Fernlichts müssen die Nebelscheinwerfen automatisch ausgehen.

Rückfahrleuchten

Die beiden weißen Rückfahrscheinwerfer sind in den Gehäusen der Rückleuchten untergebracht. Sie leuchten auf, sobald der Rückwärtsgang eingelegt wird. Dazu ist am Getriebegehäuse ein Schalter angebracht, der beim Einlegen des Rückwärtsganges mechanisch betätigt wird.

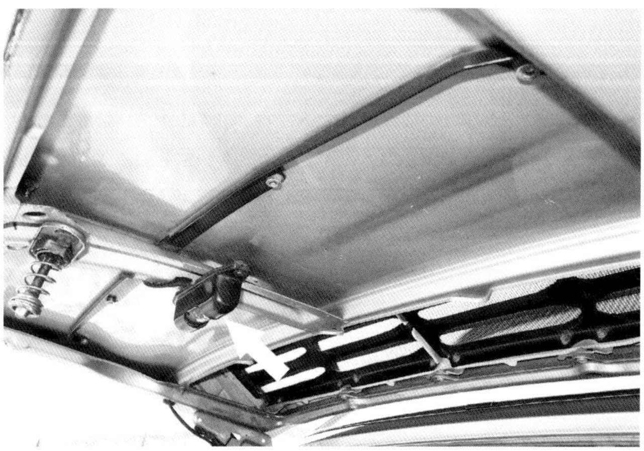

Beleuchtung im Motorraum

Ab Modelljahr 1980 wurde die Beleuchtung des Motorraumes eingeführt. Als ein Teil der Außenbeleuchtung muss die Beleuchtung des Fahrzeugs eingeschaltet sein, damit die Leuchte aktiv wird.

Innenbeleuchtung

Die Innenbeleuchtung der 911 SC wurde mehrmals geändert. Coupés haben zwei eingebaute Leuchten, eine auf jeder Seite im Dachholm, etwas hinter den Vordersitzen. Cabriolet und Targa sind nur mit einer Innenleuchte zwischen den beiden Sonnenblenden (im Windschutzscheibenrahmen) ausgestattet. Die Innenleuchten selbst sind als Schalter ausgelegt. Sie haben drei Funktionen:

A. Innenleuchten beim Coupé
- Links niederdrücken = Licht ist eingeschaltet
- Mittelstellung = Automatisches Ein- und Ausschalten
- Rechts niederdrücken = Licht ist ausgeschaltet

B. Innenleuchte bei Cabriolet und Targa
- Unterteil niederdrücken = Licht ist eingeschaltet
- Mittelstellung = Licht ist ausgeschaltet
- Oberteil niedergedrückt = Automatisches Ein- und Ausschalten

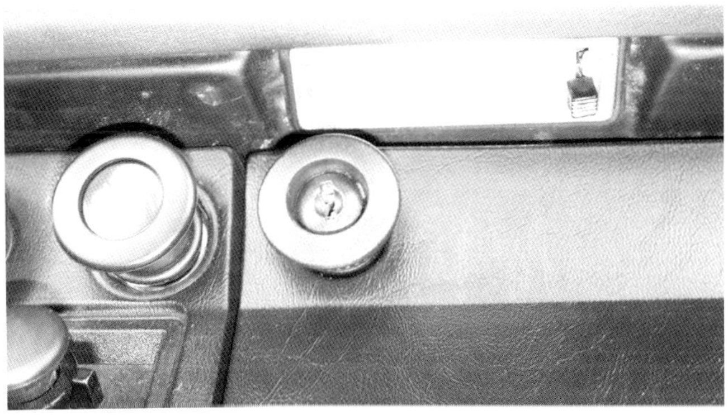

Wenn die Innenleuchte auf automatisches Ein- und Ausschalten steht, werden sie von den Türschaltern aktiviert. Wenn sich eine der beiden Türen öffnet, wird die Innenbeleuchtung eingeschaltet.

Die Beleuchtung des Handschuhfachs ist ebenfalls Teil der Innenbeleuchtung.

Instrumentenbeleuchtung

Die Anzeigeinstrumente der Baureihe 911 SC haben jeweils eine eigene Beleuchtung der Skalen und Zeiger. Die Stromversorgung dieser Glühlampen erfolgt vom Bordnetz über ein Drehpotentiometer in der Armaturentafel, das als Dimmer bei Nachtfahrten die Helligkeit der Skalenbeleuchtung variieren kann.

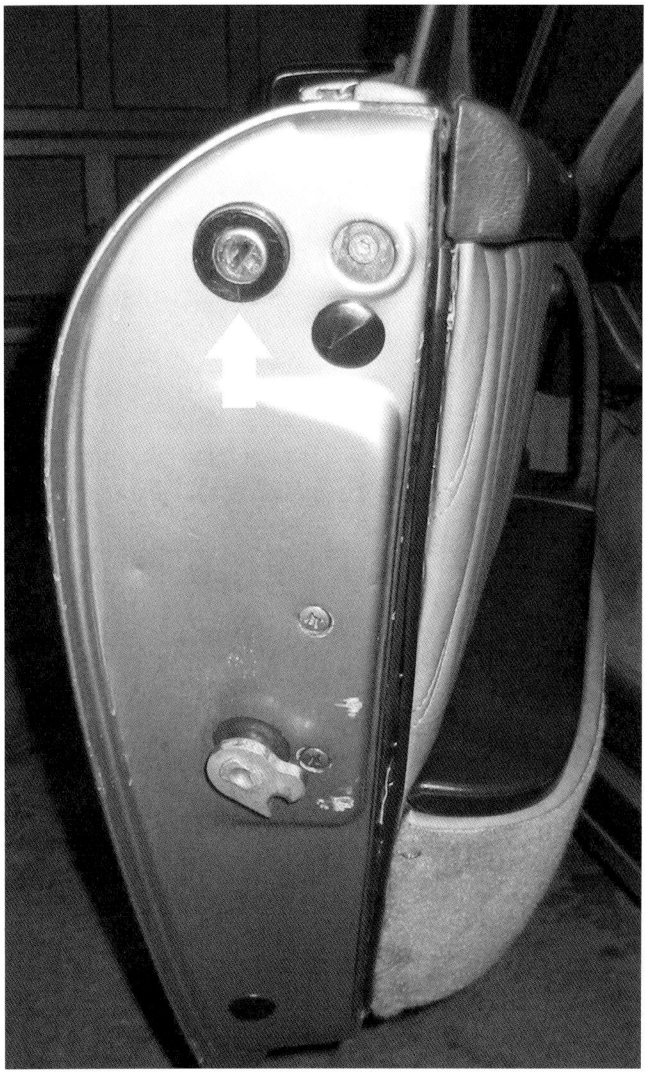

Diebstahlwarnanlage

Die Warnanlage war eine Mehrausstattung, die schon bei der Fahrzeugbestellung fixiert werden musste.
Die Anlage besteht aus folgenden Komponenten:

- Zusätzliche Schlüssel für die Alarmanlage (zwei Schlüssel pro Neufahrzeug)
- Alarmanlagenschloss in der Fahrertür, das mit dem Schlüssel geschärft werden kann
- Alarmanlagen-Steuergerät (eingebaut hinter der Armaturentafel)
- Alarmhorn (am Fahrwerk der Vorderachse hinter der Kraftstoffpumpe)
- Drei Alarmschalter (einer an jeder Tür, einer am Deckel des Gepäckraumes)

Hinweis:
Zugang zum Steuergerät ist nur über die Hinterseite des Gepäckraumes möglich. Zum „Schärfen" der Diebstahlwarnanlage muss der Schlüssel in das Schloss in der Fahrertür eingesteckt werden und um 90° im Uhrzeigersinn gedreht werden. Um das System wieder auszuschalten, muss der Schlüssel wieder um 90° gegen den Uhrzeigersinn gedreht werden.

Funktionsweise

Ist die Anlage „geschärft", sind die Schlösser der Fahrer- und der Beifahrertür sowie der Deckel des Gepäckraumes überwacht und die Zündung für den Motor ist unterbrochen.

Wird einer der Schalter ausgelöst, oder das Zündschloss gedreht (mit oder ohne eingestecktem Schlüssel) wird der akustischen Alarm ausgelöst, zusätzlich wird das Relais für die Kraftstoffpumpe blockiert um sicherzugehen, dass der 911 SC nicht gestartet werden kann.

Das seinerzeit serienmäßige Werksradio im Modelljahr 1980.

Werksbild Porsche AG

Radiogeräte

Die Porsche 911 SC waren ab Werk mit einem Radio-Cassettengerät ausgestattet. Die große Mehrzahl der seinerzeit im Werk eingebauten Geräte sind inzwischen ausgefallen oder wurden durch modernere Radios ersetzt. Es dürfte nur wenige Fahrzeuge dieses Typs geben, die auch heute noch mit diesen originalen Geräten ausgestattet sind, zumal die CD inzwischen die Cassette als Tonträger verdrängt hat.

Einige Besitzer bevorzugen Markengeräten von Porsche und haben Porsche CD-Player eingebaut, die ab Mitte der 1990er Jahre verfügbar waren. Das ist natürlich eine Möglichkeit, Porsche treu zu bleiben, und das ist für viele Besitzer durchaus wichtig. Allerdings haben diese Geräte auch einen Porsche-typischen Preis …

Einige Besitzer geben dem Fahrzeug mit ihrer Musikanlage eine persönliche Note. Foto: Adrian Streather

Die mechanisch einschiebbare Antenne sitzt auf dem linken Kotflügel.

Foto: Adrian Streather

Antennen

Der 911 SC war mit einer Außenantenne ausgestattet, die in den rechten vorderen Kotflügel eingebaut wurde. Zwei Antennen waren ab Werk lieferbar:

- Manuell betätigte Antenne, ausziehen und einschieben erfolgte von Hand
- Elektrisch betätigte Antenne, aus- und einfahren der Antenne erfolgte mit Elektromotorantrieb

Viele der vom Werk eingebauten Antennen haben den Langzeittest nicht überlebt und wurden ausgetauscht. Dieser Austausch ist kein Minuspunkt für die Originalität, sondern ein Pluspunkt, der den 911 SC funktionstüchtig hält.

Hinweis:

Kein 911 SC wurde mit einer Antenne in der Windschutzscheibe ausgeliefert. Ist ein 911 SC mit einer solchen Antenne ausgestattet, ist dies ein sicheres Zeichen, dass die Scheibe ersetzt wurde. Sollte es notwendig werden, die Antenne zu ersetzen, dann ist immer eine einschiebbare, mechanische Antenne zu empfehlen.

Das Steuergerät des Tempomat sitzt direkt neben dem Bremskraftverstärker. Foto: R. Warren Cramer

Der Bedienungshebel für den Tempomat befindet sich hinter dem Hebel für den Scheibenwischer. Foto: R. Warren Cramer

Tempomat (Geschwindigkeitsregelanlage)

Komponenten des Tempomat:

- Tempomat-Steuergerät befindet sich im hinteren Bereich des Gepäckraums
- Stellmechanismus befindet sich im Motorraum.
- Bedienungshebel ist an der Lenkkonsole befestigt
- An der Konsole des Kupplungs- und Bremspedals sind jeweils Schalter angebracht, die Signale an das Steuergerät geben, wenn die Pedale bedient werden
- Seilzug zwischen Stellmechanismus und Drosselklappe

Funktionsbeschreibung

Das Steuergerät des Tempomat erhält als Eingangssignal die momentane Geschwindigkeit des Fahrzeugs vom Tachometer. Das Steuergerät vergleicht die tatsächliche Fahrgeschwindigkeit mit der vom Fahrer vorgegebenen Geschwindigkeit. Wenn die gewünschte Geschwindigkeit erreicht ist, gibt das Steuergerät ein Signal an den Stellmechanismus. Dieser, mit Saugrohr-Unterdruck arbeitende Mechanismus regelt mit dem Seilzug die Stellung der Drosselklappe. Wird durch den Fahrer über das Gaspedal die Geschwindigkeit zusätzlich kurzzeitig gesteigert, regelt der Tempomat, wenn der Fahrer das Gaspedal loslässt, die zuvor eingegebene Geschwindigkeit wieder selbsttätig ein.

Der Bedienungshebel an der Lenkkonsole kann auch zum Beschleunigen benutzt werden. Wird der Hebel nach oben bewegt, beschleunigt das Fahrzeug. Wird der Hebel losgelassen, hält das Fahrzeug für die weitere Fahrt die neue Geschwindigkeit. Derselbe Hebel kann auch benutzt werden, um die Geschwindigkeit herabzusetzen; dazu wird der Hebel in Richtung Lenkrad gezogen. Wird er anschließend nach unten bewegt, beschleunigt das Fahrzeug automatisch auf die zuvor eingestellte Gechwindigkeit. Unter 50 km/h und über 200 km/h kann der Tempomat nicht benutzt werden. Wird die 50-km/h-Grenze, zum Beispiel bei einem Bremsvorgang, unterschritten, schaltet der Tempomat selbsttätig ab. Wird entweder das Brems- oder das Kupplungspedal gedrückt, wird der Tempomat augenblicklich abgeschaltet, das Signal dazu erfolgt durch die Schalter an der Pedalkonsole.

Der Tachometer mit zwei Skalen, bis 85 mph und 140 km/h, wurde nur in US-Versionen eingebaut. Mit einem Gesetz wollte man in den USA die Fahrer daran hindern, Geschwindigkeiten über 85 mph auf dem Tacho abzulesen. Foto: Douglas Anderson

Tachometer mit einer Skala bis 300 km/h.

Tachometer mit einer Skala bis 150 mph.

Instrumente

Tachometer

Die Geschwindigkeitssignale im 911 SC werden elektrisch von einem Signalgeber im Getriebe direkt an den elektronisch arbeitenden Tachometer gegeben.

Es gibt weltweit 7 verschiedene Skaleneinteilungen, die im 911 SC zu finden sind:

- 85 mph (nur für USA)
- 85 mph und 140 km/h Doppelskala (nur für USA)
- 150 mph
- 300 km/h (vom 911 Turbo)
- 250 km/h
- 250 km/h mit Warnung vor unzulässiger Geschwindigkeit (nur für Japan)
- 170 mph und 270 km/h Doppelskala (nur für USA)

Der Ausbau eines Tachometers ist sehr einfach, da diese lediglich in die Armaturentafel eingesteckt sind. Dabei ist darauf zu achten, dass beim Ausbau weder die Blende des Instruments noch die Armaturentafel beschädigt wird.
Ist das Instrument aus der Einbaulage herausgelöst, ziehen Sie es vorsichtig heraus. Gehen Sie bitte nicht grob zu Werke, da vor dem endgültigen Ausbau noch die elektrischen Verbindungen an der Rückseite gelöst werden müssen. Der Impulsgeber für die Geschwindigkeitssignale befindet sich am Gehäuse des Getriebes Typ 915.

Drehzahlmesser

Der Drehzahlmesser ist ein seinerzeit übliches elektro-mechanisches Anzeigegerät.

Die Drehzahlimpulse des Motors werden vom HKZ-Zündsteuergerät an den Drehzahlmesser weitergegeben. Das Steuergerät befindet sich auf der rechten Seite im Motorraum.

Kombiinstrument für Öltemperatur und Öldruck

Die Signalgeber für Öldruck und Öltemperatur sind am Motorblock angeschlossen.

Dieses Instrument ist das Serieninstrument. Es gibt keine Skala für die exakte Oltemperatur.

Einige 911 SC sind mit Skalen versehen, mit deren Hilfe die exakte Öltemperatur abgelesen werden kann. Diese Instrumente stammen von früheren Serien des 911-Fertigungsprogramms. Die Temperaturangaben sind am Außenrand markiert. Die meisten SC-Besitzer sind über die ungenauen Angaben der Öltemperatur nicht begeistert und hätten gern genauere Angaben.

Der Geber für die Öltemperatur (A) und den Öldruck (B) sind nebeneinander auf dem Motorblock untergebracht, wie diese Abbildung zeigt.

Kombiinstrument für Ölstand und Kraftstoffvorratsanzeige

Der Ölstand wird durch einen Schwimmer im Öltank auf ein externes Potentiometer übertragen. Der Abstand zwischen der oberen und der unteren Markierung der Skala beträgt ungefähr 1,5 Liter. Das bedeutet, wenn die Ölmenge um 1,5 Liter abgenommen hat, wird der Zeiger im roten Bereich verbleiben, auch bei einem Fahrzeug, das mit betriebswarmem Motor bei Leerlaufdrehzahl auf einer ebenen Parkfläche steht.

Der Geber für den Ölstand ist am separaten Öltank befestigt, dieser befindet sich vor dem rechten Hinterrad.

Der Pegelstand im Kraftstofftank wird durch einen Geber im Tank gemessen. Der Geber ist oben auf dem Tank im linken Bereich eingebaut.

Die rote Tankwarnlampe leuchtet auf, wenn noch etwa 8 Liter Restmenge im Tank sind. Das Warnsignal wird durch einen eigenen Schalter im Kraftstofftank ausgelöst.

Zeituhr

Die Uhr ist eine herkömmliche elektrische Uhr. Sie ist direkt mit der Batterie verbunden und über eine eigene Sicherung abgesichert. Wenn die Uhr stehen bleibt, ist entweder die Sicherung durchgebrannt oder die Batterie leer.

Das Blaupunkt Atlanta Radio-Kassettengerät gehörte seinerzeit zu den Topmodellen, die man kaufen konnte, hier eingebaut in einem rechtsgelenkten 911 SC Sondermodell „Ferry Porsche Spezial", Modelljahr 1982. Foto: Robin Langford

Hinweis für Besitzer

Ausbau des Radiogeräts

Einige Radiogeräte aus dem Zubehörhandel, die nachträglich in die 911 SC eingebaut wurden, aber auch die vom Werk eingebauten Geräte benötigen einen besonderen Werkzeugsatz, um das Gerät aus der Armaturentafel ausbauen zu können. Damit soll Dieben ihre Arbeit so schwer wie möglich gemacht werden.
Es wird dringend empfohlen, sich vor dem Ausbau zu informieren, welche Werkzeuge zum einwandfreien Ausbau benötigt werden. Fehlen diese einfachen Werkzeuge, kann es passieren, dass das Radiogerät oder der Einbaurahmen beschädigt wird. Außerdem besteht die Gefahr, dass man sich die Finger verletzt, was für zusätzliche Frustration sorgt.

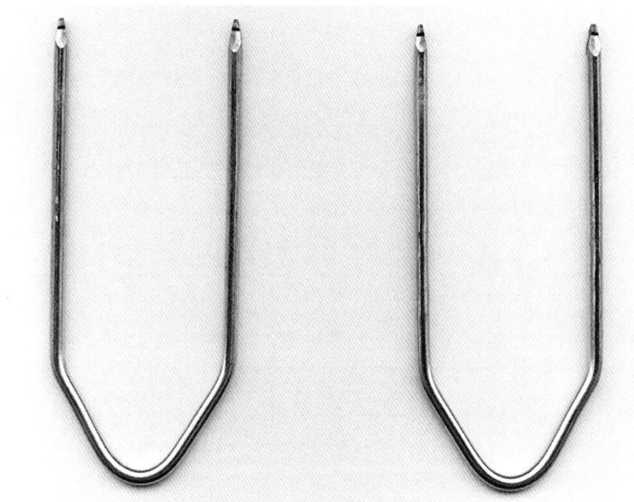

Diese in der Abbildung gezeigten Werkzeuge werden benötigt, um die von Porsche gelieferten Geräte aus dem Modelljahr 1983 problemlos auszubauen. Ähnliche Werkzeuge sind normalerweise im Radio-Einzelhandel oder in örtlichen Elektronik-Geschäften vorrätig.

Hinweis:
Bei Radiogeräten, wie beispielsweise Alpine und späteren Modellen von Blaupunkt, muss zunächst die Frontplatte vor dem Gerät entfernt werden, ehe man mit den Sonderwerkzeugen das Radiogerät ausbauen kann. Sind in der Frontplatte keine Löcher vorhanden, muss zunächst die Frontblende vorsichtig entfernt werden.

Kapitel 9

Fehler und Defekte selbst aufspüren

Do-it-yourself ist oft schneller und preiswerter

Porsche 911 SC Coupé „Euro“, Modelljahr 1979. Foto: Jerry Skirvin

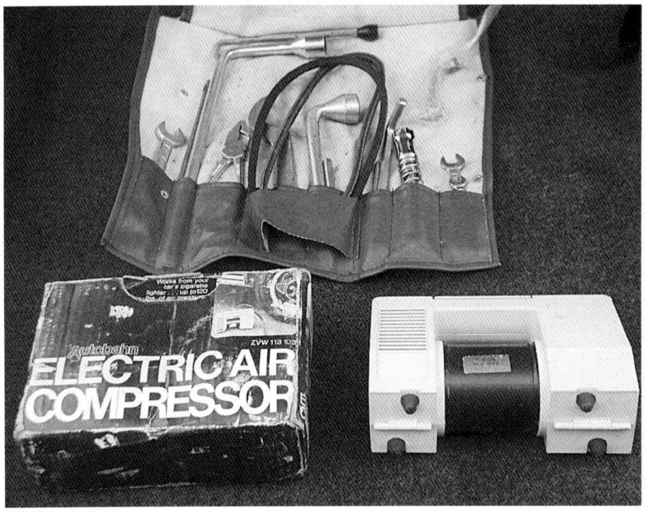

Die serienmäßige Werkzeugtasche des 911 SC enthält viele Werkzeuge, die es einem Besitzer ermöglichen, sich bei kleineren Defekten selbst zu helfen. Zum Beispiel ein klemmendes Seitenfenster oder das Schiebedach, um nur zwei Beispiele zu nennen. Der elektrische Kompressor ist notwendig, wenn Sie Druckluftverlust an einem Rad haben bzw. das Notfaltrad aufgepumpt werden muss. Foto: Douglas Anderson

Eine gut ausgerüstete Hobbywerkstatt und vor allem ein Satz gutes Werkzeug sind für Arbeiten am SC unverzichtbar. Es ist eine sinnvolle Investition, etwas mehr Geld für bessere Qualität auszugeben, denn besonders auf dem Werkzeugmarkt wird viel billiger Schrott angeboten. Foto: Tom Sharpes

Einführung

Der Porsche 911 SC ist ein einfaches Auto, wenn es sich um grundlegende Fehlersuche handelt. Teure Testgeräte sind eigentlich nur im Bereich der K-Jetronic Benzineinspritzung von Bosch und für die Klimaanlage erforderlich. Einer der Reize für den Hobby-Schrauber ist die einfache und unkomplizierte Fehlersuche und anschließende Reparatur; vor allem, wenn man Vergleiche zieht zu späteren Generationen des Neunhundertelfers, deren komplexe Elektroniksysteme für Hobby-Schrauber kein geeignetes Betätigungsfeld darstellen.
Die Intention dieses Kapitels besteht darin, den SC-Besitzern einen Überblick über bekannte und weniger bekannte Probleme rund um ihren 911er zu verschaffen . Diese Informationen sollen den Besitzern helfen, die Technik zu verstehen und eine richtige Diagnose zu stellen.

Was bedeutet eigentlich Fehlersuche?

Fehler zu suchen – und zu finden – ist eine besondere Kunst. Und es ist eigentlich schwierig, diese Kunst in einem Buch zu vermitteln. Trotzdem ist es möglich, einige Systematiken zu erklären, die es dem Besitzer ermöglichen, Abläufe zu verstehen und logische Schlüsse daraus zu ziehen.
Ziel der folgenden Abhandlung ist es, dem Besitzer eine Anleitung an die Hand zu geben, wie er systematisch eine Diagnose erarbeiten und mögliche Fehler eingrenzen kann. Und das natürlich möglichst ohne dabei alle Teile rund um den Fehler auszuwechseln.

Generelle Ratschläge

Auf den ersten Blick erscheint das fehlerhafte System kompliziert und abschreckend. Vermeiden Sie, voreilige Entscheidungen zu treffen, egal wie kompliziert eine Fehlfunktion auch erscheinen mag. Nehmen Sie sich Zeit, das Problem einzugrenzen. Der wichtigste Ratschlag für jeden Besitzer ist dabei, die Probleme sorgfältig zu diagnostizieren. Versuchen Sie sich an alle Umstände und Begleiterscheinungen zu erinnern, die im Umfeld zu diesem Problem geführt haben. Je mehr Informationen Sie zu einem Fehler haben, umso leichter ist es, diesen ausfindig zu machen und zu reparieren. Die Feststellung alleine „Die Zündung funktioniert nicht!" ist

Sollte der sehr seltene Fall eintreffen, dass den 911 SC einmal eine Panne ereilt, heißt es zunächst einmal Ruhe bewahren. In vielen Fällen ist es nur eine Kleinigkeit, die Probleme bereitet. Logisches Denken und systematisches Vorgehen hilft bei der Ursachenforschung. Foto: Mike Baxster

Es gibt viele verschiedene Systeme, alleine im Motorbereich. Irgendwann im Leben des 911 SC wird dann doch Fehlersuche und Fehlerfinden erforderlich sein. Technisches Verständnis für die Funktion aller Systeme und deren Zusammenwirken macht diese Arbeit wesentlich leichter. Foto: Lon Tusler

wenig hilfreich. Wie haben Sie denn überhaupt gemerkt, dass die Zündung nicht funktioniert und unter welchen Umständen tritt der Fehler auf?

Systemanalyse

Alle Systeme, die den 911 SC zum Laufen bringen, egal ob diese nun mechanisch, hydraulisch oder elektrisch sind, können in drei Funktionsbereiche aufgegliedert werden:

- Die Aufgabe, etwas auszuführen (Input)
- Die Ausführung dieser Aufgabe (Prozess)
- Ein Ergebnis (Output)

Eine vom Fahrer entdeckte Fehlfunktion wird immer auf ein Problem innerhalb dieser drei Bereiche zurückzuführen sein.

Systemanforderungen

Jedes System hat eigene Anforderungen, um einwandfrei zu funktionieren.
Elektrische oder elektronische Systeme benötigen:

- Elektrische Energie (12 Volt Gleichstrom)
- Masseverbindung (zur Karosserie)
- Eingangssignale

Hydraulische Systeme benötigen:

- Energie (Strom, Unterdruck oder Motor)
- Hydraulik-Flüssigkeit
- Dichte Rohr- oder Schlauchleitungen

Mechanische Systeme benötigen:

- Betätigungsgestänge, Hebel, Seilzüge, Wellen
- Freie, ungehinderte Beweglichkeit
- Fehlerfreie Verbindungen

Oft ist ein Fehler direkt darauf zurückzuführen, dass eine der genannten Anforderungen nicht gegeben ist. Wenn eine Sicherung in einem elektrischen Schaltkreis durchgebrannt ist, dann funktioniert das gesamte System nicht mehr. Und wenn keine Hydraulik-Flüssigkeit mehr in einem Hydraulik-System vorhanden ist, wird auch dieses nicht mehr funktionieren. Es sind also die Grundvoraussetzungen, die zuerst überprüft werden sollten.

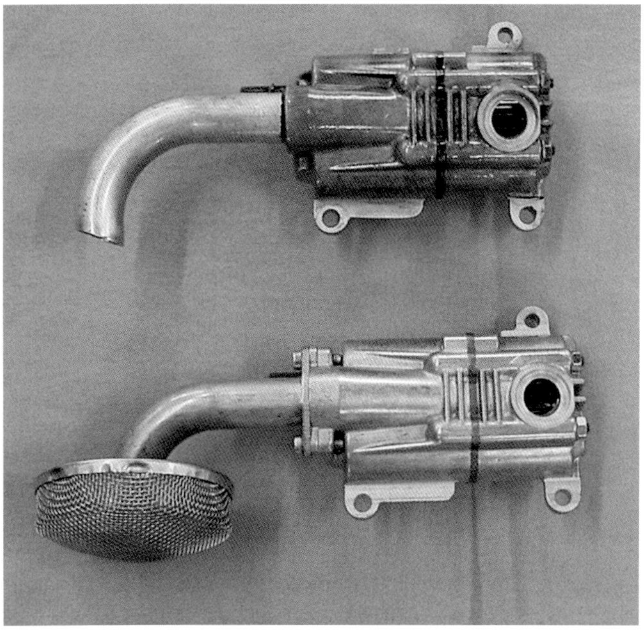

Man sollte nicht in einem Anfall von Aktionismus irgendwelche, vielleicht sogar noch teuren Teile einfach austauschen oder austauschen lassen, nur weil man einen vagen Verdacht hegt, dass diese Bauteile das Problem sind. Es ist beispielsweise sehr aufwändig und sehr kostspielig, die Ölpumpe im 911 SC auszutauschen. Prüfen Sie erst sorgfältig, ob es wirklich an dem Teil liegt, welches sie austauschen möchten. Im aktuellen Fall ist die Ölpumpe allerdings tatsächlich ausgefallen.

Foto: Lon Tusler

Regeln zur Fehlerfindung

Wie in vielen Technikbereichen lautet der erste Grundsatz: Ruhe bewahren! Lassen Sie sich nicht aus der Ruhe bringen und geraten Sie nicht gleich in Panik, wenn ein Defekt auftritt. Halten Sie an und machen Sie sich ein paar Notizen, um sich später möglichst genau an den Ablauf der Fehlersituation erinnern zu können. Die Betriebsanleitung bietet eine grobe Übersicht und gibt Hinweise, wie einfache Probleme selbst behoben werden können. Trotzdem kann die Betriebsableitung fehlendes technisches Wissen nicht ersetzen. Untersuchen Sie das Naheliegende zuerst. Fangen Sie immer mit einfachen (billigen) Ursachen an: Prüfen Sie die Sicherungen, die Flüssigkeiten, die Relais und Verbindungen, bevor Sie darangehen, teuere Steuergeräte auszutauschen.

Warnung

Bevor Sie den Versuch unternehmen, irgendeinen Fehler zu finden oder zu reparieren, lesen Sie alle Sicherheitsvorschriften und Warnungen in der Betriebsableitung durch. Benutzen Sie immer ein digitales Multimeter-Messgerät, um elektrische Stromkreise zu prüfen. Einige Bauteile wie Kondensatoren sind auch nach dem Abschalten des Motors noch stromführend.

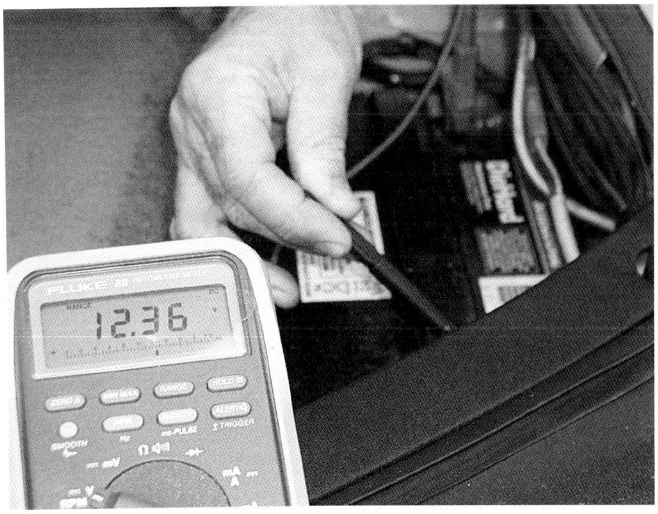

Ein Multimeter ist das wichtigste Hilfsmittel, um elektrische Störungen aufzuspüren. Foto: Douglas Anderson

Probleme im Bereich der Motor-Elektrik

Probleme mit der Stromerzeugung und Stromspeicherung (Generator, Regler, Batterie) kann normalerweise in vier Problemgruppen eingeteilt werden:

- Die Batterie selbst
  - Störungen am Generator oder Regler
  - Übermäßiger Stromverbrauch (bei ausgeschalteter Zündung), Entladung der Batterie in sehr kurzer Zeit; Entladung in wenigen Stunden oder Tagen, je nach Stromverbrauch
  - Probleme mit dem Masseanschluss (Minuspol)

Die folgende Tabelle soll Ihnen als Leitfaden dienen, um ein Problem zu finden.

Benötigte Werkzeuge und Hilfen: ein digitales Multimeter und dieses Buch

Fehler oder Problem	Mögliche Ursache	Empfohlene Reparaturmaßnahme
Generator-Warnlampe brennt dauernd	Keilriemen des Generators gerissen	Keilriemen ersetzen
Generator-Warnlampe brennt nicht bevor gestartet wird	Unterbrechung der Kabelverbindung zwischen Batterie und Generator (blaues Kabel D+)	Kabelverbindung wieder herstellen
	Warnlampe selbst oder Lampenfassung defekt	Defektes Teil ersetzen
	Kabel zur Warnlampe defekt	Stromkreis überprüfen
Motor bleibt unerwartet stehen	Spannungsregler ausgefallen durch Überspannung oder Spannungsspitzen, normalerweise begleitet vom Abregeln des Generators, dadurch kommt Motor zum Stillstand	Defekten Regler ersetzen, Spannung der Batterie bei laufendem Motor prüfen (Multimeter sollte über 14,4 V bis 22 V anzeigen)
Quietschgeräusche aus dem Motorraum	Keilriemen des Generators ist lose	Keilriemen nachspannen oder ersetzen
	Lagerung des Generators defekt	Generator ersetzen oder reparieren
Batterie entlädt sich über Nacht oder nach wenigen Tagen	Defekte (zu alte) Batterie	Kapazität prüfen, Batterie ersetzen
	Großer Stromverbrauch bei ausgeschalteter Zündung	statischen Verbraucher (Kriechströme) suchen
Systemausfall der elektrischen Anlage einschließlich der oben genannten Störungen	Batterie- und Massekabel; kann auftreten durch lose oder korrodierte Verbindung zur Batterie, innerhalb vom Kabel selbst (Bruch) oder am Befestigungspunkt des Massekabels an der Karosserie	Verbindungen der Batterieanschlüsse prüfen Batteriepole reinigen und neu befestigen Anschluss Massekabel zur Karosserie prüfen Batteriekabel wenn notwendig ersetzen

Batterie mit abgenommenem Schutzdeckel

Foto: R. Warren Cramer

Fehlersuche an der Batterie

Das Versagen der Bordspannungsquelle ist nichts Ungewöhnliches und kündigt sich meist auch vorher durch eine schwächer werdende Batterie an. Der normal ausgestattete 911 SC ist zwar nicht besonders abhängig von komplexen elektrischen und elektronischen Systemen, aber trotzdem muss die Batterie immer in gutem Zustand gehalten und gepflegt werden (Flüssigkeitsstände kontrollieren, Pole einfetten, Kabelverbindungen prüfen), um einwandfrei zu funktionieren und die Betriebssicherheit zu gewährleisten. Batterieschäden treten meist zum ungünstigsten und peinlichsten Zeitpunkt auf. Immerhin kann ein 911 SC auch angeschoben werden.

Selbst wenn die Zündung abgeschaltet ist, wird der Batterie trotzdem ständig Strom entnommen. Das ist einmal die Zeituhr, die über Dauerplus geschaltet ist und auch die Diebstahlwarnanlage benötigt Ruhestrom.

Hinweis:

Die durchschnittliche Zeit, in der eine Batterie bei abgestelltem Fahrzeug so geladen bleibt, dass ein Anlassvorgang noch gelingt, liegt bei etwa acht Wochen. Wenn aber weitere Dauerverbraucher noch Strom „ziehen", kann diese Zeitspanne auch deutlich kürzer sein.

Batterie-Schnelltest

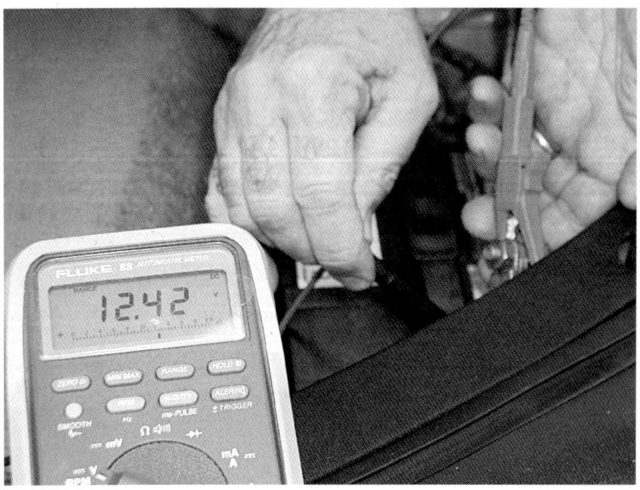

12,42 Volt, das ist ein ordentlicher Wert.

Foto: Douglas Anderson

Machen Sie eine Probefahrt, nicht unter 15 Minuten. Schalten Sie dabei keine zusätzlichen Verbraucher ein. Kehren Sie zurück und stellen Sie den Motor ab. Öffnen Sie den Gepäckraum und lösen Sie den Schutzdeckel von der Batterie.

Stellen Sie Ihr Multimeter auf Gleichstrom und messen Sie von Pol zu Pol die Spannung. Diese sollte mindestens 12,4 Volt betragen.

Jetzt sollten Sie einen Helfer bitten, den Motor zu starten, während Sie weiter mit dem Multimeter an beiden Batteriepolen die Messung vornehmen. Während des Anlassvorgangs darf die Spannung nicht unter 10,2 Volt fallen.

Wenn die Batterie diesen Test nicht besteht, sollte sie in der Werkstatt einem Ladetest unterzogen werden. Sofern die Batterie diese Prozedur besteht, müssen Sie die Fehlersuche am Generator und am Regler fortsetzen.

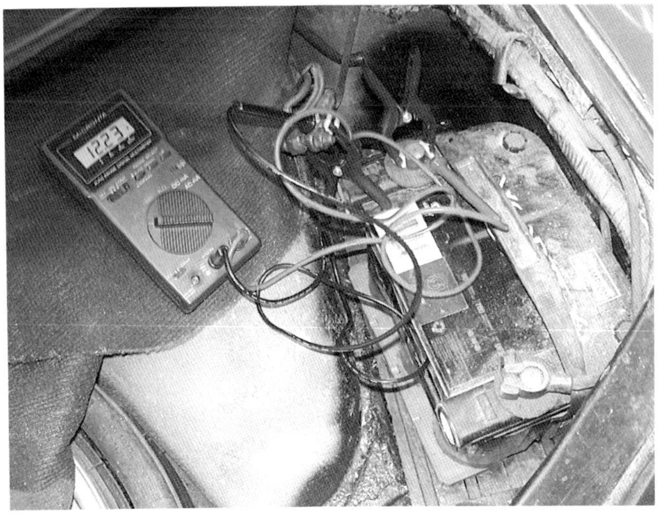

Beginnen Sie an der Batterie mit den Volt-Messungen, wenn Sie den Generator prüfen wollen. Foto: Larry Turner

Um die Spannung direkt am Generator prüfen zu können, muss Einiges abgebaut werden. Foto: Donald Siegfriedt

Fehlersuche an Generator und Regler

Wenn die Batterie den bereits beschriebenen Schnelltest bestanden hat, prüfen Sie jetzt zusätzlich noch die Spannung zwischen den beiden Batteriepolen bei laufendem Motor in Leerlaufdrehzahl. Die Spannung sollte zwischen 13,8 und 14,4 Volt liegen. Wenn die Spannung 14,4 Volt bei Leerlaufdrehzahl übersteigt, ist der Regler durch einen Kurzschluss ausgefallen.

Warnung

Sollte dies der Fall sein, sollten Sie sofort den Regler austauschen, da die Überspannung die Batterie überhitzt. In der Folge fließt Schwefelsäure aus den Batteriezellen in den Gepäckraum, was für erhebliche Korrosionsschäden sorgt. In Extremfällen besteht sogar die Gefahr, dass die Batterie explodiert.

Ist die Spannung zu niedrig, erhöhen Sie die Motordrehzahl, bis die Spannung 13,8 Volt erreicht. Wenn dabei die Drehzahl des Motors 1200/min übersteigt, dann verursacht entweder der Generator oder der Regler das Problem.
Diese Prüfung kann sowohl für die extern angebrachten Spannungsregler angewendet werden (Modelljahre 1978 bis 1981) als auch für die Spannungsregler, die direkt am Generator angebaut sind (Modelljahre 1982 und 1983).

Hinweis:

Besitzer älterer Exemplare 911 SC (Modelljahre 1978 bis 1981) können ihre Fahrzeuge aufrüsten, in dem sie die leistungsstärkeren Generatoren mit integriertem Regler der Modelljahre 1982 und 1983 einbauen.

Auch die Diodenpakete der Generatoren können leicht überprüft werden. Defekte Dioden geben Wechselstrom in das Gleichstromnetz ab. Um zu prüfen, ob dies der Fall ist, schalten Sie das Multimeter auf Wechselstrom um und messen wieder von Pol zu Pol bei laufendem Motor. Das Messgerät sollte jetzt nahezu null Volt Wechselstrom anzeigen. Andernfalls muss der Generator ersetzt werden.

Warnung

Wechselstrom im Bordnetz kann zu Motorproblemen führen und außerdem elektronische Komponenten zerstören.

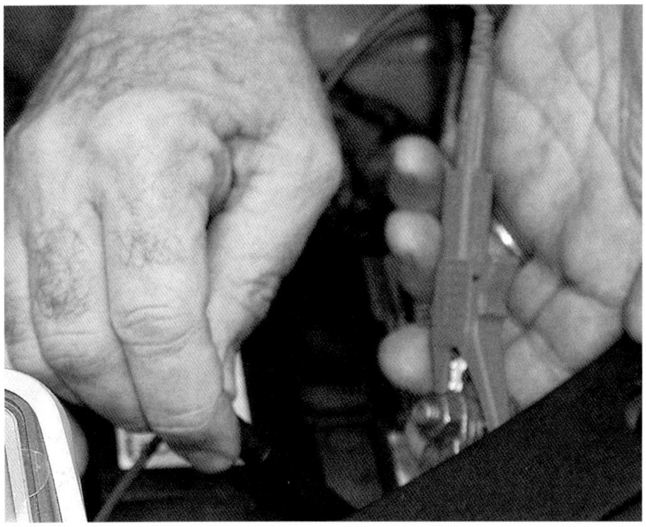

Alles ist für die Messung des Stromverbrauchs vorbereitet.

Foto: Douglas Anderson

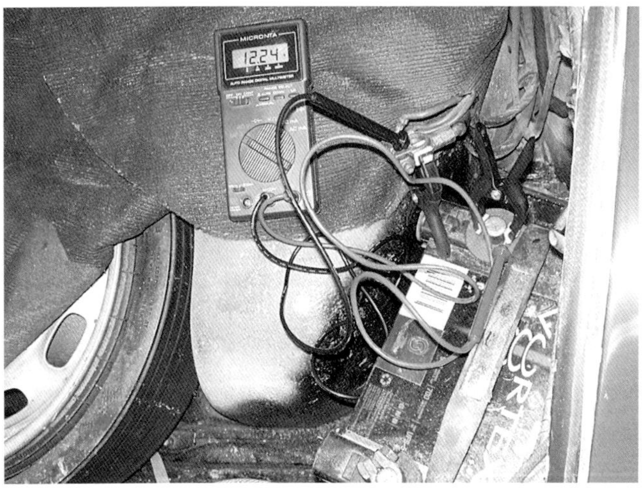

Das Multimeter ist angeschlossen, nun kann gemessen werden.

Foto: Larry Turner

Fehlersuche „stille elektrische Verbraucher"

Zu hoher Ruhestrom bei abgeschalteter Zündung bedeutet, dass ein Verbraucher ungewöhnlich viel Strom aus der Batterie entnimmt.
Wenn bei abgeschalteter Zündung Strom fließt, muss Folgendes stattfinden:

- Es liegen 12 Volt Spannung an.
- Es gibt einen elektrischen Stromkreis mit Widerstand gegen Masse.

Hinweis:
Ein „echter" Kurzschluss bei 12 Volt Spannung in einem Schaltkreis würde eine der Sicherungen augenblicklich durchbrennen lassen. Ein unterbrochener Schaltkreis verhindert Stromverbrauch.

Um den „stillen Verbraucher" einkreisen zu können, stellen Sie zunächst Ihr Multimeter auf den Bereich 10 Ampere.

Warnung
Bevor Sie eine Kabelverbindung mit der Batterie trennen, stellen Sie sicher, dass Sie die individuelle Radio-Codierung Ihres eingebauten Porsche Radios für die Wiederinbetriebnahme bereit haben. Ohne den Code kann nach einer Stromunterbrechung das Gerät nicht mehr benutzt werden. (Diebstahlsicherung). Eine Neucodierung ist nur beim Gerätehersteller oder in dessen Stützpunkten möglich.

Ob Strom verbraucht wird, kann durch folgende Prüfungen festgestellt werden:

- Nehmen Sie das Masse-Kabel (-) von der Batterie ab. Messen Sie den Stromverbrauch zwischen dem Ende des Minus-Kabels und dem Minuspol der Batterie.
- Nehmen Sie das Plus-Kabel von der Batterie ab. Schließen Sie das Minus-Kabel wieder an der Batterie an. Messen Sie jetzt den Stromverbrauch zwischen dem Ende des Plus-Kabels und dem Pluspol der Batterie.
- Nachdem Sie die Messung zwischen dem Pluspol der Batterie und dem Ende des Plus-Kabelstranges beendet haben, müssen Sie unbedingt noch einmal das Minus-Kabel von der Batterie lösen und abnehmen, bevor Sie das Pluskabel wieder an der Batterie befestigen.

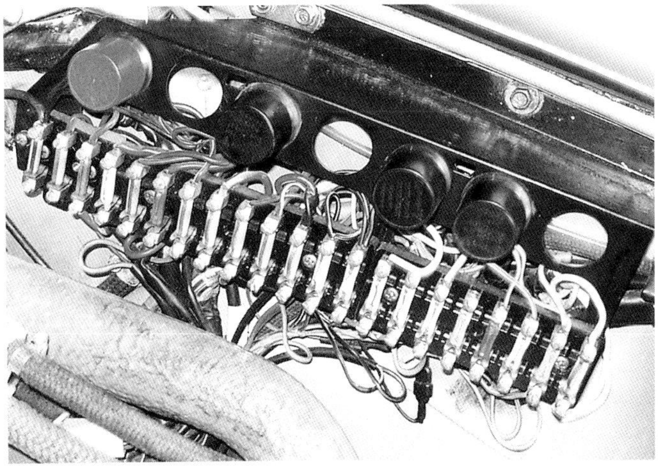

Die Konsole der Zentralelektrik mit Relais und Sicherungen bestückt befindet sich im Gepäckraum. Dieser Hauptsicherungskasten beherbergt den größten Teil der Fahrzeugsicherungen. Im abnehmbaren Deckel sind die Sicherungen und ihre Funktion beschrieben. Für den hier beschriebenen Test müssen nacheinander die Sicherungen ausgebaut werden, um den gesuchten Stromkreis mit dem ständigen Verbraucher zu finden.

Diese drei Sicherungen befinden sich im Motorraum auf einer kleinen Konsole. Auch diese Sicherungen müssen überprüft werden, wenn der Fehler nicht im Hauptsicherungskasten gefunden wird.

- Am Ende der Messungen Minuskabel wieder anklemmen.

Wenn der Stromverbrauch, den Sie gemessen haben, größer als 30 mA (Milliampere) bei normal ausgerüsteten 911 SC ist (mit dem Standard-Radiogerät und der Diebstahlwarnanlage) oder 90 mA bei Fahrzeugen mit Diebstahlwarnanlagen und Radiogeräten aus dem Zubehörhandel, ist der Ruhestromverbrauch zu hoch.

In den meisten Fällen handelt sind es dann um:
- Beleuchtung im Motorraum
- Beleuchtung im Handschuhfach
- Innenraumbeleuchtung

Wenn eine der Beleuchtungen als Verbraucher identifiziert ist, lokalisieren Sie den entsprechenden Schalter und reparieren Sie ihn. Wenn nach der Reparatur die Kontrollmessung normale Werte anzeigt, haben Sie das Problem gelöst.

Wenn kein Fehler an den kontrollierten Leuchten gefunden wird, sollte anschließend die Methode „Sicherungen ausbauen" durchgeführt werden. Dies ist ein einfacher, aber etwas zeitraubender Prozess.
Dazu klemmen Sie wieder das Minus-Kabel von der Batterie ab und messen den Strom zwischen dem Minus-Kabelende und dem Batterie-Minuspol. Wir beginnen mit der Relais- und Sicherungskonsole im vorderen Gepäckraum:
Entfernen Sie die Sicherung Nr. 1 und beobachten Sie dabei die Veränderungen am Multimeter.
- Fällt der Messwert am Multimeter? Wenn nein, Sicherung Nr. 1 wieder einsetzen, dann Sicherung Nr. 2 ausbauen und wieder den Messwert beobachten.
- Prüfen Sie nacheinander alle Stromkreise, bis der Kreis mit dem Verbraucher gefunden ist.

Der Stromkreis, bei dessen Ausbau der Sicherung der Strom am Multimeter auf die Werte zwischen 30 und 90 mA abfällt, ist der gesuchte. Dies ist der einfachste Weg, um Fehler im elektrischen System einzukreisen, denn bei ausgeschalteter Zündung sind lediglich die Zeituhr, die Diebstahlwarnanlage und das Radiogerät auf „Standby" eingeschaltet, damit die Sicherheitscodierung des Gerätes nicht gelöscht wird.

Auf den ersten Blick unübersichtlich: Die K-Jetronic Einspritzanlage und die dazugehörigen Bauteile. Foto: Lon Tusler

Fehlersuche an der Bosch K-Jetronic Einspritzanlage

Prüfung des Steuerdrucks

Der Steuerdruck im Einspritzsystem K-Jetronic übt Druck auf das Oberteil des Steuerkolbens aus. Dieser Druck regelt die Kalt- und Warmlauf-Anreicherung. Bei kaltem Motor ist der Steuerdruck reduziert, und ermöglicht dem Steuerkolben eine etwas höhere Position, so dass mehr Kraftstoff den Einspritzventilen zugeführt und somit das Luft-Kraftstoffgemisch angereichert wird. Gibt es Schwierigkeiten bei Kaltstart und beim anschließenden Fahren, prüfen Sie die Druckwerte des Steuerdrucks. Dieser Test muss natürlich bei kalten Motor beginnen. Die genauesten Messwerte werden erreicht, wenn das Fahrzeug über Nacht gestanden hat.

Hinweis:

Die Motortemperatur muss unter 20 °C und der Systemdruck korrekt sein, bevor die Messung des Steuerdrucks beginnt. Nur so bekommen Sie genaue Messwerte des Steuerdrucks.

Lassen Sie den Systemdruck ab und bauen Sie das Druckmesssystem nach Anweisung in den Kreislauf ein.

Warnung

Um zu verhindern, dass Kraftstoff auf den Motor spritzt, muss zuvor der Systemdruck abgebaut werden, ehe Kraftstoffleitungen geöffnet werden. Ein Putzlappen sollte ausgelegt werden, um auslaufenden Kraftstoff sofort aufzufangen, wenn Leitungen geöffnet werden. Es wird ausdrücklich darauf hingewiesen, dass diese Arbeiten nicht durchgeführt werden dürfen, solange der Motor heiß ist!

Warnung

Kraftstoff ist hochentflammbar. Rauchen Sie nie beim Arbeiten am Motor oder am Kraftstoffsystem. Auch müssen Arbeiten am Kraftstoffsystem in der Nähe von Heizanlagen oder anderen feuergefährlichen Einrichtungen unterbleiben. Wenn Sie die Einspritzanlage prüfen oder am Kraftstoffsystem arbeiten, sollte für Notfälle immer ein funktionierender Feuerlöscher bereitstehen!

Bei Arbeiten am Warmlaufregler müssen Sicherheitsvorkehrungen beachtet werden: Niemals die Benzinleitung lösen, wenn der Motor noch heiß ist! Foto: Lon Tusler

Diagramm Warmlaufregler

Porsche-Teilenummer 911.606.105.05

Bosch-Teilenummer 0 438 140 045

Test Vakuum 460 … 600 mbar

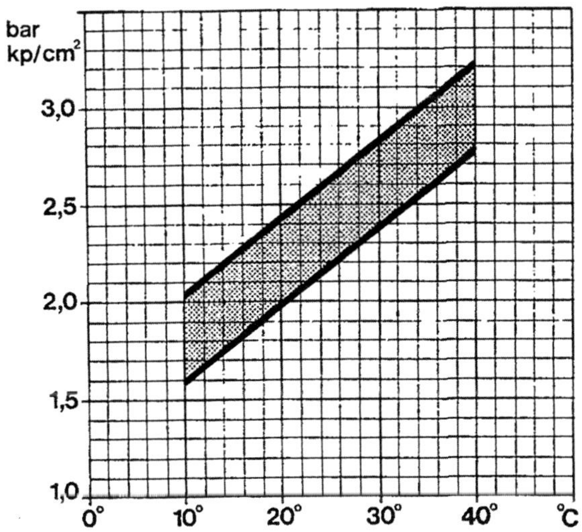

Prüfen Sie, ob der Steuerdruck mit den Spezifikationen in den folgenden Grafiken und Tabellen übereinstimmt.

Hinweis:

Prüfen Sie die Teilenummer des Kraftstoff-Mengenteilers, bevor Sie diese Grafiken und die Diagramme benutzen.

Steuerdruck-Grafik, um den Warmlaufregler auf Funktion zu prüfen:

- Porsche-Teilenummer 911.606.105.05
- Bosch-Teilenummer 0 438 140 045

Warmlaufregler 11.606.105.05	Kraftstoffdruck
Motor kalt, Leerlaufdrehzahl	siehe nebenstehende Grafik
Motor betriebswarm: mit angeschlossener Unterdruckleitung ohne Unterdruckleitung	3,2 – 3,6 bar 2,7 – 3,1 bar

Diagramm Warmlaufregler

(ab Januar 1979)

Porsche-Teilenummer 911.606.105.06

Bosch-Teilenummer 0 438 140 069

Test Vakuum 450 … 550 mbar

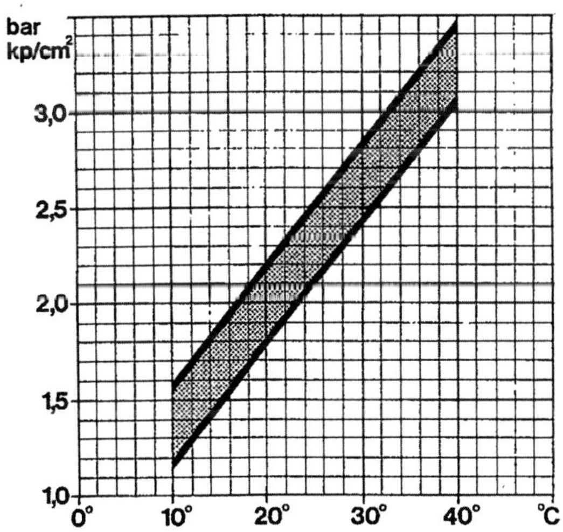

Steuerdruck-Grafik, um den Warmlaufregler auf Funktion zu prüfen:

- Porsche-Teilenummer 911.606.105.06,
- Bosch-Teilenummer 0 438 140 069

Warmlaufregler 911.606.105.06	Kraftstoffdruck
Motor kalt, Leerlaufdrehzahl	siehe nebenstehende Grafik
Motor betriebswarm: mit angeschlossener Unterdruckleitung ohne Unterdruckleitung	3,2 – 3,6 bar 2,7 – 3,1 bar

Diagramm Warmlaufregler

Porsche-Teilenummer 911.606.105.07

Bosch-Teilenummer 0 438 140 072

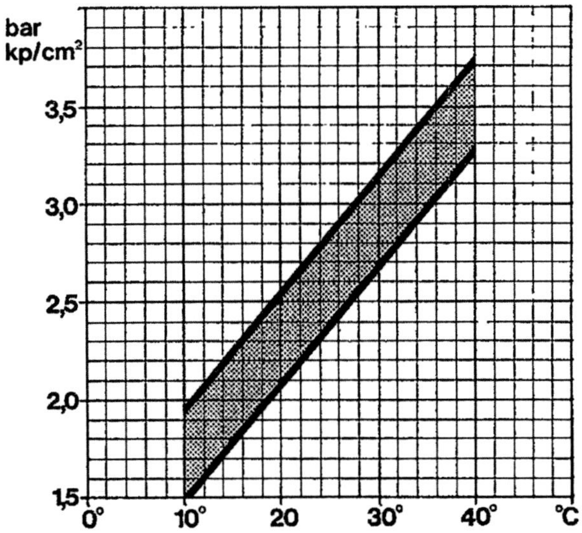

Steuerdruck-Grafik, um den Warmlaufregler auf Funktion zu prüfen:

- Porsche-Teilenummer 911.606.105.07 oder 911.606.105.010
- Bosch-Teilenummer 0 438 140 072

Warmlaufregler 911.606.105.07 oder 911.606.105.010	**Kraftstoffdruck**
Motor kalt, Leerlaufdrehzahl	siehe nebenstehende Grafik
Motor betriebswarm:	3,4 … 3,8 bar

Diagramm Warmlaufregler

Porsche-Teilenummer 911.606.105.08

Bosch-Teilenummer 0 438 140 090

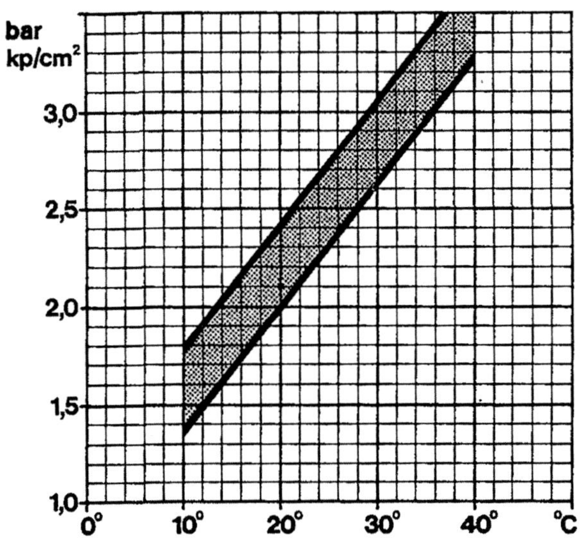

Steuerdruck Grafik um den Warmlaufregler auf Funktion zu prüfen:

- Porsche-Teilenummer 911.606.105.08
- Bosch-Teilenummer 0 438 140 090

Warmlaufregler 911.606.105.08	**Kraftstoffdruck**
Motor kalt, Leerlaufdrehzahl	siehe nebenstehende Grafik
Motor betriebswarm:	3,4 … 3,8 bar

Motoreinstellwerte als Hilfe zur Fehlersuche

Die folgenden Tabellen bieten zusätzliche technische Daten, die bei der Fehlersuche an der K-Jetronic Einspritzanlage hilfreich sein können. Falsche Einstellwerte des Motors sind die häufigsten Gründe für Betriebsprobleme mit der K-Jetronic im 911 SC.

Die neuen Ventile in diesen Zylinderköpfen müssen vor dem Zusammenbau zunächst eingeschliffen werden, damit sie richtig abdichten. Anschließend werden sie neu eingestellt. Foto: Mike Baxster

Ventilspiel (Motor kalt), gemessen zwischen Ventil und Stellschraube am Schlepphebel

Einlassventil	Auslassventil
0,10 mm	0,10 mm

Steuerzeiten der Motoren 930/04, 05, 06, 10, 15

Vorgang	Messwert
Einlassventil öffnet	1° vor oberem Totpunkt
Einlassventil schließt	53° nach unterem Totpunkt
Auslassventil öffnet	43° vor unterem Totpunkt
Auslassventil schließt	3° nach oberem Totpunkt
Hub Einlassventil überlappend im oberen Totpunkt mit 0,1mm Spiel	0,9 – 1,1 mm

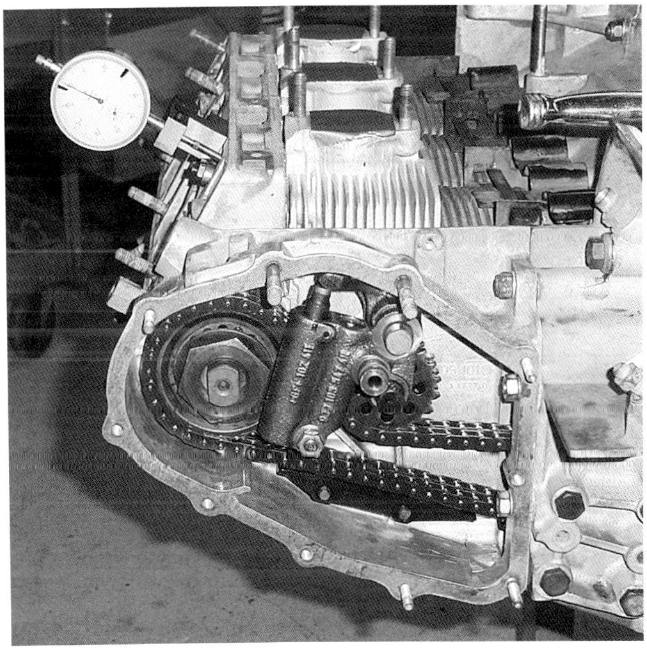

Messuhr zur Überprüfung des Ventilhubs

Foto: Lon Tusler

Steuerzeiten der Motoren 930/03, 07, 08, 09, 13, 17, 19

Vorgang	Messwert
Einlassventil öffnet	7° vor oberem Totpunkt
Einlassventil schließt	47° nach unterem Totpunkt
Auslassventil öffnet	49° vor unterem Totpunkt
Auslassventil schließt	3° nach oberem Totpunkt
Hub Einlassventil überlappend im oberen Totpunkt mit 0,1mm Spiel	1,4 – 1,7 mm

Porsche stellt jedes Fahrzeug bei der Endkontrolle auf den Rollenprüfstand. Wenn notwendig, wird hier nochmals der Leerlauf eingestellt.

Werksbild Porsche AG

Leerlaufdrehzahl einstellen

Modelljahre 1978 und 1979: (900/min +/- 50)
Leerlaufdrehzahl erst einstellen, wenn der Ölkühler-Thermostat bereits 10 Minuten geöffnet hat (Öltemperatur 80 °C oder mehr).

Modelljahre 1980 bis 1983: (900/min +/- 50)
Leerlaufdrehzahl erst einstellen, wenn der Ölkühler-Thermostat bereits 10 Minuten geöffnet hat (Öltemperatur 90 °C oder mehr).

Messung des CO-Gehaltes bei Leerlaufdrehzahl

Die derzeitigen gesetzlichen Vorschriften für den CO-Gehalt sind je nach Land sehr unterschiedlich. RdW-Fahrzeuge hatten noch keine Katalysatoren und damit auch keine Lambda-Sonden. Die nachfolgenden Sollwerte stammen aus jenen Jahren, als die Porsche 911 SC in Zuffenhausen gebaut und exportiert wurden.

Modelljahr	CO-Gehalt bei Leerlaufdrehzahl
1978 und 1979	1,5 bis 3,5%
1980 bis 1983	1,5 bis 3,5% (Rest der Welt) 0,4 bis 0,8% (USA und Kanada)

Hinweis:
Weitere Hinweise zu Leerlaufdrehzahlen der 911 SC für jedes Modelljahr finden Sie in Tabellen im Kapitel 3. Beachten Sie, dass sich Leerlaufdrehzahlen mit dem Alter der Motoren, mit deren Zustand und abhängig von Modifikationen verändern können. Das sind zwar keine großen Abweichungen, dieser Umstand muss aber mit berücksichtigt werden.

Hinweis:
Den CO-Gehalt kann man nur mittels eines speziellen CO-Testers genau ermitteln und einstellen. Diese Arbeit sollte auf jeden Fall von einem Fachmann durchgeführt werden.

Fehlersuchprogramm Motor		
Problem	**Mögliche Ursache**	**Empfohlene Prüfungen und Reparaturen**
Motor startet nicht	Entladene Batterie	Spannung und Kapazität prüfen
	Keine Zündung	HKZ-Zündgerät ersetzen
	Impulsgeber im Verteiler	Zündverteiler reparieren oder ersetzen
	Kein Unterdruck	Defekte oder abgefallene Unterdruckleitung suchen und ersetzen. Auch die Unterdruckleitungen zur Sportomatic, zum Tempomat, zur Bremse und zur Servobremse untersuchen.
	Relais R7 oder die Kraftstoffpumpe defekt	Relais für Pumpe ersetzen, R7 ist das rote Relais. Prüfen Sie die Pumpe mit einem Prüfkabel wie in Kapitel 4
	Kein Kraftstoff	Zunächst Tank prüfen. Niedriger Pegelstand im Tank und an einer extremen Steigung geparkt? Nach Leckagen im Kraftstoffsystem suchen, insbesondere rund um den Kraftstofffilter und den Druckspeicher.
	Zündung unterbrochen	Prüfen ob der Fliehkraft-Zündabsteller hängt, im Zweifelsfall probeweise stilllegen
	Sicherheitsschalter für Kraftstoffpumpe defekt	Um festzustellen, ob der Schalter defekt ist, den Stecker abziehen und die Kontakte überbrücken. Dies simuliert korrekte Funktion des Schalters. Zündung ausschalten, ehe Sie diesen Test durchführen, jetzt sollte die Kraftstoffpumpe fördern sobald die Zündung eingeschaltet ist und die Kontakte am Stecker überbrückt sind.
	Kaltstartventil defekt	Prüfen Sie Plus (+) und Masse (-) an der Zuleitung
	Thermozeitschalter defekt, Kaltstartventil arbeitet nicht	Thermozeitschalter stellt bei kaltem Motor (unter 15 °C) Masseverbindung mit dem Magnetventil her. Thermozeitschalter besitzt interne Heizung. Kaltstartfunktion arbeitet nur, wenn der Anlasser aktiviert wird. Elektrische Prüfung nur möglich, wenn Motor noch kalt im Leerlauf betrieben wird.
Schlechtes Starten	Probleme mit den Einspritzventilen	Den Sprühstrahl der Einspritzventile prüfen; Öffnungsdruck der Einspritzventile liegt bei allen Motoren zwischen 2,5 und 3,6 bar.
Motor hat zu wenig Leistung	Frequenzventil arbeitet nicht	Frequenzventil wird nur bei Katalysatorfahrzeugen verwendet. Der Fehler kann an der Lambda-Sonde liegen, am Frequenzventil selbst oder am Lambda-Steuergerät.
Zu hoher Kraftstoffverbrauch	Taktventil ist nicht angeschlossen	Dieser Fehler hat sich bei einigen Fahrzeugen mit Lambda-Regelung eingestellt. Dadurch wird der Mengenteiler angeregt, zu viel Kraftstoff an die Einspritzventile abzugeben, Gemisch ist zu fett.
Motor hat zu wenig Leistung	Warmlaufregler funktioniert nicht	Am Stecker des Warmlaufreglers Strom (+) prüfen, braune Leitung auf Verbindung zu Masse ( ) prüfen. Wenn Stromzuführung in Ordnung, Warmlaufregler ersetzen.
Wenig Leistung, schlechter Motorlauf	Probleme mit der Kraftstoffversorgung	Das Kraftstoffsystem nach Plan durchprüfen, Kraftstoffdruck am Ausgang des Kraftstofffilters messen. Ebenfalls prüfen: Delle oder Knick entweder in der Kraftstoff-Zuleitung oder in der Rücklaufleitung zum Tank, Verschmutzung der Einspritzventile, verunreinigter Kraftstoff, zugesetzter Kraftstofffilter
Motor startet normal, nach Erwärmung keine Leistung	Anschlüsse am Zusatzluftschieber vertauscht	Kann nur bei Fahrzeugen der Modelljahre 1978 und 1979 passieren, Schlauchleitungen umstecken, Porsche hat 1979 eine Service-Information zu diesem Fehler veröffentlicht

Der Servomotor zum Betätigen der Schaltkupplung, die Unterdruckleitungen und der Unterdruckspeicher gehören zu den wenigen Teilen des Sportomatic-Antriebssystems, die ein Hobbyschrauber selbst überprüfen kann.

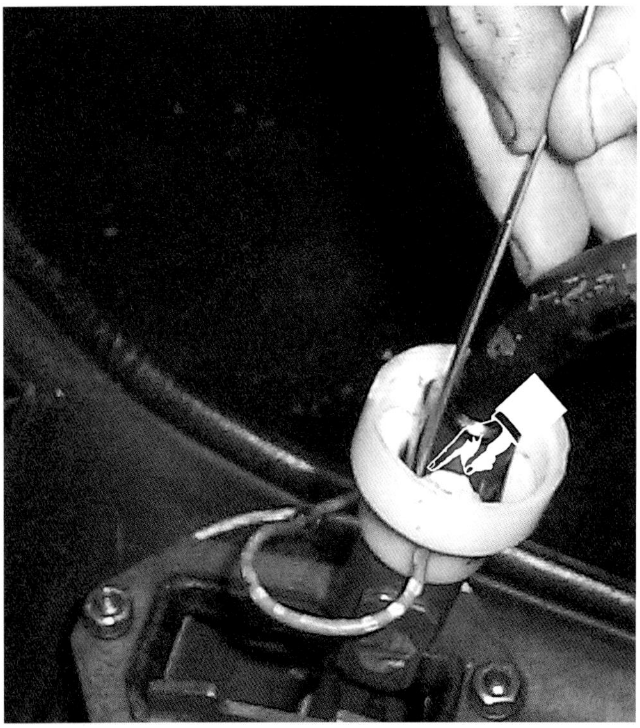

Hier am Handschalthebel befindet sich der Mikroschalter.

Antriebsstrang

Sportomatic

Die einzige Arbeit, die ein Besitzer tatsächlich an der Sportomatic ohne Aufwand selbst durchführen kann, ist die Prüfung der einwandfreien Funktion der Schaltkupplung zwischen dem Drehmomentwandler und dem eigentlichen Schaltgetriebe. Wenn die Kupplung nicht mehr verbindet oder sich das Getriebe nicht mehr schalten lässt, dann gibt es zwei Punkte, die geprüft werden können:

- Mikroschalter am Schalthebel im Fahrgastraum
- Unterdruckversorgung des Servomotors zum Trennen der Schaltkupplung

Die Kontakte des Mikroschalters korrodieren und verschleißen mit der Zeit. Der Schalter kann leicht überprüft, gereinigt und wieder eingesetzt werden. Das ist eine häufige Ursache, wenn das Sportomatic-Fahrzeug Probleme beim Gangwechsel hat.

Nach der Überprüfung des Mikroschalters sollte auch eine Überprüfung der Funktion des Unterdruck-Servomotors für die Schaltkupplung folgen. Wenn neben dem Problem mit der Trennkupplung auch noch ein Motorproblem auftritt, dann deutet dies auf ein Leck in der Leitung zum Ansaugrohr hin oder es liegt gar eine Undichtigkeit im Innern der Servoeinheit vor.

Ein Leck im Leitungssystem kann leicht gefunden werden, wenn die Unterdruckleitung vom Servomotor am Getriebe abgenommen wird und dieser Schlauch mit einem Unterdruck-Messgerät verbunden wird. Ist bei laufendem Motor genügend Unterdruck vorhanden, ist der Funktionsfehler beim Servomotor oder am Gestänge des Ausrücklagers der Kupplung zu suchen.

Bremsanlage

Fehlersuchprogramm Bremsanlage	
Problem	**Empfohlene Prüfungen und/oder Reparaturen**
Pedaldruck zu hoch	Unterdruckverbindung zwischen Drosselklappenstutzen und Bremskraftverstärker ausgefallen Bremskraftverstärker defekt, Membrane undicht oder lose Unterdruck-Rückschlagventil blockiert
Pedaldruck steigt plötzlich bei einer bestimmten Pedalposition	Druckkolben im Hauptbremszylinder beschädigt, Hauptbremszylinder in Fachwerkstatt überholen lassen oder ersetzen
Keine Bremswirkung, Pedal lässt sich bis zum Boden durchdrücken	Zu wenig Bremsflüssigkeit im Bremssystem Abdichtung der Bremskolben in den Bremssätteln verschlissen Nach Bergabfahrt im Gebirge: Dampfblasenbildung in den Leitungen Unverzüglich komplette Bremsflüssigkeit austauschen
Warnlicht Bremse leuchtet während der Fahrt auf	Zu geringer Pegelstand im Bremsflüssigkeitsbehälter, Bremsflüssigkeitsbehälter optisch auf Undichtigkeiten hin untersuchen, Bremsleitungen auf Leckstellen hin untersuchen, leckende Teile unverzüglich austauschen, Bremse dann sorgfältig entlüften Unterschiedliche Bremsdrücke in den beiden Bremskreisen, Hauptbremszylinder ersetzen Mechanismus der Feststellbremse (Handbremse) falsch eingestellt, Handbremse neu einstellen

Die meisten Arbeiten an den Bremsanlagen betreffen Inspektion und Pflege. Trotzdem kann es vorkommen, dass die an sich zuverlässige Bremsanlage des 911 SC Probleme bereitet. Foto: Ron Perry

Fehlersuchprogramm Klimaanlage	
Problem	**Empfohlene Prüfungen und/oder Reparaturen**
Kompressor kuppelt nicht ein	Der Thermo-Sicherheitsschalter der Anlage hat die Anlage abgeschaltet, da der Verdampfer nahe der Vereisung ist. Sicherung Nr. 20 für die Kompressorkupplung ist durchgebrannt, Ursache suchen, Sicherung ersetzen. Relais Nr. 1 (Kompressor) ist defekt, Relais ersetzen. Elektrische Verbindung zum Kompressor ist unterbrochen, Fehlerstelle ermitteln. Der Hauptschalter der Klimaanlage in der Armaturentafel ist defekt, Schalter ersetzen. Kupplung an Kompressor defekt, Kupplung ersetzen
Kompressor kuppelt ein, beginnt dann aber ständig ein- und auszukuppeln	Dies ist kein Fehler! Im System des 911 SC wird mit diesen Intervallen die gewünschte Innnenraumtemperatur geregelt
Kompressor kuppelt ein, aber es erfolgt keine Kühlleistung	Das Gebläse zur Kühlung des Innenraumes arbeitet nicht. Die Ursache kann sein: Hauptschalter der Klimaanlage in der Armaturentafel defekt Vorwiderstand des Kühlgebläses ausgefallen Verdampfer vereist Röhrchen des Thermoschalters am Verdampfer gebrochen Gebläsemotor defekt Gebläse am vorderen Kondensator am Fahrzeugbug läuft nicht Prüfen Sie die beiden Drücke im Klimakreislauf. Wenn erforderlich, Wagen zum Klimaservice bringen.
Das Kühlgebläse arbeitet nicht in allen Drehzahlbereichen	Teilweiser Ausfall der Vorwiderstände für das Kühlgebläse (bekannte Störung), Widerstand ersetzen
Gebläse am vorderen Kondensator läuft nicht	Relais für das Gebläse defekt, Gebläsemotor defekt

Fehlersuchprogramm serienmäßige, handbetätigte Heizung	
Problem	**Empfohlene Prüfungen und/oder Reparaturen**
Keine Heizung auf Fahrer- und Beifahrerseite	Heizgebläse arbeitet nicht Beide Seilzüge zu den Heizklappen unterbrochen Beide Heizklappen blockiert Keine Verbindungen der Heizklappen zu den Heizungsschläuchen Beide Wärmetauscher defekt
Einseitig keine Heizung	An der betroffenen Seite Verbindung zwischen Hebel und Heizklappe unterbrochen An der betroffenen Seite klemmt die Heizklappe. An der betroffenen Seite Verbindung der Heizklappe zu den Heizungsschläuchen unterbrochen An der betroffenen Seite Wärmetauscher defekt
Keine Heizung aus den Austrittsöffnungen im Fußraum	Klappe für die Heizungsverteilung oder der entsprechende Seilzug ausgehängt
Das hintere Heizgebläse im Motorraum arbeitet bei keiner gewählten Stufe	Sicherung Nr. 2 und/oder Relais in Konsole im Motorraum für das Heizgebläse durchgebrannt/defekt Motor des hinteren Heizgebläses defekt Schieberegler für Heizungsgebläse in der Armaturentafel defekt
Frischluftgebläse arbeitet in keiner Stufe	Sicherung Nr. 13 für Frischluftgebläse durchgebrannt Motor des Frischluftgebläses defekt Schieberegler für Frischluftgebläse defekt
Wird „Defrost" eingestellt, kommt keine warme Luft an	Schiebehebel in der Armaturentafel hat keine Verbindung zu den Klappen die Windschutzscheibe
Es kommt keine Frischluft durch die Öffnungen	Schiebehebel in der Armaturentafel hat keine Verbindung zu den Klappen

Fehlersuchprogramm automatisch geregelte Heizung (Mehrausstattung)	
Problem	**Empfohlene Prüfungen und/oder Reparaturen**
Keine Heizung auf Fahrer- und Beifahrerseite	Heizungs-Steuergerät ausgefallen Beide Seilzüge zu den Heizklappen sind unterbrochen. Beide Heizklappen sind blockiert. Keine Verbindungen der Heizklappen zu den Heizungsschläuchen Beide Wärmetauscher defekt
Einseitig keine Heizung	An der betroffenen Seite ist die Verbindung zwischen Regeleinrichtung und Heizklappe unterbrochen. An der betroffenen Seite klemmt die Heizklappe. An der betroffenen Seite ist die Verbindung der Heizklappe zu den Heizungsschläuchen unterbrochen. An der betroffenen Seite Wärmetauscher defekt
Heizung funktioniert, aber eine Temperaturregelung ist nicht möglich	Stellung der Schieberegler in der Armaturentafel prüfen, die Stellung „Defrost" besitzt keine Temperaturregelung (Volle Heizleistung an die Windschutzscheibe). Prüfen, ob Handhebel zur Notbetätigung nicht verstellt wurde. Temperaturfühler am Dachholm im Innenraum prüfen, dafür die Zuleitungskabel unterbrechen. Benötigt wird hier ein Ohmmeter oder Multimeter, das auf Widerstandsmessung (Ohm) einstellbar ist, dann Widerstand bei Raumtemperatur prüfen, der sollte bei etwa 1,5 Kiloohm liegen. Temperaturfühler in der linken Heizklappe in der Nähe des Motors prüfen, dazu den zweipoligen Stecker zum Temperaturfühler abziehen, auch hier Widerstand messen, dieses Mal bei laufendem Motor. Wenn die Öltemperatur etwa 100 °C anzeigt, sollte der Messwert des Temperaturfühlers bei etwa 135 Ohm liegen.
Keine Heizung aus den Austrittsöffnungen im Fußraum	Klappe für die Heizungsverteilung oder der entsprechende Seilzug ausgehängt.
Das hintere Heizgebläse im Motorraum arbeitet bei keiner gewählten Stufe	Sicherung Nr. 2 und/oder Relais in Konsole im Motorraum für das Heizgebläse durchgebrannt/defekt Motor des hinteren Heizgebläses defekt Schieberegler für Heizungsgebläse in der Armaturentafel defekt
Frischluftgebläse arbeitet in keiner Stufe	Sicherung Nr. 13 für Frischluftgebläse durchgebrannt Motor des Frischluftgebläses defekt Schieberegler für Frischluftgebläse defekt
Frischluftgebläse arbeitet nicht in allen Stufen	Die Regeleinrichtung für die verschiedenen Drehzahlen defekt, die Einrichtung ist im Gehäuses des Frischluftgebläses.
Wird „Defrost" eingestellt, kommt keine erhitzte Luft an die Windschutzscheibe	Schiebehebel in der Armaturentafel hat keine Verbindung zu den Klappen.
Es kommt keine Frischluft durch die Öffnungen	Schiebehebel in der Armaturentafel hat keine Verbindung zu den Klappen.

Fehlersuchprogramm elektrisch betätigte Seitenfenster	
Problem	**Empfohlene Prüfungen und/oder Reparaturen**
Beide Seitenfenster können weder geöffnet noch geschlossen werden	Sicherung Nr. 21 durchgebrannt Relais R5 für die Fenster defekt
Eines der Fenster kann weder geöffnet noch geschlossen werden	Betätigungsschalter defekt Hebemechanismus defekt, ersetzen

Fehlersuchprogramm Scheibenwischer und Scheibenwaschanlage	
Problem	**Empfohlene Prüfungen und/oder Reparaturen**
Frontscheibenwischer funktionieren nicht	Sicherung Nr. 13 durchgebrannt Fehler innerhalb der Lenkkonsole am Betätigungssystem Antriebsmotor Scheibenwischer defekt, ersetzen
Intervallwischen funktioniert nicht	Prüfen Sie das Drehpotentiometer in der Armaturentafel.
Heckscheibenwischer funktioniert nicht	Sicherung Nr. 14 durchgebrannt Wischerrelais defekt (befindet sich auf der kleinen Konsole im Motorraum) Antriebsmotor Heckscheibenwischer defekt, ersetzen
Heckscheibenheizung ohne Funktion	Sicherung Nr. 1 durchgebrannt (befindet sich auf der kleinen Konsole im Motorraum) Sicherung Nr. 12 (Betätigung Relais) durchgebrannt Relais Nr. 3 (befindet sich auf der kleinen Konsole im Motorraum) ausgefallen Heizdraht (Heizdrähte) in der Heckscheibe unterbrochen; Heckscheibe ersetzen oder bei kleineren Schäden mit einem Reparaturset arbeiten
Scheibenwaschanlage ohne Funktion	Sicherung Nr. 13 durchgebrannt Waschpumpe defekt, ersetzen Fehler innerhalb der Lenkkonsole am Betätigungssystem
Waschanlage für die Hauptscheinwerfer ohne Funktion	Sicherung Nr. 12 durchgebrannt Waschpumpe defekt, ersetzen Fehler innerhalb der Lenkkonsole am Betätigungssystem

Fehlersuchprogramm elektrisch verstellbare Außenspiegel	
Problem	**Empfohlene Prüfungen und/oder Reparaturen**
Elektrische Außenspiegel lassen sich nicht verstellen	Sicherung Nr. 14 durchgebrannt Antriebsmotor(en) ausgefallen Elektrische Zuleitungen in den Türen unterbrochen
Beheizung des Spiegelglases ohne Funktion	Sicherung Nr. 14 durchgebrannt Elektrische Zuleitungen in den Türen unterbrochen Heizelemente am Spiegelglas defekt

Fehlersuchprogramm elektrisch betätigtes Schiebedach	
Problem	**Empfohlene Prüfungen und/oder Reparaturen**
Schiebedach lässt sich weder öffnen noch schließen	Sicherung Nr. 14 durchgebrannt Bedienschalter für Schiebedach defekt Antriebsmotor defekt Getriebe und Kupplung defekt Beide Seilzüge defekt
Schiebedach öffnet und schließt nicht vollständig, aber bewegt sich	Einer der beiden Seilzüge defekt

Fehlersuchprogramm Außenbeleuchtung	
Problem	**Empfohlene Prüfungen und/oder Reparaturen**
Beide Hauptscheinwerfer vollständig ausgefallen	Beide Hauptscheinwerfer-Glühlampen durchgebrannt Schalter für Hauptscheinwerfer defekt Elektrische Zuleitungen unterbrochen
Abblendlicht funktioniert, Fernlicht funktioniert nicht	Fehler innerhalb der Lenkkonsole am Betätigungssystem
An einem Hauptscheinwerfer brennt Fern- oder Abblendlicht nicht	Fernlicht links: Sicherung Nr. 8 durchgebrannt Fernlicht rechts: Sicherung Nr. 7 durchgebrannt Abblendlicht links: Sicherung Nr. 6 durchgebrannt Abblendlicht rechts: Sicherung Nr. 5 durchgebrannt
Ein oder beide Rücklichter ohne Funktion (Die Hauptscheinwerfer sind in Ordnung)	Eine oder beide Rücklicht-Lampen sind durchgebrannt Links: Sicherung Nr. 4 durchgebrannt Rechts: Sicherung Nr. 3 durchgebrannt Kontaktkorrosion in der Heckleuchte selbst Kontaktkorrosion in den Steckverbindungen der Kabel
Beide Bremslichter ohne Funktion	Sicherung Nr. 15 durchgebrannt Bremslichtschalter am Bremspedal defekt
Ein Bremslicht brennt nicht (auch nicht das Rücklicht derselben Seite)	Lampe durchgebrannt Korrosion im Gehäuse der Leuchten Korrosion in den Steckverbindungen der Kabel
Blinkleuchten vorne und hinten blinken mit hoher Taktfrequenz, wenn der Bedienhebel auf rechts oder links gestellt wird	Eine der Lampen ist durchgebrannt Korrosion in den Blinkleuchten selbst Korrosion in den Steckverbindungen zu den Blinkleuchten
Seitenblinker auf den Kotflügeln rechts oder links blinken nicht	Lampe im Blinker durchgebrannt
Beide Nebelscheinwerfer ohne Funktion	Sicherung Nr. 1 durchgebrannt Schalter in der Armaturentafel ist defekt Relais Nr. 2 defekt (oder nicht vorhanden)
Linker oder rechter Nebelscheinwerfer ausgefallen	Lampe durchgebrannt Korrosion im Scheinwerfergehäuse Scheinwerfer durch Steinschlag beschädigt
Beide hintere Nebelschlussleuchten ohne Funktion	Sicherung Nr. 1 durchgebrannt Schalter in der Armaturentafel ist defekt Relais Nr. 2 defekt (oder nicht vorhanden)
Eine hintere Nebelschlussleuchte ausgefallen	Lampe durchgebrannt Korrosion im Gehäuse der Leuchte
Beide Rückfahrleuchten ohne Funktion	Sicherung Nr. 11 durchgebrannt Rückfahrlichtschalter (am Getriebe) defekt Kabelverbindung unterbrochen oder korrodiert
Eine Rückfahrleuchte ausgefallen	Lampe in der Leuchte durchgebrannt Korrosion im Gehäuse der Leuchte Kabelverbindung unterbrochen oder korrodiert

Fehlersuchprogramm Innenbeleuchtung	
Problem	**Empfohlene Prüfungen und/oder Reparaturen**
Gesamte Innenraumbeleuchtung ohne Funktion	Sicherung Nr. 18 durchgebrannt
Eine der Innenleuchten ohne Funktion	Lampe durchgebrannt Zugehöriger Schalter defekt Korrosion im Leuchtengehäuse oder Kabel unterbrochen oder korrodiert

Fehlersuchprogramm Diebstahlwarnanlage	
Problem	**Empfohlene Prüfungen und/oder Reparaturen**
Anlage alarmiert nicht	Schlüsselschalter in der Fahrertür defekt
Alarm-Steuergerät defekt	Anlage warnt in unregelmäßigen Abständen Kontaktschalter an Türen, und Gepäckraumdeckel defekt oder falsch justiert
Anlage warnt ununterbrochen	Steuergerät der Alarmanlage defekt, wegfahren mit dem Fahrzeug ist nicht möglich, da die Kraftstoffpumpe keinen Strom erhält (fahren ist nur möglich mit Überbrückungskabel zum Pluspol der Pumpe)

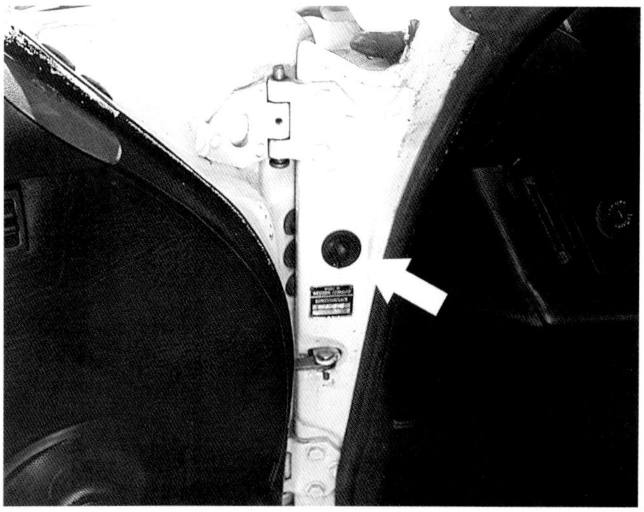

Der Schalter zur Diebstahlwarnanlage (Pfeil) in der Fahrertür des 911 SC.

Foto: Dan Chrisman

Fehlersuchprogramm Tempomat (Automatische Geschwindigkeitsregelung)	
Problem	**Empfohlene Prüfungen und/oder Reparaturen**
Tempomat lässt sich nicht einschalten	Sicherung Nr. 15 durch gebrannt Fehler in den Kabeln zu den Bremsleuchten Mikroschalter an der Kupplungspedalerie defekt (häufiger Schaden) Fehler innerhalb der Lenkkonsole am Betätigungssystem Tempomat-Steuergerät defekt Servomotor für die Betätigung des Tempomat defekt Kein Unterdruck in der Zuleitung zum Servomotor Tachometer defekt
Tempomat hält die vorgegebene Geschwindigkeit nicht ein	Servomotor für die Betätigung des Tempomat defekt, da Unterdruck im Servomotor durch Leck verloren geht (häufiger Schaden) Seilzug vom Servomotor zur Drosselklappe defekt

Die Sicherung Nr. 15 ist zuständig für den Tempomat.

Foto: R. Warren Cramer

Fehlersuchprogramm Tachometer	
Problem	**Empfohlene Prüfungen und/oder Reparaturen**
Zeiger bewegt sich nicht, Wegstreckenzähler arbeitet jedoch	Interner Defekt im Tachometer
Weder Zeiger noch Wegstreckenzähler funktionieren	Interner, mechanischer Fehler im Instrument Impulsgeber am Getriebe ausgefallen oder Kabel zwischen Impulsgeber und Tachometer unterbrochen oder beschädigt

Fehlersuchprogramm für die übrigen Instrumente	
Problem	**Empfohlene Prüfungen und/oder Reparaturen**
Drehzahlmesser ohne Funktion	Kein Signal vom Steuergerät für die HKZ-Zündung Unterbrechung im Kabelbaum zum Drehzahlmesser
Zeiger am Öldruck-Anzeigegerät bewegt sich nicht	Kombiinstrument defekt Öldrucksensor defekt Unterbrechung im Kabelbaum zum Instrument
Zeiger für die Motoröltemperatur bewegt sich nicht	Kombiinstrument defekt Motoröl-Temperaturgeber defekt Unterbrechung im Kabelbaum zum Instrument
Zeiger der Ölstandsanzeige bewegt sich nicht	Instrument defekt Ölstandsgeber im Öltank defekt Unterbrechung im Kabelbaum zum Instrument
Anzeige Kraftstoffvorrat ohne Funktion	Instrument defekt Geber im Kraftstofftank defekt Unterbrechung im Kabelbaum zum Instrument
Warnlampe Kraftstoffvorrat ohne Funktion	Lampe durchgebrannt Schalter zur Warnung vor zu geringem Kraftstoffstand im Tank defekt
Zeituhr ohne Funktion	Sicherung Nr. 18 durchgebrannt Zeituhr defekt Leere Batterie

Der Öldruckgeber für das Anzeigeinstrument (Pfeil) sitzt direkt am Motorblock. Foto: Keith Sheu

Kapitel 10

Do it Yourself

Geld sparen und selbst schrauben

911 SC, Modelljahr 1978: Dieses Fahrzeug hat nachträglich einen 3,6-Liter-Motor erhalten.

Foto: Jim Williams

Ein deutlich veränderter 911 SC, fotografiert in Le Mans 2003.

Foto: Adrian Streather

Ein 3,2-Liter-Motor in einem 911 SC mit offenem K&N-Luftfilter. Die offenen Sportluftfilter sind nicht unumstritten, da sie zwar mehr Luft durchlassen, aber auch im Ruf stehen, eine schlechtere Filterwirkung zu haben als die normalen Papierfilter. Foto: Adrian Streather

Einführung

Dieses Kapitel ist denjenigen Porsche Fans gewidmet, die auch gern selbst Hand an ihren 911 SC anlegen. Schließlich gehört der SC zu jenen Fahrzeugen, an denen man noch selbst schrauben kann. Etwas Fachwissen und handwerkliches Geschick vorrausgesetzt, ist eine großartige Profiausrüstung nicht notwendig. Allerdings sollte man genügend Platz (im Idealfall eine große, beheizte Garage) und vernünftiges Werkzeug haben. Sollten Sie an einer Stelle Zweifel haben, wie die Arbeiten genau auszuführen sind, scheuen Sie sich nicht, einen anderen Porsche 911 SC-Fahrer zu fragen. Alle im Buch beschriebenen Anweisungen und Reparaturhinweise sind nur Empfehlungen. Jeder SC-Besitzer ist selbst dafür verantwortlich, wenn er Veränderungen an seinem Fahrzeug vornimmt. Bevor man sich aber an größere Umbauten wagt, ist es zunächst wichtig festzustellen, welche Sonderausstattungen das Fahrzeug schon ab Werk hatte. Dies gilt insbesondere, wenn diese Umbauten Motor oder Elektrik betreffen.
Alle im Buch empfohlenen Anzugsdrehmomente für Schrauben und Muttern sollten mit den Angaben im offiziellen Porsche Reparaturleitfaden für den 911 SC gegenkontrolliert werden.

Warnung

Weder der Autor, noch Verlag oder Mitwirkende sind verantwortlich für Schäden an Ihrem Porsche 911 SC oder jedem anderen 911 SC, die darauf zurückzuführen sind, dass Sie die in diesem Buch veröffentlichten Reparaturen ausgeführt haben. Diese Anweisungen und Anleitungen dienen ausschließlich zur Information. Benutzen Sie die Hinweise in diesem Kapitel ausschließlich in Verbindung mit den Reparaturanleitungen, die im Porsche Reparaturleitfaden für die Baureihe 911, Modelljahre 1972 bis 1983 festgelegt sind. Wenn Sie Zweifel oder Fragen zu einer Reparatur haben, wenden Sie sich bitte an ein Porsche Zentrum in Ihrer Nähe, wo werksgeschulte Techniker, Meister und Teilespezialisten Ihnen weiterhelfen können.

Hinweise zur Teilüberholung von Motoren

Dieser Abschnitt bietet einen Überblick darüber, wie man einen Motor aus einem 911 SC ausbaut und befestigt und an einem drehbaren Montageständer Arbeiten am ausgebauten Motor durchführen kann. Insbesondere wird das Überholen der Zylinderköpfe, der Kolben und Zylinder beschrieben.

An diesem 911 SC ist die Motor-Getriebeeinheit komplett an einem Stück ausgebaut worden.

So können Motor und Getriebe auch ohne Werkstatt-Hebebühne schnell und sicher ausgebaut werden. Foto: Simon Gigney

Motor und Getriebe werden voneinander getrennt.

Jetzt wird das Getriebe vom Motor getrennt. Foto: Donald Siegfriedt

Kupplung und Schwungrad werden vom Motor abgenommen, der um seine Längsachse drehbar an einem Montageständer aufgehängt ist. Dies erleichtert wesentlich die folgende Demontage und den späteren Zusammenbau.

Der Motor ist nun am Montageständer montiert. Der Ständer erlaubt es, das Triebwerk um 360° um die Längsachse zu drehen und erleichtert somit die Arbeit erheblich. Foto: Simon Gigney

So lässt sich gut arbeiten: Beispiel, wie eine Motorüberholung mit Hilfe eines Montageständers einfach und ohne Probleme durchgeführt werden kann. Foto: Simon Gigney

Nach dem Entfernen der Anbauteile bleibt lediglich der Rumpfmotor übrig. Foto: Simon Gigney

Die ersten Teile, die vom Motor abgebaut werden, sind das Luftfiltergehäuse und die Kraftstoff-Einspritzanlage. (K-Jetronic).

Es folgen die Luftleitbleche zur Führung der erforderlichen Kühlluft für den Motor.

Die Zusatzluftpumpe wird als nächstes Bauteil vom Motorblock entfernt.

Sofern vorhanden, muss nun der Klimaanlagen-Kompressor abgenommen werden.

Der Drehstromgenerator wird zusammen mit dem Kühlgebläse für den Motor abgebaut.

Jetzt wird der Motor um 180° gedreht, damit sich die Abgasanlage leichter demontieren lässt.

Hinweis:

Vorsicht ist geboten, wenn die Abgasanlage ausgebaut wird. Diese Arbeit gestaltet sich extrem schwierig, da die Befestigungsmuttern für den Abgaskrümmer fast immer festgebrannt und korrodiert sind. Es besteht die Gefahr, dass die Stiftschrauben beim Lösen der Muttern abreißen. Es ist daher sehr zweckmäßig, eine gewissen Zeit vor der Demontage alle Schraubverbindungen mit einem guten Rostlöser zu behandeln. Sofern die Teile nicht vor kurzem gewechselt wurden, ist es ratsam, die Stiftschrauben wie auch die Muttern grundsätzlich durch neue Teile zu ersetzen.

Ist der Auspuff erst einmal abgenommen, steht nun der eigentliche Rumpfmotor ohne Anbauteile vor Ihnen.

Nockenwellen- und Steuerkettendeckel sind abgebaut.

Foto: Donald Siegfriedt

Zylinderköpfe der linken Seite sind schon abgebaut, die Köpfe der rechten Zylinderbank folgen. Foto: Lon Tusler

Gründlichkeit vor Schnelligkeit: Bevor die eigentlichen Überholungsarbeiten an einem Zylinderkopf durchgeführt werden, muss der Kopf gründlich auf Verschleiß überprüft werden. Das betrifft besonders die Ventile und deren Führungen und Sitze. Aber auch auf Rissbildungen und Planheit der Dichtflächen sollte man besonders achten.

Foto: Simon Gigney

Die oberen und die unteren Nockenwellengehäusedeckel sind abgenommen, wie auch die Deckel der beiden Kettengehäuse. Dadurch werden die Nockenwellen und die Nockenwellenantriebe links und rechts sichtbar.

Nachdem die Nockenwellenantriebe abgebaut sind, werden die Zylinderkopf-Muttern entfernt und anschließend die Zylinderköpfe zusammen mit den Nockenwellengehäusen als eine gemeinsame Einheit abgenommen.

Diese Einheit wird dann separat demontiert. Die sechs Zylinderköpfe werden ebenfalls abgebaut, um dann genauestens geprüft und nach Porsche Vorgaben vermessen zu werden. Die Zylinderköpfe sollten anschließend zur Reinigung glasperlengestrahlt werden.

Abhängig vom Zustand, ist es empfehlenswert neue Ventilführungen in die Zylinderköpfe einzupressen und die Ventilsitze anschließend nachzuarbeiten. Wenn die Ventile selbst noch in Ordnung sind, können sie zum Schluss im Zylinderkopf zusammen mit den nachgearbeiteten Ventilsitzen aufeinander eingeschliffen werden. Zeigt eines der Ventile Verschleißspuren – meist sind das die Auslassventile –, dann sollten alle Ventile ersetzt werden. Dies steigert zwar die Reparaturkosten erheblich, bietet aber für die Zukunft eine höhere Betriebssicherheit.

Alle Kipphebel und auch die beiden Nockenwellen müssen genau geprüft und vermessen werden. Beschädigte Teile oder Teile, die nicht mehr in den Verschleiß-Toleranzen gemäß Porsche Spezifikation liegen, müssen ersetzt werden. Hier gilt strikt: Ist das Teil in der Toleranz, dann kann es eingebaut werden. Liegt es außerhalb der Verschleißgrenze, dann bleibt nur der Weg in die Schrottkiste.

Wenn diese Arbeiten durchgeführt und die Zylinderköpfe wieder zusammengebaut sind, inklusive der neuen Ventilführungen und neuen Ventilschaftabdichtungen, müssen die entsprechenden Ventilfedern nach Werksangabe ausgewählt werden.

Die Zylinderköpfe sind abgenommen, sichtbar werden die Zylinder und die Kolben. Foto: Lon Tusler

Ein entscheidender Punkt bei der Überholung des Motors: Soll man das Kurbelgehäuse zerlegen oder nicht. Bei einer Überholung der Zylinder, Kolben und Zylinderköpfe muss nicht unbedingt auch das Kurbelgehäuse geöffnet werden. Bei einer kompletten Revision allerdings muss auch dieser Schritt erledigt werden, denn dabei steht auch die Erneuerung der Kurbelwellen- und Pleuellager auf dem Arbeitsplan. Foto: Donald Siegfriedt

Die Einzelzylinder und ihre zugehörigen Kolben sind ausgebaut. Bitte achten Sie darauf, dass Kolben und Zylinder stets zusammengehören. Die Kolben sollten am Kolbenboden glasperlengestrahlt und genau auf Risse und Beschädigungen untersucht werden. Die Zylinder und die dazugehörigen Kolben werden nach Werksangaben vermessen und auf Verschleiß geprüft. Starke Riefenbildung oder Laufspuren an den Zylinderwänden bedeuten in der Regel den Austausch des entsprechenden Zylinders. Eine Überarbeitung der betroffenen Teile bei einem Motorinstandsetzungsbetrieb lohnt meistens nicht, zumal dann auch noch Kolben mit Übermaß erforderlich sein können.

Hinweis:

Wenn ein Zylinder oder ein Kolben ersetzt werden muss, achten Sie besonders darauf, dass diese von den jeweiligen Maßtoleranzen her zusammenpassen, wie dies in den Porsche Anweisungen beschrieben ist.

Hinweis:

Bei einer Motorüberholung ist genau hier der Punkt erreicht, wo viele Besitzer sich entscheiden, die bisherigen Kolbenringe weiter zu verwenden. Machen Sie nicht denselben Fehler. Investieren Sie das zusätzliche Geld und ersetzen Sie alle Kolbenringe.

***Achtung:** Kolbenringe dürfen nur mit speziellem Werkzeug (Kolbenringzange) montiert werden.*

Warnung

Alle Dichtungen, Wellendichtringe und O-Ringe müssen ersetzt werden.

Einstellarbeiten an Nockenwellen und Ventilen. Foto: Lon Tusler

Die Abgasanlage ist wieder montiert. Foto: Donald Siegfriedt

Hier wird gerade das Getriebe wieder auf den vier großen Stehbolzen am Motor befestigt. Bevor die Kupplung montiert wird, sollte auch deren Zustand auf Verschleiß geprüft werden und im Bedarfsfall ein Neuteil zum Einsatz kommen. Foto: Simon Gigney

Mit neuen Kolben und neuen Kolbenringen ausgestattet und mit allen neuen Dichtungen versehen, wird es nun Zeit, die überholten Teilen mit dem Motorblock samt Kurbeltrieb wieder zu vereinigen.

Hinweis:

Bei den Ausführungen zur Überholung der Kolben und der Zylinderköpfe fehlte natürlich noch das Zerlegen des Kurbelgehäuse mit Kurbelwelle und Pleuelstangen. Zu einer kompletten Motorüberholung gehören selbstverständlich außer den beschriebenen Schritten auch Arbeiten am Kurbeltrieb. Sollten neue Ventile eingeschliffen worden sein, ist es dringend empfehlenswert, auch die Pleuel- und Kurbelwellenlager mit zu ersetzen. Grund: Motoren mit neu abgedichtetem Zylinderkopf und neuen Kolbenringen haben eine bessere Verdichtung, die insbesondere verschlissenen Lagern schwer zu schaffen machen kann.

Sind dann Kolben, Zylinder und die Zylinderköpfe wieder mit dem Kurbelgehäuse zusammengefügt und auch die Nockenwellen und deren Antrieb wieder richtig montiert, beginnt der wichtigste Teil der Arbeit: Das Einstellen der Ventile. Das Ventilspiel wird bei kaltem Motor eingestellt und beträgt für alle Ventile gleichermaßen 0,1 mm.

Als nächste Arbeit folgt der Anbau der Abgasanlage mit dem entsprechenden Zubehör. Achten Sie darauf, dass überall neue Dichtungen, Schrauben und Muttern verwendet werden. Die Verblechung des gesamten Motors sollte ebenfalls kontrolliert und gegebenenfalls sorgfältig restauriert werden. Dazu muss eine hitzebeständige Farbe als Korrosionsschutz verwendet werden.

Hinweis:

Noch ein Hinweis an dieser Stelle: Achten Sie darauf, dass die Einspritzventile sorgfältig gereinigt werden und dass von jedem Einspritzventil der Sprühstrahl geprüft wird.

Das Schwungrad und die komplette Kupplung sind jetzt zusammengefügt und das Getriebe kann nun wieder mit dem Motor verschraubt werden.

Der Motor des 911 SC ist für den Wiedereinbau bereit.

Foto: Simon Gigney

Der Einbau ist erledigt, es folgt die letzte visuelle Überprüfung der Komponenten und Verbindungen. Bevor man den Zündschlüssel dreht, sollte man auf jeden Fall auch noch mal den Motorölstand kontrollieren. Anschließend wird mit laufendem Motor die Dichtheit von Kraftstoffleitungen sowie Unterdruckleitungen geprüft und auch nach Ölundichtigkeiten gesucht. Erst dann beginnt die Einfahrphase.

Foto: Simon Gigney

Hier ist die komplette Motor-Getriebeeinheit bereit für den Einbau ins Fahrzeug.

Während des Einbaues und auch danach ist genau darauf zu achten, dass alle Verbindungen wieder einwandfrei hergestellt und dass alle Unterdruckleitungen wieder richtig zusammengefügt sind. Ein zweites Augenpaar ist bei solchen Arbeiten immer hilfreich. Außerdem muss die Verschraubung der Zylinderköpfe nach Werksanweisung mit dem vorgegebenen Drehmoment angezogen werden. Vor dem Start des Motors muss schon das Messgerät zur Prüfung des Drucks im Einspritzsystem angeschlossen sein. Den Druck nach Anweisung prüfen und gegebenenfalls einstellen.

Die Einfahrstrecke des Motors sollte etwa 2500 km betragen, nach dieser Strecke müssen das Motorenöl und der Ölfilter gewechselt werden. Außerdem sollte jetzt nochmals das Ventilspiel geprüft und wenn nötig die Ventile eingestellt werden.

Hinweis:

Eine Probefahrt mit dem überholten Triebwerk ist obligatorisch. Ob der Reparaturbetrieb dies schon durchgeführt hat oder nicht, ist dabei unerheblich. Der Kunde selbst muss dafür sorgen, dass der Auftragnehmer, also der Reparaturbetrieb, eine ausgiebige Probefahrt gemacht und alle Systeme geprüft hat, ehe er das Fahrzeug aus der Reparatur wieder übernimmt.

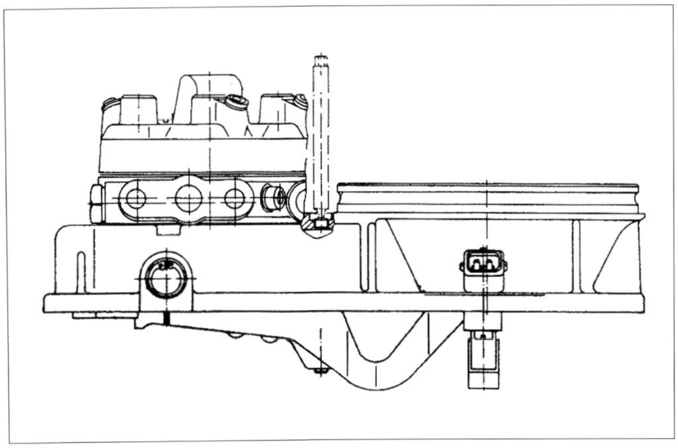

Den CO-Abgaswert einstellen

Nach den umfangreichen Überholungsarbeiten, beschrieben im vorigen Kapitel, und bei allen anderen Eingriffen in die Motormechanik, die Kraftstoffversorgung oder die Zündung verändert sich auch die Abgaszusammensetzung.
Die RdW-Fahrzeuge haben dazu am Kraftstoff-Mengenteiler eine Öffnung, um mit einem Spezialwerkzeug die dort angeordnete Einstellschraube zu erreichen. Mit dieser Einstellschraube kann der CO-Gehalt im Abgas nach Ländervorschrift eingestellt werden.
Für die USA hat der Gesetzgeber diese Einstellmöglichkeit für Fahrzeuge der Modelljahre 1981 bis 1983 deutlich erschwert. Damit soll verhindert werden, dass US-Importfahrzeuge unbefugt auf zu hohe CO-Werte eingestellt werden, um vermeintlich mehr Motorleistung zu erreichen. Diese Einstellöffnung ist werksseitig mit einer Abreißschraube verschlossen. Um trotzdem bei diesen Fahrzeugen den CO-Gehalt einstellen zu können, muss erst der Mengenteiler teilweise zerlegt werden, um relativ aufwändig den Rest der Abreißschraube entfernen zu können. Mit einer neuen Abreißschraube muss nach der Einstellung dann das entstandene Loch wieder verschlossen werden.

Hinweis:
Um den CO-Wert korrekt einstellen zu können, ist ein spezielles CO-Testgerät erforderlich. Diese Arbeit lässt man besser in einer Werkstatt oder vom Porsche Zentrum durchführen.

Achtung: Auslaufenden Kraftstoff in einem Behältnis auffangen und ausreichend Putzlappen bereithalten.

Kraftstoffpumpe ersetzen

Die Hinweise zum Ausbau stammen von Jim Williams, USA.

Die Kraftstoffpumpe des 911 SC kann leicht ersetzt werden, wenn Sie erst einmal die Stelle gefunden haben, an der die Pumpe untergebracht ist. Sie befindet sich unter einem Steinschlagschutzblech unter dem Fahrzeug hinter dem Kraftstofftank. Dazu muss dieses Schutzblech abgeschraubt und entfernt werden, um die Pumpe zu erreichen. Für den Pumpenausbau müssen die Befestigungsschrauben gelöst sowie die flexible Kraftstoffleitung vom Tank kommend abgeklemmt werden. Dann muss eine 19-mm-Überwurfmutter am Ausgang der Pumpe gelöst werden. Jetzt die Pumpe herausschwenken und ausbauen. Dann die elektrischen Anschlüsse und die Kraftstoffleitung entfernen.

Beim Einbau der neuen Kraftstoffpumpe die Anschlussleitungen und die elektrische Verbindung wieder befestigen. Verwenden Sie immer neue Schlauchklemmen. Nicht vergessen: Die abgeklemmte Kraftstoffleitung wieder freimachen. Als Kraftstoffpumpen können verwendet werden:

- Teilenummer 911.608.102.00 oder 911.608.102.02.

Warnung

Kraftstoff für Ottomotoren ist extrem leicht entflammbar. Rauchen Sie nicht, arbeiten Sie auch nicht am Fahrzeug, wenn Sie in der Nähe von Heizanlagen mit offenen Flammen sind oder in der Nähe von anderen gefährlichen Stellen. Stellen Sie auch immer einen funktionierenden Feuerlöscher bereit. Benutzen Sie entsprechende Handschuhe, wenn Sie bei der Arbeit mit Kraftstoff in Berührung kommen.

Warnung

Bevor Sie Kraftstoffleitungen öffnen, legen Sie ein Putztuch um die zu öffnende Verbindung, um austretenden Kraftstoff sofort auffangen zu können.

Hinweis:

Die Kraftstoffpumpe, die Verkabelung und die Schlauchverbindungen müssen wieder an denselben Stelle sorgfältig befestigt werden. Quetschen Sie keine Kraftstoffleitung. Prüfen Sie am Schluss der Arbeiten, ob alle Verbindungen wieder einwandfrei festgezogen sind.

Eine alte Motorsportweisheit besagt: „To finish first, you first have to finish!" Mit einem gut vorbereiteten 911 SC hat man zumindest ein optimales Sportgerät, um dieses Ziel zu erreichen.

Foto: Mark Sims

Reinigen von Einspritzventilen

Text wurde erstellt bei einer Reinigung durch Jim Williams, USA. Die Bilder stammen von Jim Williams und der Robert Bosch GmbH.

Der Arbeitsablauf ist so gestaltet, dass ein ambitionierter Hobbymechaniker in der Lage ist, die Einspritzventile der K-Jetronic selbst zu reinigen.
Die beschriebene Methode ermöglicht es, die Einspritzventile sowohl in der normalen, als auch in der Gegenrichtung zu spülen. Um die Ventile im Gegenstrom spülen zu können, müssen Sie ein altes Einspritzventil „opfern" und es als Vorrichtung präparieren.

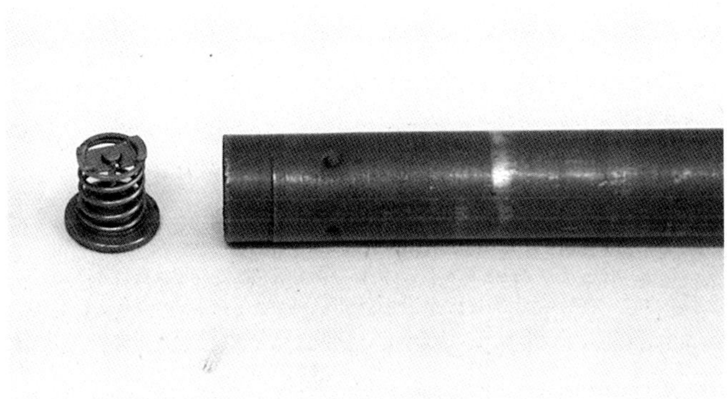

Zunächst werden von diesem Einspritzventil am unteren Ende etwa 10 mm abgesägt.

Aus dem abgesägten Teil entfernen Sie jetzt den Düsenring (links), die Ventilfeder, die Nadeldüse und das Widerlager für die Feder (rechts). Nun entgraten Sie bitte sorgfältig noch das Rohrende der zersägten Einspritzdüse.

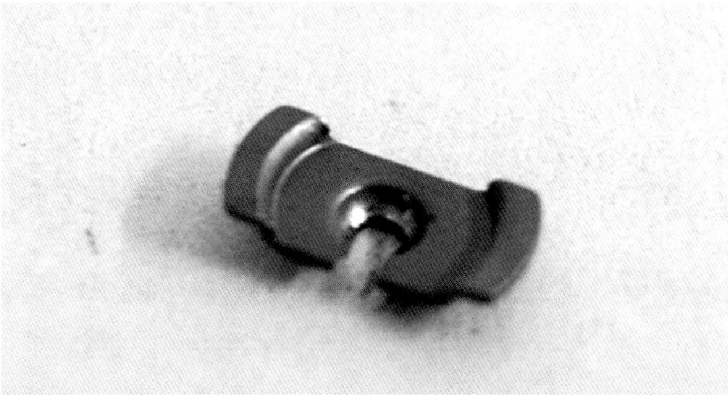

Stark vergrößerte Aufnahme eines winzigen Widerlagers aus einem Einspritzventil des 911 SC.

Links ein intaktes Einspritzventil für den 911 SC, rechts das zu reinigende Ventil mit dem eingesetzten Widerlager, um das Ventil gegen die innere Federspannung beim Reinigungsvorgang offen zu halten.

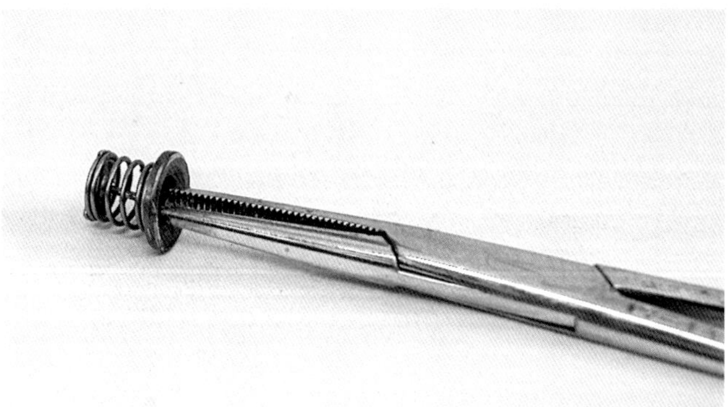

Als Nächstes benötigen Sie ein kurzes Stück Kraftstoffschlauch (ca. 75 bis 100 mm lang) mit Innendurchmesser passend zum Außendurchmesser der Einspritzventile. Befestigen Sie jetzt den Schlauch am offenen Ende des abgesägten Ventils mit einer Schlauchklemme. Nun müssen Sie die zu reinigenden Ventile für die Rückspülung präparieren. Um ein Rückspülen überhaupt möglich zu machen, muss die Ventilnadel offen gehalten werden. Dazu dient das kleine Widerlager für die Rückhaltefeder, das Sie aus dem abgesägten Ende des alten Ventils entfernt haben. Der nächste Schritt besteht darin, die Düsennadel des zu reinigenden Ventils etwas herausziehen. Dabei ist eine gut greifende Pinzette oder eine sehr kleine Spitzzange hilfreich. Hinter den herausgezogenen Kopf der Düsennadel können Sie jetzt das Widerlager klemmen und damit die Rückspülung ermöglichen.

Das nun offene Einspritzventil verbinden Sie jetzt mit dem noch freien Ende des Schlauchs und fixieren das Ventil ebenfalls mit einer Schlauchklemme. Nun stehen sich die beiden Mündungen der Einspritzventile gegenüber (siehe Bild). Über das alte (leergeräumte) Einspritzventil wird Vergaserreiniger eingefüllt. Mit geringem Druck aus einer Druckluftpistole kann jetzt das zu reinigende Ventil und der eingebaute Feinfilter in Gegenrichtung durchgespült werden.

Achtung: Mundschutz tragen, damit man den zerstäubten Vergaserreiniger nicht einatmet!

Man kann natürlich auch direkt eine Druckluftpistole mittels Schlauch mit der gegen die eigentliche Strömungsrichtung zu reinigenden Düse verbinden.

Zum Abschluss des Reinigungsvorgangs wird noch bei jedem Ventil der Sprühstrahl überprüft. Dazu wird das Ventil mit Vergaserreiniger befüllt und anschließend mit geringem Luftdruck in Fließrichtung durchgeblasen. Der Sprühkegel sollte (von der Seite betrachtet) einen Kegel bilden, mit einem Kegelwinkel zwischen 10° und 20°. Dabei sollte die austretende Flüssigkeit im Strahlkegel möglichst homogen sein (unteres Bild) und es sollten sich keine Tröpfchen im Strahl bilden (oberes Bild).

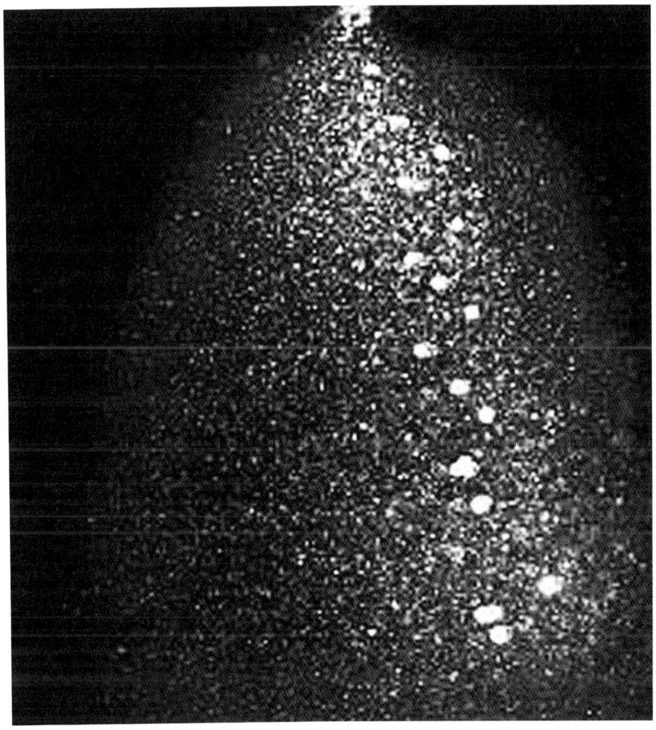

Kein guter Strahlkegel: Dieses Ventil gehört in die Schrottkiste.

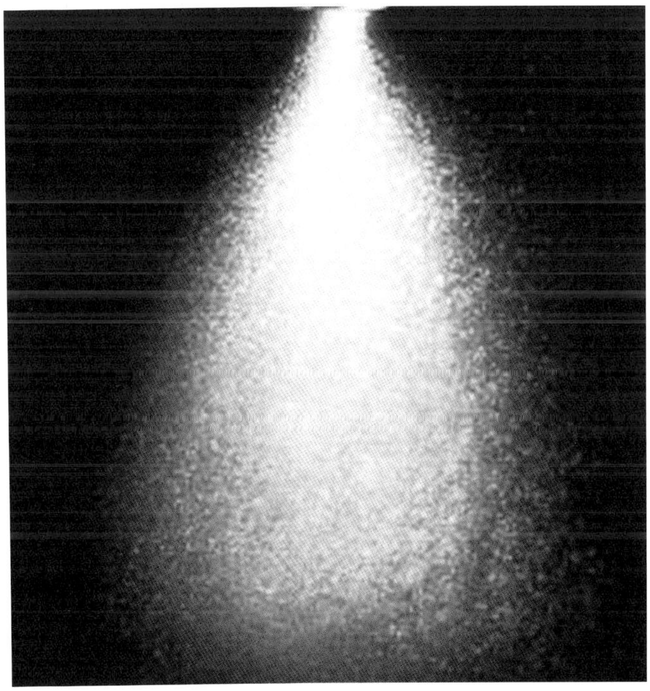

So muss es sein: ein guter, gleichmäßiger Strahlkegel.

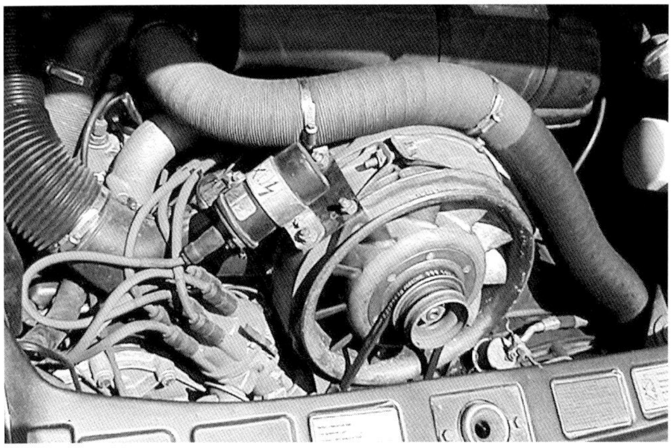

Foto des Motorraumes eines 911 SC, Modelljahr 1979: Am Triebwerk ist zwar die doppelte Riemenscheibe für den Antrieb der Zusatzluftpumpe vorhanden, die Pumpe selbst jedoch wurde ausgebaut. Hier wurde ein neuer Keilriemen für Generator und Gebläse eingebaut und eingestellt. Foto: Tom Uban

Keilriemenspannung für Generator und Kühlgebläse prüfen und einstellen

Bei der Beschreibung dieser Arbeit orientiert sich der Autor an den Werksempfehlungen der Dr. Ing. h.c. F. Porsche AG für Kunden des 911 SC.

Hinweis:
Zur Einstellung der Keilriemenspannung verwendet Porsche sechs Distanzscheiben. Meist sind ab Werk drei Scheiben zwischen den beiden Seitenflanken der Riemenscheibe eingelegt, und drei vor der Deckscheibe. Wird eine Scheibe zwischen den beiden Seitenflanken herausgenommen, erhöht sich die Riemenspannung. Wird eine zusätzlich eingefügt, wird die Riemenspannung geringer.

Prüfung der Keilriemenspannung an Fahrzeugen Modelljahr 1978 und 1979

Die Riemenspannung ist korrekt eingestellt, wenn sich der Keilriemen etwa in der Mitte zwischen den beiden Riemenscheiben mit Daumendruck zirka 10 bis 15 mm durchdrücken lässt.
Um die Riemenspannung zu ändern, werden Scheiben zwischen den beiden Seitenflanken der Riemenscheibe am Generator hinzugefügt oder weggenommen. Ist die korrekte Riemenspannung erreicht, wird die Mutter auf der Generatorwelle mit 40 Nm Drehmoment angezogen. Anschließend den Motor kurz laufen lassen und nach dem Abstellen die Riemenspannung nochmals überprüfen.

Das neue Lüfterrad ab Modelljahr 1980 hat einen Durchmesser von 245 mm und 11 gerade Lüfterradflügel.
Foto: Bill Cline

Prüfung der Keilriemenspannung an Fahrzeugen ab Modelljahr 1980

Ab Modelljahr 1980 wurden die Motoren für den 911 SC mit dem größeren Kühlgebläse des 911 Turbo ausgerüstet. Der dazu passende Keilriemen hat die Abmessung 9,5 x 710 mm und wird unter der Teilenummer 999.192.176.50 geführt. Wird ein neuer Keilriemen eingesetzt, ist zu beachten, dass dieser deutlich strammer gespannt werden muss als bei den Fahrzeugen der Modelljahre 1978 und 1979.
Um diese höhere Riemenspannung zu erreichen, sollten Sie zunächst wie bei den oben beschriebenen Modelljahren vor-

gehen. Lässt sich dann der Riemen 10 bis 15 mm durchdrücken, nehmen Sie eine der Scheiben zwischen den beiden Seitenflanken heraus und setzen Sie diese Scheibe auf die Außenseite der äußeren Seitenflanke zu dem dortigen Scheibenpaket hinzu. Das Anzugsdrehmoment für die Mutter auf der Generatorwelle beträgt 40 Nm.

Auswechseln der Bremsbeläge

Zusätzliche Abbildungen stammen von Lee und Jay Heppe, Donald Siegfriedt und Albert Upsher, alle USA.

Bremsbeläge dürfen nie an einem einzelnen Rad, sondern müssen immer achsweise ausgewechselt werden. Der Arbeitsablauf ist derselbe, egal ob die Beläge an der Vorderachse oder hinten gewechselt werden. Die minimale Dicke des Belages darf 2 mm nicht unterschreiten. Wenn Bremsbeläge gewechselt werden sollen, müssen zuvor die Räder abgenommen werden:
Erst die Radmuttern kreuzweise lösen, keinesfalls jedoch abschrauben, dann erst das Fahrzeug anheben.

- Jetzt den 911 SC mit Unterstellböcken sichern und für genügend Freiraum zum Arbeiten sorgen. Niemals am oder unter dem Fahrzeug arbeiten, wenn nur der Wagenheber zum Hochheben vorhanden ist.
- Beide Räder (vorne oder hinten) abnehmen
- Öffnen Sie den Ausgleichsbehälter und decken Sie die Öffnung mit einem sauberen Lappen ab.

Erforderliche Bremsbeläge Porsche Teilenummer:
Bremsbeläge Vorderachse

- 911.351.949.01
- 911.351.950.01
- 911.351.950.02

Bremsbeläge Hinterachse

- 911.352.950.03
- 911.352.950.05

Verwenden Sie einen passenden Durchtreiber oder einen alten Haltestift, um die Sicherungsstifte zu entfernen. Ein Helfer sollte bei dieser Arbeit die Blechfeder (dient zur Vibrationsdämpfung) niederdrücken.

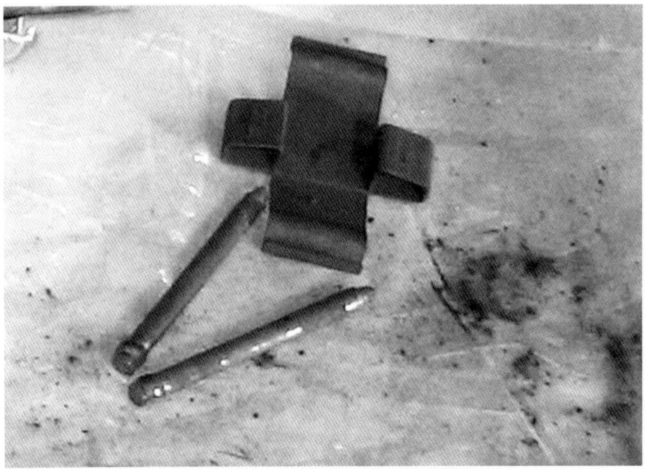

Für das Herausziehen der Bremsbeläge gibt es ein Porsche Spezialwerkzeug, man kann sich aber auch anders behelfen ...

Foto: Donald Siegfriedt

Bis zur Verschleißgrenze abgenutzt: Hier sind neue Bremsbeläge erforderlich.

Wenn die Haltestifte zur Fixierung der Beläge ausgebaut sind, kann die Feder zur Vibrationsdämpfung herausgenommen werden. Mit dem Porsche Sonderwerkzeug P 86 (oder einem handelsüblichen oder selbst angefertigten Werkzeug) können nun vorsichtig, zusammen mit den beiden Belägen, die Bremskolben zurückgedrückt werden. Oft ist dabei auch ein Stück Hartholz hilfreich. Das Zurückdrücken ist erforderlich, um Platz für die neuen Beläge zu schaffen.
Jetzt können die Beläge herausgezogen werden. Dazu eignet sich besonders gut das Porsche Sonderwerkzeug P 83. Eine handelsübliche Zange reicht aber auch.
Mit einer schmalen Drahtbürste werden anschließend die Laufflächen der Bremsklötze im Sattel gereinigt. Dabei muss man sehr vorsichtig zu werke gehen, um auf keinen Fall die Staubkappen an den Bremskolben zu beschädigen.

Jetzt können die neuen Bremsbeläge eingesetzt werden.

Hinweis:

Benutzen Sie kein Werkzeug, das die Bremskolben oder die Staubkappen beschädigen könnte, beispielsweise einen Schraubendreher oder andere ungeeignete Gegenstände.

Hinweis:

Verwenden Sie Bremsenreiniger, um Staub und Dreck effektiv und gründlich aus dem Bremssattel zu entfernen. Stellen Sie ein Behältnis unter den Bremssattel, in das der Bremsenreiniger tropfen kann.

Achtung: *Auf keinen Fall mit einer Luftpistole den Bremsstaub wegblasen!*

Hinweis:

Wenn Sie feststellen, dass Staubkappen beschädigt sind, muss der Bremssattel ausgebaut und instandgesetzt werden. Gleiches gilt natürlich auch bei festgestellten Undichtigkeiten in diesem Bereich.

Nächster Arbeitsgang: Die neuen Bremsbeläge werden in die Schächte eingeschoben, dann die Federn zur Vibrationsdämpfung auf die Beläge aufgesetzt und die Fixierbolzen wieder eingepresst. Auf die richtige Einbaulage der Blechfedern achten. Jetzt können die Räder wieder montiert und anschließend das Fahrzeug wieder abgelassen werden. Die Radmuttern müssen „über Kreuz" mit 127 Nm Drehmoment angezogen werden. Dann geht es auf eine ausgedehnte Probefahrt, bei der die neuen Bremsbeläge durch vielfache, vorsichtige Bremsvorgänge sorgfältig eingebremst werden. Die Radschrauben müssen nach 10 bis 15 km nochmals nachgezogen werden.

Nach dem Einbau sollten neue Bremsbeläge auf einer längeren Probefahrt „eingebremst" werden. Der Einbau von Bremsbelägen für den Renneinsatz ist nur bedingt zu empfehlen, da diese Beläge erst bei einer relativ hohen Betriebstemperatur richtig arbeiten und ihre volle Leistung entfalten können. Im normalen Straßenverkehr erreicht die Bremse diese Betriebstemperaturen aber nur sehr schwer und die Bremsleistung ist dementsprechend schlecht. Soll der SC aber im Motorsport eingesetzt werden, sieht die Sache anders aus ...

Werksbild Porsche AG

Reparaturen am Tempomat (Automatische Geschwindigkeitsregelung)

Bei der Beschreibung dieser Arbeit orientiert sich der Autor an den Werksempfehlungen der Dr. Ing. h.c. F. Porsche AG für Kunden des 911 SC.

Abbildungen von Robin Langford, Großbritannien, Joel Rosenblatt, USA, Craig Forrest, USA und R. Warren Cramer, USA.

Austausch des Steuergerätes

Entfernen Sie die Abdeckung des Gepäckraumes.

Trennen Sie den Stecker vom Steuergerät.

Entfernen Sie die Kreuzschlitzschrauben und nehmen Sie das Steuergerät heraus.

Setzen Sie das neue Steuergerät ein, schrauben Sie es wieder fest und verbinden Sie den Stecker mit dem Steuergerät.

Ersetzen des Betätigungsschalters

Bauen Sie das Lenkrad aus und entfernen Sie die Abdeckung der Lenkkonsole.

Lösen Sie die Schrauben am Betätigungsschalter.

Trennen Sie den Stecker seitlich am Betätigungsschalter.

Hinweis:
Ist das Fahrzeug mit einer Klimaanlage ausgerüstet, muss auf der Fahrerseite die Leitung der Klimaanlage entfernt werden, um an den Stecker zu gelangen und den Ausbau des Schalters zu ermöglichen.

In umgekehrter Arbeitsfolge können Sie jetzt den neuen Schalter einbauen.

Hinweis:
Vergessen Sie nicht, sofern geschehen, die vorher entfernte Leitung der Klimaanlage wieder anzuschließen, nachdem der Betätigungsschalter eingebaut ist.

Der Servomotor für den Tempomat sitzt im Motorraum.

Foto: Craig Forrest

Servoeinheit ersetzen

Der Servomotor für den Tempomat befindet sich im Motorraum auf der linken Seite.
Entfernen Sie den Schlauch zwischen Heizungsgebläse und dem Heizungssystem.
Entfernen Sie die elektrischen Verbindungen zwischen dem Servomotor und dem Magnetventil.
Lösen Sie die Befestigungsschrauben, ziehen Sie vorsichtig den dünnen Vakuum-Schlauch vom Servomotor ab.
Der Vakuum-Schlauch ist verbunden mit einer Verzweigung in der Nähe des Drosselklappengehäuses.
Lösen Sie die Verbindung zum Hebel an der Drosselklappe.
Ziehen Sie den Sicherungsclip von der oberen Sektion des Halters ab und entfernen Sie den Servomotor.
In umgekehrter Arbeitsfolge können Sie jetzt den neuen Servomotor einbauen.

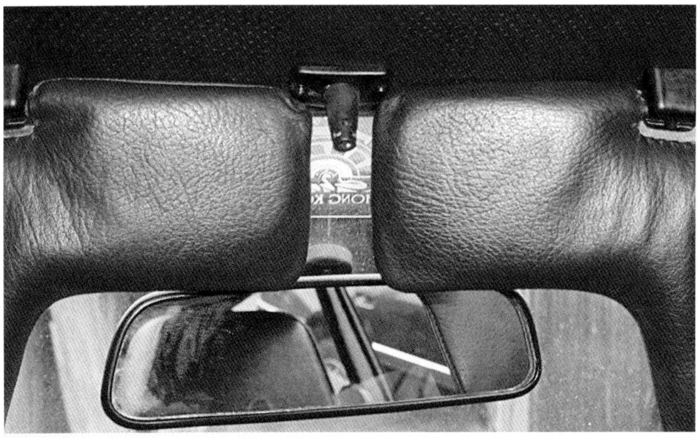

Reparaturen an der automatischen Heizung

Abbildung von Robin Langford, Großbritannien

Temperatursensor ersetzen

Der Temperatursensor befindet sich zwischen den beiden Sonnenblenden am oberen Rahmen der Windschutzscheibe.

Lösen und entfernen Sie die beiden Kreuzschlitzschrauben und ziehen Sie dann den Sensor vorsichtig soweit heraus, bis Sie die Steckverbindung lösen können. Behalten Sie das Kabel in der Hand, da es leicht hinter den Verkleidungen zu verschwinden droht.

In umgekehrter Arbeitsfolge können Sie jetzt den neuen Temperatursensor einbauen.

Hinweis:
Achten Sie beim Einbau darauf, dass die Kabelverbindung einwandfrei aufgesteckt ist und sich beim Einbau nicht wieder lösen kann.

Das Wuchten der Räder ist sehr wichtig, egal ob Ihr 911 SC im Straßenverkehr oder auf der Rennstrecke bewegt wird. Das Bild zeigt die Aufstellung der Fahrzeuge im Vorstartbereich für die „Rennsport Reunion II" in Daytona, Florida, im Jahr 2004. Foto Adrian Streather

Prüfungen an den Rädern

Alle hier veröffentlichten Daten stammen vom Hersteller, der Porsche AG

Abbildungen stellten zur Verfügung: Die Porsche AG, Colin Judd, Großbritannien und Jim Williams, USA.

Räder auswuchten

Kaum einem Hobby-Schrauber steht privat ein Gerät zum Räderauswuchten zur Verfügung. Trotzdem ist es interessant, über einige Details Bescheid zu wissen.
Maximal sind dynamisch und statisch 5 Gramm Unwucht zulässig. Leichtmetallräder sollten nur mit Klebegewichten ausgewuchtet werden. Diese werden ausschließlich an die Felgenschultern geklebt. Die Klebegewichte werden von den Reifenhändlern angeboten bzw. verwendet und sind sogar in der Porsche Teileliste geführt. Sie sind in Stufen von 5 bis 80 Gramm verfügbar.

Toleranzen an Rädern (Felgen)

Stahlräder:

Maximal zulässig	Messung in Millimeter
Radialer Rundlauffehler	1,25 mm
Seitenschlag	1,25 mm

Leichtmetall:

Maximal zulässig	Messung in Millimeter
Radialer Rundlauffehler	1,00 mm
Seitenschlag	1,00 mm

Die Grafik mit der Messuhr veranschaulicht, wo der Rundlauf gemessen wird: 8 mm vom Felgenhorn entfernt, auf der Innenseite der Felgenschulter liegt der Messpunkt (senkrechter, dicker Pfeil).
Der Seitenschlag wird in 8 mm Höhe von der Felgenschulter-Innenseite an der Felgenhorn-Innenseite gemessen (waagrechter, dicker Pfeil).
Der maximal zulässige Höhenschlag für ein fertig montiertes Rad mit Bereifung und vorgeschriebenem Reifendruck beträgt 1,5 mm sowohl bei Stahl- als auch bei Leichtmetallrädern.

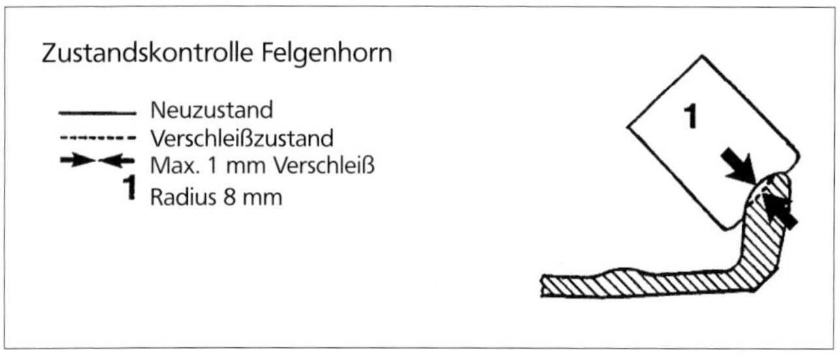

Verschleiß an den Felgenhörnern bei Leichtmetallfelgen

Die seitlichen Felgenhörner an Leichtmetallfelgen sollten bei jedem Reifenwechsel sorgfältig geprüft werden. Die meistens unsichtbare Innenseite der Felgenhörner bei Leichtmetallrädern verschleißt mehr als die sichtbare Außenseite. Dafür wird aber die Außenseite häufiger durch Unfälle, Bordsteinberührungen und Steinschläge beschädigt.

- Mit einer Radiuslehre für 8 mm Radius kann diese Messung einfach durchgeführt werden.
- Befinden sich am Umfang des Rades scharfe Grate oder Verformungen, müssen diese entfernt werden, ehe die Verschleißprüfung beginnt.
- Der maximal zulässige Verscheiß beträgt 1,0 mm.

Die Verschleißgrenzen sind bei allen 911 SC gleich, auch für die viel späteren Felgengenerationen. Die Abbildung zeigt ein 17-Zoll-Rad im „Design 92", montiert an einem 911 SC aus dem Modelljahr 1978.

Hinweis:
Auch dieses Rad ist mit geklebten Wuchtgewichten an den Innenseiten versehen.

Auf diesem Bild gut zu erkennen ist eine in ihrer Schwere sehr selten anzutreffende Korrosion an der Oberfläche eines Leichtmetallrades. Dies ist der Grund, warum bei Reifenwechseln immer eine gründliche Inspektion auch der normalerweise unsichtbaren Innenseite der Felge empfohlen wird.

Wenn Sie Ihren 911 SC auch auf winterlichen Straßen fahren, sollten Sie in dieser Jahreszeit besser auf Stahlräder umstellen. Diese sind gegenüber den härteren Bedingungen widerstandsfähiger.

Heckspoiler ab- und anbauen

Abbau

Trennen Sie den Motorraum-Deckel von den Scharnieren. Achten Sie darauf, dass alle elektrischen Masseverbindungen des Deckels entfernt werden.

- Entfernen Sie die unteren Schrauben am Lufteinlass-Grill.
- Entfernen Sie die Metallschrauben von der Umrandung, danach können Sie diese von der Motorhaube abnehmen.
- Entfernen Sie die äußeren Befestigungsschrauben des Spoilers.
- Entfernen Sie die vier Sicherheitsmuttern.
- Entfernen Sie den Heckspoiler und die zusammenhängenden Teile des Motorraum-Deckels.

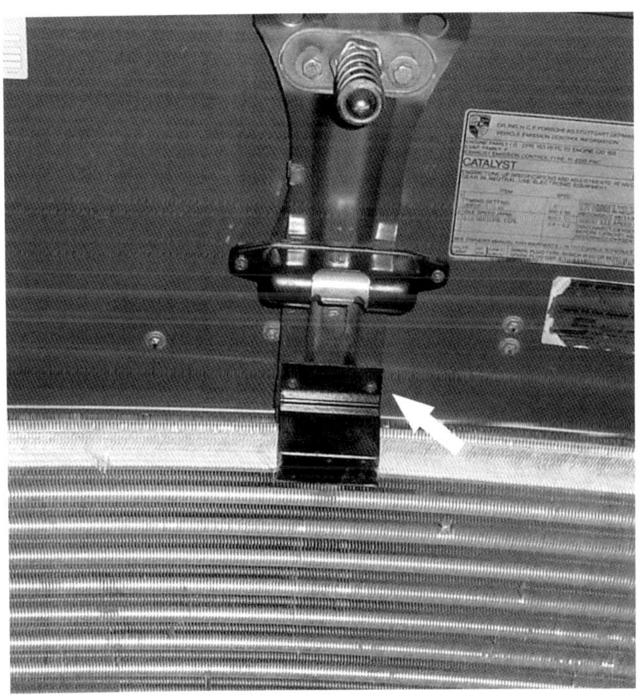

Wenn der 911 SC mit einer Klimaanlage ausgestattet ist, entfernen Sie die zwei Schrauben von der Kondensatorbefestigung, um den Kondensator vom Motorraum-Deckel trennen zu können. Öffnen Sie dabei auf keinen Fall die beiden Leitungen, durch die das Kältemittel strömt.

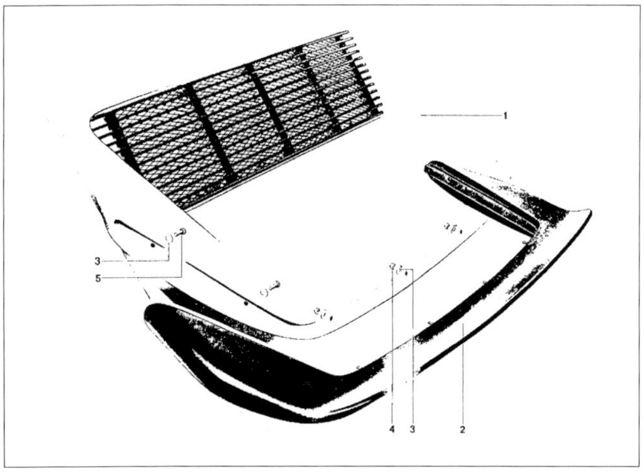

Arbeitsabfolge beim Zusammenbau

Benennung des Teils	Hinweise zum Zusammenbau
Motorraum-Deckel	Gleichmäßigen Spalt rundum herstellen, Höheneinstellung durch Beilegen von Scheiben zwischen Scharnieren und dem Deckel
Heckspoiler	Befestigung mit Stiftschrauben und selbstsichernden Muttern
	Durchmesser
Scheibe	5,3 mm
Sechskantschraube	5 x 16
Linsensenkschraube	3 x 9,5
Gasdruckdämpfer Teile-Nummer: 911.512.331.07	Prüfen Sie, ob der Gasdruckheber den Motorraum-Deckel in offener Position halten kann.

Montage

Achten Sie darauf, dass alle Masse-Verbindungen zwischen den Scharnieren und dem Motorraum-Deckel wieder einwandfrei hergestellt sind.

Hinweis:

Jedes der beiden Scharniere hat Masse-Kabel, die mit dem Deckel verbunden werden müssen. Bevor Sie die Befestigungsschrauben zwischen den Scharnieren und dem Deckel fest anziehen, achten Sie darauf, dass ein gleichmäßiger Spalt zwischen Karosserie und Deckel gewährleistet ist. Prüfen Sie diese Spaltmaße mit offenem und geschlossenem Motorraum-Deckel.

Bei Fahrzeugen mit Klimaanlage muss auch der Kondensator wieder mit den zwei Schrauben am Motorraum-Deckel befestigt werden.

Hinweis:

Wird ein schwererer Heckspoiler auf dem Motorraum-Deckel angebracht, muss auch ein stärkerer Gasdruckdämpfer für den Deckel verwendet werden. Die serienmäßigen Heber, zumal wenn sie schon etwas älter sind, können das zusätzliche Gewicht meist nicht stemmen.

Alles ist wieder zusammengebaut

Zum Vergleich: ein originaler Turbo mit serienmäßigem Heckspoiler.

Foto: Lee and Jay Heppe

Hier hat der Besitzer eine Motorraum-Abdeckung mit dem legendären „Entenbürzel" eines 911 RS an seinem 911 SC montiert.

Foto: Mark Wilson

Ein 911 SC Coupé, Modelljahr 1982, mit selbst montiertem Heckspoiler und zusätzlichem Frontspoiler um aerodynamisch mehr Abtrieb an der Vorderachse zu erreichen. Das Fahrzeug hat weniger als 60.000 Kilometer Laufleistung absolviert, was angesichts der vielen Dienstjahre sehr wenig ist. Foto: Harold R. „Dick" Lane

Nachträglicher Anbau eines Heckspoilers

Einführung

Der Porsche 911 SC hatte zu keinem Zeitpunkt serienmäßig einen Heckspoiler. Lediglich die insgesamt 20 Fahrzeuge für den Motorsport (Gruppe B), die im Modelljahr 1984 nachträglich noch gefertigt wurden, waren serienmäßig mit einem Heckspoiler ausgestattet.

Es gibt keine spezielle Montageanleitung um irgendeinen Heckspoiler an einem 911 SC anzubringen, da es einige Heckspoiler von anderen Porsche Fahrzeugen gibt, die ebenfalls passen. Die Abbildungen auf dieser Seite zeigen unterschiedliche Möglichkeiten, einen 911 SC mit Heckspoilern zu versehen, aber es gibt noch viele weitere Varianten.

Warnung

Für den nachträglichen Anbau eines Heckspoiler, gleich welcher Art, ist es unbedingt erforderlich, die serienmäßige Bugschürze zusätzlich mit einem Abtrieb erzeugenden Bugspoiler zu versehen. Ein Heckspoiler alleine (ohne zusätzlichen aerodynamischen Abtrieb am Vorderwagen) verändert das Fahrverhalten mit zunehmender Fahrgeschwindigkeit erheblich. Die Vorderachse wird immer mehr entlastet, was bis zum Verlust der Kontrolle über das Fahrzeug führen kann.

Hinweis:

Hat der 911 SC eine Klimaanlage, kann es sein, dass je nach Spoiler auch ein anderer Motorraum-Deckel verwendet werden muss. Der Kondensator der Klimaanlage ist am Motorraum-Deckel fixiert. Porsche benutzte den Motorraum-Deckel des 911 Turbo (Typ 930) mit dem feststehenden hinteren Spoiler für die Serie 911 S Modelljahr 1977 und für den 911 Carrera 3,0 mit Klimaanlage. Dieses Konzept funktioniert auch beim 911 SC.

Blick auf die Unterseite einer serienmäßigen Motorraum-Abdeckung eines 911 SC, Modelljahr 1979. Foto: Paul Rawnsley

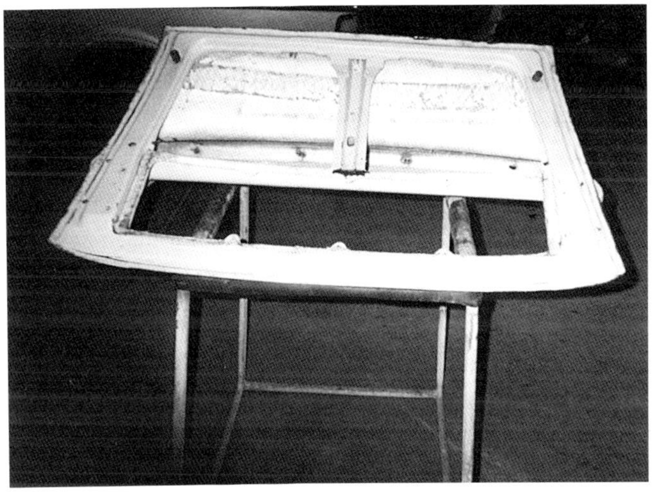

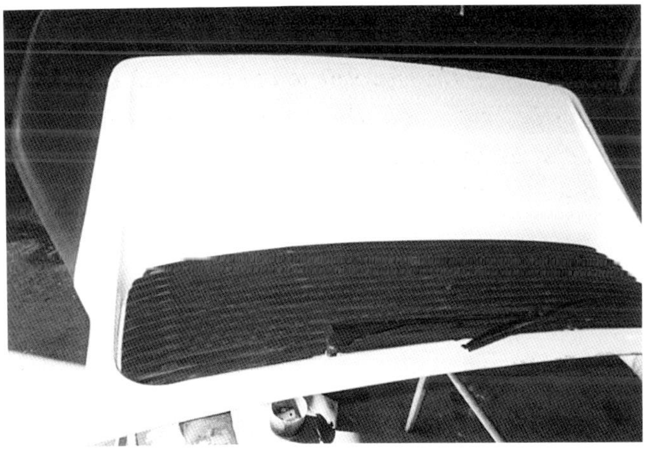

Der neue Heckspoiler wird eingebaut. Foto: Paul Rawnsley

Motorraum-Deckel

Alle Spoiler werden am Motorraum-Deckel befestigt. Die sehr häufig gestellte Frage ist: „Welcher andere Motorraum-Deckel kann für den 911 SC verwendet werden?"
Antwort: Es passen folgende Deckel:

- vom 911 der Modelljahre 1972 bis 1977 und vom 911 Turbo ohne Änderungen an den Scharnieren
- vom 911 der Modelljahre 1984 bis 1989 ohne Änderungen an den Scharnieren
- vom 911 der Modelljahre 1989 bis 1994 (Serie 964) Änderungen an den Scharnieren sind erforderlich
- Die Außenmaße aller aufgeführten Motorraum-Deckel sind identisch.

Hinweis:
Motorraum-Deckel ab Modelljahr 1994 (Serien 993 und 996) passen nicht mehr in die vorhandene Öffnung des 911 SC, da das Design geändert wurde.

Die nächste, ebenfalls sehr oft gestellte Frage ist: „Muss ich Löcher in meinen serienmäßigen Motorraum-Deckel bohren, um einen Heckspoiler zu montieren?"
Antwort: Ja! Suchen Sie am besten nach einem gebrauchten Motorraum-Deckel und verwenden diesen für den Anbau des Heckspoilers. Wenn dann irgendwann der 911 SC in Originalausstattung verkauft werden soll, dann kann das unveränderte Originalteil wieder montiert werden.

Hinweis:
Ein kleiner Tipp, wenn Sie vorhaben, Löcher in lackierte Blechteile zu bohren. Fixieren Sie Klebeband über der Stelle, wo Sie das Loch bohren wollen. Markieren Sie den Mittelpunkt auf dem Klebeband. Benutzen Sie jetzt einen Körner und machen Sie damit eine kleine Vertiefung in das Blech, um mit einem deutlich schwächeren Bohrer vorzubohren. Ist dieses Loch gebohrt, kann der richtige Bohrungs-Durchmesser nachgebohrt werden. Lassen Sie bis zum Schluss das Klebeband als Schutz für den Lack an Ort und Stelle. Dass die neuen Löcher mit etwas Lack wieder versiegelt werden müssen, sei nur der Vollständigkeit halber erwähnt.

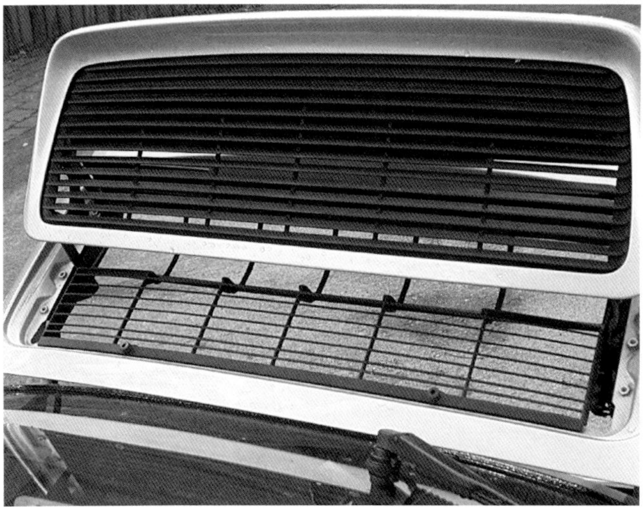

Auch in einem Buch über den Porsche 911 SC hat ein 911 Carrera Typ 964 einen Platz verdient: Dieser Neunhundertelfer hatte, dank seines ausfahrbaren Spoilers, den niedrigsten Luftwiderstand aller bis dahin gebauten Neunhundertelfer. Foto: Luciano Segneri

Hinweis:

Was aber nicht vergessen werden sollte, wenn man den Anbau eines Heckspoilers plant: Als Mehrgewicht kommen etwa 10 kg zum Gesamtgewicht hinzu. Der Luftwiderstandsbeiwert (cw) wird erhöht und führt zu einem etwas höheren Kraftstoffverbrauch und zu einer etwas niedrigeren Höchstgeschwindigkeit.

Der Einbau des ausfahrbaren Heckspoilers des Porsche 911 (Serie 964)

Viele Besitzer von älteren Neunhundertelfern, einschließlich der Gemeinschaft des 911 SC, haben die Vorteile kennen gelernt, die ein ausfahrbaren Heckspoiler gegenüber einem starren Heckspoiler bietet.

Einige der Vorteile:

- Er ist leichter als ein starrer Heckspoiler.
- Er bietet deutlich mehr Frischluft für die Kühlung des Motors, insbesondere wenn man in einem Verkehrsstau steht. Das Ausfahren des Heckspoilers ermöglicht außerdem während des Fahrbetriebs eine verbesserte Luftströmung in den Motorraum. Dadurch wird verhindert, dass der Motor zu viel heiße Umgebungsluft ansaugt. Die kühle, sauerstoffreiche Luft sorgt für mehr Leistung.
- Der ausgefahrene Spoiler erfüllt seine Aufgabe, bei höheren Geschwindigkeiten für aerodynamischen Abtrieb des Fahrzeughecks zu sorgen, genau so gut wie die starren Spoiler.
- In eingefahrener Stellung wird die Stromlinie, so wie sie Ferry Porsche schon beim ersten 356 festlegte, nicht durch einen Spoiler unterbrochen.
- Der Preis für den ausfahrbare Heckspoiler ist nicht zu hoch.
- Es ist nicht allzu schwierig, die automatische Funktion des Aus- und Einfahrens des Spoilers zu installieren, wenn man das Original-Steuergerät übernimmt und in die Armaturentafel einen einfachen Schalter einbaut, der die Öffnung und das Schließen von Hand einleitet. Es wird empfohlen das Steuergerät zu übernehmen , da dieses Gerät die Endabschaltung beim Öffnen und Schließen des Spoilers steuert und die Verbindung zum Elektromotor der Ausfahreinheit herstellt.

Hier ein 911 Carrera (Typ 964), der ab Modelljahr 1989 mit dem ausfahrbaren Spoiler auf den Markt kam. Dieses Fahrzeug hatte den niedrigsten Luftwiderstand* aller jemals gebauten Fahrzeuge der Baureihe 911 ab dem Serienanlauf im Modelljahr 1965. Und dabei spielt der ausfahrbare Spoiler eine bedeutende Rolle.

* Gegenüberstellung Luftwiderstand 911 Carrera zu 911 SC

	Porsche 911 Carrera (Typ 964)	**Porsche 911 SC**
Luftwiderstandbeiwert (cw)	0,32	0,40
Stirnfläche A (m2)	1,79	1,77
Luftwiderstand (cw x A) =	0,32 x 1,79 = 0,5728	0,40 x 1,77 = 0,708

Es gibt aber auch einige Nachteile, wenn man einen solchen Heckspoiler anbauen will. Wenn man den ausfahrbaren Heckspoiler eines 964 bestellt, erhält man den kompletten Motorraum-Deckel mit dem eingebauten Spoiler. Auch die Scharniere gehören zum Lieferumfang.

Links im Bild der Spoiler des 911 SC, rechts daneben der ausfahrbare Spoiler des 964. Beachten Sie den unterschiedlichen Abstand der Scharniere. *Foto: Thom Fitzpatrick*

Die Scharniere am Deckel des 964 sind nicht identisch mit denen früherer Baureihen. Der Abstand der Scharniere zueinander ist größer, da für den Verstellmechanismus Platz geschaffen werden musste.

Hinweis:

Vergessen Sie nicht, den original SC-Schriftzug umzubauen, wenn Sie den Motorraum-Deckel vom 964 übernehmen.

Wenn der umzurüstende 911 SC eine Klimaanlage besitzt, passt der hintere Klima-Kondensator nicht unter den ausfahrbaren Spoiler, da dieser zum Aus- und Einfahren Platz benötigt. Wenn die Klimaanlage weiter funktionieren soll, muss ein neuer Platz für den Kondensator gesucht werden. Es passt leider auch keiner der von Porsche angebotenen Kondensatoren, so dass erst einer angefertigt werden muss. Oder man verzichtet auf einen ausfahrbaren Heckspoiler.

Die beiden Gasdruck-Heber für den Motorraum-Deckel können verwendet werden, aber es ist äußerst schwierig, diese an der vorhandenen Karosserie des 911 SC zu befestigen. Der

einzelne Gasdruck-Heber des 911 SC ist ebenfalls nur mit Schwierigkeiten am Deckel des 964 zu fixieren.
Einige Besitzer, die ihre Fahrzeuge mit dem ausfahrbaren Heckspoiler ausgerüstet haben, sind unzufrieden, da zusätzliche Kosten entstehen, um diesen Spoiler instand zu halten. Der Spoiler hat bewegliche Teile. Zuweilen brechen diese Verbindungsstücke des Verstellmechanismus und müssen repariert oder ersetzt werden. Die bekannteste Störung betrifft den Spoiler-Vorhang. Die Gummi-Anschlussstücke werden brüchig und fallen zuweilen auseinander. Es dauert nur ein paar Minuten, die Teile zu tauschen, aber Ersatz ist alles andere als billig.

Umbau der auffälligen Art: ein 911 mit stark verbreiterter Karosserie.
Foto: Jack Olsen

Hier wurde der ausfahrbarer Heckspoiler zusammen mit dem Motorraum-Deckel des 964 in einen 911 SC eingebaut. Die Größe der Klappe ist identisch mit der Originalklappe des SC. Schwierigkeiten bereitet die Montage der Gasdruckdämpfer.

Diese Abbildung zeigt den Einbau eines neuen Spoiler-Vorhangs beim Heckspoiler des 964.

Informationen zum Auswechseln der Stoßfänger

Hinweise stammen von der Firma Dr. Ing. h.c. F. Porsche AG

Vorderer Stoßfänger

Beschreibung	Hinweise zum Abbau	Hinweise zum Zusammenbau
Vorderer Stoßfänger	Gummi-Scheuerleiste abbauen	Stoßfänger ausrichten, Aufnahmen der Prallrohre müssen in Ausschnitte passen, Lippendichtung muss rundum anliegen
Seitliche Deformationskörper		Seitliche Verbindungen lösen und in die Dichtscheiben einpressen, dann herausziehen, dann befestigen
Blinkleuchten	Schrauben lösen und nach hinten ausbauen	Von der Rückseite her einbauen und auf gleichmäßiges Spaltmaß rundum achten
Seitliche Abdeckung	Schrauben lösen	Festschrauben, auf gleichmäßiges Spaltmaß rundum achten
Faltenbälge	Selbstschneidende Schrauben von der Schürze lösen	Am Stoßfänger mit selbstschneidenden Schrauben befestigen
Abdichtstreifen		Sauber entlang dem Stoßfänger anbringen
Gummischeiben		Einbauen im Bereich der Befestigung der Scheibenwaschpumpe und der Pumpe für die Scheinwerferreinigung wenn diese vorhanden ist
Dichtung		An der Quertraverse anbringen
Füllstück oben		Beim Einbau sauber ausrichten
Füllstück unten		Beim Einbau sauber ausrichten
Gummischeiben		Anbringen zwischen Schürze und Beschlag
Einpressmutter		Anbringen je nach Kennzeichengröße
Pralldämpfer	Waschwasserbehälter zum Aus- und Einbau entfernen, auf Beschädigungen prüfen und ggf. austauschen	Erst an der Stoßstange befestigen, dann an der Karosserie
Hydraulischer Pralldämpfer	Wie beim normalen Pralldämpfer	Wie beim normalen Pralldämpfer
Einlegeteil für Befestigungsplatte		Mit dem Pralldämpfer verkleben

Hinterer Stoßfänger

Beschreibung	Hinweise zum Abbau	Hinweise zum Zusammenbau
Hinterer Stoßfänger	Gummi-Scheuerleiste abbauen. Kennzeichen-Beleuchtung abbauen Elektrische Verkabelung ausbauen	Stoßfänger ausrichten, Aufnahmen der Prallrohre müssen in die Ausschnitte passen, Lippendichtung muss rundum anliegen
Kennzeichenbeleuchtung	Schrauben entfernen, Kabel entfernen	Kabel von hinten zuführen
Gummi-Scheuerleisten		Beim Einbau sauber ausrichten
Faltenbälge	Vom Stoßfänger und von beiden Kotflügeln lösen. Dann sollten sich die Faltenbälge abnehmen lassen	Befestigen durch Einpressen in die Konturen Faltenbälge/Kotflügel einander anpassen
Gummi-Einlegeteil		Zwischen Pralldämpfer und Konsole einkleben
Einlegeteil für Befestigungsplatte		Mit dem Pralldämpfer verkleben

Kapitel 11

Was man am 911 SC optimieren kann

Der Versuch, das Beste noch besser zu machen

Ein 911 SC Coupé, Modelljahr 1983, mit Karosserieverbreiterung und Bilstein-Sportfahrwerk.
Foto: Jay Heppe

Die höchste Leistungsausbeute in der SC-Baureihe bot die Leichtbauversion 911 SC/RS mit 184 kW (250 PS). Werksbild Porsche AG

Einführung

Dieses Kapitel zeigt verschiedene Möglichkeiten zur Optimierung des Porsche 911 SC auf. Eine der populärste Maßnahme ist der Versuch, die Motorleistung zu steigern. Ein Unterfangen, das nicht immer von Erfolg gekrönt ist und nicht selten die Besitzer nicht nur Nerven, sondern auch noch ein kleines oder gar mittleres Vermögen gekostet hat.
Das Einspritzsystem K-Jetronic gestaltet echte Leistungsverbesserungen relativ schwierig.
Wie bereits erwähnt gab es vom SC zwei unterschiedliche Varianten: Die Version „Rest der Welt" , die mit 132 kW (180 PS) begonnen hat, wurde im Laufe der Zeit bis auf 150 kW (204 PS) gebracht. Fahrzeugen für die USA, Kanada und Japan blieben allerdings während der gesamten Bauzeit bei 132 kW (180 PS). Auf dem Papier sieht es nun so aus, dass für die Besitzer aus den USA mindestens 18 kW (24 PS) Steigerung möglich sein müssten. Das ist natürlich nicht ganz richtig. Um die Mehrleistung bei einen 911 SC in US-Spezifikation mit dem Abgas-Entgiftungssystem zu erzielen, benötigt man einen enormen Aufwand. RdW-Fahrzeuge, die zwar auch die seinerzeit gesetzliche Abgasgrenzwerte einhalten mussten, konnten viel einfacher verändert werden. Es war dennoch immer mit großen Kosten verbunden, um an die endgültige, finale Leistungsausbeute des im 911 SC/RS verbauten Saugmotors M 930/18 heranzukommen. Aber man sollte sich auch daran erinnern, dass der 911 SC/RS ein für den Straßenverkehr völlig ungeeignetes Fahrzeug ist und nur für den Motorsporteinsatz entwickelt worden war.

Hinweis:
Im Kapitel 1 finden Sie Details zur Technik des 3,0 Liter-Motors im 911 SC/RS.

Während Porsche den 911 SC baute, war die Firma auch im Motorsport sehr aktiv und war bestrebt, die Entwicklungen im Rennsport auch in die Serienfahrzeuge einfließen zu lassen. So genannte „Concept Cars" waren ebenfalls Teil dieser Entwicklungsrichtung. Besitzer von 911 SC-Fahrzeugen können auch heute noch von dieser Arbeit profitieren, wenn sie ihre vorhandene Maschine gegen einen schönen 3,0- oder gar 3,3-Liter-Motor mit Turbolader tauschen. Aber eines sollten Sie nicht vergessen, wenn Sie einen solchen Motor ein-

Das leistungsstärkste Concept-Car seiner Tage war die im Jahr 1981 vorgestellte Neunhunderelfer-Studie mit Turbolader, Allradantrieb und erstmals seit 1965 wieder als echtes Cabriolet.
Werksbild Porsche AG

Dieses Projekt war umfangreich: Dank einer Motor-Transplantation wird dieser 911 SC nun von einem 184 kW (250 PS) starken Triebwerk befeuert. Foto: Jim Williams

bauen wollen: die Bremsen. Schnell fahren auf der Geraden ist eine Sache, den Wagen wieder sicher zum Stillstand zu bekommen, etwas ganz anderes.
Einer der erfahrensten Spezialisten für Kraftstoffeinspritzungen von Bosch war Charles O. Probst, SAE. Leider ist er inzwischen verstorben, aber die folgenden drei Grundsätze sollten im Gedächtnis all jener SC-Fahrer bewahrt bleiben, die auf der Suche nach mehr Leistung sind.
„Bei der Suche nach mehr Leistung, erhöhter Wirtschaftlichkeit oder geringerem Kraftstoffverbrauch ist die serienmäßige Kraftstoffeinspritzung nicht unbedingt die perfekte Wahl."
„Es gibt keine Geister, die das Wunder vollbringen, enorme Mehrleistungen freizugeben."
„Es gibt keinen Ersatz für Fachwissen. Fachwissen über die Abläufe im Motor, Fachwissen über die Grenzen der Kraftstoffeinspritzung und das Verständnis dafür, wie sich Veränderungen in der Realität auswirken."

Aspekte und Fragen zum Thema Leistungssteigerung

Einer der häufigsten Fehler, die Fahrzeugbesitzer begehen, wenn sie sich für ein Motor-Tuning entscheiden, besteht darin, dass sie sich vor den Maßnahmen zur Leistungssteigerung nicht eingehend mit dieser Materie beschäftigt haben. Dieser Umstand führt dazu, dass sie eine Menge Geld loswerden, ohne dabei das gewünschte Resultat zu erreichen.

Warnung
Sicherheitsaspekte müssen immer beachtet werden, wenn irgendeine Maßnahme zur Leistungssteigerung durchgeführt wird. Besonders in Bereichen, die die Verkehrssicherheit betreffen: Leistungssteigerungen am Motor, ohne auch die Bremsanlage entsprechend zu modifizieren, sollten im ureigensten Interesse tabu sein.
Das gilt auch für Eingriffe am Fahrwerk, die beispielsweise die Spurweite oder die Außenabmessungen des Fahrzeugs verändern. Auch größere Räder oder Felgen mit anderer Einpresstiefe sollten sorgfältig daraufhin geprüft werden, ob sie die vom Gesetzgeber geforderte Freigängigkeit in alle Richtungen nicht beeinträchtigen. Ein Rad, das irgendwo schleift, wird sich unter Umständen zur unpassendsten Gelegenheit bemerkbar machen.

Reichlich Pferdestärken unter der Haube: Das Leistungsvermögen eines Porsche 911 Turbo wünscht sich so manch ein 911 SC-Besitzer, nur möglicht ohne das berühmt-berüchtigte „Turboloch“. Foto: Larry Hayes

Der folgende Fragenkatalog ist so formuliert, dass er einen Leitfaden bildet, der hoffentlich klare Verhältnisse schafft und dabei auch die entstehenden Kosten berücksichtigt.

- Welche Version (Modelljahr) des Porsche 911 SC soll eigentlich verändert werden?
- Warum wird eine Veränderung gerade jetzt geplant?
- Wurde zu dem geplantem Vorhaben schon mehr als ein Experte befragt? Holen Sie vor größeren Umbaumaßnahmen immer mehrere Meinungen ein.
- Sind es nur es kosmetische Verbesserungen?
- Sind diese Verbesserungen nur für die Straße, für die Rennstrecke oder kombiniert für Rennstrecke und Straße vorgesehen?
- Welche Erwartungshaltung besteht gegenüber den geplanten Maßnahmen?
- Sind die geschätzten Kosten realistisch? Hat man noch einen „Puffer“?
- Entspricht mein Fahrzeug auch nach den vorgesehenen Veränderungen noch der ABE (Allgemeine Betriebserlaubnis) für den Porsche Typ 911 SC? Oder ist eine TÜV-Vollabnahme erforderlich, um auf öffentlichen Straßen fahren zu dürfen?
- Mit welchem Aufwand können die Veränderungen bei Bedarf später einmal rückgängig gemacht werden?

Es sollte an dieser Stelle darauf aufmerksam gemacht werden, dass sich nicht alle Kosten, die in solche Projekte gesteckt werden, in einer Wertsteigerung des Fahrzeugs bemerkbar machen. Sollte der Wagen also einmal verkauft werden, ist trotz der Umbauten in der Regel nicht mit einem deutlich höheren Erlös zu rechnen. Recherchen haben ergeben, dass bei nachträglich veränderten Fahrzeugen bestenfalls 30 Prozent des in die Änderungen investierten Gesamtbetrages zurückbezahlt werden.

Es sind die inneren Werte, die zählen: Ein sehr leistungsfähiger, aber dezent veredelter 911 SC. Foto: Joel Rosenblatt

Warnung

Es ist wichtig, schon vor dem Beginn der Umbauarbeiten nicht nur die exakte Version dieses 911 SC zu kennen, sondern auch über bereits durchgeführte Änderungen Bescheid zu wissen. Sofern es sich um seriöse Umbauten handelt, finden sich im Normalfall entsprechende Angaben im Fahrzeugbrief und im -Schein.

Ein Motor 930/16, Modelljahr 1983 für den USA-Markt mit 134 kW (180 PS); noch immer mit derselben Leistung wie der fünf Jahre ältere Motor 930/04. Foto: Michael Topp

Ein Motor 930/02 eingebaut im 911 Carrera 3,0. Bereits 1977 entwickelte dieser Motor 149 kW (200 PS) am Schwungrad. Foto: Walter Schedler

Erhöhung der Motorleistung

Es gibt viele Möglichkeiten, Verbrennungsmotoren zu tunen. Dieser Abschnitt im Buch befasst sich ausschließlich mit Änderungen, die von einem ambitionierten Hobby-Schrauber selbst oder einem Reparaturbetrieb ausgeführt werden können. Die geplanten Änderungen am Motor und die erzielte Motorleistung müssen der Betriebssicherheit und der Lebensdauer gegenübergestellt werden. Leistungssteigerungen können durch die angestiegene Belastung der Teile die Lebensdauer des Triebwerks spürbar verkürzen. Ein Motor ist immer nur ein Kompromiss aus zahlreichen Anforderungen wie Drehmoment, Leistung, Verbrauch, Geräusch, Lebensdauer und geringem Wartungsaufwand. Und das sind nur einige von vielen. Tuning bedeutet letztlich nur, diesen Kompromiss zu ändern. Erfahrung und Recherchen im Vorfeld der Arbeiten sind dabei enorm wichtig. Auch bietet das Internet eine Plattform, wo man sich Meinungen und Erfahrungen anderer SC-Besitzer zu Nutze machen kann, um bei seinem eigene Projekt (teure) Fehler zu vermeiden oder auch um neue Ideen umzusetzen.

Schauen wir zurück auf frühere Fahrzeuge der Baureihe 911, speziell wenn sie leistungsstärker waren. Dies kann ein hervorragender Anfang der Arbeiten werden. Das RdW-Fahrzeug, das vor dem 911 SC gebaut wurde, war der 911 Carrera 3,0. Auf dieses Modell wurde zwar bereits in vorangegangenen Kapiteln eingegangen, aber es ist interessant zu wissen, dass der Motor eine Höchstleistung von 150 kW (204 PS) hatte. Dafür wurden die Innereien der früheren 2,7 Liter-Maschine in ein neues Kurbelgehäuse eingebaut und der Kolbendurchmesser von 90 mm auf 95 mm vergrößert.

Blick in den Motorraum des 911 SC Safari Einsatzfahrzeugs: Installiert ist hier ein Triebwerk, das vom Motortyp 930/03 abstammt. Das Aggregat mit mechanischer Kraftstoffeinspritzung entwickelt 184 kW (250 PS). Werksbild Porsche AG

Einsatzfahrzeug Nr. 97 beim 24 Stunden Rennen in Le Mans im Jahr 1978. Der 911 Carrera RSR wurde von einem 3,0-Liter-Rennmotor mit mechanischer Kraftstoffeinspritzung angetrieben. Dieser besondere RSR wurde pilotiert von Larry Perkins (Australien), Gordon Spice (Großbritannien) und John Rulon-Miller (USA). Sie fuhren in der Imsa-Klasse und beendeten das Rennen auf dem 14. Platz im Gesamtklassement. Werksbild Porsche AG

Die Firma Porsche selbst war nie bestrebt gewesen, das Einspritzsystem K-Jetronic für Hochleistungsmotoren im Rennsport einzusetzen.

Der allererste 911 SC, den Porsche im Motorsport einsetzte, war der 911 SC Safari für den Rallye-Einsatz. Dieses Wettbewerbsfahrzeug war nicht mit einer K-Jetronic ausgestattet, sondern mit der alten mechanischen Saugrohreinspritzung, die vor der Bosch Einspritzanlage in vielen 911-Modellen zu finden ist.

Selbst bei dem französischen Langstreckenklassiker, den 24 Stunden von Le Mans, wurde im Jahr 1978 kein 911 SC an den Start gebracht, sondern der kampferprobte 911 Carrera RSR mit dem Dreiliter-Motor und mechanischer Kraftstoffeinspritzung.

Der erste 911 SC tauchte in Le Mans erst 1980 auf. Dieser privat eingesetzte 911er wurde mit Ethanol betrieben und das Team gewann nach 24 Stunden den Klassensieg nahezu problemlos. Wahrscheinlich war Porsche selbst an der Aktion beteiligt, denn sie entwickelten einen Motor mit 3,1 Litern Hubraum, der ab 1980 als Mehrausstattung angeboten wurde.

Hinweis:

Der Autor hat niemals einen solchen Leistungs-Kit mit dem 3,1-Liter-Motor gesehen, auch nie einen 911 SC mit dieser Mehrausstattung. Die Motoren waren ab 1980 im Werksangebot. (Weitere Informationen im Kapitel 3 mit der Spezifikation dieses Motors).

Bei diesem 911 SC wurde ein K&N-Luftfilter montiert. Am Fahrzeug wurde auch die Sekundärluftpumpe und der dazugehörige Keilriemen entfernt. Das Leistungsplus geht aber zu Lasten der Umwelt, weil ohne die Zusatzlufteinspeisung mehr Schadstoffe ausgestoßen werden.
Foto: Fabspeed

Bereit für den Einbau in einen 911 SC: Eine modifizierte Airbox mit Filter von Fabspeed, einer Firma mit Sitz im amerikanischen Bundesstaat Pennsylvania (www.fabspeed.com).

Verbesserungen am Ansaugsystem

Jeder Saugmotor, unabhängig von Hubraum oder Konstruktion, muss einen Teil seiner Leistung einsetzen, um Luft anzusaugen. Jede Behinderung des Luftstromes drosselt die Motorleistung. Eine der effizientesten Möglichkeiten zur Leistungssteigerung besteht darin, den Luftstrom nicht zu behindern und ihn so reibungslos wie möglich zu den Brennräumen zu leiten. Veranschaulicht gesprochen: Ein 100-Meter-Läufer, der versucht nur durch die Nase zu atmen, wird durch diese Blockade auch nicht seine volle Leistung entfalten können. So ist es auch bei einem Saugmotor. Je freier der Motor „atmen" kann, desto mehr wird er leisten. Die Komponenten, einschließlich dem Luft-Bypass-System, erzeugen Turbulenzen im Luftstrom. Stark verwirbelte Ansaugluft verursacht aber eine schlechtere Füllung des Zylinders mit Frischgas, eine geringere Leistungsausbeute ist die Folge. Die Änderungen an den verschiedenen Komponenten, die in diesem Abschnitt erläutert werden, dienen dazu, den Luftstrom in den Brennraum zu optimieren und somit die Motorleistung zu steigern. Aber zwischen Theorie und Praxis gibt es nicht selten Unterschiede.

Luftfilter

Man kann sagen, dass der einfachste und kostengünstigste Weg zu mehr Leistung darin besteht, den Luftdurchsatz zu erhöhen.

Warnung

Bevor Sie versuchen, irgendwelche Änderungen am Luftfilter oder am Luftfiltergehäuse vorzunehmen, kontrollieren Sie, ob die Rückschlagklappe im Luftfiltergehäuse eingebaut ist. Diese verhindert bei einer Fehlzündung Flammen im Luftfilter.

Viele Tuning-Firmen werben für ihre leistungssteigernden Luftfilter. So genannte High-Flow-Filter sollen nach Herstellerangaben den Luftstrom glätten und ausrichten und so den Füllungsgrad erhöhen. Die Angaben zum Leistungsgewinn variieren stark, aber 6 kW (8 PS) werden oft genannt, ein für die Praxis sehr optimistischer Wert.
Bei so genannten offenen Luftfiltern muss beachtet werden, dass diese ohne Abschirmung warme Luft aus dem Motor-

raum ansaugen, was letztendlich zu eher geringerer Leistung führt. Abgesehen davon sind solche Systeme für den öffentlichen Straßenverkehr nicht zugelassen.

Hinweis:
Die meisten Sportluftfilter haben keine TÜV-Zulassung. Mit einem mitgelieferten Teilegutachten kann durch eine Einzelabnahme beim TÜV eine Eintragung in die Papiere erfolgen. Achtung: Häufig kann ein Sportluftfilter nicht in Verbindung mit einem Sportendschalldämpfer betrieben werden (zu große Geräuschentwicklung).

Der Luftmengenmesser

Alle Porsche 911 SC sind mit dem Bosch-Einspritzsystem „K-Jetronic" ausgerüstet. Das „K" steht für „kontinuierlich". Sobald der Motor mit den ersten Kurbelwellenumdrehungen Luft ansaugt, beginnt die Einspritzung in die Saugrohre, unabhängig, ob die Einlassventile offen oder geschlossen sind. Die erforderliche Menge Kraftstoff wird immer der angesaugten Luftmenge zugeteilt. Der Kraftstoff-Mengenteiler verteilt den Kraftstoff gleichmäßig auf die sechs Einspritzventile. Er bekommt von anderen Systemkomponenten zusätzliche Informationen und ist auf genau einen bestimmten Motortyp abgestimmt. Grundsätzlich ist es möglich, andere Luftmengenmesser mit größerem Stauscheiben-Durchmesser einzubauen, so dass unter normalen Betriebsbedingungen der Luftstrom zum Motor gesteigert wird. Beachten Sie Kapitel 9, dort sind die Teilenummern von Porsche und Bosch für bestimmte Motorentypen aufgelistet.
Es wurden schon Erfahrungen mit anderen Bauausführungen der K-Jetronic gesammelt, die einen Luftmengenmesser mit einer im Durchmesser 20 mm größeren Stauscheibe haben. Dabei waren nur geringfügige Leistungsverbesserungen feststellbar.

Der Luftmengenmesser einer Bosch K-Jetronic, rechts ist der Kraftstoffmengenteiler gut zu erkennen.

Mit dieser Änderung sind aber auch Nachteile festgestellt worden. Diese sind:

- Mit niedrigen Drehzahlen ist das Laufverhalten des Motors schlechter, wenn ein Luftmengenmesser mit zu großem Stauscheiben-Durchmesser verwendet wird. Ein zu großer Luftmengenmesser verhält sich ähnlich wie ein zu großer Vergaser: Bei niedrigen Drehzahlen ist

Das ausgebaute Drosselklappengehäuse einer Bosch K-Jetronic

bei zu großen Luftmengenmessern die Geschwindigkeit der durchströmenden Luft zu niedrig.

- Sind Abgasreinigungssysteme vorhanden, können diese alle Verbesserungen im mittleren und unteren Drehzahlbereich wieder aufheben. Nach den Werten der Lambda-Sonde regelt das Steuergerät die Einspritzmenge des Motors. Dabei vergleicht die Lambda-Sonde den Restsauerstoffgehalt (zu viel oder nicht genug) im Abgas mit dem Sauerstoffgehalt der Außenluft. Das bedeutet, dass der größeren zuströmenden Luftmenge kein zusätzlicher Kraftstoff zugeführt wird.
- Wenn man durch Erhöhung des Steuerdrucks Leistung gewinnen will, dann muss ein anderer Mengenteiler von einem anderen Motortyp verwendet werden. Das ist immer schwierig, aber nicht unmöglich.
- Man sollte die dabei entstehenden Kosten nicht vergessen.

Das Drosselklappengehäuse

Der 911 SC hat eine Drosselklappe, die über einen Seilzug mit dem Gaspedal verbunden ist. Nachdem der Ansaugluftstrom bei laufendem Motor den Luftmengenmesser passiert hat, durchströmt er direkt das Gehäuse der Drosselklappe. Wird das Drosselklappengehäuse gegen ein Gehäuse mit größerem Durchmesser ausgewechselt, verhilft dies zu einer größeren Luftmenge, aber nur, wenn gleichzeitig auch der Luftmengenmesser für den größeren Luftstrom abgeändert wurde. Parallel dazu muss auch der Kraftstoffdruck und damit die Kraftstoffmenge angepasst werden, weil sonst keine sinnvolle Gemischregelung mehr möglich ist.

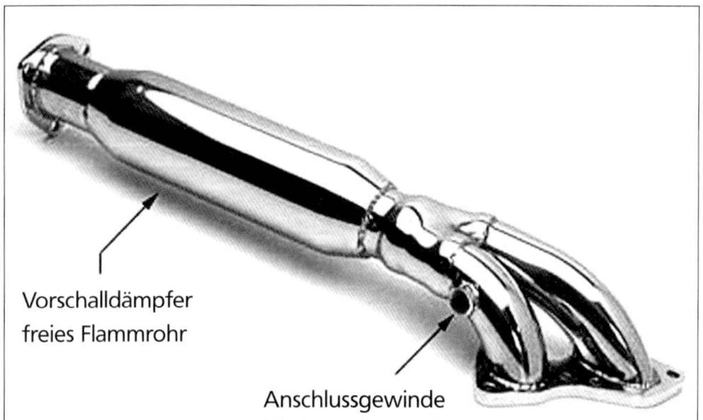

Dieses Bypass-System für einen geregelten Katalysator wird von der Firma Fabspeed (www.fabspeed.com) hergestellt.

Verbesserungen am Abgassystem

Das serienmäßige Abgassystem hat zunächst die Aufgabe, die gesetzlichen Bestimmungen zur Geräuschdämpfung und zum Schadstoffausstoß in den einzelnen Länder zu erfüllen. Dies führt natürlich zu einer Behinderung des Abgasstromes. Durch das Ersetzen der serienmäßigen Anlage und der Montage so genannter „Sportschalldämpfer" kann natürlich etwas Leistung gewonnen werden. Für Katalysatorfahrzeuge gibt es Bausätze in den USA, um den Katalysator mit einem Bypass-Rohr zu umgehen und die Lambda-Sonde

Foto eines Motors 930/10 in RdW-Ausführung aus dem Modelljahr 1981: Montiert ist der serienmäßige Vorschalldämpfer, der keinen Anschluss für die Lambda-Sonde besitzt, da diese Fahrzeuge auch nicht mit Katalysator-Technik angeboten wurden. Foto: Simon Gigney

weiter als Regelung der Kraftstoffmenge zu belassen. Diese Systeme sind in Deutschland nicht zugelassen.

Hinweis:
Diese Bypass-Systeme machen nur Sinn bei Fahrzeugen für die USA, Kanada und Japan, da die RdW-911 SC nicht mit Katalysatortechnik ausgerüstet waren.

Das beste „Katalysator-Bypass-System" ist immer noch die europäische Version, bei der es keinen Katalysator gibt, sondern serienmäßig nur einen Vorschalldämpfer.

Hinweis:
Bei allen Modifikationen an der Auspuffanlage ist es sehr wichtig bei 911 SC-Fahrzeuge, die mit Katalysator und Lambda-Regelung ausgestattet sind, darauf zu achten, dass die Lambda-Sonde im System erhalten bleibt. Das Steuergerät benötigt die Signale der Lambda-Sonde, um in jedem Fahrzustand im Sekundenabstand die Zusammensetzung des Luft-Kraftstoffgemisches (anreichern oder abmagern) regeln zu können. Ohne diese Funktion fehlt der Gemischregelung eine wichtige Information zum korrekten Arbeiten. Bedenken Sie, dass zu wenig Abgas-Gegendruck (z. B. freies Flammrohr) sogar die Leistung vermindert. Der Grund dafür sind die Gaswechselvorgänge in den Zylindern und Brennräumen, die eine gewisse Gegenresonanz aus dem Abgassystem benötigen.

Eine neue Auspuffanlage soll die Leistung signifikant steigern.
Foto: Lon Tusler

Warnung
Klären Sie vor dem Kauf einer Sportauspuffanlage, ob diese eine ABE (Allgemeine Betriebserlaubnis) besitzt. Nur dann darf die Anlage montiert werden. Sollte man ohne ABE einen solchen Auspuff montieren, erlischt der Versicherungsschutz für das ganze Fahrzeug.

Alle 911 SC für den RdW-Markt haben einen Vorschalldämpfer und einen Hauptschalldämpfer. Für Kalifornien musste ab Modelljahr 1978 ein Katalysator eingebaut werden, und ab Modelljahr 1980 auch für die übrigen USA-Staaten, Kanada und Japan. Der Hauptschalldämpfer befindet sich hinter dem hinteren Stoßfänger, der Vorschalldämpfer (für alle 6 Abgasrohre) ist links seitlich vom Motor im Radlauf untergebracht und der Katalysator (sofern einer vorhanden ist) im linken Radlauf seitlich neben dem Motor.

Hier ist ein serienmäßiger Porsche Katalysator aufgeschnitten worden. Ein neuer „Sport"-Katalysatorblock wird in das Gehäuse eingepresst.
Foto: Adrian Streather

Teile der Abgasanlage eines 911 SC, Modelljahr 1978, mit US-Spezifikation: rechts und in Bildmitte die beiden Heizungs-Wärmetauscher, links davon der Katalysator. Foto: Ron Perry

Der Hauptschalldämpfer beim 911 SC wiegt 9 kg, der Vorschalldämpfer 10,4 kg. Werden die beiden originalen Porsche Schalldämpfer gegen Leichtbau-Schalldämpfer aus dem Zubehörhandel ersetzt, wird die Leistungsfähigkeit des Fahrzeugs etwas verbessert.

Katalysatoren

Im Zubehörhandel werden „Sport-Katalysatoren" angeboten, auch für die 911 SC Fahrzeuge. Die Mehrleistung des Motors soll nach Angaben der Hersteller bis zu 6 kW (8 PS) betragen. Die Firma Sportec in der Schweiz hat selbst „High Flow"-Katalysatorenblöcke entwickelt, die die strengsten Abgastests bestehen sollen.

Die Wärmetauscher für die Fahrzeugheizung

Eine effektive und erprobte Änderung zur Leistungssteigerung an allen 911 SC Motoren kann durch den Austausch der serienmäßigen Wärmetauscher erfolgen. Die besten Wärmetauscher auf dem Markt sind nach Informationen diverser 911 SC-Besitzer die Wärmetauscher aus dem Hause SSI Performance, die aus rostfreiem Stahl hergestellt werden. Die Firma SSI Performance mit Sitz im amerikanischen Bundesstaat Maryland hat sich auf deutsche Sportwagen spezialisiert und bietet ihre Teile über deutsche Zubehörhändler an. Die SSI-Wärmetauscher ersetzen die existierenden Wärmetauscher und die Katalysatoren an den Motoren. Zusätzlich müssen dann ersetzt werden:

- Der Hauptschalldämpfer
- Die Ölversorgung vom Thermostat zum Ölkühler am Motor mit zwei Ölschläuchen aus Fahrzeugen vor Modelljahr 1975

Hinweis:
Es ist auch möglich, original Porsche Wärmetauscher von 911-Motoren aus Modelljahren vor 1975 zu benutzen.

Wenn der zu ändernde 911 SC mit einem Katalysator versehen ist, achten Sie darauf, dass der SSI-Umbausatz einen Anschluss für die Lambda-Sonde im linken Wärmetauscher hat. Wenn der 911 SC nicht mit einem Katalysator ausgerüstet ist,

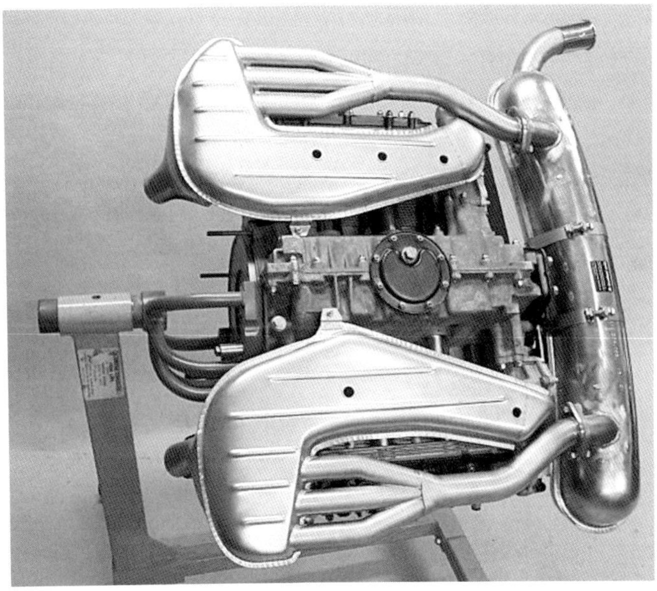

Keine originalen Porsche Teile: Ein Umrüstsatz für die Auspuffanlage von der Firma Pelikan Parts, USA, aus rostfreiem Stahl, mit SSI-Wärmetauschern, aber ohne Katalysator. Diese Anlage ist ausschließlich für den Rennbetrieb zugelassen!

Ein teilzerlegter Motor Typ 930/10 (Modelljahr 1980): Bei diesem Triebwerk wurde eine Riemenscheibe für nur einen Keilriemen montiert. Am Generator wurde hingegen die doppelte Keilriemenscheibe (Generatorantrieb und Zusatzluftpumpe) belassen. Diese Riemenscheibe kann aus Gewichtsgründen ebenfalls gewechselt werden, denn die Zusatzluftpumpe wurde ja entfernt. Für eine Straßenzulassung ist der Verzicht auf die Sekundärluftpumpe nicht erlaubt, da keine Nachverbrennung der Schadstoffe mehr erfolgt! Foto: Simon Gigney

kann der Umbausatz ohne den Anschluss für die Sonde bestellt werden.

Hinweis:

Wird der SSI-Umbausatz verwendet, ist es möglich, dass die serienmäßige elektrische Anschlussleitung zur Lambda-Sonde zu kurz ist. Dann muss diese Leitung verlängert werden. Eine Empfehlung: Da Lambda-Sonden ohnehin nur eine begrenzte Lebensdauer haben, sollte gleich eine neue verbaut werden.

Keilriemenscheiben

Die an der Kurbelwelle montierte Riemenscheibe bei den 911 SC-Fahrzeugen treibt zwei Keilriemen an: Den Keilriemen für Generator und Kühlgebläse und einen zweiten Keilriemen für die Klimaanlage. Der ist natürlich nur verbaut, wenn auch eine Klimaanlage im Auto ist. Die Riemenscheibe am Generator hat eine Doppelfunktion: Ein weiterer Keilriemen treibt die Zusatzluftpumpe (Sekundärluftpumpe) an.
Entfernt man die Keilriemen zur Zusatzluftpumpe und zum Klimakompressor, können bis zu 11 kW (15 PS) durch den Wegfall dieser Verbraucher gewonnen werden. Außerdem verringert sich der Kraftstoffverbrauch spürbar.
Wenn Sie planen, die doppelten Keilriemenscheiben auf der Kurbelwelle und am Generator aus Gewichtsgründen ebenfalls zu wechseln, sollten Sie unbedingt darauf achten, dass die Durchmesser der Scheiben nicht geändert werden, Veränderungen der Durchmesser würden die Drehzahl des Lüftergebläses beeinflussen. Bei falscher Auslegung würden Lüfterrad und Generator zu langsam rotieren und der Motor würde überhitzen, außerdem könnte der Generator im Leerlauf nicht genügend Strom zum Aufladen der Batterie abgeben. Würde dagegen die Übersetzung den Generator zu schnell antreiben, könnte sich die Lebensdauer rotierender Teile verkürzen.
Die Klimaanlage kann durch Wegfall des Keilriemens stillgelegt werden, um mehr Motorleistung für den Antrieb nutzen zu können.

Hinweis:

Das Stilllegen oder das Entfernen der Zusatzluftpumpe erhöht natürlich die zur Verfügung stehende Antriebsleistung des Motors. Aufgrund der nicht mehr zur Nachverbrennung

Unnötiges Gewicht ist schlecht für das Fahrverhalten: Nur den Riemen zu entfernen und den Rest zu belassen ist je nach Zielsetzung recht inkonsequent. Andernfalls kann bei Bedarf sehr schnell ein Rückbau dieser Maßnahme vorgenommen werden.

Nach Abnehmen der Zylinderköpfe und dem Ausbau von Kolben und Nockenwellen bleibt nicht mehr viel übrig. Bei einer kompletten Motorrevision wird aber auch der Kurbeltrieb zerlegt.

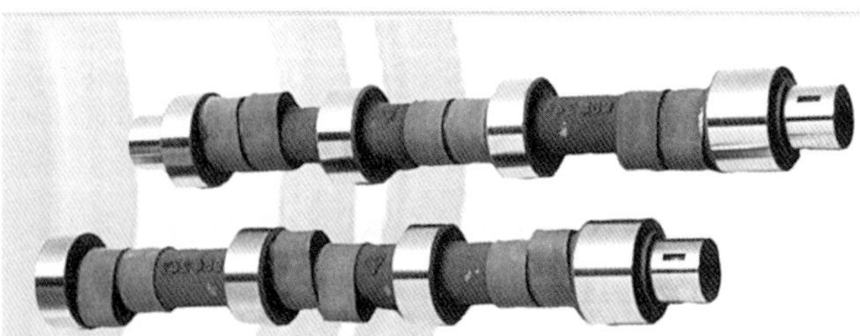

der Abgase verfügbaren Zusatzluft wird allerdings auch der Schadstoffausstoß des Fahrzeugs vergrößert. Es ist wahrscheinlich, dass das Fahrzeug die vorgeschriebenen Tests bei Abgasmessungen nicht mehr bestehen wird.

Warnung
Diese Änderung kann die Leerlaufdrehzahl des Motors beeinflussen, ausgelöst durch den Wegfall von Antriebsleistung für Klimaanlage und Zusatzluftpumpe.

Zylinderköpfe und Nockenwellen

Dies sind sehr teure Optionen. Komplette Motorüberholungen können leicht Beträge von 10.000 Euro überschreiten. Allerdings ist es die effizienteste Methode zur Leistungssteigerung des Motors. Es gibt noch einige Variationen die funktionieren und die extremste ist der Einbau eines 911 SC/RS-Motors.

Die wichtigsten Änderungen:

- Die Zylinderköpfe wurden vom 935 Turbo übernommen.
- Die K-Jetronic wurde durch eine mechanische Kugelfischer-Einspritzanlage mit 6 Kolben ersetzt.
- Das Verdichungsverhältnis wurde von 9,8:1 auf 10.3:1 erhöht.
- Es wurden geschmiedete Kolben eingesetzt.
- Neue Nockenwellen mit geänderten Steuerzeiten und geänderte Ventilfedern erlaubten höhere Motordrehzahlen.

Weniger aufwändige Änderungen sind notwendig, wenn man die Zylinderköpfe durch überarbeitete Exemplare ersetzt. Der Austausch der Kolben und der Kolbenringe wird genauso wie das Erneuern von Kurbelwellen- und Pleuellagern dringend empfohlen.

Nockenwellen aus der späteren Serie Typ 964 (3,6-Liter-Motor) harmonieren am besten mit der höheren Verdichtung. Der Drehmomentverlauf bei niedrigen Motordrehzahlen und das Fahren in diesem Bereich wird negativ beeinflusst, wenn man die niedrige Verdichtung (USA immer 8,5:1, RdW-Modelle ebenfalls zu Beginn 8,5:1, ab Modelljahr 1980 8,6:1 und ab Modelljahr 1981 9,8:1) belässt.

Hinweis:
Wenn Sie sich nach Nockenwellen der Baureihe 964 umschauen, dann ist es das Beste, gleich die Nockenwellen des 964 Carrera RS zu beschaffen. Der Unterschied zwischen den 964 RS Nockenwellen und denen des normalen 964 sind die geänderten, auf Leistung getrimmten Steuerzeiten beim RS und bei der rechtsseitigen Nockenwelle das fehlende Antriebsrad für die Hydraulikpumpe der Servolenkung.

Abgas-Turbolader

Um einen beträchtlichen Leistungszuwachs bei irgendeinem Verbrennungsmotor zu verzeichnen, kann man dem Motor einen Turbolader anpassen. Turbolader bringen mit unter einen Leistungszuwachs von bis zu 50 Prozent. In einigen Fällen kann der Einsatz dieser Zwangsbeatmung spektakuläre Ergebnisse erreichen.
Turbolader führen dem Motor mit Überdruck mehr Luft zu, es befindet sich damit mehr Sauerstoff im Brennraum und dem Sauerstoff kann mehr Kraftstoff zugeführt werden. Turbolader werden durch den heißen Abgasstrom angetrieben.
Aber Turbolader können nicht einfach angeschraubt werden, es müssten beim 911 SC eine Vielzahl von Motorteilen abgeändert, angepasst und auch neu angefertigt werden. Außerdem müsste im Motorraum zusätzlich ein Ladeluftkühler untergebracht werden.
Der Ladeluftkühler dient dazu, die im Turbolader erhitzte und komprimierte Ansaugluft wieder rückzukühlen, bevor sie das Drosselklappengehäuse erreicht. Dieses Rückkühlen der Ansaugluft hat zur Folge, dass die Luftdichte der angesaugten Luft höher ist und mit der entsprechend größeren Kraftstoffmenge den Motor leistungsfähiger macht.
Wenn man für einen 911 SC plant, einen Turbolader einzubauen, sollte man nicht vergessen, dass außer dem Turbolader-Bausatz auch neue Bordinstrumente, eine verstärkte Kupplung und ein der Leistung entsprechendes Schaltgetriebe erforderlich sind. Auch das komplette Abgassystem muss angepasst werden. Je älter ein Motor ist (hohe Kilometerleistung), umso höher werden die Umbaukosten. Es wird dringend empfohlen, den für den Umbau vorgesehenen Motor gründlich zu überholen. So muss der Kurbeltrieb neu gelagert und die Verdichtung gesenkt werden. Resümierend betrachtet ist es einfacher,

Viel Leistung, aber auch ein teures Vergnügen: Turbolader von Sportec AG aus der Schweiz. Die Geschichte des Turboladers begann übrigens auch in der Alpenrepublik, denn ein gewisser Alfred Büchi gilt als Erfinder der Abgasturboaufladung. Das Patent auf seinen Turbolader ist datiert auf das Jahr 1905. Foto: Adrian Streather

In diesem 911 SC Cabriolet, Modelljahr 1983, ist ein Motor mit 3,6 Litern Hubraum installiert. Anstelle der serienmäßigen Airbox hat der Besitzer einen Sport-Luftfilter nachgerüstet. Foto: Michael Zois

In diesen SC-Motorraum wurde ein Turbomotor aus der 930er Serie eingebaut. Und der Motor hat knapp reingepasst! Allerdings ist es nicht mit dem Motor allein getan, diverse weitere Umbaumaßnahmen treiben den Preis dieser Aktion auf einen fünfstelligen Euro-Betrag. Foto: Gary Cuozzo

allerdings nicht billiger, direkt den Motor vom 930 mit allem Zusatzaggregaten und Anschlüssen einzubauen

Hinweis:

Neben den Abgas-Turboladern werden im Zubehörhandel auch mechanisch angetriebene Lader angeboten. Diese werden, ähnlich wie beim Kompressor für die Klimaanlage, vom Motor über einen Keilriemen angetrieben. Der Autor hat es nicht geschafft, einen 911 SC mit einem solchen Lader zu finden.

Transplantieren von Motoren

Es gibt einen Trend, die serienmäßigen Motoren der 911 SC mit 3 Litern Hubraum durch leistungsstärkere Motoren aus späteren Modelljahren zu ersetzen. Die Liste der Motoren, die üblicherweise ausgewählt werden:

- Modelljahre 1984 bis 1989, mit 3,2 Litern Hubraum
- Modelljahre 1989 bis 1994, mit 3,6 Litern Hubraum (Typ 964)
- Modelljahre 1994 bis 1998, mit 3,6 Litern Hubraum (Typ 993)
- Modelljahre 1975 bis 1989, mit 3,0 Litern oder 3,3 Litern Hubraum und Turbolader (930)

Hinweis:

Für diese Art der Umbauten sind die Motoren aus dem Typ 993 mit Varioram populär . Das gilt insbesondere für die Porsche Freunde, die dieses Buch durch Beiträge und Bilder mitgestaltet haben. Der Hauptnachteil einer solchen Umbaumaßnahme sind die entstehenden Kosten. Es sind zwischen 10.000 und 20.000 Euro, je nach Motortyp, die für so einen Umbau fällig werden. Diese Richtpreise gelten für den Kauf eines neuen Motors und dem entsprechenden Zubehör und die Änderungen am bestehenden Fahrzeug. Einige Besitzer-haben für den Umbau auf stärkere Motoren bis zu 50.000 Euro bezahlt.

Hinweis:

Ein solcher Motorenumbau hat zur Folge, dass in Deutschland kein H-Kennzeichen mehr beantragt werden kann, mit dem sich Steuern und Versicherung sparen lassen. Denn dafür muss das Fahrzeug in originalem Zustand sein.

Das Getriebe Typ 915: Vorderer Getriebedeckel und Rädergehäuse sind abgebaut. Werksbild Porsche AG

Die einzige Möglichkeit, um genaue Angaben über die Verluste im Getriebe zu bekommen, ist ein gut ausgestatteter Leistungsprüfstand – und natürlich ein Fachmann, der weiß, wie er bedient wird.

Verbesserungen am Antriebsstrang

Der Antriebsstrang eines Fahrzeugs beginnt mit dem Ende der Kurbelwelle, wo über die am Schwungrad befestigte Kupplung das Drehmoment des Motors auf die Antriebswelle im Getriebe übertragen wird. Über die Gangradpaare 1 bis 5 und den Rückwärtsgang wird das Drehmoment übersetzt auf die Triebwelle übertragen, die dann das Tellerrad des Differenzials antreibt. Der Kraftfluss erreicht über die Gelenkwellen dann die Hinterräder. Bei dieser Kraft- und Leistungsübertragung zu den Antriebsrädern entstehen Verluste, die zwischen 12 und 15 Prozent der Motorleistung betragen können. Diese Verluste zwischen Kurbelwelle und Antriebsrädern entstehen bei jedem Antriebsstrang, ob es nun das serienmäßige Getriebe vom Typ 915 oder das der Baureihe G 50 ist, das in einigen Fällen in die 911 SC eingebaut wurde.

Hinweis:

Die Motorleistung, gemessen in Kilowatt (kW) oder Pferdestärken (PS) wird bei allen Automobilherstellern nach DIN, also am Ende der Kurbelwelle, und nicht an den angetriebenen Rädern gemessen. Die Leistungsverluste durch Reibung und Ölpanschen im Getriebe sowie in den Gelenkwellen werden nicht explizit in den technischen Daten der Firmen aufgeführt. Die Gangübersetzungen sind nicht für alle Märkte identisch. Bedingt durch gesetzgeberische Maßnahmen in einzelnen Ländern sind die Fahrzeuge für die USA, Kanada und Japan so übersetzt, dass bei gleicher Fahrgeschwindigkeit der Motor mit geringerer Drehzahl arbeitet. So werden die Motorgeräusche vermindert und gleichzeitig der Kraftstoffverbrauch gesenkt und damit die Umweltbelastung durch Schadstoffe verringert.

Für den Motorsport auf nicht öffentlichen Straßen ist die Wahl der Gangübersetzungen in einigen Wettbewerbsklassen freigestellt, nicht jedoch in den sogenannten Club-Pokal-Wettbewerben, wo weder am Motor noch an den Gangübersetzungen Änderungen vorgenommen werden durfen.

Die Auslegung der Gangübersetzungen ist eine Wissenschaft für sich, die natürlich aus Kompromissen besteht. So muss es möglich sein, im Gebirge mit voll beladenem Fahrzeug in 2500 Meter Höhe über dem Meeresspiegel und weniger Sauerstoff in der Luft mit geringerer Drehzahl noch anfahren zu können. Damit steht die Übersetzung des

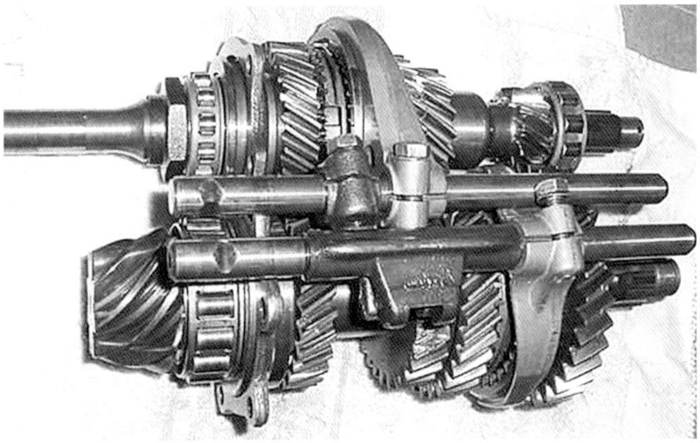

Radsatz eines Getriebes der Baureihe 915.

Gang	Übersetzung
1. Gang	3,181:1
2. Gang	2,000:1
3. Gang	1,476:1
4. Gang	1,125:1
5. Gang	0,857:1
5. Gang (alternativ)	0,888:1

Ein Beispiel für geänderte Getriebeübersetzungen für einen 911 SC wird hier vorgestellt von Steve Weiner (Firma Rennsport), USA.

Eine Auswahl von Einmassen-Schwungrädern. Zusammen mit anderen Tuning-Maßnahmen kann ein gewichtserleichtertes Schwungrad Vorteile besonders beim Beschleunigen nach Schaltvorgängen bringen. Im Alltagsbetrieb merkt man dieses Feintuning nicht unbedingt.

1. Ganges fest. Und dann sollte auf ebener Fahrbahn und bei Windstille die im Katalog angegebene Höchstgeschwindigkeit erreicht werden, ohne dass der Motor in den „roten Drehzahlbereich" kommt. Damit steht auch der 5. Gang fest. Die Gänge dazwischen wurden vom Werk nach bestem Wissen „geometrisch" ausgelegt.

Noch zwei Sätze an die Verfechter der freien Gangwahl:

- Was man auf der Geraden an Geschwindigkeit gewinnt, kann in den Kurven schnell wieder verloren gehen.
- Höhere Maximalgeschwindigkeit bedeutet meist einen Verlust an Drehmoment im unteren und mittleren Drehzahlbereich.

Änderungen am Getriebe-Typ 915

Besitzer von 911 SC, die andere Motoren in ihren Porsche einbauen, aber das vorhandene Getriebe der Baureihe 915 beibehalten möchten, können die passenden Getriebeübersetzungen aus der nebenstehenden Tabelle auswählen. Diese Getriebe, übrigens auch das der folgenden Modelljahre bis Ende 1987, wurden ab Werk nie mit Motoren mit mehr als 3,2 Litern Hubraum oder einem maximalen Drehmoment von über 284 Nm kombiniert.

Hinweis:
Werden die Getriebe der Baureihe 915 mit stärkeren Motoren mit höheren Drehmomenten belastet, sinkt die Lebensdauer rapide und es kann zu Überlastungsbrüchen insbesondere an Teilen der Synchronisierung kommen.

Gewichtserleichterte Schwungscheibe

Was ist ein Schwungrad und was hat es für eine Aufgabe?

Ein Schwungrad ist eine rotierende Masse, die direkt mit der Kurbelwelle drehfest verbunden ist. Das Schwungrad hat einmal die Aufgabe, die Verbindung zwischen Motor und Getriebe herzustellen. Die zweite, nicht weniger wichtige Aufgabe des Schwungrades besteht darin, die durch die Zündfolge des Sechszylinder-Viertaktmotors bedingten nur drei Zündimpulse pro Umdrehung in eine gleichmäßige Rotation umzuwandeln. Insbesondere bei niedriger Leerlaufdrehzahl macht sich das negativ bemerkbar. Das Gewicht,

Die 911 SC Safari Rallye-Einsatzfahrzeuge waren extrem auf Leichtbau getrimmt, einschließlich den Kupplungen. Die Gradwanderung bestand darin, die einzelnen Bauteile nicht zu sehr schwächen und sie damit defektanfällig zu machen. Im Kalender der Rallye-Weltmeisterschaft galt nämlich die „Safari" als schwierigster und Material mordendster Lauf der Saison. Werksbild Porsche AG

besser gesagt die Schwungmasse, hat zwei Eigenschaften:

- Je schwerer ein Schwungrad ist, umso ruhiger (runder) läuft der Motor. Aber bei einem plötzlichen Beschleunigungsvorgang dauert es etwas länger, bis der Motor die gewünschte höhere Drehzahl erreicht, weil die zusätzliche Masse eben mitbeschleunigt werden muss.
- Je leichter ein Schwungrad „gemacht" wird, umso schneller folgen Kurbelwelle und Schwungrad dem Befehl zu beschleunigen. Allerdings fällt die Motordrehzahl, beispielsweise bei Schaltvorgängen, (Gaspedal in Nullstellung) unangenehm schnell ab. Auch hat die Verringerung der Schwungmasse starken Einfluss auf den Fahrkomfort. Im Leerlauf entstehen im Getriebe Rasselgeräusche, die beim anschließenden Beschleunigen bis 2000/min Motordrehzahl recht unangenehm auftreten können.

Hinweis:
Es können bei leichteren Schwungrädern Leerlaufprobleme auftreten, die bei starkem Verkehrsaufkommen oder beim Einschalten der Klimaanlage recht deutlich sein können.

Gewichtserleichterte Kupplung

Wenn darüber nachgedacht wird, das Fahrzeug bei Motorsport-Wettbewerben einzusetzen, werden Rennkupplungen interessant. Das kompromisslos niedrigere Gewicht dieser Ausführung leistet – in Kombination mit zahlreichen anderen Maßnahmen – einen guten Beitrag im Bestreben, das Fahrzeuggesamtgewicht möglichst nah an das vom Reglement vorgeschriebene Mindestgewicht zu bringen. Da Rennmotoren vor allem bei hohen Drehzahlen ihre Maximalleistung haben, muss der Motor beim Beschleunigen, besonders aus den Kurven heraus, möglichst schnell wieder auf Höchstdrehzahl kommen. Und das geht besser mit weniger beweglichen Massen. Der normale Sportwagenfahrer wird beim Sonntagsausflug allerdings kaum merken, dass er mit einer derart modifizierten Kupplung fährt.

Warnung
Wenn Sie eine Kupplung ersetzen, ob es nun eine Serienkupplung oder eine erleichterte Kupplung ist, sorgen Sie dafür, dass alle Teile, insbesondere auch das Ausrücklager ersetzt werden.

Im Vergleich zu der Wettbewerbsversion macht dieser vollständig im Serienzustand belassene 911 SC Coupé aus dem Modelljahr 1980 einen fast schon unschuldigen Eindruck. Foto: Colin Judd

Alles eine Frage des richtigen Kompromisses: Die extremen Geländeverhältnisse bei der Safari Rallye verlangten nach einer großen Bodenfreiheit und viel Federweg, gleichzeitig musste das Fahrzeug aber auch für die hohen Geschwindigkeiten auf den afrikanischen Staubpisten ausgelegt sein. Werksbild Porsche AG

Änderungen am Aufbau und an der Karosserie

Kann das Fahrverhalten eines 911 SC durch Änderungen an der Karosserieverbessert werden ?
Einige Änderungen:

- Verbesserte Beschleunigungswerte
- Bessere Stabilität bei hohem Tempo

Schnellere Rundenzeiten auf einer Rennstrecke können durch eine verbesserte Aerodynamik erreicht werden. Umgekehrt können Änderungen an der Karosserie den Luftwiderstand erhöhen und dadurch die Rundenzeiten verschlechtern. Angemessene Verbesserungen an der Karosserie werden erst bei aufwändigen Versuchen gefunden.

Ein Rallye-Fahrzeug wird dagegen häufig mit Geschwindigkeiten über 200 km/h auf Schotter und Staub gefahren. Die Fahreigenschaften werden durch das Anheben der Karosserie auf eine größere Bodenfreiheit verbessert, dabei wird auch ein geändertes Fahrwerk benutzt.

Im Gegensatz dazu werden Fahrzeuge für den Rundstreckenmotorsport tiefergelegt und kommen dank des tieferen Schwerpunkts auch schneller durch die Kurven.

Für Sportfahrer optimal, für Komfort-Verwöhnte eher gewöhnungsbedürftig: Das tiefergelegte Fahrwerk sorgt für eine Menge Fahrspaß, aber zu hohe Bordsteinkanten beim Einparken sollte man dem Frontspoiler zuliebe meiden. Foto: Dan Whiteman

Grüße von der Rennstrecke: Die bullige Fronschürze und der „Entenbürzel" lassen Erinnerungen an die wilden Siebziger und den legendären Carrera RS wieder lebendig werden. Foto: Jens Moller

Ein 911 SC mit dem Turbo-Heckspoiler Foto: Simon Gigney

Spoiler

Im Folgenden werden einige der zahlreichen Spoiler-Varianten gezeigt, die an einem 911 SC angebaut werden können. Für Spoiler und andere Karosserieteile ist ein Blick auf das Programm der Firma Niederhof aus Tutzing am Starnberger See auf jeden Fall lohnenswert. Der Spezialist für Verbundwerkstoffe hält zahlreiche Rennteile für den SC bereit (www.niederhof.com).

Hinweis:
Front- und Heckspoiler dürfen nie alleine am Fahrzeug verwendet werden. Wird ein Heckspoiler montiert, so ist das Anbringen des entsprechenden Pendants am Fahrzeug-Bug vorgeschrieben. Dasselbe gilt im umgekehrten Fall. Andernfalls kann das Fahrverhalten des Wagens besonders bei hohen Geschwindigkeiten kritisch werden.

Hinweis:
Beim Kauf der Spoiler im Zubehörhandel oder bei einem der Porsche Tuner muss man darauf achten, dass eine ABE für die Teile vorliegt.

Der Besitzer dieses Targa hat sich für einen etwas modernerer Heckspoiler entschieden. Foto: Dieter Woerz

Auch der hier gezeigte Targa wurde mit Front- und Heckspoiler versehen. Wenn eine Spoilernachrüstung ansteht sollte man beachten, dass es nicht erlaubt ist, ein solches aerodynamisches Hilfsmittel nur vorn oder nur hinten zu montieren. Damit das Auto sicher schnell gefahren werden kann, muss an Front und Heck ein Spoiler angebracht sein. Foto: Keith Sheu

Der Turbo-Spoiler am 911 SC Foto: Daniel Elsass

911 SC Cabriolet mit Zusatz-Ölkühler im Fahrzeugbug und hinten mit dem „Entenbürzel" des 911 Carrera RS. Foto: Mike Zois

Zugegeben: Auch in der Serienausführung ist das 911 SC Cabriolet ein bildschönes Auto. Foto: Ryan Volin

Ein 911 SC Coupé, Modelljahr 1983, das nachträglich durch breitere Kotflügel verändert wurde. Foto: Lee and Jay Heppe

Ein für die Rennstrecke mit breiten Kotflügeln ausgerüsteter 911 SC. Foto: Derreck H. Khajavi

Dieser SC wurde auf die breiteren Kotflügel umgerüstet, um Platz für einen Motor mit Turbolader zu schaffen. Foto: Dean Moore

Karosserieverbreiterungen

Es gibt drei Gründe, einen serienmäßigen 911 SC zu verbreitern:

- Um einen Motor mit Turbolader unterzubringen
- Um für den Renneinsatz erforderliche breitere Reifen montieren zu können
- Aus rein optischen Gründen

Hinweis:
Es gab ab Werk keine 911 SC mit verbreiterter Karosserie, abgesehen vom 911 SC/RS.

Wem die serienmäßigen Außenspiegel des SC zu unförmig erscheinen, kann sich auf die Suche nach Alternativen begeben. Im Programm diverser Hersteller sollte man fündig werden, wie hier bei der Firma RUF, von der diese Aero-Style-Außenspiegel stammen.
Foto: Adrian Streather

Klein und windschlüpfig: Außenspiegel im Rennsport-Design. Zu beachten ist allerdings, dass die Spiegelflächen für eine Straßenzulassung groß genug sein müssen. Foto: Mark Sims

Außenspiegel

Die typischen Porsche Außenspiegel, die während der Produktionszeit der 911 SC verwendet wurden, sind eigentlich zu groß, nicht aerodynamisch, gegen Vibrationen bei hohen Geschwindigkeiten anfällig und dann als Rückspiegel nutzlos.
Ohne Außenspiegel würde man eine Verbesserung des Luftwiderstandes erreichen, aber das ist in den meisten Ländern durch entsprechende Gesetze verboten.

Hinweis:
Alle 911 SC wurden ab Werk mit einem Außenspiegel auf der Fahrerseite versehen. Ein zweiter Außenspiegel auf der Beifahrerseite konnte als Mehrausstattung bestellt werden. Die Außenspiegel im Rechteck-Design können durch viele verschiedene aerodynamisch optimierte Spiegel von Zubehörfirmen ersetzt werden. Ob diese aber die gesetzlich vorgeschriebene Spiegelfläche (in cm²) und das ebenfalls vorgeschriebene Sichtfeld nach hinten ermöglichen, ist eine andere Frage. Sehr populär sind die am Ausstellfenster angebrachten Renn-Außenspiegel von der Firma RUF aus Pfaffenhausen.

Hinweis:
Der Autor hat einen 911 SC mit den Renn-Außenspiegeln an den Ausstellfenstern gefahren. Das Sichtfeld nach hinten auf die Straße ist überraschend gut.

Teuer und sehr aufwändig: Das hier gezeigte wunderschöne 911 SC Cabriolet entstand aus dem Umbau eines Targa. Foto: Mark Perry

Nur zum Spaß ...

Die hier gezeigten 911 SC repräsentieren die Träume und Sehnsüchte waschechter Enthusiasten. Auf der Suche nach ihrem Wunschfahrzeug stellten diese nämlich fest, dass die Objekte ihrer Begierde zu selten oder zu teuer waren. Daraufhin entschieden sie sich, serienmäßige 911 SC zu erwerben und die Fahrzeuge ganz nach ihren Vorstellungen zu den nebenstehenden Exemplaren umzubauen.

Der Besitzer dieses 911 SC hat sich für einen Heckspoiler entschieden, der optisch an den des 964 GT2 erinnert. Dieses Foto wurde beim 24 Stunden Rennen in Le Mans 2003 aufgenommen. Foto: Adrian Streather

911 SC Coupé, Modelljahr 1981: Extrem tiefergelegt, sehr hartes Fahrwerk, aber ein Fahrverhalten wie ein Rennwagen. Foto: Randall Pizarro

Änderungen am Fahrwerk

Das Fahrverhalten eines Automobils wird, ähnlich wie die Bequemlichkeit der Sitze, ganz individuell beurteilt. Während der eine Fahrer Wert auf eine stabile Kurvenlage legt, hat der nächste seine Prioritäten beim Federungskomfort. Ein optimales Straßenfahrwerk findet einen guten Kompromiss aus den unterschiedlichen Wünschen.

Änderungen am Fahrwerk des 911 SC können zu annehmbaren Kosten durchgeführt werden. Ambitionierte Hobby-Schrauber können den Umbau auch selbst vornehmen, eine gute Werkstattausrüstung vorausgesetzt.

Viele 911 SC Besitzer haben das Fahrwerk ihrer Sportwagen zu hastig verändert und mussten dann feststellen, dass die durchgeführten Modifikationen überhaupt nicht optimal waren. Daher gilt: Wenn sich die Möglichkeit bietet, wird dringend empfohlen, andere 911 SC mit geändertem Fahrwerk einmal Probe zu fahren. So kann man die Modifikationen der Fahreigenschaften und des Fahrkomforts gut einschätzen.

Das versteht man unter Handling! Wer seinen SC für den Einsatz im Motorsport vorbereitet, geht im Bereich Fahrwerksabstimmung kompromissloser zu Werke als jener Fahrer, der seinen 911 unter Beibehaltung eines gewissen Fahrkomforts nur ein wenig verbessern möchte. Aber einen optimal abgestimmten SC auf der Rennstrecke zu bewegen ist auch ein echtes Erlebnis ...
Foto: Alan Herod

Was versteht man unter „Handling"?

Den Begriff Handling (Fahrverhalten) kann man in einzelne Kriterien aufteilen:

- Geradeauslauf bei Höchstgeschwindigkeit
- Reaktion, wenn man in eine Kurve einlenkt
- Reaktion, wenn man aus einer Kurve wieder heraus fährt
- Reaktion beim plötzlichen Beschleunigen
- Reaktion beim Bremsen
- Reaktion, wenn man die oben geschilderten Manöver kombiniert

Änderungen am Fahrwerk können sich auf einen oder alle oben genannten Bereiche auswirken. Wie der 911 SC agiert ist etwas, was sich nur schwer in Worte fassen lässt. Bevor man sich entschließt, Änderungen am Fahrwerk des SC vorzunehmen, wird dringend empfohlen, an mehreren Fahrerlehrgängen teilzunehmen. Dabei spürt und versteht der Teil-

Nehmen Sie sich die Zeit, um an Fahrertrainings teilzunehmen. Es ist gut investiertes Geld und Sie lernen, Ihren SC im Grenzbereich sicher zu beherrschen. Es werden allgemeine Fahrsicherheitstrainings angeboten, aber auch Aufbaukurse, an deren Ende der Erwerb einer Rennfahrerlizenz steht. Foto: Eric Kessel

Der 911 SC gehört noch lange nicht zum alten Eisen: Im Breitenmotorsport wie bei Rallyes für Young- und Oldtimer, Autoslalom aber auch bei Rundstreckenrennen trifft man auf den inzwischen in die Jahre gekommenen, aber jung geblieben Sportler aus Zuffenhausen. Foto: Simon Clarke

nehmer, wie sich der eigene 911 SC im Grenzbereich verhält und wo das Verhalten des Fahrzeugs noch verbessert werden sollte.

Wo solche Fahrertrainings stattfinden, erfahren Sie von den regionalen Porsche Clubs. Auch die Porsche Zentren können ihnen weiterhelfen, denn die Firma Porsche selbst veranstaltet Fahrertrainings, beginnend mit Anfängerkursen bis hinauf zum Sporttraining auf europäischen Rennstrecken. Auch das Fahrsicherheitszentrum am Nürburgring (www.fsznuerburgring.de) und der ADAC (www.adac.de/fahrtraining) bieten solche Trainings an.

Die ersten Schritte

Bevor Sie Änderungen am Fahrwerk durchführen, sollten Sie die nachfolgende Tabelle beachten.

Untersteuern und Übersteuern		
Um Untersteuern zu verringern	**Änderung durchführen an**	**Um Übersteuern zu verringern**
weicher	Federdrehstäben vorne	härter
dünner (weicher)	Querstabilisator vorne	dicker (härter)
härter	Federdrehstäbe hinten	weicher
dicker (härter)	Querstabilisator hinten	dünner (weicher)

Beim nächsten Schritt muss entschieden werden, was am Fahrwerk ausgewechselt werden soll. Es gibt eine Anzahl von Änderungen, die zu unterschiedlichen Ergebnissen führen:

- Tieferlegen des 911 SC aus optischen Gründen, es werden aber keine Einbußen des Fahrkomforts akzeptiert
- Erhöhen der Kurvengrenzgeschwindigkeit
- Schnellere Rundenzeiten auf Rennstrecken
- Auf Bergstraßen und kurvenreichen Strecken schneller fahren können
- Besseres Fahrverhaltens bei sehr hohen Geschwindigkeiten
- Jede dieser Anforderungen kann mit anderen kombiniert werden

Es muss nicht immer extrem sein: Dieser 911 SC, Modelljahr 1978, wurde nur dezent tiefergelegt. Foto: Gerko Hoerk

Ändern Sie etwas und probieren Sie, ob es wie gewünscht funktioniert. Der beste Weg ist immer, mit kleinen, überschaubaren Schritten zu beginnen und dann weiterzumachen bis zum endgültigen Ergebnis. Diese Methode ist langsam, aber die Gesamtkosten bleiben überschaubar, weil oft eine gesamte Überarbeitung des Fahrwerks nicht nötig ist. Die Dämpfer der Sportfahrwerke sind oftmals in Zug- und Druckstufe einstellbar und erlauben eine sehr exakte Abstimmung.

Plant der Besitzer seinen SC bei Motorsport-Wettbewerben einzusetzen, sieht der Ablauf etwas anders aus. Die umzusetzenden Maßnahmen sind je nach Betätigungsfeld deutlich umfangreicher.

Dieses 911 SC Coupé, Modelljahr 1982, ist tiefergelegt, wie man am sehr geringen Abstand des Hinterrades zum Kotflügel erkennen kann.

Foto: Terry Grillo

Die Sonderserie „Weissach" wurde ab Werk mit Bilstein-Gasdruckdämpfern ausgeliefert. Aus Typisierungsgründen wurde keines der Fahrzeuge für die USA tiefergelegt. Foto: Kurt Fischer

Hinweise zur Höheneinstellung

Die Maßnahmen zur Höheneinstellung beim 911 SC sind im Porsche Reparaturleitfaden ausführlich beschrieben. Die Einstellung selbst ist zu bewältigen und da es keine Schraubenfedern am 911 SC gibt, ist auch das Tieferlegen keine große Angelegenheit. Trotzdem sollte beim Tieferlegen beachtet werden, dass unbedingt „über Kreuz" die Radlasten gemessen werden, um die Achslastverteilung innerhalb der gegebenen Toleranzen zu verteilen. Je besser die Lastverteilung erfolgt, umso besser ist anschließend das Fahrverhalten.

Hinweis:
Die Höheneinstellung wird sich etwas ändern, wenn Sie längere Distanzen mit dem Fahrzeug zurücklegen. Da das Gewicht des Kraftstoffs mit zunehmender Fahrtstrecke abnimmt, wird die Radlast vorne geringer. Dies kann dazu führen, dass die Vorderräder geringeren Anpressdruck auf die Fahrbahn haben. Höchstgeschwindigkeit mit fast leerem Tank sollte vermieden werden, da das Fahrzeug vorn sehr leicht wird, was wiederum Auswirkungen auf die Lenkung hat.

Hinweis:
Es wird auch empfohlen, die Gesamthöhe des Fahrzeugs (Dach zur ebenen Aufstandsfläche) oder aber die Höhe der Stoßfänger zur Aufstandsfläche zu messen, bevor man das Fahrzeug tieferlegt. Damit hat der Besitzer einen Fixpunkt für die weiteren Maßnahmen. Auch das in den Fahrzeugdaten angegebene Leergewicht (Coupé: 1160 kg) muss ebenfalls berücksichtigt werden.

Dieser 911 SC Sport aus dem Modelljahr 1982 wurde schon im Werk in Stuttgart mit dem Sportfahrwerk ausgestattet. Foto: Peter Bull

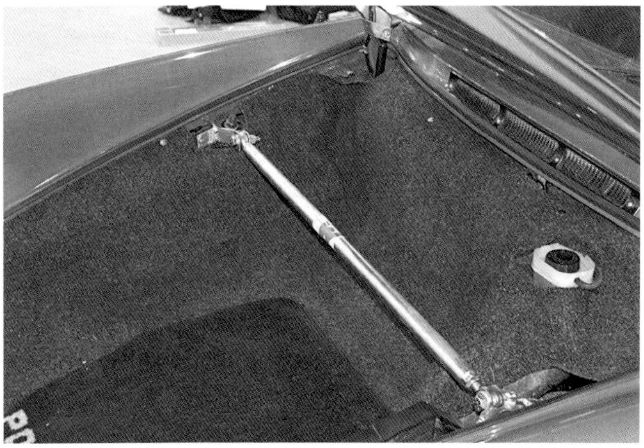

Die vordere Domstrebe wird zwischen den beiden Aufnahmedomen für das linke und das rechte Dämpferbein befestigt. Neben den Alu-Ausführungen werden inzwischen auch Carbon-Domstreben angeboten.

Radaufhängung und Federung

Porsche bot für den 911 SC zwei Dämpfersysteme an:

- Für die Serie hydraulisch arbeitende Boge-Stoßdämpfer
- Als Mehrausstattung Gasdruckdämpfer von Bilstein

Porsche bot keine in der Charakteristik geänderten Drehstäbe für die Vorder- und Hinterachse an. Auch die Querstabilisatoren waren nur in einer Durchmessergröße verfügbar. Die Abteilung Motorsport bei Porsche belieferte damals die Teams mit interessanten Teilen für den Renneinsatz, die aber inzwischen nicht mehr lieferbar sind. Nur noch selten tauchen diese Ausrüstungsteile auf dem freien Markt auf.

Die Teile, die man zum Optimieren des Fahrwerks beschaffen und einsetzen kann:

- Domstrebe zwischen den Domen zur Aufnahme der vorderen Dämpferbeine im Gepäckraum
- Sportlichere Dämpferbeine vorne
- Sportlichere Stoßdämpfer hinten
- Verändern der Drehstabdurchmesser
- Durchmesser der Stabilisatoren vorne und hinten ändern
- Die serienmäßigen Spurstangenköpfe gegen die vom 911 Turbo auswechseln

Die am häufigsten durchgeführte Änderung zur Fahrwerkverbesserung ist noch immer das Auswechseln der Boge-Dämpfer gegen die Gasdruckdämpfer von Bilstein.

Warnung

Das Anbringen einer vorderen Domstrebe versteift die vordere Partie des 911 SC. Das führt zu einer deutlichen Reduktion der Karosserieverwindungen, wodurch sich das Fahrverhalten des Fahrzeugs verändert. Es ist nicht empfehlenswert und wenig konsequent, nur den Bugbereich zu versteifen, sondern man sollte sich auch um den Heckbereich kümmern. Generell ist es ratsam, zuerst Maßnahmen zur Versteifung des Heckbereichs umzusetzen und dort eine Domstrebe zu montieren, bevor man sich um die Beschaffung der vorderen Domstrebe kümmert.
In der Regel sind die Domstreben aus Aluminium gefertigt, neuere Ausführungen werden auch in Carbon angeboten.

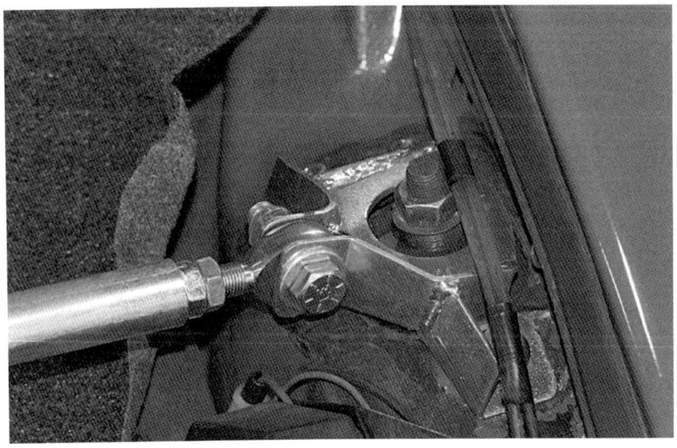

Detailaufnahme der Befestigung der Domstrebe an der Karosserie

Bei dem gezeigten Fahrzeug sind viele von den in diesem Kapitel beschriebenen Veränderungen am Fahrwerk umgesetzt worden.
Foto: Mark Sims

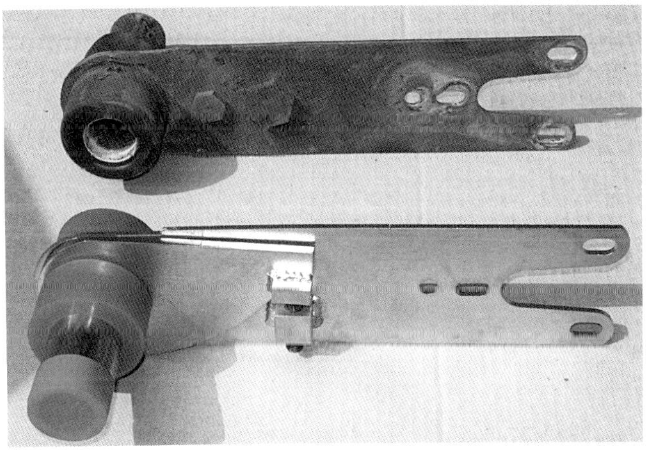

Eine weitere, wirksame Änderung, besonders wenn häufig Fahrwerkseinstellungen erfolgen, sind einstellbare Federstreben. Diese können auch benutzt werden, um die Fahrzeughöhe (hinten) einzustellen.
Foto: Gary Cuozzo

Empfehlungen für Fahrwerksverbesserungen

Radaufhängungen

- Bilstein „Heavy Duty"-Einsätze für härtere Dämpfung, Einsatzgebiet sind Fahrzeuge, die im normalen Straßenverkehr bewegt werden.
- Bilstein- oder Koni „Sport"-Einsätze für noch härtere Dämpfung, geeignet für Alltagsbetrieb und Wettbewerbseinsatz

Drehstäbe zur Federung der Räder

Wenn man den serienmäßigen Motor des 911 SC belässt, ist es möglich, die Charakteristik der Drehstäbe zur Federung an Vorder- und Hinterachse bis zu einem bestimmten Durchmesser zu verändern:

- Vordere Drehstäbe für normalen Straßenbetrieb bis 21 mm – für Wettbewerb bis 22 mm Durchmesser
- Hintere Drehstäbe für normalen Straßenbetrieb bis 27 mm – für Wettbewerb bis 29 mm Durchmesser

Wird ein schwererer Motor in den 911 SC eingebaut, wie etwa das 3,6-Liter-Triebwerk aus dem 964, sollten hintere Drehstäbe mit 32 mm Durchmesser eingebaut werden.

Vorderer und hinterer Querstabilisator

Auch das Auswechseln der vorderen und hinteren Stabilisatoren kann die Charakteristik des Fahrwerks verändern. Zu diesem Zweck kann man auf Stabilisatorausführungen mit anderen Durchmessern zurückgreifen:

- Vorderer Stabilisator für normalen Straßenbetrieb 21 mm
- Vorderer Stabilisator für Wettbewerb 22 mm
- Hinterer Stabilisator für normalen Straßenbetrieb 27 mm
- Hinterer Stabilisator für Wettbewerb 29 mm

Warnung

Die Querstabilisatoren für den Porsche 911 SC sind ab Serienanlauf 1978 als „Typ 2" ausgeführt. Querstabilisatoren von 911-Modellen, die vor 1978 verwendet wurden, können nicht in den SC eingebaut werden. Die „Typ 2"-Querstabilisatoren sind an den Enden um 90° abgewinkelt. Die früheren Stabilisatoren haben andere Befestigungspunkte.

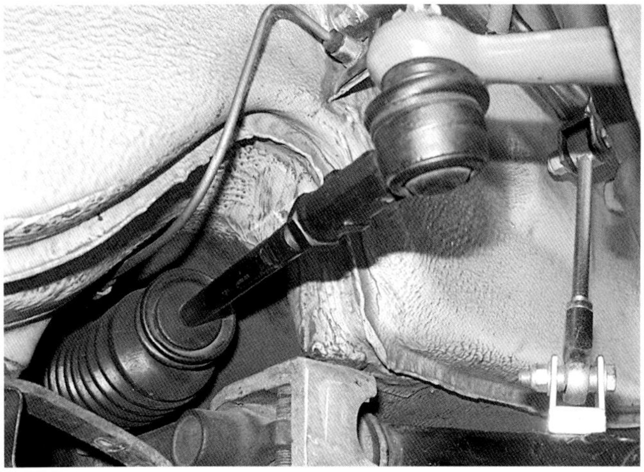

Bei extremer Tieferlegung sollten an der Lenkung Teile vom 911 Turbo zum Einsatz kommen; hier ein Spurstangenkopf, eingebaut in ein 911 SC Coupé aus dem Modelljahr 1983. Foto: Lee and Jay Heppe

Andere Länder, andere Sitten: Eine solche Auspuffanlage bekommt hierzulande keinen Genehmigung. Auch sonst ist dieses amerikanische 911 SC Cabriolet kaum noch im Originalzustand: Im Heck sitzt der schwerere Motor der Baureihe 964 mit 3,6 Litern Hubraum. Um dieses Triebwerk fahren zu können, mussten sowohl die Federung als auch die Dämpfung neu abgestimmt werden. Foto: Michael Zois

Wenn der 911 SC deutlich tiefergelegt wurde, ist es auch empfehlenswert, die folgenden zusätzlichen Änderungen zur Anpassung der Lenkung und der Fahrwerksgeometrie durchzuführen:

- Vordere Bilstein-Dämpfer mit 12 mm oder mit 19 mm verlängerten Stangen verwenden
- Anheben der Zahnstangenlenkung um ca. 10 mm durch Unterlegen von Distanzstücken
- Austauschen der serienmäßigen Spurstangen-Endstücke gegen einstellbare Endstücke vom 911 Turbo oder kompletter Tausch gegen die Spurstangen aus dem Turbo-Modell

Hinweis:
Jede dieser Änderungen verringert die Gefahr, dass die Dämpferbeine anschlagen und innen beschädigt werden.

Charakteristik der Dämpfer

- Porsche Standard: mittlere, noch komfortable Dämpfung
- „Heavy Duty": härtere Einstellung als Porsche Standard
- „Sport": noch härter als die „Heavy Duty"-Ausführung, unkomfortable Härte für Alltagsbetrieb
- „Rallye": sehr hart, nicht für den Alltagsbetrieb geeignet
- „Rennsport": wirklich nur für den Betrieb auf einer Rennstrecke geeignet

Serienausstattung: Der vorderer Zwei-Kolben-Bremssattel sitzt an einem Radträger mit innenbelüfteter Porsche-Bremsscheibe.

In diesen 911 SC, Modelljahr 1980, wurde die Bremsanlage des 911 Turbo eingebaut.

Eine Bremsanlage mit Vertiefungsschlitzen zur Ableitung von Bremsstaub und Spritzwasser, eingebaut in einem 911 SC, Modelljahr 1978

Bremsanlage

Das Bremssystem, das Porsche im 911 SC eingebaut hat, eignet sich sehr gut für den normalen Straßenbetrieb. Einige SC-Besitzer verwenden größere Bremssättel und Bremsscheiben mit größeren Durchmessern in der Hoffnung, dass sich mit diesen Maßnahmen die Bremswege verkürzen. Das ist zwar meistens nicht der Fall, aber größere Bremsscheiben verhindern bei extremen Belastungen die Überhitzung und das Nachlassen der Bremswirkung – ein großer Vorteil auf der Rennstrecke. Im sportlichen Straßenbetrieb ist die Bremswirkung mit den innenbelüfteten Serien-Bremsscheiben mehr als ausreichend.

Eine verbesserte Bremsanlage ist auf jeden Fall dann zwingend erforderlich, wenn ein 3,6-Liter-Aggregat in den SC eingebaut wurde. Es gibt Fahrer, die nachträglich auf Bremsscheiben mit Querbohrungen oder sogar Schlitze umgerüstet haben. In beiden Fällen soll dadurch die Bremswirkung insbesondere bei Nässe verbessert werden. Diese Bremsscheiben aus dem Zubehörhandel sind mitunter preiswerter und besser gekühlt als die serienmäßigen Bremsscheiben.

Hinweis:

Bremsscheiben mit Querbohrungen haben eine geringere Lebensdauer, insbesondere wenn der 911 SC im Motorsport (Rallye, Slalom oder Rundstrecke) eingesetzt wird, da sich durch die Hitzeeinwirkung Risse zwischen den gebohrten Löchern bilden können. Diese Risse machen die Scheibe zwar nicht sofort unbrauchbar, aber wenn die Beschädigungen nicht beachtet werden, kann es zum Bruch der Bremsscheiben und damit zu einem Blockieren eines einzelnen Rades kommen.

Befindet sich genügend Bremsflüssigkeit im System, um unter allen Umständen sicher bremsen zu können? Diese vordere Bremsanlage eines 930 Turbo ist in einem 911 SC Modelljahr 1980 eingebaut. Damit diese Anlage im SC richtig arbeiten kann, muss unbedingt ein größerer Hauptbremszylinder mit größerem Vorratsbehälter eingebaut werden. Die Menge der Bremsflüssigkeit reicht sonst nicht aus, den Bedarf des Vier-Kolben-Bremssattels zu befriedigen.

Imposanter Vergleich: Oben im Bild der serienmäßige hintere Bremssattel eines 911 SC mit zwei Kolben, darunter der Bremssattel eines 930 Turbo mit vier Kolben. Zum Betrieb mit den Bremssätteln mit vier Kolben wird mehr Bremsflüssigkeit benötigt, da sich die Kolbenflächen nahezu verdoppeln und damit mehr „Hubraum" mit Bremsflüssigkeit gefüllt werden muss.

Ausreichende Bremsflüssigkeitsmenge

Warnung

Ab dem Modelljahr 1984 haben alle Porsche Fahrzeuge einen Bremsdruckregler für den hinteren Bremskreis serienmäßig eingebaut. Diese Regler haben die Aufgabe, ein „Überbremsen" der Hinterräder und damit ein Blockieren zu verhindern. Der Regelbereich beginnt bei 33 bar Bremsdruck und geht hoch bis 55 bar. Für deutlich später gebaute Fahrzeuge des 911 liegt die obere Grenze noch höher. Aber für unsere 911 SC müssen die Bremsdruckregler mit dem Grenzwert 55 bar eingebaut werden. Wird das Bremssystem des 911 Carrera 3,2 verwendet, muss auch ein geänderter Bremsdruckregler eingebaut werden.

Werden größere Bremssättel mit mehr oder größer dimensionierten Kolben eingebaut, wird gleichzeitig mehr Bremsflüssigkeit im System benötigt. Es sollte nie passieren, dass es zu einen Bremsausfall aufgrund von Bremsflüssigkeitsmangel kommt. Erfahrungen zeigen, dass diese Gefahr besteht, wenn die ursprüngliche Bremsbelagstärke zu etwa 75 Prozent abgenutzt ist. Ein Auswechseln des Bremsflüssigkeitsbehälters gegen ein Exemplar mit größerem Volumen ist eine dringende Empfehlung für alle Fahrzeuge, die mit größeren Bremssätteln ausgestattet wurden. Die folgende Tabelle wird allen SC-Besitzern helfen, die richtige Wahl zu treffen, welcher Hauptbremszylinder zu den geänderten Bremssätteln und den Bremsscheiben passt und von welchem anderen Porsche Fahrzeugtyp die entsprechenden Teile benutzt werden können.

Porsche Fahrzeugtyp	Durchmesser Hauptbremszylinder
911 SC	20,64 mm
911 Carrera 3,2	20,64 mm
911 Carrera 3,2 TL	23,10 mm
930 Turbo	23,10 mm
911 (964) Carrera 2	20,64 mm

Die „Großen Roten" Bremssättel stammen vom 911 Turbo (993).

Lieferbare Umrüstteile

Der folgende Abschnitt zeigt was gemacht werden kann, um das Bremssystem des 911 SC zu verbessern.

Die „Großen Roten"

- Der Umrüstsatz mit den rot lackierten Bremssätteln ist sehr teuer, allerdings variieren die Preise für den Umrüstsatz stark.
- Zusätzlich werden für die Umrüstaktion Felgen mit 17 Zoll Durchmesser und ein Satz Distanzscheiben benötigt.

Hinweis:
Der Umrüstsatz „Große Rote" besteht aus den beiden vorderen Bremssätteln des 911 Turbo (993) und den nachgearbeiteten Bremssätteln des 911 Carrera (993), um an der Hinterachse des 911 SC montiert werden zu können.

Warnung
In vielen europäischen Ländern erlischt die Allgemeine Betriebserlaubnis (ABE), wenn Veränderungen am Fahrwerk oder an der Bremsanlage durchgeführt werden. Um mit einer geänderten Bremsanlage oder einem geänderten Fahrwerk am öffentlichen Straßenverkehr teilzunehmen, ist das Fahrzeug nach den Umbauarbeiten bei TÜV oder DEKRA vorzuführen. Dort wird von Sachverständigen ein Gutachten einschließlich Bremsentest erstellt, bevor eine Wiederzulassung zum Straßenverkehr erteilt wird. Die Kosten für ein solches Einzelgutachten können den Preis für Teile und Umrüstung übersteigen.

Bremsanlage vom 928 S4

- Diese Aufrüstung besteht aus den Bremssätteln des 928 S4 kombiniert mit innenbelüfteten Bremsscheiben mit 304 mm Durchmesser.

Hinweis:
Es sind Adapter erforderlich, um von radialer auf axiale Befestigung umzusetzen. Räder mit 16 Zoll können bei dieser Umrüstung weiter verwendet werden.

Bremsanlage vom 911 Turbo (930)

- Vorderachse: Bestandteile dieser Anlage sind Bremssättel mit vier Kolben aus Leichtmetall vom 911 Turbo (930) sowie innenbelüftete Bremsscheiben mit 304 mm Durchmesser und 32 mm Dicke für die Vorderräder.
- Hinterachse: Hier kommen serienmäßigen Bremsscheiben des 911 Turbo zum Einsatz. Um auch die Bremssättel des 911 Turbo verwenden zu können, müssen diese nachgearbeitet werden, damit sie an der Hinterradaufhängung des SC montiert werden können.

Hinweis:
Größer ist nicht immer besser, und wenn Sie schon diese Umbauarbeiten vornehmen, machen Sie diese sehr sorgfältig. Der Umbau ist mit erheblichen Kosten verbunden. Achten Sie darauf, dass genügend Abstand (Freigang) zwischen den Felgen und den Bremssätteln besteht. Neue Räder können die Kosten für den Umbau erheblich nach oben treiben.

Die vom Werk Porsche gebauten 911 SC/RS haben Öffnungen zur Bremsenbelüftung (links und rechts des Kennzeichens) im Bugspoiler.
Werksbild Porsche AG

Verbessern der Bremsenbelüftung

Für das Leistungsvermögen ist nicht nur entscheidend, wie schnell ein 911 SC auf der Geraden ist, sondern auch, wie effektiv er die Geschwindigkeit wieder abbauen kann. Ein Kriterium der Bremse ist die Wirksamkeit der Bremsanlage nach häufigen, aufeinanderfolgenden Bremsvorgängen aus hoher Geschwindigkeit. Je mehr sich die Bremsen dabei aufheizen, umso stärker lässt die Bremswirkung nach. Fachleute nennen dieses Phänomen Fading.

Die entstehende Reibungshitze beeinflusst die Wirkung zwischen Bremsscheibe und Reibbelag, nicht zu vergessen ist auch die Erhitzung der Bremsflüssigkeit in den Bremssätteln und den -leitungen. Aber es gibt eine Maßnahme, die für Abhilfe sorgt: zusätzliche Bremsenkühlung.

Leider gibt es hier Missverständnisse, was mit Bremsenkühlung gemeint ist. Viele 911 SC Besitzer entfernen die Nebelleuchten und verlegen Luftkanäle von den entstandenen Öffnungen im Fahrzeugbug zu den erhitzten Bremssätteln. Dies reicht aber bei harten Wettbewerben nicht aus, denn es ist ebenso wichtig, dass der Luftstrom auch die rotierenden

Vordere Öffnungen zur Bremsenbelüftung an einem Spoiler aus dem Zubehörhandel. Foto: Randall Pizzaro

Eine sauber verlegte Belüftung zur vorderen Bremsscheibe.

Bremsscheiben erreicht. Dafür ist weitere Arbeit notwendig: Die Luft muss direkt an die Bremsscheiben geleitet werden. Viele der im Zubehörhandel angebotenen Bremskühlsysteme haben die Teile zur Anströmung der Scheiben beigefügt, diese werden aber aus verschiedensten Gründen nicht angebracht.

Die Kühlluft nur zu den Bremssätteln zu leiten, ist nicht effektiv genug. Es ist viel wirksamer, wenn die Bremsscheibe selbst im Kühlluftstrom liegt. Dies trägt dann auch zur Kühlung der Bremssättel bei.

Dabei sollte berücksichtigt werden, dass die serienmäßigen Lüftungskanäle im Inneren der Bremsscheiben bei rotierenden Rädern eine Zentrifugalwirkung auf die durchströmende Luft (vom Scheiben-Innendurchmesser zum -Außendurchmesser) haben, so dass ein auf den Außendurchmesser der Scheibe gerichteter zusätzlicher Luftstrom den Luftstrom durch die rotierende Scheibe behindern kann.

So wird keine nennenswerte Gewichtseinsparung erreicht: Sekundärluftpumpe ohne Antrieb, jedoch nicht ausgebaut.

Hier sind Zusatzluftpumpe und die Bauteile der Klimaanlage entfernt.

Fahrzeuggewicht reduzieren

Ein Weg, um bei Wettbewerben schneller zu sein ist ganz einfach, wenn auch nicht immer ganz billig: Das Fahrzeug leichter machen. Die folgenden Möglichkeiten sind recht einfache Arbeiten, die jeder etwas geübte Hobby-Schrauber selbst durchführen kann. Dabei wird das Leergewicht beträchtlich gesenkt.

Warnung

Einige der beschriebenen Maßnahmen beeinflussen die Abgaszusammensetzung.

Eine Messung der Abgaszusammensetzung ist auf alle Fälle notwendig. Auch sollte daran erinnert werden, dass alleine das Entfernen von Bauteilen, die die Abgaszusammensetzung beeinflussen, schon zu Betriebsstörungen führen kann, die bei Abgasuntersuchung bemerkt werden. Da es inzwischen in der Europäischen Gemeinschaft gleiche Abgasgesetze gibt, ist das Fahren auf öffentlichen Straßen mit solchen modifizierten Fahrzeugen nicht zulässig.

Ausbauen der Zusatzluftpumpe (Sekundärluftpumpe) zur Nachverbrennung der Abgase

Ersetzen der doppelten Keilriemenscheibe auf der Generatorwelle gegen eine einfache Riemenscheibe.

Ausbauen der kompletten Klimaanlage

- Ausbauen des Klimakompressors im Motorraum.
- Ersetzen der doppelten Riemenscheibe auf der Kurbelwelle durch eine einfache Riemenscheibe
- Ausbauen des Kondensators unter dem Motorraum-Deckel
- Ausbauen des vorderen Kondensators und des Lüfters
- Ausbauen der Trocknerflasche
- Ausbauen der flexiblen Leitungen für das Kältemittel
- Verschließen Sie die fest eingebauten starren Leitungen für das Kältemittel luftdicht!

Natürlich gibt es eine ganze Reihe von eher unwichtigen Teilen, die man im Rahmen einer Gewichtserleichterung noch

Zur Verringerung des Leergewichts mussten Zusatzluftpumpe, Heizungsgebläse und der Klimakompressor weichen. Beachten Sie, wie gut danach der Zugang zum Motor ist.

ausbauen kann. Es hängt ganz davon ab, wie konsequent man sein Fahrzeug abspecken möchte und vor allem für welchen Zweck. Vom Zigarettenanzünder über die elektrischen Fensterherber bis zum Austausch der Scheiben gegen solche in Leichtbauausführung kann alles auf den (Gewichts-) Prüfstein.

Ausbauen des Heizungsgebläses im Motorraum, sofern die Heizung nicht gebraucht wird (Motorsporteinsätze)

Bauen Sie das Schiebedach aus und ersetzen Sie es durch eine leichte, aber stabile Abdeckung. Am besten eignet sich dafür eine Kevlar-Abdeckung, die aber ziemlich kostspielig ist. Ein sauber gefertigtes Keflar-Dach kann das Gesamtbild des 911 SC verbessern. Wenn Sie schon das Schiebedach ausbauen, sollten Sie auch den Antriebsmotor für das Dach, das Getriebe und die Seilzüge entfernen.
Außerdem können Sie die hinteren Sitze ausbauen und den Fond mit leichten Teppichen auslegen, ähnlich wie es beim RS ab Werk der Fall war.
Tauschen Sie die Türverkleidungen gegen die leichteren Ausführungen des 911 RS aus und verwenden Sie zum Öffnen und Schließen der Türen Handschlaufen.

Ersetzen Sie die Sitze durch leichte Rennsitze.

Rüsten Sie die elektrische Fensterbetätigung auf das manuelle Hebesystem um. Entfernen Sie alle nicht notwendigen Gegenstände aus dem Gepäckraum und aus dem Handschuhkasten.

Warnung
Auf das Faltrad mit Bereifung sollten Sie nicht verzichten, wenn Sie sich im Straßenverkehr bewegen. Es ist Bestandteil des Aufprallschutzes im Falle eines Unfalls.

Besitzer eines 911 SC tauschen häufig den serienmäßigen Röhrenölkühler gegen einen größeren Ölkühler der nachfolgenden 911 Serien aus. Diese Versionen sind mit einem eigenen, elektrischen Gebläse ausgestattet. Foto: Gary Cuozzo

Optimierung der Ölkühlung

Ein Dauerthema beim 911 SC ist immer wieder die Klage über zu hohe Temperaturen des Motoröls. Dieses Problem tritt besonders im Rennbetrieb auf, es können aber auch bei sehr heißen Witterungsbedingungen hohe Öltemperaturen auftreten. Die Kühlung des Motoröls wird ausschließlich durch den Luftstrom des vom Motor angetriebenen Lüfterrades und durch den Fahrtwind erreicht. Dieses Kühlsystem ist nicht effektiv genug und kann bei extremen Fahrsituationen zu sehr hohen Öltemperaturen führen, die nicht gut für den Motor sind. Wenn eine Klimaanlage vorhanden ist, entsteht eine zusätzliche Wärmequelle im Motorraum durch den Kondensator der Klimaanlage.

Hinweis:
Das Anbringen eines Heckspoilers kann ebenfalls negativen Einfluss auf die Öltemperatur haben. Dies kann durch den Einbau des Front-Ölkühlers eines Carrera 3,2 oder beispielsweise des Front-Ölkühlers des Mazda RX-7 behoben werden. Diese Ölkühler werden anstelle des serienmäßigen Röhren-Ölkühlers im vorderen rechten Radlauf eingebaut. Wenn die Motoröltemperatur dann immer noch zu hoch ist, wird es Zeit, einen größeren Ölkühler hinter der Bugverkleidung einzubauen. Diese Arbeiten sind sehr umfangreich und sollten nur dann selbst durchgeführt werden, wenn der Hobby-Schrauber über einige Erfahrung auf diesem Gebiet verfügt.

Hinweis:
Zwei kleinere Ölkühler hintereinander angeordnet können den selben Erfolg bringen.

Eine weitere Möglichkeit zur Umrüstung auf einen besseren Ölkühler besteht darin, den vorhandenen Kühler gegen die größere Ausführung aus den 911-Baureihen 964 oder 993 zu tauschen. Das Pendant aus dem 964/993 ist zusätzlich mit einem elektrischen Kühlgebläse ausgestattet, wobei der Lüftermotor mit zwei Drehzahlen arbeitet: Ein Drehschalter mit den Stellungen (niedrige Drehzahl – Lüfter aus – hohe Drehzahl) und ein neues Relais sind alles, was zum Umbau noch benötigt wird. Mit der besseren Belüftung des Frontölkühlers wird die Schmiermitteltemperatur sinken und gleichzeitig die Leistungsfähigkeit des Motors steigen.

Kapitel 12

Rundstreckerennen und Rallye-Sport

Der 911 SC in der Motorsportgeschichte der Firma Porsche

Ein 911 SC in spektakulärem Drift bei einer Sonderprüfung eines Laufes zur Rallye-Weltmeisterschaft im Jahr 1984. Werksbild Porsche AG

Das Siegerfahrzeug in Le Mans 1983: Der Porsche 956 mit der Startnummer 3, gefahren von Vern Schuppan / Al Holbert / Hurley Haywood, überquerte nach 24 Stunden als Erster die Ziellinie und hatte bis dahin 371 Runden bzw. 5047,934 Kilometer zurückgelegt. In jenem Jahr trat leider kein 911 SC an, um sich bei diesem Langstreckenmarathon zu bewähren. Dem überlegenen 956 hätte ein SC nichts entgegensetzen können, aber ein Klassensieg wäre ein erreichbares Ziel gewesen. Foto Vern Schuppan

Ein 911 SC im Motodrom von Hockenheim in den späten achtziger Jahren. Werksbild Porsche AG

Einführung

Die Zeitspanne zwischen den Jahren 1977 und 1983 gehörte zu der erfolgreichsten in der Motorsportgeschichte des Hauses Porsche. Legendäre Fahrzeuge wie der 934, 935, 936 und 956 erinnern nicht nur Fans und Anhänger der Marke an eine unvergessliche Epoche im Rennsport, als die Stuttgarter unzählige Siege bei internationalen Rennen auf der ganzen Welt erringen konnten. Und genau zu jener Zeit lief in Zuffenhausen die Produktion des 911 SC. Berühmte Rennfahrer wie Derek Bell, Vern Schuppan, Jackie Ickx, Jürgen Barth, Hurley Haywood, Dick Barbour, Klaus Ludwig, Bob Wollek und Reinhold Joest prägten diese aufregenden und spannenden Jahre des Motorsports genauso wie die Motoren in den TAG-Porsche für die Formel 1. Beim 24 Stundenrennen von Le Mans im Jahre 1980 fuhr Derek Bell einen 924 Carrera Turbo und erreichte den 13. Platz im Gesamtklassement. Aber wo in all den Jahren tauchte der 911 SC in den Starterlisten auf? Und welche Rolle spielte er beim berühmtesten Langstreckenrennen, den 24 Stunden von Le Mans?

Dazu muss man sagen, dass damals die mit Turboladern ausgerüsteten Fahrzeuge die Erfolge der „Sauger" überschatteten, zumal die Turbo befeuerten Teams meist um den Gesamtsieg fuhren. Aber gerade in Le Mans schlug sich der SC beachtlich. Im Jahre 1980 belegte er – nur zwei Plätze hinter Derek Bell auf dem 924 Carrera Turbo – den 16. Platz im Gesamtklassement. Damit gewann er überlegen in der Gruppe 4. In den Rennjahren 1981 bis 1983 gab es keine 911 SC in Le Mans. Aber im Jahre 1984 gab es ein erfolgreiches Comeback: Der 911 SC errang erneut den Klassensieg. Im Folgejahr, 1985, erreichte der SC nicht die Ziellinie.

Speziell aufgebaute 911 SC wurden für einen Lauf zur Rallye-Weltmeisterschaft in der Saison 1978 vorbereitet. Und dabei blühte der 911 SC zum Siegerfahrzeug seiner Klasse auf.

Die Rennsaison 1985 war der Schwanengesang für die 911 SC in den verschiedenen Klassen der Rundstreckenrennen. Dafür zeichnete sich der 911 SC weiterhin bei verschiedenen Rallye-Wettbewerben rund um die Welt aus. In historischen Rallyes werden die 911 SC bis heute eingesetzt und auf der Club-Ebene ist er auf vielen Strecken rund um die Welt im Einsatz. Dieses Kapitel soll an die überragenden Erfolge des 911 SC im Motorsport erinnern, die inzwischen durch die jüngeren Erfolge im Porsche Motorsport fast vergessen sind.

Die beiden 911 SC Safari bei einer Pause während der Safari Rallye in Afrika. Werksbild Porsche AG

Der Lauf zur Rallye-WM galt nicht umsonst als der schwierigste und materialmordendste des ganzen Veranstaltungskalenders.
Werksbild Porsche AG

Ein besonderer Arbeitsplatz: Eng, heiß und staubig ging es im Cockpit der Rallye-Version des SC zu. Werksbild Porsche AG

Porsche 911 SC Safari

Zwei Fahrzeuge vom Typ 911 SC Safari wurden im Entwicklungszentrum Weissach für die Safari Rallye in Kenia aufgebaut. Die Rallye wurde im März 1978 durchgeführt und die beiden Porsche Fahrzeuge waren als Favoriten dabei: einer wurde von Björn Waldegaard pilotiert, der andere von Vic Preston jun. Unglücklicherweise gewann keines der beiden Fahrzeuge die berühmt-berüchtigte Veranstaltung, bei der jeder, der die mörderischen Strapazen überstand und das Ziel sah, sich als Sieger fühlen konnte. Vic Preston überquerte als Zweiter die Ziellinie, Björn Waldegaard trug sich als Viertplatzierter in die Ergebnislisten ein. Das wäre für den Anfang kein schlechtes Ergebnis gewesen. Bedauerlicherweise sollte es sich um einen einmaligen Auftritt des SC auf dem afrikanischen Kontinent handeln, denn Porsche Motorsport und Sponsor Martini unternahmen keinen weiteren Versuch, ein solches Fahrzeug nach Kenia zu schicken.
Wie auf den nächsten Seiten noch zu lesen sein wird, war 1978 das erfolgreichste Jahr für den 911 SC bei Rallye-Einsätzen. Porsche erreichte in diesem Jahr den vierten Rang bei der Rallye-Weltmeisterschaft der Automobilhersteller.

Ein komplett restaurierter 911 SC/RS, Modelljahr 1984, während einer Demonstrationsfahrt in England im Jahre 2002. Foto: Mark Sims

Derselbe 911 SC/RS bei der Rallye Killarney (GB) im Jahre 2002.

Foto: Mark Sims

Understatement pur: Von vorn verraten neben der Lackierung nur die Haubenschnellverschlüsse und die Sportsitze sowie recht dezente Verbreiterungen, für welchen Einsatzzweck dieser SC vorbereitet wurde.

Foto: Mark Sims

Porsche Typ 954 (911 SC/RS)

Eine ausführliche Beschreibung des 911 SC/RS finden Sie im **Kapitel 1**.

Dieser 911 SC wurde von Walter Röhrl und Christian Geistdörfer bei der Rallye San Remo im Jahr 1981 gefahren. Leider fiel das Fahrzeug während der Rallye aus. Werksbild Porsche AG

Ein 911 SC bei der „Tour de Corse" (Rallye Korsika) im Jahre 1982. Dieses Fahrzeug wurde vom Team Frequelin/Fauchille gefahren. Sie erreichten den 6. Platz im Gesamtklassement. Werksbild Porsche AG

Porsche 911 SC bei der Rallye-Weltmeisterschaft (WRC)

Der 911 SC startete im Jahre 1978 den Kampf um die Rallye-Weltmeisterschaft mit dem Start bei der traditionellen Auftaktveranstaltung, der Rallye Monte Carlo. Der 911 SC wurde von dem Team Nicholas und Laverne gefahren, die sich auch auf Anhieb den Gesamtsieg sichern konnten. Die letzten Punkte für einen 911 SC bei der Rallye-WM verzeichnet die Statistik für 1986 bei der Rallye Akropolis in Griechenland. Die Fahrerpaarung hieß Al-Hajri/Spiller. Sie kamen als Vierte über die Ziellinie. Das war schon eine sehr respektable Leistung, gleichgültig nach welchen Kriterien man es auch betrachtet.

Der 911 SC überdauerte sogar den allradgetriebenen Porsche 953, der speziell für Rallye-Einsätze gebaut worden war.

Der Porsche Typ 959 wurde nur drei Jahre eingesetzt, der SC immerhin neun Jahre. Heute, im neuen Jahrtausend, sieht man noch immer den 911 SC bei sportlichen Wettbewerben wie den historischen Rallyes.

Nachfolgend die Ergebnisse und Erfolge in den neun Jahren, in denen der 911 SC und der 911 SC/RS an den Wettbewerben zur Rallye-Weltmeisterschaft teilgenommen haben.

Jahr	Rallye	Ergebnis	Fahrer/Beifahrer
1978	Monte Carlo (Monaco)	1. Platz	Nicolas/Laverne
	Safari (Kenia)	2. Platz	Preston/Lyall
	Safari (Kenia)	4. Platz	Waldegaard/Thorszelius
	100 Seen (Finnland)	4. Platz	Eklund/Cederberg
	San Remo (Italien)	3. Platz	Vincent/Lux
	San Remo (Italien)	4. Platz	Bip-Bip/Perissutti
	Tour de Corse (Korsika)	4. Platz	Almeras/Perramond
1979	Tour de Corse (Korsika)	3. Platz	Moreau/Baron
	Tour de Corse (Korsika)	4. Platz	Coppier/Laloz
1980	Monte Carlo (Monaco)	9. Platz	Coppier/Laloz
	Tour de Corse (Korsika)	1. Platz	Therier/Vial
	Tour de Corse (Korsika)	3. Platz	Coppier/Laloz
	Tour de Corse (Korsika)	7. Platz	Gardavot/Audibert
	Tour de Corse (Korsika)	10. Platz	Bagarry/Bone
1981	Monte Carlo (Monaco)	9. Platz	Almeras/Tilber
	Schwedenrallye	9. Platz	Eklund/Spjuth
	Tour de Corse (Korsika)	4. Platz	Ballet/Guinchard
	Tour de Corse (Korsika)	8. Platz	Swaton/Cordesse
1982	Monte Carlo (Monaco)	3. Platz	Therier/Vial
	Monte Carlo (Monaco)	4. Platz	Frequelin/Fauchille
	Monte Carlo (Monaco)	9. Platz	Ballet/Tilber
	Tour de Corse (Korsika)	3. Platz	Beguin/Lenne
	Tour de Corse (Korsika)	6. Platz	Frequelin/Fauchille
	Tour de Corse (Korsika)	8. Platz	Vincent/Calvier
1985	Tour de Corse (Korsika)	3. Platz	Beguin/Lenne
	Tour de Corse (Korsika)	4. Platz	Coleman/Morgan
	Akropolis (Griechenland)	5. Platz	Al-Hajri/Spiller
1986	Tour de Corse (Korsika)	10. Platz	Gardavot/Levivier
	Akropolis (Griechenland)	4. Platz	Al-Hajri/Spiller

Hinweis:
Bei der Rallye Monte Carlo 1982 wurde erstmals ein Porsche 924 Carrera GTS eingesetzt, pilotiert von der Fahrerpaarung Jürgen Barth und Roland Kussmaul. Sie erreichten den 10. Platz im Gesamtklassement.

Hinweis:
Die Ausschreibung für die Rallye-WM setzte voraus, dass ein Wettbewerber bei allen ausgeschriebenen Veranstaltungen teilzunehmen hatte. Aus der Tabelle wird ersichtlich, dass Porsche nicht an jeder Rallye teilnahm. Daher wurde Porsche auch nicht offiziell in der Weltmeisterschaft gewertet.

Rallye Trifels, zweiter Lauf zur Deutschen Rallye-Meisterschaft im März 1981: Der siegreiche Porsche 911 SC, pilotiert von Manfred Hero und Wolfgang Thiry, war eines von 75 der 135 gestarteten Fahrzeuge, die das Ziel sahen. Am Saisonende reichte es für Hero für einen guten zweiten Platz in der Endabrechnung. Werksbild Porsche

Rallye Monte Carlo (Monaco), Saisonauftakt der Rallye-WM 1983: ein 911 SC, gemeldet vom Boss Team mit den Piloten Jürgen Barth und Roland Kussmaul. Erstmals trat im Jahr 1965 ein Porsche 911 bei der „Monte" an und holte damals auch auf Anhieb den Sieg in der Wertung der GT-Klasse. Den Sieg im Jahr 1983 feierte Walter Röhrl mit seinem Co Christian Geistdörfer auf Lancia Rally 037. Werksbild Porsche AG

Hier unbekannte Teilnehmer mit einem 911 SC auf einer Sonderprüfung bei der Reichsstadt Rallye Esslingen, die ab dem Jahr 1982 auch als Wertungslauf zur Internationalen Deutschen Automobil-Rallyemeisterschaft zählte. Werksbild Porsche AG

Der 911 SC bei nationalen Rallye-Wettbewerben

Auch auf nationaler Ebene wurden 911 SC bei zahlreichen Wettbewerben rund um die Welt eingesetzt. Das Werk war nach dem Auslaufen der SC-Reihe jedoch nicht länger an Rallye-Wettbewerben interessiert und sollte sich in den Folgejahren werksseitig verstärkt dem Kundensport widmen. Egal ob Rennstrecke oder Rallye, es gab und gibt eine große Zahl leidenschaftlicher Enthusiasten, die bis heute mit einem SC an Wettbewerben teilnehmen.

Ein 911 SC/RS im Einsatz bei der historischen Rallye „Catalunya" (Spanien) 2001. Foto: Mark Sims

Der 911 SC bei historischen Rallye-Veranstaltungen

An historischen Rallyes teilzunehmen ist eine äußerst interessante, wenn auch nicht ungefährliche Motorsportdisziplin. Aber der Zuspruch von Zuschauern, von denen viele noch gute Erinnerungen an die spektakuläre alte Zeit haben, und Teilnehmern, die ihr in vielen Fällen teures Einsatzmaterial an den Start bringen, ist ungebrochen. Ausgeschrieben werden die Rallyes meist für Young- und Oldtimer-Fahrzeuge. Eine der populärsten Veranstaltungen dieser Art in Deutschland ist die jährlich im November rund um den Nürburgring ausgetragene Rallye Köln-Ahrweiler (www.rallye-koeln-ahrweiler.de).

Bei der historischen Rallye Killarney in Großbritannien im Jahr 2002 driftet dieser SC/RS spektakulär quer durch die Kurve. Interessant ist die zusätzliche Cockpitbelüftung, die im Dach eingebaut wurde.
Foto: Mark Sims

Der hier gezeigte 911 SC/RS startete bei der Rallye „Supercar Competition" im Jahr 2002. Foto: Mark Sims

Ein 911 SC bei der „Oak Historic Rally" (Großbritannien) 2002

Foto: Simon Clarke

Ein 911 SC bei der „Dukeries Historic Rally" (Großbritannien) 2002

Foto: Simon Clarke

Ein 911 SC bei der „Kall Kwik Historic Rally" (Großbritannien) 2002

Foto: Simon Clarke

Glanzstunde in Le Mans 1980: Als Vorletzter von Position 54 gestartet, fährt der 911 SC mit der Startnummer 93, eingesetzt vom Team Thierry Perrier, nach 24 Stunden auf einem beachtlichen 16. Platz im Gesamtklassement über die Ziellinie. Teamchef Thierry Perrier wechselt sich am Lenkrad mit seinem französischen Landsmann Roger Carmillet ab. Zusammen spulten sie 281 Runden (3821.609 km) ab, das waren 56 Runden weniger als die Porsche Kollegen Ickx / Joest, die mit ihrem Porsche 908/80 Turbo auf Platz Zwei landeten.
Werksbild Porsche AG

Der 911 SC in Le Mans

In den Jahren von 1969 bis 1984 wurde das 24 Stunden Rennen von Le Mans klar von Porsche dominiert. Der Porsche 908 (2. Platz im Jahre 1969) und die Zwölfzylinder Typ 917, die Porsche 930, 934, 935, 936 und 956 mit Turboaufladung waren die überlegenen Fahrzeuge, die um den Gesamtsieg fuhren. Es gab aber auch andere Sportgeräte aus dem Hause Porsche, die in jener Zeit in Le Mans um Klassensiege kämpften:

- 911 Carrera RSR
- 911 Carrera RS
- 928 S
- 924 Carrera Turbo
- 924 GTR
- 924 GTP
- 911 SC

Der letzte 911 SC, der offiziell in Le Mans mitfuhr, startete im Jahre 1985. Die folgende Tabelle gibt Auskunft über die Einsätze bei dem legendären Langstreckenklassiker:

Jahr	Start-Nr.	Team	Fahrer	Ergebnis beim Rennen
1980	93	Thierry Perrier	Thierry Perrier Roger Carmillet	1. Platz in Gruppe 4 16. Platz Gesamtklassement
1984	122	Raymond Touroul	Raymond Touroul Valentin Bertapelle Thierry Perrier	1. Platz Klasse GTO 17. Platz Gesamtklassement
1985	156	Raymond Touroul	Raymond Touroul Valentin Bertapelle Thierry Perrier	Ausgefallen durch Schaden an der Zylinderkopfdichtung

Vom 49sten und damit letzten Platz der Startaufstellung unternahmen Raymond Touroul, Thierry Perrier und Philippe Dermagne im Jahre 1985 mit einem 911 SC einen erneuten Anlauf bei dem Langstreckenklassiker an der Sarthe. Ein Schaden an der Zylinderkopfdichtung zwang das Team des Wagens mit der Startnummer 156 nach 107 Runden zur Aufgabe. Werksbild Porsche AG

Ritter der Rundstrecke

Dieser Abschnitt ist den Privatfahrern gewidmet, die mit dem SC Rennen fahren. Einige 911 SC sind völlig auf Rennbetrieb umgebaut, andere dagegen sind im täglichen Einsatz unterwegs und werden nur ab und zu bei Veranstaltungen eingesetzt, um den Adrenalinspiegel ihrer Besitzer mal wieder anzuheben.

In den USA

Huntley Racing (Derreck H. Khajavi)
Dies sind drei Abbildungen eines in Auftrag gegebenen 911 SC-Rennfahrzeugs, das bei Huntley Racing aufgebaut wurde.

Extrem leichte Räder für den Renneinsatz.

Überroll-Schutzkäfig mit Seitenschutz, beachten Sie die minimalistische Türverkleidung.

Die nächsten Abbildungen wurden an drei unterschiedlichen Rennstrecken in den USA fotografiert. Es ist jedes Mal derselbe 911 SC, Modelljahr 1983 (RdW-Ausführung). Er gehört und wird gefahren von einem erfahrenen Haudegen der Rundstrecke, Alan Herod.
Fotografiert haben bei diesen Veranstaltungen entweder Heather Herod oder Daniel Mainzer.

Die Traditionsstrecke Watkins Glen im Bundesstaat New York war in den 1960er und 1970er Jahren Schauplatz für Formel-1-WM-Läufe. Im Jahr 2002 dient sie als Kulisse für diese Aufnahme: Alan durchfährt gerade den Innenteil der Strecke, besser bekannt als die „bus stop"-Schikane – nicht zu verwechseln mit dem gleichnamigen Streckenabschnitt in Spa-Francorchamps.

Hart an der Ideallinie: Diese Aufnahme entstand in Summit Point Motorsports Park, eine kleine 3,2 Kilometer lange Strecke mit 10 Kurven im US-Bundesstaat West Virginia gelegen.

Auf der 1962 eröffneten Rennstrecke Mid-Ohio Sports Car Course in der Nähe der Stadt Lexington (Ohio) drehte im Jahre 2001 auch Alan Herod seine Runden, hier biegt er in den Streckenteil „keyhole" (Schlüsselloch) ein.

Noch mehr Ritter der Rundstrecke

Der 911 SC, Modelljahr 1980, Besitzer Brad Brown, auf der Rennstrecke Willow Springs International Motorsports Park im kalifornischen Lancaster, wo in den 1950er Jahren die NASCAR-Piloten gastierten. An jenem Renntag wurde die Strecke zur Abwechslung im Uhrzeigersinn gefahren und Brad beschleunigt aus dem „Skid Pad Turn" hinaus auf die Zielgerade.

Eric Kessel auf der Strecke mit seinem 911 SC Targa.

Eric McKenna auf der Strecke mit seinem 911 SC Coupé.

Diese Seite zeigt auf drei Abbildungen Brandon Hull im Renneinsatz beim Clubrennen „Enduro" auf dem kanadischen Mosport International Raceway in Ontario im Jahr 2003, bei dem Brandon den 3. Platz belegte.

Die Bilder fotografierte Michael A. Comtes.

Brandon fährt einen 911 SC, Modelljahr 1980, der für die Spezifikation „Klasse G" präpariert wurde.

James Bricken mit seinem 911 SC-Rennfahrzeug auf dem „Texas World Speedway" in Action.

Jim Williams fährt einen SC aus dem Modelljahr 1978, der von einem 3,6-Liter-Motor der Baureihe 964 angetrieben wird.

Die Onboard-Aufnahme zeigt den Blick des Piloten auf die Strecke.

David Anderson hat sein 911 SC Coupé, Modelljahr 1978, umgebaut zu einem nicht nur schnellen, sondern auch ausgesprochen gut aussehenden Rennfahrzeug.
Die Abbildungen auf dieser Seite zeigen sein Renn-Coupé mit voller Kriegsbemalung.

Matthew Rich benutzt seinen 911 SC, Modelljahr 1981, sowohl für den täglichen Einsatz als auch auf der Rennstrecke.

Hier steht Matthew am Start, bereit seine „hot laps" zu beginnen.

In dieser Umgebung fühlt sich ein SC wohl: Eine Rennstrecke mit wenig Verkehr erlaubt freies Fahren. Unter diesen Bedingungen bewegt Scott Booth seinen 911 SC, Modelljahr 1978, am liebsten.

Erinnerungen an das Rennen in Le Mans im Jahr 1980 werden wach, allerdings diesmal in Lime Rock, USA, 21 Jahre später: Der 911 SC jagt auch hier den 924. Foto: Bill Cline

Bill Cline hat an diesem Tag nicht nur an einem Rennen teilgenommen, er hatte auch noch Zeit, mit der Kamera um die Strecke zu ziehen und Impressionen einzufangen. Abgespielt hat sich dieses Duell in Lime Rock Park, einer 2,46 Kilometer langen Strecke in Connecticut, wo neben den populären NASCAR-Rennen auch Oldtimerveranstaltungen ausgetragen werden.

Das besondere an dem nebenstehenden 911 SC, Modelljahr 1978, von David Mackrell ist die Tatsache, dass es ursprünglich ein linksgelenktes Fahrzeug für Japan war.

Norbert steht hier bereit für den Wettbewerb. Sein Fahrzeug ist ein sehr leistungsstarker 911 SC.

Nur Norbert weiß, was an seinem 911 SC gemacht wurde. Das Fahrzeug ist in seiner Klasse unbezwingbar.

Wer mit seinem 911 SC in Deutschland Motorsport betreiben möchte, dem bieten sich eine ganze Reihe von Rennveranstaltungen und Rennserien, die je nach Ambitionen (mit oder ohne Fahrerlizenz) und Budget ganz unterschiedliche Anforderungen stellen. Vom Gelegenheitsrennfahrer bis zum Semi-Profi kann hier jeder seine Porsche Leidenschaft ausleben. Neben den schon erwähnten Fahrerlehrgängen sind die Touristenfahrten auf dem Nürburgring seit jeher sehr beliebt, um sein Gefährt unter verschärften Bedingungen durch das Kurvengeschlängel der legendären „Gebirgs-, Renn- und Prüfungsstrecke" zu bewegen. Es ist ein gutes Training und eine ideale Gelegenheit, Erfahrungen in der „grünen Hölle" zu sammeln. Dazu gehören natürlich auch wertvolle Erkenntnisse für die optimale Fahrwerksabstimmung. Je nach Verkehr und Qualifikation der Mitstreiter sind solche Ausflüge allerdings auch nicht ganz ungefährlich und erfordern sehr viel Konzentration und Rücksichtnahme auf andere „Teilnehmer", die gerade mit mehr oder weniger Erfahrung versuchen, die anspruchsvolle Nordschleife zu bezwingen. Die Kosten liegen bei ca. 25,- Euro für eine Runde, ganz Emsige können auch über die Anschaffung einer Jahreskarte für ca. 1400 Euro nachdenken. Nähere Informationen findet man unter www.nuerburgring.de.

Die preiswerteste Disziplin des Motorsports ist der Slalom. Die Hatz durch den Hütchen-Parcours findet meist auf großen Parkplätzen statt. Die Vorbereitung des Fahrzeugs hinsichtlich der Sicherheitsausrüstung hält sich engen Grenzen und auch der Fahrer benötigt lediglich einen zugelassenen und geprüften Helm und ein paar griffige Handschuhe. Der Verschleiß am Fahrzeug ist überschaubar und der Materialeinsatz erfordert ein verhältnismäßig kleines Budget, je nachdem, in welcher Klasse man startet. Die zuständigen ADAC Sportabteilungen können mit Reglement und Terminen behilflich sein.

Der Porsche Club of America (PCA) Region Deutschland hat jahrelang einen Slalom-Wettbewerb ausgeschrieben. Leider gibt es diese Abteilung nicht mehr. Ehemalige Mitglieder des PCA-GR wie das Ehepaar Billie und Norbert Seim, die bei den Wettbewerben Erfahrungen gesammelt haben, sind inzwischen recht erfolgreich aktiv in national ausgeschriebenen deutschen Slalom-Wettbewerben.

Eine andere interessante Disziplin sind so genannte Gleichmäßigkeitsprüfungen. Die Rundstrecken-Challenge Nürburgring

beispielsweise bietet spannende Veranstaltungen für wenig Geld auf einem hohen sportlichen Niveau. Informationen und eine ausführliche Vorstellung dieser Serie findet man unter www.rcn-glp.de.

Sehr viel anspruchsvoller geht es in der seit Jahren erfolgreich ausgetragenen und immer populärer werdenden YOUNGTIMER TROPHY zu (www.youngtimer.de). Materialeinsatz und Wagenvorbereitung sind aber deutlich aufwändiger als beim Slalom oder den Gleichmäßigkeitsprüfungen.

Ein 911 SC in Down Under (Australien)

In diesem kleinen Landstädtchen, in den Adelaide Bergen, lebt Norman Goodall, oder Norm, wie er von Freunden genannt wird. Norm ist ein aktives Mitglied des Porsche Club von Süd-Australien.

Die drei Abbildungen auf dieser Seite zeigen, was Norman aus seinem ursprünglich serienmäßigen 911 SC „Version Australien" gemacht hat: Er hat ihn in ein reinrassiges Rennfahrzeug verwandelt.

Alle Fotos stellte uns freundlicherweise Norm Goodall zur Verfügung.

Anhang A
Produktionsdaten

Bis zum Erscheinen des Cabrios eine schöne Version des Offenfahrens: der 911 SC Targa, Modelljahr 1982. Foto: Joel Rosenblatt

Mit dem Modelljahr 1981 wurde auch bei Porsche die international einheitliche Fahrgestell-Nummer mit 17 Stellen eingeführt.

Foto: Joel Rosenblatt

Einführung

Der erste Teil dieses Anhangs beschreibt die drei verschiedenen Methoden, die Porsche anwendete, um die Fahrzeuge zu identifizieren, aber auch wie die verschiedenen Motoren- und Getriebevarianten zu erkennen sind.
Mit diesen Informationen ist es für einen zukünftigen 911 SC-Besitzer möglich, die Fahrgestell-Nummer eines Fahrzeugs aufzuschlüsseln. Mehr Informationen zu diesem Thema finden Sie auch in Kapitel 2.

Der Rest dieses Anhangs dient dazu, die Produktionsziffern analysieren zu können.

Identifikationsnummern

Zehnstellige Fahrgestell-Nummern

Diese Identifikationssysteme für die Fahrgestell-Nummern wurde 1978 und 1979 verwendet:
Zur Identifizierung werden 10 Stellen (Ziffern oder Buchstaben) benutzt. Das Typschild ist bei USA-Fahrzeugen von außen sichtbar, an der linken A-Säule angebracht, zusätzlich im Bereich Kraftstofftank eine gravierte Platte mit den Daten. Bei den übrigen Fahrzeugen befindet sich das Typschild im Gepäckraum vorne rechts.

Entschlüsselung der Fahrgestell-Nummern 1978 und 1979		
Ziffer	**Code**	**Erklärung**
1	9	Erste Ziffer des Fahrzeugtyps
2	1	Zweite Ziffer des Fahrzeugtyps
3	1	Dritte Ziffer des Fahrzeugtyps
4	8 9	Modelljahr 1978 Modelljahr 1979
5	2 3	Motortyp 911 SC USA Motortyp 911 SC RdW
6	0 1	Coupé Targa
7...10		Zählnummern

Porsche Interim Fahrgestell-Nummern
Nur für das Modelljahr 1980 verwendete Porsche eine geänderte Fahrgestell-Nummern-Identifikation:

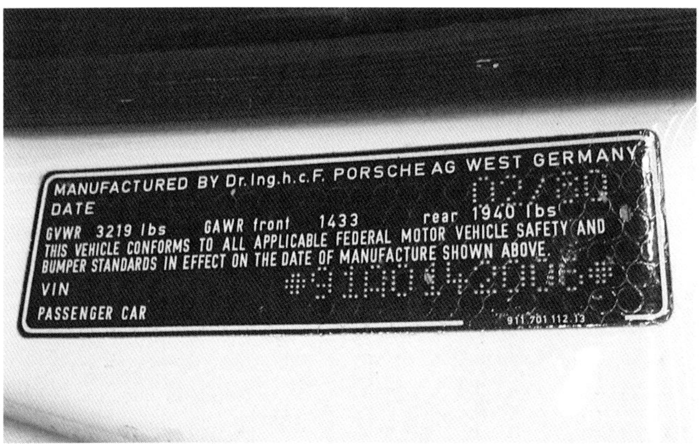

Entschlüsselung der Fahrgestell-Nummern 1980		
Ziffer	**Code**	**Erklärung**
1	9	Erste Ziffer des Fahrzeugtyps
2	1	Zweite Ziffer des Fahrzeugtyps
3	A	Modelljahr 1980
4	O	Herstellerwerk Stuttgart
5	1	Dritte Ziffer des Fahrzeugtyps
6	3 4	Motortyp 911 SC RdW Motortyp 911 SC USA
7...10		Zählnummern

Die 17-stellige Fahrgestell-Nummer

Die von Porsche ab Modelljahr 1981 verwendete Fahrgestell-Nummer entspricht dem internationalen System mit insgesamt 17 Stellen.

- Beispiel: WP0ZZZ91ZBS103181 ist ein 911 SC Coupé aus dem Modelljahr 1981.

Die VIN ist eingeprägt in das Typschild, das sich im Gepäckraum an der Innenseite des rechten Kotflügels befindet, recht nahe am Gehäuse des rechten Hauptscheinwerfers.

- Die ebenfalls 17-stellige VIN für Fahrzeuge für die USA soll an folgendem Beispiel erklärt werden: WP0EA091CDS161300 ist ein 911 SC Targa aus dem Modelljahr 1983 für USA.

Die VIN ist bei USA-Fahrzeugen von außen sichtbar, an der linken A-Säule angebracht.

Hinweis:
Kurze Erklärung für die ersten drei Zeichen in der 17-stelligen internationalen VIN:

- W Herstellerland des Fahrzeugs. Die Bundesrepublik Deutschland hat das „W" als Kennbuchstaben.
- P Der Hersteller selbst. „P" steht für die Firma Dr.-Ing. h. c. F. Porsche Aktiengesellschaft.
- 0 Das dritte Zeichen ist aus Verwechselungsgründen nicht der Buchstabe O, sondern die Ziffer „0" (Null) und gehört zum Herstellerkürzel.

Entschlüsselung der Fahrgestell-Nummern von 1981 bis 1984		
Ziffer	**Code**	**Erklärung**
1	W	Herstellerland Bundesrepublik Deutschland
2	P	Hersteller: Dr. Ing. h. c. F. Porsche Aktiengesellschaft
3	0	gehört zum Hersteller (null)
4	Z A E E	Füllzeichen für RdW-Fahrzeug Karosserieausführung als Coupé (nur bei USA-Ausführung) Karosserieausführung als Targa (nur bei USA-Ausführung) Karosserieausführung als Cabriolet (nur bei USA-Ausführung)
5	Z 0	Füllzeichen für RdW-Fahrzeuge Saugmotor mit 3 Litern Hubraum (nur bei USA-Ausführung)
6	Z 0	Füllzeichen für RdW-Fahrzeuge Sicherheitsgurte serienmäßig (nur bei USA-Ausführung)
7 und 8	91	Die beiden ersten Ziffern des Modelltyps, hier. 911 (93 würde zum Beispiel für 930/Turbo stehen)
9	Z 0-9 oder X	Füllzeichen für RdW-Fahrzeuge Prüfziffern für USA-Fahrzeuge
10	B C D E	Modelljahr 1981 Modelljahr 1982 Modelljahr 1983 Modelljahr 1984 (gab es nur für die 20 Rennsport-Fahrzeuge 911 SC/RS)
11	S	Produktionsstandort (Stuttgart)
12	1	Dritte Ziffer des Modelltyps
13	0 2 4 5 6 7	911 SC Coupé RdW 911 SC Coupé USA/Japan 911 SC Targa RdW 911 SC Targa USA/Japan 911 SC Cabriolet USA/Japan 911 SC Cabriolet USA/Japan
14 ... 17		Laufende Zählnummer

Hinweis:
Oftmals wird bei Porsche Fahrgestellnummern in der Buchstabenfolge „WP0" die „0" mit einem „O" verwechselt. Das passiert nicht nur vielen Fahrern, sondern auch die Literatur steckt voll von diesen Irrtümern. Die 17-stelligen Nummern sind so angelegt, dass nach der Festlegung kein O, I oder Q verwendet werden darf, um Irrtümer auszuschließen.

Hinweis:
Die Zählnummern werden bei Porsche ab 1970 folgendermaßen vergeben:

- *0001 bis ... 0051 sind für Versuchsfahrzeuge bestimmt.*
- *0051 bis ... 0060 sind für Sonderfahrzeuge bestimmt.*

Das erste, für Kunden bestimmte Fahrzeug hat die Zählnummer ... 0061.

Serienfahrzeuge Typ 911 SC, Identifizierung durch Modelljahr							
Modelljahr	**Land**	**Coupé Fünfgang**	**Targa Fünfgang**	**Cabriolet Fünfgang**	**Sportomatic Dreigang**	**VIN Fahrzeug Identifikationsnummer**	**Seriennummer Motor**
1978	RdW + Japan	X			X	911830001 ... 2438	6380001 6389001 6180001 6189001
	RdW + Japan		X		X	9118310001... 1729	6380001 6389001 6180001 6189001
	USA	X				9118200001 ...2436	6280001
	USA		X			9118210001 ... 2579	6280001
	Kanada	X				9118200001 ...2436	6580001
	Kanada		X			9118200001 ...2436	6580001
1979	RdW + Japan	X			X	9119300001... 3319	6390001 6399001 6190001 6199001
	RdW + Japan		X		X	9119310001 ... 1874	6390001 6399001 6190001 6199001
	USA	X				9119200001 ...2013	6290001
	USA		X			9119210001 ... 1965	6290001
	Kanada	X				9119200001 ...2013	6590001
	Kanada		X			9119210001 ... 1965	6590001
1980	RdW + Japan	X	X		X	91A0130001... 4831	6300001 6309001 6308001
	USA	X				91A0140001 ... 4272	6400001
1981	RdW	X				WP0ZZZ91ZBS100001 ... 3181	6310001
	RdW		X			WP0ZZZ91ZBS140001 ... 1703	6310001
	Japan	X				WP0ZZZ91ZBS120001 ... 622	6418001
	Japan		X			WP0ZZZ91ZBS160001 ... 510	6418001
	USA	X				WP0AA091(*)BS120001... 1573	6410001
	USA		X			WP0EA091(*)BS160001 ... 1407	6410001
1982	RdW	X				WP0ZZZ91ZCS100001 ... 3307	63C0001
	RdW		X			WP0ZZZ91ZCS100001 ... 3307	63C0001
	Japan	X				WP0ZZZ91ZCS120001 ... 628	64C8001
	Japan		X			WP0ZZZ91ZCS160001 ... 562	64C8001
	USA	X				WP0AA091(*)CS120001... 2457	64C0001
	USA		X			WP0EA091(*)CS160001 ...2426	64C0001

Serienfahrzeuge Typ 911 SC, Identifizierung durch Modelljahr							
Modelljahr	Land	Coupé Fünfgang	Targa Fünfgang	Cabriolet Fünfgang	Sportomatic Dreigang	VIN Fahrzeug Identifikationsnummer	Seriennummer Motor
1983	RdW	X				WP0ZZZ91ZDS100001 ... 2995	63D0001
	RdW		X			WP0ZZZ91ZDS140001 ... 1258	63D0001
	RdW			X		WP0ZZZ91ZDS150001 ... 2406	63D0001
	Japan	X				WP0ZZZ91ZDS120001 ... n. b.	64D8001
	Japan		X			WP0ZZZ91ZDS160001 ... n. b.	64D8001
	Japan			X		WP0ZZZ91ZDS170001 ... n. b.	64D8001
	USA	X				WP0AA091(*)DS120001... 2599	64D0001
	USA		X			WP0EA091(*)DS160001 ... 1430	64D0001
	USA			X		WP0EA091(*)DS170001 ... 1718	64D001

Hinweis:

Bei den VIN für USA und Kanada, erstmals ab Modelljahr 1981, ist das 9. Zeichen als (*) dargestellt. In Wirklichkeit dient dieses Zeichen der Fälschungssicherheit, es kann eine Ziffer zwischen 0 und 9, aber auch X sein. Die Quersumme aller Ziffern einer VIN (mit der eingefügten 9. Stelle ergibt eine bestimmte Zahl).

Sonderserien des 911 SC, Identifizierung durch das Modelljahr					
Modelljahr	Land	Typ	VIN Fahrzeug-Identifikationsnummer	Motor-Nummer	Anzahl der gebauten Fahrzeuge
1980	USA	911 SC Weissach	91A0140001 ... 4272	6400001	408
1981	RdW	Porsche Studie	WP0ZZZ91ZBS150001	6710001	1 Cabriolet mit Allradantrieb und Turboladermotor
1982	RdW	911 SC Sondermodell 50 Jahre Porsche	WP0ZZZ91ZCS100001 ... 3307	63C0001	Insgesamt wurden 200 Fahrzeuge gebaut, teilweise als Coupé oder als Targa
1982	RdW	911 SC Sondermodell 50 Jahre Porsche	WP0ZZZ91ZCS140001 ...1737	63C0001	Insgesamt wurden 200 Fahrzeuge gebaut, teilweise als Coupé oder als Targa
1984	RdW	Porsche 954 (911 SC/RS)	WPOZZZ91ZES11001 ... 20	63E0001	20 Rennsport- Fahrzeuge

Aufschlüsselung der Motor-Nummern

Die Motornummer befindet sich auf dem Motorblock, auf der rechten Seite des Kurbelgehäuses in der Nähe des Gebläsegehäuses.

Die Motornummer besteht aus 7 Ziffern und es gibt drei Varianten der Motoridentifikation:

- Modelljahre 1978 und 1979
- Modelljahr 1980
- Modelljahre 1981 bis 1984 (1984 wurden noch die 20 Exemplare des 911 SC/RS gebaut).

Entschlüsselung der Motornummern der Modelljahre 1978 und 1979		
Ziffer	**Code**	**Erklärung**
1	6	Zylinderzahl
2	1 2 3 5	Sondernummer, nur Japan Motor für USA Motor für RdW Motor für Kalifornien
3	8 9	Modelljahr 1978 Modelljahr 1979
4 ... 7		Laufende Seriennummer eines speziellen Motors, beginnend mit 0001. Motoren für Fahrzeuge mit Sportomatic-Getriebe beginnen mit der Seriennummer 9001.

Entschlüsselung der Motornummern des Modelljahres 1980		
Ziffer	**Code**	**Erklärung**
1	6	Zylinderzahl
2	3 4	Motor für RdW Motor für USA
3	0	Modelljahr 1980
4 ... 7		Laufende Seriennummer eines speziellen Motors, beginnend mit 0001. Motoren für Fahrzeuge mit Sportomatic-Getriebe beginnen mit der Seriennummer 9001.

Entschlüsselung der Motornummern der Modelljahre 1981 und 1984		
Ziffer	**Code**	**Erklärung**
1	6	Zylinderzahl
2	3 4	Motor für RdW Motor für USA
3	1 C D E	Modelljahr 1981 Modelljahr 1982 Modelljahr 1983 Modelljahr 1984 (nur 911SC/RS)
4 ... 7		Laufende Seriennummer eines speziellen Motors

Aufschlüsselung der Getriebe-Nummern

Getriebenummern befinden sich gut sichtbar am Getriebegehäuse und bestehen aus sieben Ziffern. Es gibt zwei unterschiedliche Versionen. Einmal für die Modelljahre 1978 und 1979 und die zweite Version für die Modelljahre 1980 bis 1983.

Entschlüsselung der Getriebenummern der Modelljahre 1978 bis 1979		
Ziffer	**Code**	**Erklärung**
1	7	Getriebe für Sechszylinder-Motoren
2	1 6	Mechanisches Fünfgang-Getriebe Halbautomatisches Dreigang-Getriebe-Sportomatic
3	8 9	Modelljahr 1978 Modelljahr 1979
4 ... 7		Laufende Seriennummer

Entschlüsselung der Getriebenummern der Modelljahre 1981 bis 1984		
Ziffer	**Code**	**Erklärung**
1	7	Getriebe für Sechszylinder-Motoren
2	3 4	Mechanisches Fünfgang-Getriebe für RdW Mechanisches Fünfgang-Getriebe für USA und Japan
3	0 1 C D E	Modelljahr 1980 Modelljahr 1981 Modelljahr 1982 Modelljahr 1983 Modelljahr 1984 (911 SC/RS)
4 ... 7		Laufende Seriennummer

Produktionsdaten und -zahlen

Zeiträume der Fahrzeugproduktion

L-Serie: August 1977 bis Juli 1978

M-Serie: August 1978 bis Juli 1979

A-Programm: August 1979 bis Juli 1980

B-Programm: August 1980 bis Juli 1981

C-Programm: August 1981 bis Juli 1982

D-Programm: August 1982 bis Juli 1983

E-Programm: August 1983 bis Juli 1984
(nur die 20 Fahrzeuge 911 SC/RS)

Die Produktionszahlen der Porsche 911 SC

Modelljahr	Land	Coupé	Targa	Cabriolet
1978	RdW	2428	1719	----
	Japan	293	----	----
	USA + Kanada	2426	2569	----
1979	RdW	5333	3607	----
	Japan	363	----	----
	USA + Kanada	2013	1955	----
1980	RdW	4822 Coupé + Targa	----	
	USA	4222 Coupé + Targa	----	
1981	RdW	3171	1693	----
	Japan	113	20	----
	USA	1563	1397	----
1982	RdW	3249	1686	----
	Japan	78	12	----
	USA	2406	2376	----
1983	RdW	2935	1198	2345
	Japan	85	85	30
	USA	2499	1370	1721
1984	RdW	20	----	----

Anhang B
Porsche Werk-Codes

Der Grund für die Einführung der M-Liste bei Porsche war das Fahrzeug 911 RS im Modelljahr 1973. Dieser besondere 911 ist wohl der berühmteste und begehrteste Neunhundertelfer, der jemals gebaut wurde. *Foto: Adrian Streather*

911 SC Modelljahr 1978: Der feststehende Heckspoiler war nicht als M-Ausstattung lieferbar. Er wurde nachträglich angebracht.

Foto: Gerko Hoek

Mehrausstattungsliste (M-Liste)

Mit dem Modelljahr 1973 führte Porsche eine so genannte M-Liste ein. Viele neue Mehrausstattungen wurden zusammen mit dem 911 RS angeboten und jeweils einer M-Nummer zugeordnet. Für alle Porsche Fahrzeuge der Modelljahre 1973 bis 1977 gibt es einen Mix aus alten „Sonderwünschen" und den neuen „Mehrausstattungen". Zum Modelljahr 1978 wurden dann alle Mehrausstattungen neu aufgelistet. Das erste Fahrzeug der Baureihe 911, für das die neue M-Liste geschaffen wurde, war der 911 SC.

Ab dem Modelljahr 1981 wurde eine Kopie der M-Liste, nach der ein bestimmtes Fahrzeug im Werk zusammengebaut wurde, auf der Unterseite des Gepäckraumdeckels angebracht.

Die M-Liste gilt, mit einigen Einschränkungen, für alle Serienfahrzeuge von Porsche und war für die Modelljahre 1978 bis 2005 gültig.

Hinweis:
Nicht alle M-Nummern in dieser Liste konnten für den 911 SC bestellt werden.

Mehrausstattungsliste	
M-Nr.	Beschreibung Sonderwunsch
001	Carrera Cup Version (Europa)
002	Touring Version des 964 Carrera RS
002	Grundversion des 993 Carrera RS
003	Gruppe N GT1
003	Clubsport Version des 993 Carrera RS
004	Carrera GT
005	Rennversion
006	Porsche Fußmatten
007	993 Carrera RS für Japan
009	Dreigang-Sportomatic
018	Sportlenkrad, mit Leder überzogen, mit 30 mm erhöhter Nabe
020	Tacho mit 2 Skalen (km/h und mph)
024	Version für Griechenland
026	Aktivkohlefilter in Tankentlüftung
027	Fahrzeug für Kalifornien
030	Sportfahrwerk
031	Sportstoßdämpfer
032	Touring Fahrwerk
033	Sportstoßdämpfer
033	Fahrzeug ab Werk tiefergelegt, ab Typ 993
034	Fahrzeug für Italien
036	Federdämpfer an beiden Stoßstangen
042	Klebestreifen Martini Racing
042	Dunlop Bereifung für RS 3,8
058	Prallrohre an beiden Stoßstangen (USA)
061	Fahrzeug für Großbritannien
062	Schmutzfänger hinter den Hinterrädern (Gesetz in Schweden)
062	Fahrzeug für Schweden
063	Fahrzeug für Luxemburg
065	Fahrzeug für Dänemark
066	Fahrzeug für Norwegen
067	Fahrzeug für Finnland
068	Fahrzeug für Thailand
070	Persenning für Cabriolet

Mehrausstattungsliste	
M-Nr.	Beschreibung Sonderwunsch
071	Fahrzeug für die EU ab Typ 993
092	911 (993) Turbo S
096	Sondermodell 911 Carrera 4 „30 Jahre 911" (Mj. 1991 bis 1994)
097	Sondermodell „25 Jahre 911" (Deutschland) Exterieurfarbe dunkelblaumetallic, (Mj. 1987 bis 1989)
098	Sondermodell „25 Jahre 911" (USA)
098	Serienmäßige Porsche Lederausstattung in wechselnden Farben (Coupé, Targa) Exterieurfarbe silbermetallic (Mj. 1987 bis 1989)
099	Sondermodell „25 Jahre 911" (RdW), (Mj. 1987 bis 1989)
103	Einstellbare Stoßdämpfer
111	Fahrzeug für Österreich
113	Fahrzeug für Kanada
114	Fahrzeug für Taiwan
119	Fahrzeug für Spanien
124	Fahrzeug für Frankreich
126	Digitales Radiogerät 1982 (nur 911)
126	Klebeschilder französisch
127	Klebeschilder schwedisch
130	Klebeschilder englisch
139	Sitzheizung links
148	Leistungsgesteigerter Motor 930/66/S/SL
150	Abgasentgiftung entfernt für Länder ohne unverbleiten Kraftstoff
151	Abweichende Motorteile für Motor 968 CS
152	Maßnahmen zur Geräuschdämpfung des Motorraums
153	Abweichende Motorenteile beim Zusammenbau des Motors Typ 951
154	Steuergerät für verbesserte Abgaswerte
155	Motronic für Fahrzeuge mit Katalysator
156	Geräuschreduzierender Schalldämpfer
157	Lambda-Sonde und Katalysator
158	Radio Monterey 1986 und Reno 1987
159	Motor-Geräuschpaket
160	Radio Charleston
164	Bereifung 215/60 VR15

Mehrausstattungsliste	
M-Nr.	**Beschreibung Sonderwunsch**
167	Bridgestone-Bereifung
176	Ölkühler mit Lüfter
182	Diebstahlsicherung im Fahrgastraum (944)
185	Automatische Zweipunktgurte Hintersitze
186	Manuell verstellbare Zweipunktgurte Hintersitze
187	Asymmetrisch ausleuchtende Hauptscheinwerfer
190	Verstärkte seitliche Türen
193	Fahrzeug für Japan
195	Vorbereitung für Mobiltelefon (Cellular-Telefon USA)
197	88-Ah-Batterie
198	Stärkerer Anlasser (1.7kW) für 944 in Kanada
208	Anhängerkupplung
210	Kennzeichenhalter Typ II (USA)
211	Sonderwünsche des Kunden
215	Fahrzeug für Saudi Arabien
218	Kennzeichenhalter vorne und hinten
219	Ausgleichgetriebe
220	Sperrdifferenzial Sperrwert 40%
221	Sperrdifferenzial System Porsche (PSD)
222	Traktionskontrolle
224	ABD Aktives Bremsdifferenzial
225	Fahrzeug für Belgien, Motorbezeichnung „B"
231	Wechsel des Reifenherstellers während der laufenden Produktion.
233	Verschiedene Reifenfabrikate
235	Von Porsche freigegebene Bereifung Bridgestone N2 und Pirelli P2
240	Version für Länder mit minderwertigem Kraftstoff
241	Schaltwegverkürzung
243	Verkürzter Schalthebel
249	Vollautomatisches Tiptronic S Getriebe
251	Automatisches Getriebe, kürzere Gangübersetzung 13:33 für Länder CH, S, A
255	Kraftstoffverbrauchsanzeige (Instrument)
261	Ebener Außenspiegel auf der Passagierseite elektrisch verstellbar und beheizbar
262	Ebener Außenspiegel auf der Passagierseite manuell verstellbar

Mehrausstattungsliste	
M-Nr.	**Beschreibung Sonderwunsch**
269	Zusatzscheinwerfer
277	Fahrzeug für die Schweiz
268	Intensivreinigungsanlage für die Windschutzscheibe
288	Reinigungsanlage für Hauptscheinwerfer
298	Vorbereitet für unverbleiten Kraftstoff, Schaltgetriebe
299	Vorbereitet für unverbleiten Kraftstoff, Automatikgetriebe
302	Typemblem am Heck des Fahrzeugs angebracht
308	Pneumatischer Heber für den Motorraumdeckel
319	Zusätzliche Motorkühlung für Tropenländer
320	Radio Porsche CR-11
321	Radio Porsche CR-22
323	Klebeschild „Ohne ESE-Regelung"
324	Radio Porsche CR-10
325	Fahrzeug für Südafrika oder Neuseeland
326	Radio Blaupunkt Berlin
327	Radio Symphony RDS
328	Radio Blaupunkt Bremen SQR 46 (mit ARI)
329	Radio Blaupunkt Toronto SQR 48 (nicht für USA)
329	Radio Porsche CR-210 (nur USA)
330	Radio Blaupunkt Toronto SQR 46, alle Fahrzeuge, nicht für USA
330	Radio Porsche CR-31 (nur für USA ab Modelljahr 1997)
331	Kassettenradio mit zwei Türlautsprechern
332	Radio Porsche CR-2
333	Kassettenradio Paris RCR 41
334	Radio Blaupunkt Bremen RCM 42
335	Automatik-Dreipunkt-Sicherheitsgurte für Rücksitzanlage (nur Cabriolet)
336	Radio Blaupunkt Düsseldorf RCR 84
337	Entfernen von Transporthilfen (ab Modelljahr 1992)
338	Nur Hinterradantrieb
339	Allradantrieb
340	Sitzheizung rechter Sitz
341	Zentralverriegelung
342	Sitzheizung

Mehrausstattungsliste	
M-Nr.	**Beschreibung Sonderwunsch**
346	Serienmäßig silberfarbige Räder
347	Geschmiedete Räder, 7 x 16, platineloxiert, Bereifung 225/50 VR 16
348	Geschmiedete Räder, Farbe Grand-Prix-Weiß
351	Radio Porsche CR Stereo, Typ DE
360	Ausrüstung gegen Steinschlag
371	Sportsitz links, manuell verstellbar
372	Sportsitz rechts, manuell verstellbar
373	Sportsitz links, elektrisch verstellbar
374	Sportsitz rechts, elektrisch verstellbar
375	Kupplungsbeläge ohne Asbest
376	Sportsitze, Rückenlehne lackiert
377	Komfortsitz links, einstellbar
378	Komfortsitz rechts, einstellbar
379	Basissitz links, elektrisch vertikal verstellbar
380	Basissitz rechts, elektrisch vertikal verstellbar
381	Basissitz links, manuell verstellbar
382	Basissitz rechts, manuell verstellbar
383	Sportsitz links, elektrisch vertikal verstellbar
384	Schalensitz links, mit Ganzleder-Überzug
385	Schalensitz rechts, mit Ganzleder-Überzug
387	Sportsitz rechts, elektrisch vertikal verstellbar
388	Rennsitz links
389	Radio Porsche CR Stereo, Typ USA
391	Steinschlagschutz hinten, separat angebracht
392	Innenausstattung „schottisch Tweed"
393	Geschmiedete Leichtmetallräder 8J x 16 und 9J x 16
393	Seitlicher Schriftzug (schwarz)
393	17-Zoll-Leichtmetallräder mit eigenem Design für 911 Targa
393	18-Zoll-Leichtmetallräder mit Targa Design für die übrigen 911 Typen
394	Magnesiumguss-Felgen, 8J x 16 und 9J x 16 im „Telefon-Design"
395	Geschmiedete Leichtmetallfelgen, 6J x 16 vorne, 7J x 16 hinten
395	Pirelli P7 Bereifung 205/50/VR15 vorne und 225/50/VR15 hinten
396	Leichtmetallräder, 8Jx15 hinten

Mehrausstattungsliste	
M-Nr.	**Beschreibung Sonderwunsch**
397	16-Zoll-Cup-Räder
398	linker Außenspiegel, plan, elektrisch verstellbar
398	17-Zoll-Leichtmetallfelgen im Cup Design
398	P31 Sportfahrwerk (968) mit Cup Design-Rädern
399	Klimaanlage ohne vorderen Kondensator (Mj. 1978)
400	Leichtmetall-Druckgussräder (Design 90)
401	16-Zoll-Cup-Räder
402	Sondermodell 911 SC „50 Jahre Porsche" (1982), Lackfarbe: Meteormetallic
403	17-Zoll-Druckgussräder
403	Leichtmetallabdeckung der Türeinstiege
404	Stabilisatoren
405	Niveauregulierung
405	18-Zoll-Leichtmetallräder vom RS
406	Sondermodell „50 Jahre Porsche" (1982)
406	Steinschlagschutz in den vorderen Kotflügeln (1983-1986)
406	18-Zoll-Leichtmetallräder, lackiert, vom RS 3,8
407	18-Zoll-Leichtmetallräder, poliert
408	18-Zoll-Leichtmetallräder im Turbo-Look (für C4S)
409	Sportsitze links und rechts mit Leder überzogen
410	Sportsitze links und rechts mit Stoff und Kunstleder überzogen
411	Kennzeichenhalter vorne
411	18-Zoll-Leichtmetallräder (Carrera), Druckguss
412	Zusätzlicher Ölkühler
413	18-Zoll-Leichtmetallräder im Turbo-Look
414	Kombi-Instrument zur Anzeige von Öldruck und Öltemperatur
414	Ölkühler für Getriebe
414	18-Zoll-Leichtmetallräder, hochglanzpoliert
415	Spurverbreiterung hinten mit 21 mm Distanzscheiben
416	Lenkrad und Schutzmanschette am Schalthebel mit Leder überzogen
418	Einstiegschutz an den Türen
418	Aluminiumeinfassung der Radläufe
418	Seitenschutzleisten für Typ 944
418	Gepäckablage anstelle der hinteren Sitze, Fächer abschließbar

Mehrausstattungsliste	
M-Nr.	**Beschreibung Sonderwunsch**
421	Kassettenfach in der Mittelkonsole
422	Radio Blaupunkt Bamberg
423	Kassettencontainer und Münzbox
424	Automatische Heizungsregulierung
424	CD Ablagefach in der Mittelkonsole
425	Heckscheibenwischer
426	Sondermodell Typ 924 „Weltmeister 1976 und 1978" (Martini)
427	Sondermodell Typ 924 nur für Frankreich (100 Fahrzeuge)
429	Weiße Nebelscheinwerfer
429	Sondermodell Typ 924 Sebring nur für USA
430	Rechteckige Nebelscheinwerfer mit gelben Streuscheiben
431	Dreispeichen-Lenkrad, mit Leder bezogen, 363 mm Durchmesser
432	Kunststoff Seitenstreifen Martini 1978-1982
432	Sportlenkrad mit vier Speichen, mit Leder bezogen, 363 mm Durchmesser
432	Zusätzlicher Lackschutz für schwarze Außenfarbe
432	Lenkrad mit Betätigungstasten für Tiptronic
433	Lenkrad mit Leder bezogen (ATIWE)
434	Hinweise zur Behandlung von Fahrzeugen, die nach Übersee verschifft werden. (924 und 944)
435	Lenkrad mit Leder bezogen (MOMO)
436	Airbag-Lenkrad mit drei Speichen, mit Leder bezogen
436	Targa Faltdach
437	Komfortsitz links, elektrisch verstellbar
438	Komfortsitz rechts, elektrisch verstellbar
438	Porsche Schriftzug (goldfarbig) auf den Türen
438	Vollelektrische Sitzbetätigung rechts
439	Elektrisches Verdeck, Cabriolet
439	Sondermodell Weissach (1980)
439	Porsche Schriftzug (schwarz) auf den Türen
439	Elektrische Verdeckbetätigung
440	Radio-Vorbereitung, manuelle Antenne, 4 Lautsprecher
441	Überblendregler, Antennenverstärker, 4 Lautsprecher
441	Lautsprecher und Antennenverstärker

Mehrausstattungsliste	
M-Nr.	**Beschreibung Sonderwunsch**
442	Radiovorbereitung, keine Antenne
443	Getönte Front- und Seitenscheiben, beheizte Windschutzscheibe
444	Räder aus Stahlblech
444	Cabriolet
445	Leichtmetallräder, silberfarbig mit farbig lackierten Speichen
446	Festgelegte Zusatzteile zum Typ Targa
446	Radkappen mit farbigem Porsche Wappen (nur für 18-Zoll-Felgen)
446	Chromzierteile für Typ Carrera
446	Konkave Radkappen mit farbigem Porsche Wappen
447	Ersatzrad mit Faltreifen
449	Geschmiedetes Leichtmetall Ersatzrad
449	Radio Blaupunkt Lübeck
450	Leichtmetallräder für Carrera, schwarz, nur 6J x 15 vorne und 7J x 15 hinten
451	Eingeschränkte Radiovorbereitung
452	Radio Blaupunkt Frankfurt
454	Radio Blaupunkt Coburg
454	Tempomat
455	Diebstahlsicherung Räder (Radschlösser)
455	Distanzscheiben für Vorderräder
456	Sportstoßdämpfer und Stabilisatoren
457	Gelbe Blinkleuchten vorne und hinten
458	15-Zoll-Leichtmetallräder, 6J x 15, Grünsilbermetallic
459	15-Zoll-Leichtmetallräder, 6J x 15, Kometdiamant-metallic
459	Sondermodell 924 „Weissach"
459	Domstrebe
460	15-Zoll-Leichtmetallräder, 6J x 15, Blaugraumetallic
461	Elektrische Antenne, 4 Lautsprecher
462	Sekuriflex Windschutzscheibe
462	Sondermodell „Weissach" (1982)
462	Carrera Schriftzug an den Türen, schwarz
463	Klare Windschutzsscheibe
463	Seitenfenster getönt (Serienausstattung Australien)
464	Ohne Kompressor und Reifendruck-Manometer

Mehrausstattungsliste	
M-Nr.	**Beschreibung Sonderwunsch**
465	Befestigungsgurte für Übersee-Transport (Serienausstattung für Übersee-Fahrzeuge)
467	Außenspiegel Fahrerseite konvex, elektrisch verstellbar und beheizbar
468	Windschutzscheibe mit Grünkeil (getönt), Seitenscheiben grün
468	Bordkompressor
469	Dachhimmel schwarz
470	Turbo-Look ohne Heckspoiler
470	Feststehender Heckspoiler, ab Serie 993
471	Integrierter Heckspoiler
471	Sportpaket 1
471	Carrera RS Sport
471	Feststehender Heckspoiler mit zusätzlichem Flügel, ab Serie 993
472	Zusätzliche hintere Heckschürze
472	Carrera RS Touring
472	Turbo mit normaler Karosserie (1980)
472	944 Turbo (951)
473	Mit Bug- und Heckspoiler
473	Elektrisch verstellbarer Sitz
474	Sportstoßdämpfer Bilstein
475	Bremsbeläge ohne Asbest
475	Befestigung der Nummernschilder (Österreich, Finnland, Australien)
476	Bremsbeläge mit Einfahr-Oberfläche
476	Porsche Stabilitäts Management (PSM)
477	Leichtmetallräder 6J x 15 für 911 S
477	Leichtmetallräder Carrera, nur 6J x 15 vorne und 7J x 15 hinten
479	Fahrzeug für Australien
480	Sechsgang-Schaltgetriebe
481	Fünfgang-Schaltgetriebe
482	Beleuchtung im Motorraum
483	Fahrzeug mit Rechtslenkung
484	Betätigungssymbole
484	Fahrzeug für USA ab 1989
485	Leichtmetallräder, geschmiedet, Farbe Goldmetallic, 5,5J x 15

Mehrausstattungsliste	
M-Nr.	**Beschreibung Sonderwunsch**
487	Nebelscheinwerfer und Standlicht in einer Einheit
488	Klebeschilder deutsch
489	Symbole and Beschriftung deutsch
490	Hifi Klangpaket
491	Turbo-Look (Carrera 4S Typ 993)
492	Scheinwerfer für Linksverkehr
492	Carrera RSR mit 2,8 Litern Hubraum
493	Schmale Karosserieform
494	2 Lautsprecher im Fondbereich
494	Radio-Vorverstärker
495	Carrera S
496	Scheinwerferumrandung schwarz
498	Ohne Typschild auf dem Heck
499	Fahrzeug für Deutschland
501	Turbo Typschild
503	Cabriolet-Version des Speedster
504	Fahrzeug für Südafrika
505	Flachbau für USA
506	Flachbau für RdW
513	Lordosenstütze am rechten Sitz
520	Diebstahlschutz (Ultraschall oder Infrarot)
525	Alarmanlage mit Dauerton
526	Türtafeln mit Textilverkleidung
528	Außenspiegel für Beifahrer konvex, elektrisch
529	Außenspiegel für Beifahrer konvex, manuell
529	Wegfahrsperre, fernbedienbar (315 MHz)
530	Leistungssteigerung für 3,8 Liter-Motoren Modelljahr 1994 und 1995 für die Motoren M64/05/06/07/08
530	Wegfahrsperre, fernbedienbar (315 MHz) Modelljahr 1996
530	Wegfahrsperre, fernbedienbar (433 MHz) Modelljahr 1997
533	Alarmanlage
534	Wegfahrsperre System 2
537	Linker Sitz mit Memory-Funktion und Lordosenstütze
538	Rechter Sitz mit Memory-Funktion und Lordosenstütze

Mehrausstattungsliste	
M-Nr.	**Beschreibung Sonderwunsch**
544	Kraftstofftank für 75 Liter
545	Kraftstofftank für 92 Liter
546	Kraftstofftank für 100 Liter
548	Kraftstoff-Einfüllstutzen für unverbleiten Kraftstoff
549	Dachträger oder Dachtransportsystem
550	Hardtop in Wagenfarbe
551	Windschott beim Cabriolet
553	Version für USA and Kanada
555	944S Cabriolet
556	944S Cabriolet
557	944S Cabriolet
559	Klimaanlage mit Front- und Heckkondensator
560	Herausnehmbares Dach
561	Airbag nur Fahrerseite
562	Airbag für Fahrer- und Beifahrerseite
563	Airbag für Beifahrerseite
563	Automatischer Temperaturregler
564	Ohne Airbag
565	Sicherheitslenkrad mit Airbag, mit Leder bezogen, 380 mm Durchmesser
566	Rechteckige Nebelscheinwerfer vorne, Streuscheibe klar
567	Windschutzscheibe mit Grünkeil
568	Getönte Windschutzscheibe, getönte Seitenscheiben
569	Paket M429 (Nebelscheinwerfer) und M571 (hinteres Nebelschlusslicht)
570	Leistungsgesteigerte Klimaanlage
571	Aktivkohlefilter für Innenraum
571	Nebelschlussleuchte
572	Heizung
573	Klimaanlage
573	Leistungssteigerung auf 210 kW für Typ 993, Motoren M64/05 und 06
576	Ohne Nebelschlussleuchte
577	Windschutzscheibe getönt und beheizt
579	Version für Hongkong
580	Kein Aschenbecher (Nichtraucherpaket)

Mehrausstattungsliste	
M-Nr.	**Beschreibung Sonderwunsch**
581	Mittelkonsole vorne
582	Storage Pocket
586	Lordosenstütze linker Sitz
590	Komfort-Paket mit 14-Zoll-Leichtmetallrädern (Serie Fuchs) und Bereifung 185 HR14 und weiteres Zubehör
591	Bosch-Teves ABS
592	Warnsystem für Bremsflüssigkeitsstand
593	Bosch ABS
594	Wabco ABS
595	Heckspoiler in Wagenfarbe
596	Heckspoiler mattschwarz lackiert
597	Größere Batterie und stärkerer Anlasser
598	Plakette „16 Ventile"
599	Schutzverdeck für Cabriolet
599	Frontscheibe getönt
601	Litronic Hauptscheinwerfer (nicht für Turbo)
602	Drittes, hochgesetztes Bremslicht am Fahrzeug
605	Leuchtweitenverstellung Hauptscheinwerfer
607	Zusätzlicher Kabelbaum zur Armaturentafel
611	Vorbereitung für Nokia-Mobiltelefone (D-Netz)
612	Vorbereitung für Philips-Mobiltelefone (C-Netz)
614	Vorbereitung für Motorola-Mobiltelefone (D-Netz), nur für Deutschland
615	Vorbereitung für Telefoneinbau
621	Abweichende Motorteile für 924S
622	Abweichende Motorteile für Zweiventil-Motoren
630	Ausrüstung für Polizeifahrzeuge
631	Kindersitz-Erkennung, ab Typ 993
635	Einparkhilfe mit 4 Sensoren am Fahrzeugheck
637	Clubsport Sondermodell
638	Turbocup Sportfahrzeug (Typ 944)
639	928 GT
642	Additive für das Kühlwasser
650	Schiebedach
650	911 (993) Targa

Mehrausstattungsliste	
M-Nr.	**Beschreibung Sonderwunsch**
651	Elektrische Fensterheber
652	Scheibenwischer mit Intervallschaltung
652	Kein Schiebedach
655	Elektrisches Cabrioletverdeck am 944
656	Entfall Servolenkung
657	Servolenkung
659	Nebelscheinwerfer vorne (1979)
659	Bordcomputer
660	Onboard Diagnose II (OBD II)
661	Strengere Abgasgrenzwerte
662	PCM Navigationssystem
666	Fahrzeugübergabe ohne Lack- und Chromschutz (Werksabholung)
673	Vorbereitung für plombierten, geeichten Tachometer
675	Beleuchtung der Instrumentenkonsole
680	Digitales Klangpaket (993 Turbo)
680	Digitales Klangpaket (Modelljahr 2001)
680	Analoges Klangpaket von Bose (Modelljahr 2002)
684	Ablagefläche anstelle der Rücksitze
685	Zwei hintere Sitze
685	Gepäckraumabdeckung beim Typ 944
686	Radio Blaupunkt Ludwigsburg SQM mit ARI
686	Radio Porsche CDR-21
687	Radio Blaupunkt München RD 104
688	Radio Blaupunkt Boston
690	CD-Player CD-10 mit Radio
691	CD-Player CD-1 mit Radio
692	CD-Wechsler (6 CDs)
693	Radio Blaupunkt London RDM 42
695	Radio Porsche CDR-22
696	AM/FM Radio mit CD
698	Radio CDR-32
699	Radio MDR-32
701	Flachbauversion
702	Motor 930/66
715	Vorserienfahrzeuge Typ 944

Mehrausstattungsliste	
M-Nr.	**Beschreibung Sonderwunsch**
718	Änderungen an der Fahrzeug Ident-Nummer im R-Programm für Mai 1993 (nur USA und Kanada).
718	Änderungen an der Fahrzeug Ident-Nummer im S-Programm
719	Sondermodell 944
750	Kein Hardtop zum Cabriolet
754	Turbo Cup (944)
755	Sondermodell 924S für RdW 1988 Le Mans
756	Sondermodell 924S für USA 1988 Le Mans
757	Sondermodell 944 1988
758	Sondermodell 944 Turbo S (Mj. 1988)
780	Sicherheitszertifikat entfernen
900	„Tourist delivery"-Fahrzeug (Werksabholung)
912	Fahrzeug ohne Fahrzeug-Identnummer (Rennversion)
925	Version für die Höhenstaaten in den USA
930	Sitzbezug hinten LLL
931	Sitzbezug hinten KKK
932	Sitzbezug hinten SKK
933	Sitzbezug hinten SLL
934	Sitzbezug hinten SSK
935	Sitzbezug hinten RLL
936	Sitzbezug hinten Leder
937	Sitzbezug hinten Kunstleder
938	Sitzbezug hinten Stoff
939	Sitzbezug hinten Raffleder
945	Sitzbezug vorne SKK
946	Sitzbezug vorne Stoff/Leder/Kunstleder Sitzbezug hinten Stoff/Leder/Kunstleder
948	Sitzbezug vorne SLL
974	Gepäckraum-Abdeckung
975	Velourssteppich im Gepäckraum
980	Sitzbezug Raffleder
981	Lederausstattung, Ausnahme Sitzbezüge
982	Sitzbezüge aus Weichleder oder Raffleder
983	Sitzbezüge vorne und hinten aus Leder
985	Teile silberfarbig lackiert

Mehrausstattungsliste	
M-Nr.	**Beschreibung Sonderwunsch**
986	Teilleder Ausstattung
989	Sportsitze links und rechts mit Stoff bezogen
990	Sitzbezüge aus Stoff oder Kombination Stoff und Kunstleder

Porsche Exclusive Ausstattungsliste

Stellungnahme des Porsche Design Studio:
„Mit Elementen aus dem Exclusive-Angebot kann Ihr Porsche nach Ihrem individuellen Geschmack ausgestattet werden. Die eigene klare Fantasie kann Realität werden". Diese Stellungnahme gilt auch heute noch. Wenn es technisch machbar ist, und so lange es die Fahrsicherheit nicht negativ beeinflusst, kann Porsche Exclusive alles ausführen, um einen Porsche Sportwagen individuell zu gestalten.

Mehrausstattungsliste Porsche Exclusive	
M-Nr.	**Beschreibung Sonderwunsch**
C00	Länderausstattung Deutschland
C02	Ausstattung mit Katalysator
C03	Fahrzeug für Kalifornien
C05	Fahrzeug für Frankreich
C16	Luxusausstattung für Großbritannien, getönte Scheiben, Lackierung metallic, Klimaanlage
C23	Fahrzeug für Australien
C36	Fahrzeug für Kanada
CUP	Carrera Cup Rennfahrzeug
E00	Holzverkleidung Armaturentafel und Türtafeln
E03	Lüftungsgitter in der Armaturentafel mit Leder bezogen
E04	Betätigungsknöpfe und Schalter mit Leder bezogen
E07	Schalthebel und Bremshebel mit Leder bezogen
E11	Konsole und Tunnel mit Leder bezogen
E12	Oberfläche der Konsole mit Carbon veredelt
E13	Taster und Rahmen der Sitzverstellung mit Leder bezogen
E15	Verkleidung Sitzgurtbefestigung und -Schloss mit Leder bezogen
E21	Aero-Kit (Saugmotor-Fahrzeuge)

Mehrausstattungsliste Porsche Exclusive	
M-Nr.	**Beschreibung Sonderwunsch**
E22	Aero-Kit (Turbomotor-Fahrzeuge)
E61	Innenraumausstattung „Arctic-Silber"
E70	Lederausstattung
E71	Ausstattungspaket Holz Ahorn hell
E72	Ausstattungspaket Holz Ahorn dunkel
E73	Ausstattungspaket Carbon
E74	Ausstattungspaket Leder (klein)
E75	Ausstattungspaket Holz Ahorn hell
E76	Ausstattungspaket Holz Ahorn dunkel
E77	Ausstattungspaket Carbon (klein)
E78	Paket Innenausstattung „Arctic-Silber" (groß)
FLY	Lufttransport ab Werk
L1	Lederausstattung Innenraum (Coupé, nicht Turbo)
L1	Lederausstattung Innenraum (Cabriolet, nicht Turbo)
P01	Komfort-Paket
P02	CD-Radio (Coupé und Targa)
P03	Technik-Paket
P04	Erweitertes Bose Sound System
P05	Erweitertes Technik-Paket
P06	Sportpaket mit Sportfahrwerk, Aero-Kit und Edelstahl-Abgasanlage
P08	Aktives Sperrdifferenzial
P11	Rückspiegel innen und fahrerseitig selbst abblendend. Regensensor für die Scheibenwischer
P12	Paket der Mehrausstattungen 418, 494 und 650
P13	Erweitertes Design-Paket
P14	Beheizte Vordersitze mit Temperaturregler
P15	Vollelektrisch verstellbare Sitze (nur 993) links und rechts mit Memory-Funktion auf der Fahrerseite
P31	Sportfahrwerk mit 17-Zoll-Leichtmetallrädern
P32	Sportfahrwerk mit 18-Zoll-Leichtmetallrädern
P36	Sonderfahrwerk für Targa mit 17-Zoll-Rädern
P39	Digitales Sound Paket einschließlich M490 (nicht für Turbo)
P44	Ausstattungspaket Carbon (klein)
P45	Ausstattungspaket Carbon (groß)
P46	Ausstattungspaket Carbon für Tiptronic (groß)

Mehrausstattungsliste Porsche Exclusive	
M-Nr.	**Beschreibung Sonderwunsch**
P49	Ausstattungspaket Digital Sound (einschließlich M490)
P50	Ausstattungspaket Holz dunkel
P51	Ausstattungspaket Holz dunkel (nur Tiptronic)
P52	Ausstattungspaket Holz hell
P53	Ausstattungspaket Holz hell (nur Tiptronic)
P55	Ausstattungspaket Vollleder
P63	Ausstattungspaket Sport
P64	Ausstattungspaket Sport Touring
P65	Mit Schiebedach
P71	Ausstattungspaket „Design"
P72	Ausstattungspaket „Design" (nur Tiptronic)
P74	Xenon Hauptscheinwerfer mit Waschanlage
P77	Sportsitze, mit Leder bezogen
P78	Sportsitze, mit Leder bezogen, Höhenverstellung elektrisch
P86	Velours Teppiche im Innenraum
R01	Ausstattungspaket Touring (nicht mit Airbag)
R74	Ausstattungspaket Touring
M4P3	911 Turbo Sport Feb. 1993
M4P3	911 Turbo Sport 1994 3,6 Turbo
M6A	Schwarze Porsche Bodenteppiche
M6E	Hellgraue Porsche Bodenteppiche
M6F	Metropolblaue Porsche Bodenteppiche
M6J	Dunkelgrüne Porsche Bodenteppiche
M6M	Boxsterrote Porsche Bodenteppiche
M6P	Grafitgraue Porsche Bodenteppiche
M6S	Savannengraue Porsche Bodenteppiche
SAC	Batterie-Schnellladegerät
SBE	Separater Stromkreis für Mobiltelefon
SL	Exclusive Lederausstattung (Coupé, Targa und Cabriolet)
SLB	Große Batterie für Mobiltelefon
SUL	Ultraleichte Batterie für Mobiltelefon
SVD	Freisprecheinrichtung Mobiltelefon
S6	Mobiltelefon mit Konsole

Mehrausstattungsliste Porsche Exclusive	
M-Nr.	**Beschreibung Sonderwunsch**
TS2	Umrüstsatz USA für 911 Turbo S2
VA3	Vorbereitung auf Tourist Delivery (Selbstabholung im Werk)
XAA	Aero-Kit
XAB	Speedster mit Sonderlackierung
XAD	Hinterer GT-Spoiler
XAF	Aero-Kit
XC3	Hardtop (Cabriolet)
XC9	Schalthebelkopf aus Wurzelholz
XD3	Regensensor an der Windschutzscheibe
XD4	Radkappen mit Wappen
XD9	Räder in Wagenfarbe lackiert
XE2	Endschalldämpfer mit vier Endrohren
XE3	Abblendbarer Innen-Rückspiegel
XE7	Zusatz-Ölkühler für 993 Turbo S
XEH	Selbst abblendende Außenspiegel und Innen-Rückblickspiegel
XF2	Mit Leder überzogene Instrumentenringe
XF7	Mit Leder überzogene Ablageschale
XH6	Mit Leder überzogener Signalknopf (Hupe)
XJB	Hintere Konsole silberfarbig lackiert
XJ2	Mit Leder überzogene Lenkradnabe
XJ3	Mit Leder überzogene Betätigungsknöpfe
XJ6	Mit Leder überzogene Lenksäule
XJ8	Mit Leder überzogene Schaltbetätigung (Tiptronic)
XKX	Unterteil der Armaturentafel silberfarbig lackiert
XLB	Zwei Abgas-Endrohre am 993 Turbo S
XLC	K 24 Turbolader für den 993 Turbo S
XLF	Sport-Abgasanlage
XL4	Wurzelholz an Zentralkonsole, Türtafeln, und Bereich Zeituhr
XL5	Wurzelholz an Zentralkonsole, Türtafeln, und Bereich Zeituhr
XMA	Dachverkleidung aus Leder, A- und B-Säule mit Leder überzogen
XMB	Mit Leder überzogene Sonnenblenden und Leselicht
XME	Hintere Konsole in Wagenfarbe lackiert
XMJ	Hintere Konsole mit Carbon überzogen

Mehrausstattungsliste Porsche Exclusive	
M-Nr.	**Beschreibung Sonderwunsch**
XMK	Überrollbügel in Wagenfarbe
XML	Hintere Konsole mit hellem Holz veredelt
XMP	Mit Leder überzogene Sonnenblenden, beleuchtete Make-Up-Spiegel
XMZ	Hintere Konsole mit Leder überzogen
XM6	Mit Leder überzogene Türöffner und Zuzieh-Griffe
XM9	Mit grünem Leder überzogene Bedienungshebel für Blinker und Wischer
XNB	Hintere Konsole mit hellem Holz veredelt
XND	Unterteil der Armaturentafel in Wagenfarbe lackiert
XNS	Lenksäule mit Leder überzogen
XN2	Mit Leder überzogene Vertiefung des Türöffners
XN3	Frischluftöffnungen mit Leder überzogen
XN4	Zentrale Lufteinlässe mit Leder überzogen
XN7	Mit Leder überzogener Handbremshebel
XN8	Mit Leder überzogene Sonnenblenden
XN9	Mit Leder überzogene Sonnenblenden mit Make-Up-Spiegeln
XPA	Dreispeichen-Lenkrad mit Leder überzogen
XPB	Dreispeichen-Lenkrad mit Leder überzogen, teilweise helle Holzverkleidung
XPC	Dreispeichen-Lenkrad mit Leder überzogen, teilweise dunkle Holzverkleidung
XPD	Dreispeichen-Lenkrad mit Leder überzogen, teilweise mit Carbon verkleidet
XP3	Persenning für Cabriolet aus Leder
XP6	Lederbezogene Laschen der vorderen Sicherheitsgurte
XP7	Lederbezogene Laschen der hinteren Sicherheitsgurte
XP9	Abdeckrahmen des Radiogeräts mit Leder überzogen
XRB	18-Zoll-Leichtmetallräder Typ Sport/Classic mit Bereifung
XRD	Bremssättel rot lackiert
XRL	18-Zoll-Räder Typ Sport/Design
XR3	Sitzscharniere mit Leder überzogen
XR5	Hebel zur Sitzverstellung mit Leder überzogen
XR7	Heckscheibenwischer
XSA	Rückseite der Sportsitzlehnen in Wagenfarbe lackiert
XSB	Rückseite der Sportsitzlehnen mit Leder überzogen
XSC	Porsche Wappen in der Kopfstütze
XSD	Hebel zur Sitzverstellung mit Leder überzogen

Mehrausstattungsliste Porsche Exclusive	
M-Nr.	**Beschreibung Sonderwunsch**
XSW	Sicherheitsgurte maritimblau
XSX	Sicherheitsgurte indischrot
XSY	Sicherheitsgurte speedgelb
XTA	Mit Carbon überzogene Vertiefung des Türöffners
XTJ	Türgriff aus hellem Holz und Leder
XTK	Türgriff aus dunklem Holz und Leder
XTL	Türgriff aus Carbon und Leder
XTN	Spiegelverstellung mit Leder überzogen
XV1	Mit Leder überzogene Hebel für Heizung und Klima
XV2	Mit Leder überzogene Frischluftdüsen
XV3	Mit Leder überzogene Konsole und Schalter der Klimaanlage
XV4	Mit Leder überzogene Heizungshebel
XV5	Sitzverstellungshebel mit Leder überzogen
XV6	Abdeckungen für Sitzverstellungshebel mit Leder überzogen
XV7	Betätigungsknopf für Tankklappe mit Leder überzogen
XV9	Gurtpeitschen und Gurtschlösser mit Leder überzogen
XW2	Hintere Sitzanlage, Gurtschlösser und Rosetten mit Leder überzogen
XW4	Lichtschalter mit Leder überzogen
XW5	Betätigungshebel für Licht und Blinker mit Leder überzogen
XW6	Rosetten der Türverriegelung mit Leder überzogen
XW8	Einstiegsleisten mit Leder überzogen
XW9	Abdeckungen der Einstiegsleisten mit Leder überzogen
XX1	Fußmatten bestickt
XX2	Fußraumbeleuchtung
XX3	Beleuchtung Handschuhfach
XX6	Schaltknauf mit farbiger Einlage und Schaltsack aus Leder
XY1	Instrumentenringe auf der Zentralkonsole mit Leder überzogen
XY3	Schalter für Sitz-Memory mit Leder überzogen
XY4	Rahmen der Zentralkonsole mit Leder überzogen
XY5	Schaltgehäuse Tiptronic mit Leder überzogen
XY6	Deckel für Aschenbecher mit Leder überzogen

Mehrausstattungsliste Porsche Exclusive	
M-Nr.	**Beschreibung Sonderwunsch**
XY7	Alle elektrischen Schalter mit Leder überzogen
XY8	Rahmen um die elektrischen Schalter mit Leder überzogen
XY9	Betätigungshebel Fernlicht/Abblendlicht mit Leder überzogen
XZD	Umrandung der Innenraumleuchten mit Leder überzogen
XZ1	Handbremshebel-Abdeckung mit Leder überzogen
XZ2	Rosetten der hinteren Sicherheitsgurte mit Leder überzogen
XZ3	Betätigungsplatte für Zentralverriegelung mit Leder überzogen
XZ4	Rosette am Handschuhkastendeckel mit Leder überzogen
XZ5	Innenraum-Temperaturfühler mit Leder überzogen
XZ6	Frischlufteinlass mit Leder überzogen
XZ7	Betätigungsschalter für elektrische Außenspiegel und Rahmen mit Leder überzogen
X09	Zentralkonsole mit Sonderleder überzogen
X18	Armaturentafel aus dunklem Wurzelholz
X19	Bereich Instrumente mit Leder überzogen
X26	Lenkrad mit Sonderleder überzogen
X28	Lenkradkranz aus hellem Wurzelholz
X30	Lenkradkranz aus dunklem Wurzelholz
X34	Farbige Zifferblätter und Lederumrandung der Instrumente
X40	Sonnenblenden mit Leder überzogen, Beifahrerseite mit Leselampe
X45	Farbe der Zifferblätter der Instrumente abgestimmt auf Innenausstattung
X46	Tiptronic-Wählhebel aus Leichtmetall
X48	Tiptronic-Wählhebel mit Carbon überzogen
X50	Leistungssteigerung des Motors für 993 TT auf 321 kW (430 PS)
X51	Leistungssteigerung des Motors für 996 TT (Hubraum 3,8 l)
X52	Konsole des CD Players mit Leder überzogen
X54	Ovale Abgas-Endrohre aus Edelstahl
X69	Einstiegsleisten aus Carbon mit eingearbeiteter Modellbezeichnung
X70	Einstiegsleisten aus Edelstahl mit eingearbeiteter Modellbezeichnung

Mehrausstattungsliste Porsche Exclusive	
M-Nr.	**Beschreibung Sonderwunsch**
X71	Aluminiumfarbene Zifferblätter
X76	Kippschalterpanel
X77	Lenkrad mit Airbag, Kranz aus Carbon
X85	911 Turbo 3,6 S, Flachbau
X88	Leistungssteigerung Turbo 3,6 S
X89	Farbige Porsche Wappen auf den Radkappen
X92	Frontspoiler 911 Turbo 3,6 Turbo S (nur Flachbau)
X93	Heckspoiler 911 Turbo 3,6 Turbo S (für Flachbau und Serienkarosserie)
X99	Hintere Lufteinlässe in der Stoßstange für 911 Turbo 3,6 S (für Flachbau und Serienkarosserie)
Y	Komplette Mehrausstattung Holz
Y06	Betätigungsknopf und Handbremshebelverkleidung aus Holz
Y01	Aero-Kit 1: Front- und Heckspoiler
Y02	Aero-Kit 2: Front- und Heckspoiler und Befestigungsteile
Y04	Komplette Mehrausstattung Carbon
Y05	Schaltknauf und Handbremshebel mit Leichtmetall und Carbon veredelt
Y06	Schaltknauf und Handbremshebel mit Leichtmetall und Leder veredelt
Y07	Schaltknauf und Handbremshebel mit hellem Ahornholz veredelt
Y08	Schaltknauf und Handbremshebel mit dunklem Ahornholz veredelt
Y16	Exclusive-Paket 1: Lederüberzogene Rosetten der Türknöpfe, Griffe, Lautsprecherrahmen
Y17	Exclusive-Paket 2: Lederüberzogene Rosetten der Sicherheitsgurte, Gurtschlösser, Schalterpanel, Handbremse und Ablage dahinter
Y18	Exclusive-Paket 3: Alle Innenteile mit Leder überzogen
Y23	Tiptronic Wählhebel mit Chrom und Leichtmetall veredelt
Y24	Tiptronic Wählhebel und Handbremshebel mit Carbon veredelt
Y29	Leichtmetall- und Chrompaket: Instrumentenringe und Türschweller aus Leichtmetall, Abgasendrohr verchromt

Mehrausstattungsliste Porsche Exclusive	
M-Nr.	**Beschreibung Sonderwunsch**
Y61	Oberteil Tiptronic Wählhebel und Handbremshebel mit Carbon veredelt
Y62	Oberteil Tiptronic Wählhebel und Handbremshebel mit hellem Ahornholz veredelt
Y63	Oberteil Tiptronic Wählhebel und Handbremshebel mit dunklem Ahornholz veredelt
Y65	Armaturentafel mit Leder überzogen, einschließlich der Frischluftdüsen
Y75	Aero-Kit für Carrera 4 S (Spoiler vorne und hinten)
Z02	Dachhimmel aus Leder
Z05	Türrahmen, A-, B- und C-Säule mit Leder überzogen
Z06	Keder aus Leder in ausgewählter Farbe
Z08	Gepäckraum mit gleichem Teppich wie Innenraum
Z09	Teppiche mit Leder eingefasst (Farbe wie Innenraum)
Z10	Teppich-Einfassungen in gängigen Farben
Z11	Teppich-Einfassungen in gängigen Porsche-Farben
Z12	Keder aus Kunstleder in gängigen Porsche Farben
Z18	Sonnenblenden mit Leder überzogen
Z21	Nähfaden an den Sitzen in Sonderfarben
Z23	Nähfaden an den Türverkleidungen in Sonderfarben
Z24	Nähfaden an der Armaturentafel in Sonderfarben
Z25	Nähfaden an der Zentralkonsole in Sonderfarben
Z27	Dachhimmel, A-, B- und C-Säule aus Leder, Sonnenblenden mit dem gleichen Leder überzogen
Z28	Dachhimmel, A-, B- und C-Säule aus Kunstleder, Sonnenblenden mit dem gleichen Kunstleder überzogen
Z30	Keder für die Innenausstattung in den gängigen Porsche Farben
Z31	Nähfaden an den Sitzen in den üblichen Porsche Sonderfarben
Z32	Nähfaden an den Sitzen in den üblichen Porsche Sonderfarben
Z34	Stoffe für die Innenausstattung auf Sonderbestellung
Z35	Knieschutzleiste unter der Armaturentafel mit Leder überzogen
Z36	Gepäckraumabdeckung aus Leder
Z41	Sonderlackierung perlmuttweiß
Z42	Türverkleidungen mit Leder überzogen (verschiedene Farben)

Mehrausstattungsliste Porsche Exclusive	
M-Nr.	**Beschreibung Sonderwunsch**
Z43	Türverkleidungen und Armlehnen mit Leder überzogen (verschiedene Farben)
Z44	Armlehnen mit Leder überzogen (verschiedene Farben)
Z45	Ledersitze vorne mit andersfarbigem Mittelteil
Z46	Ledersitze hinten mit andersfarbigem Mittelteil
Z48	Gepäckraumdeckel ohne Porsche Wappen
Z49	Vordere Sicherheitsgurte in Sonderfarben
Z50	Vordere und hintere Sicherheitsgurte in den Farben Indischrot, Speedgelb oder Rivierablau
Z51	Gurtschlösser vorne und hinten mit Leder überzogen
Z53	Kopfstützen mit Porsche Wappen
Z69	Serienmäßige Bodenteppiche
Z77	Lenkrad in Sonderfarben
Z79	A-, B- und C-Säulen mit Sonderleder
Z80	Rahmen um die Windschutzscheibe und A-Säule mit Leder überzogen
Z81	A- und B-Säulen mit Leder überzogen
Z84	Abweichendes Nahtmaterial für die vorderen und hinteren Sitze
Z86	Armaturentafel in Sonderfarbe (nur bei Leder-Innenausstattung)
Z88	Abweichendes Nahtmaterial (nicht für die Sitze)
Z95	Farbig lackierte Bremssättel
Z96	Dachhimmel mit Sonder-Kunstleder
Z97	Lenkrad mit abweichenden Farben
Z100	Bodenteppiche die von den Standardfarben abweichen
Z103	Nahtmaterial für die Sitze, das von der Serie abweicht
Z108	Obere Armaturentafel in Wunschfarbe
Z109	Unterteil der Armaturentafel in Wunschfarbe
Z110	Instrumentenbrett in Wunschfarbe
Z111	Mittelteil der Sitze in Wunschfarbe
Z112	Vordere Sitze in Farbe Boxsterrot oder Nephritegrün
Z113	Vordere und hintere Sitze mit Sonderleder (Wunschfarbe)

Länderkennzeichnung

Die Länderkennzeichnung wurde am 23. März 2005 auf den neuesten Stand gebracht mit den Zuordnungen für die einzelnen Länder durch die Abteilung VAT1/Vertrieb Kundendienst Technik des Herstellers, Dr. h.c. F. Porsche AG in Stuttgart. Die Länderkennzeichnung kann am Fahrzeug selbst nur auf dem Identifikationslabel geprüft werden, das vom Hersteller auf der Unterseite des Gepäckraumdeckels angebracht wird. Dies wurde erstmals zum Modelljahr 1981 bei den 911 SC durchgeführt, oder auf der Kopie dieses Labels, das in das Original-Kundendienstheft für das bestimmte Fahrzeug eingeklebt wird. Auch dieser Vorgang beginnt mit dem Modelljahr 1981.

Die in der Liste „kursiv" geschriebenen Länderkennzeichnungen wurden früher verwendet. Die normal geschriebene Version für diese Länder ist die neuere, jetzt gültige Kennzeichnung.

Länderkennzeichnung	
M-Nr.	**Land**
C00	Deutschland
C02	USA ohne Kalifornien (ab 1991 auch Kalifornien)
C03	Kalifornien
C04	Puerto Rico
C05	Frankreich
C06	Französische Kolonien
C07	Italien
C08	Japan (Linkslenkung)
C09	Schweden
C10	Schweiz
C11	Österreich
C12	Dänemark
C13	Finnland
C14	Taiwan
C15	Hongkong
C16	Großbritannien
C17	Britisches Militär in Deutschland
C18	*England*
C18	Japan (Rechtslenkung)
C19	Luxemburg
C20	Niederlande
C21	Norwegen
C22	Belgien
C23	Australien
C24	Neuseeland
C26	Südafrika
C26	*Singapur*
C27	Spanien
C28	Griechenland
C31	Saudi Arabien
C32	*Arabische Golfstaaten*
C32	Sultanat Oman
C36	Kanada
C69	Frankreich (vor 1986)
C72	Schweiz (vor 1986)
C99	Special

Kennzeichnung der Farben

Serien- und Sonderfarben Mj. 1978 (L-Serie)

Serienfarben 1978	
Farbcode Porsche	Name der Farbe
A 1	Schwarz
B 2	Continentalorange
B 7	Talbotgelb
D 1	Kaschmirbeige
G 8	Indischrot
J 3	Arrowblau
P 1	Farngrün
P 2	Olivgrün
P 6	Daphnegrün
R 4	Grand-Prix-Weiß
T 3	Cockneybraun
T 5	Moccabraun

Metallic- und Sonderfarben 1978	
Farbcode Porsche	Name der Farbe
J 2	Petrolblaumetallic
W 9	Minervablaumetallic
Y 1	Lindgrünmetallic
Y 4	Oakgrünmetallic
Z 2	Silbermetallic
Z 6	Braunkupferdiamant

Sonderfarben 1978	
Farbcode Porsche	Name der Farbe
99	Farbe nach Wahl (freie Farbwahl nach Muster) J 2

Serien- und Sonderfarben Mj. 1979 (M-Serie)

Serienfarben 1979	
Farbcode Porsche	Name der Farbe
A 1	Schwarz
B 7	Talbotgelb
D 1	Kaschmirbeige
G 8	Indischrot
J 3	Arrowblau
P 2	Olivgrün
R 4	Grand-Prix-Weiß
T 3	Cockneybraun
T 5	Moccabraun
U 1	Flieder

Metallic- und Sonderfarben 1979	
Farbcode Porsche	Name der Farbe
A2	Schwarzmetallic
J 2	Petrolblaumetallic
J4	Hellblaumetallic
W 9	Minervablaumetallic
X4	Opalmetallic
X5	Tabacmetallic
Y 1	Lindgrünmetallic
Y 4	Oakgrünmetallic
Z 2	Silbermetallic
Z 6	Braunkupferdiamant

Anmerkung: Bei Neubestellungen von 911 Turbo-Fahrzeugen sind alle aufgeführten Farben ohne Aufpreis lieferbar.

Serien- und Sonderfarben Mj. 1981 (B-Programm)

Serienfarben 1981	
Farbcode Porsche	Name der Farbe
A 1	Schwarz
D 2	Bambusbeige
G 8	Indischrot
J 3	Arrowblau
M 1	Minzgrün
R 3	Chiffonweiß
R 4	Grand-Prix-Weiß
T 2	Burnusbraun
T 5	Moccaschwarz

Metallic- und Sonderfarben 1981	
Farbcode Porsche	Name der Farbe
A 2	Schwarzmetallic
J 4	Hellblaumetallic
U 1	Platinmetallic
W 7	Pazifikblaumetallic
W 9	Minervablaumetallic
X 2	Moosgrünmetallic
X 7	Palisandermetallic
X 8	Weinrotmetallic

Serien- und Sonderfarben Mj. 1982 (C-Programm)

Serienfarben 1982	
Farbcode Porsche	Name der Farbe
A 1	Schwarz
A 2	Moccaschwarz
D 2	Bambusbeige
G 1	Indischrot
J 6	Arrowblau
M 1	Minzgrün
P 2	Chiffonweiß
P 5	Grand-Prix-Weiß
T 2	Burnusbraum

Metallic- und Sonderfarben 1982	
Farbcode Porsche	Name der Farbe
U 1	Platinmetallic
U 2	Hellblau metallic
U 3	Zinnmetallic
U 7	Schwarzmetallic
U 9	Palisandermetallic
W 3	Pazifikblaumetallic
W 6	Minervablaumetallic
Y 8	Moosgrünmetallic
Y 9	Weinrotmetallic

Serien- und Sonderfarben Mj. 1983 (D-Programm)

Serienfarben 1983	
Farbcode Porsche	Name der Farbe
A 1	Schwarz
G 1	Indischrot
K 4	Gletscherblau
P 2	Chiffonweiß
P 5	Grand-Prix-Weiß

Metallic- und Sonderfarben 1983	
Farbcode Porsche	Name der Farbe
R 6	Hellbronzemetallic
U 1	Platinmetallic
U 3	Zinnmetallic
X 3	Ziegelrotmetallic
X 5	Rauchquarzmetallic
X 6	Schieferblaumetallic
X 7	Rubinrotmetallic
Y 8	Moosgrünmetallic

Anmerkung: Bei Neubestellungen von 911 Turbo-Fahrzeugen sind alle aufgeführten Farben ohne Aufpreis lieferbar.

Porsche 911 Carrera RS, 14. Gesamtrang, 24 Stunden von Le Mans 1978

Werksbild Porsche AG

Porsche 936/81, Gesamtsieger, 24 Stunden von Le Mans 1981

Werksbild Porsche AG

Porsche 935 K3, Gesamtsieger, 24 Stunden von Le Mans 1979

Werksbild Porsche AG

Porsche 956, Gesamtsieger, 24 Stunden von Le Mans 1982

Werksbild Porsche AG

Porsche 924 Carrera Turbo, 13. Gesamtrang, 24 Stunden von Le Mans 1980 *Werksbild Porsche AG*

Porsche 956, Gesamtsieger, 24 Stunden von Le Mans 1983

Foto: Vern Schuppan

PORSCHE-PRAXIS BEI HEEL

Praxisratgeber Klassikerkauf
Porsche 911
Alle Modelle bis 1989
176 Seiten, ca. 450 farbige Abb.,
148 x 210 mm, Paperback
€ (D) 16,99
ISBN: 9783868522983

Praxisratgeber Klassikerkauf
Porsche 911 SC
Alle Modelle von 1978–1983
64 Seiten, ca. 100 farbige Abb.,
148 x 210 mm, Paperback
€ (D) 12,–
ISBN: 9783868526363

Praxisratgeber Klassikerkauf
Porsche 911 (997)
Alle Modelle von 2004–2012
80 Seiten, ca. 110 farbige Abb.,
148 x 210 mm, Paperback
€ (D) 14,99
ISBN: 9783958439481

Praxisratgeber Klassikerkauf
Porsche 911 (964)
Alle Modelle 1989–1994
64 Seiten, ca. 100 farbige Abb.,
148 x 210 mm, Paperback
€ (D) 12,–
ISBN: 9783868523737

Das Porsche 911er Motoren
Schrauberhandbuch
224 Seiten, ca. 350 farbige Bilder,
213 x 275 mm, gebunden
€ (D) 49,95
ISBN: 9783868529463

Das 911er 996/997
Schrauberhandbuch
312 Seiten, ca. 1100 Farbfotos,
213 x 275 mm, gebunden
€ (D) 59,–
ISBN: 9783958430075

Das 911er Schrauberhandbuch
216 Seiten, ca. 350 farb. Abb.,
210 x 270 mm, gebunden
€ (D) 49,95
ISBN: 9783898802017

Das Boxter 986/987
Schrauberhandbuch
312 Seiten, ca. 950 Farbfotos,
213 x 275 mm, gebunden
€ (D) 49,95
ISBN: 9783958431447

Handbuch Porsche 911 TYP 996
Alle Varianten von 1997 bis 2005
576 Seiten, ca. 250 s/w-Fotos,
209 x 279 mm, Paperback
€ (D) 59,–
ISBN: 9783868528138

Handbuch Porsche 911 TYP 993
Alle Varianten von 1994 bis 1998
544 Seiten, ca. 1.600 Abb.,
209 x 279 mm, Paperback
€ (D) 59,–
ISBN: 9783868526929

Handbuch Porsche 911 TYP 964
Alle Varianten von 1989 bis 1994
544 Seiten, 1500 s/w-Fotos,
209 x 279 mm, Paperback
€ (D) 69,–
ISBN: 9783958430327

Handbuch Porsche 911 TYP 997
Alle Varianten von 2004 bis 2012
664 Seiten, 2000 s/w-Fotos,
209 x 279 mm, Paperback
€ (D) 59,–
ISBN: 9783958435957

Unser komplettes Programm erhalten Sie in jeder Buchhandlung und unter www.heel-verlag.de
Tel. 0531 7088560 | Fax 0531 708601 | info@heel-verlag.de
HEEL Verlag GmbH | Gut Pottscheidt | 53639 Königswinter